Excel 2016

马彦芬 | 著

公式·函数·图表·VBA

全能一本通

中国青年出版社
CHINA YOUTH PRESS

中青雄狮

图书在版编目（CIP）数据

Excel 2016公式·函数·图表·VBA全能一本通/马彦芬著.
— 北京：中国青年出版社，2018.10
ISBN 978-7-5153-5223-7

I.①E… II.①马… III.表处理软件材 IV.①TP391.13

中国版本图书馆CIP数据核字（2018）第162326号

策划编辑　张　鹏
责任编辑　张　军
封面设计　彭　涛

Excel 2016公式·函数·图表·VBA全能一本通
马彦芬/著

出版发行：　中国青年出版社
地　　址：　北京市东四十二条21号
邮政编码：　100708
电　　话：　(010) 50856188 / 50856199
传　　真：　(010) 50856111
企　　划：　北京中青雄狮数码传媒科技有限公司
印　　刷：　三河市文通印刷包装有限公司
开　　本：　787 x 1092　1/16
印　　张：　24
版　　次：　2018年10月北京第1版
印　　次：　2019年6月第2次印刷
书　　号：　ISBN 978-7-5153-5223-7
定　　价：　69.90元
（附赠语音视频教学+同步实例文件+实用办公模版+PDF电子书+快捷键汇总表）

本书如有印装质量等问题，请与本社联系
电话：(010) 50856188 / 50856199
读者来信：reader@cypmedia.com
投稿邮箱：author@cypmedia.com
如有其他问题请访问我们的网站：http://www.cypmedia.com

➜ 前　言

随着企业信息化建设的不断发展，办公软件已经成为企业日常工作中不可或缺的工具。Excel是Office组件中进行各种数据处理的应用程序，集数据采集、数据编辑、数据运算、数据分析和数据图形化展示等功能于一身，广泛应用于行政、财务、人事、金融和统计等众多领域，深受广大商务人士的青睐。为了帮助广大Excel用户提高数据处理的操作水平，我们隆重推出了此书。希望通过本书的学习，使读者的Excel应用水平可以更上一个台阶。

➜ 写作特色

实例为主，易于上手：在功能介绍上突破了传统按部就班的讲解模式，以实例为主，模拟真实的办公环境，将Excel各功能应用充分融入工作时会遇到的具体问题中，以便读者在轻松学习软件知识，同时又解决了实际问题。

技巧提示，交叉参考：在介绍具体操作过程中，穿插了400多个操作小提示，帮助读者深入理解所学知识；同时穿插了"交叉参考"知识链接，引导读者活用Excel的各项功能。

一步一图，以图析文：在介绍具体操作过程中，每个操作步骤均配有对应的插图，使读者在学习过程中能够直观、清晰地看到操作过程和最终效果，更易于理解和掌握。

附赠资源，互动教学：配套的超值附赠资源内容与书中的内容紧密结合并互相补充，以大量贴近实际工作的经典实例为主要内容。书中的重点内容都专门录制了配套的多媒体视频，帮助读者更高效、直观地学习。

➜ 本书内容

本书以最新的Excel 2016版本进行讲解，内容涵盖了Excel在公式计算、函数应用、图表分析和VBA高效办公4个方面的具体应用，以通俗易懂的语言解开了Excel高级应用的神秘面纱，具体内容介绍如下：

篇　名	章　节	内　容　简　介
PART 01 公式与函数篇	Chapter 01 ~ Chapter 11	本篇主要讲解了Excel公式与函数的内部逻辑、计算原理以及具体应用，内容包括Excel的基础操作、公式的基础知识、数组公式的应用、函数的基础知识、嵌套函数的应用、文本函数的应用、日期与时间函数的应用、数学与三角函数的应用、查找与引用函数的应用、统计函数的应用、财务函数的应用、逻辑函数的应用、信息函数的应用以及数据库函数的应用等
PART 02 图表应用篇	Chapter 12 ~ Chapter 16	本篇主要讲解了Excel图表设计的应用范畴和具体操作，内容包括图表的创建方法、图表的类型、图表的设计与分析、常规类型图表的应用、复合图表与高级图表的应用以及迷你图的应用等
PART 03 VBA应用篇	Chapter 17 ~ Chapter 21	本篇主要介绍了宏与VBA的主要功能和基础运用，内容包括宏和VBA的概念、VBA语言基础、VBA的窗体与控件以及成绩管理系统的设计等

➜ 附赠资料

时间超长，容量更大： 包含海量案例干货的视频讲解，视频内容涵盖了书中重点、难点内容，让读者学习轻松无压力。

案例资源，互补学习： 提供书中实例的所有素材文件、原始文件和最终文件，读者可根据正文中的实例文件提示进行查看。

额外附赠，超值实惠： 除了与本书同步的视频讲解和案例文件外，还赠送了职场人士日常办公中非常实用的超值大礼包，具体如下：

- 1200多套涵盖各个办公领域的使用模板，可直接使用，办公更高效；
- 100个Excel软件使用技巧，全面提升读者的Excel操作水平；
- 大量常用的Excel操作快捷键，帮助读者全面提升工作效率。

➜ 本书适用读者对象

本书适用于企业办公人员、管理人员、市场分析人员、财务人员等学习使用，特别适合在实际工作中需要综合应用公式、函数、图表和VBA的各类读者。

本书由河北水利电力学院马彦芬老师编写，全书共计约42万字，在创作过程中力求严谨细致，但由于水平有限，加之时间仓促，难免会有不足和疏漏之处，敬请广大读者予以指正。

编者

→ 目 录

PART 01 公式与函数篇

PART 02 图表应用篇

PART 03　VBA 应用篇

PART

01

公式与函数篇

　　第一篇主要向读者介绍公式与函数的基础知识，共11章。第1章主要对Excel的基础知识进行介绍，主要包括工作簿、工作表、单元格、行或列的操作，以及如何美化工作表等。第2章到第4章主要介绍公式与函数的相关知识，包括公式的组成、公式的编辑、公式的常见错误值、数组公式的应用、函数的基本操作以及名称的应用等。第5章至第11章介绍了Excel常见的几类函数的含义和应用，如文本函数、日期与时间函数、数学和三角函数以及财务函数等，并以具体实例的形式对函数的应用进行讲解，使读者更直观地理解这些函数，从而消除学习函数难的恐惧感。

Excel快速入门

随着社会的发展，Excel已经在各行各业的工作中得到了广泛的应用，为人们的工作和生活带来很多便利。Excel 2016版本比以前版本的功能更加强大，操作也更人性化，本章主要对Excel 2016的功能区、工作簿和工作表的基本操作、单元格和单元格区域的基本操作、数据的输入以及美化和打印工作表的相关操作进行介绍。

1.1 Excel的启动与退出

在了解Excel的功能应用之前，先介绍Excel的启动与退出。启动Excel软件，用户才可以输入数据并进行分析计算。工作结束后，还需要退出Excel程序。

1.1.1 Excel的启动

在使用Excel制作表格之前，首先需要启动该软件，下面将介绍两种常见的Excel应用程序的启动方法。

方法1 从"开始"菜单中启动

单击按钮，在打开的开始菜单列表中选择Excel 2016应用程序，即可启动Excel软件，如图1-1所示。

方法2 双击快捷方式图标启动

如果创建了Excel 2016快捷启动图标，用户只需在桌面上双击该快捷方式图标即可，如图1-2所示。

> **提示**
>
> 如果桌面上没有快捷方式，则右击开始菜单列表中的Excel 2016选项，选择"更多>打开文件位置"选项，在打开的文件夹中右击Excel快捷图标，选择"发送到>桌面快捷方式"命令。

图1-1 选择Excel 2016选项

图1-2 双击桌面快捷方式

1.1.2 Excel的退出

当编辑操作完成，需要退出Excel 2016程序时，用户可以使用下面介绍的几种常用方式退出Excel 2016应用程序。

方法1 单击"关闭"按钮退出

单击Excel工作窗口的标题栏右侧的"关闭"按钮，即可退出Excel程序，如图1-3所示。

方法2 通过"文件"菜单退出

单击"文件"标签，选择"关闭"选项，也可退出Excel应用程序，如图1-4所示。

> **提示**
>
> 在退出Excel程序前若没有执行保存操作，系统会弹出提示对话框，根据需要单击相应的按钮，确定是否保存。

图1-3 单击"关闭"按钮

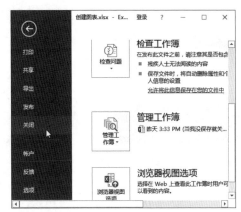

图1-4 选择"关闭"选项

1.2 认识Excel的工作界面

本节将对Excel工作窗口的构成以及如何自定义功能区进行介绍。

1.2.1 Excel的工作窗口

Excel 2016的工作窗口主要由快速访问工具栏、标题栏、功能区、状态栏、编辑栏和工作区等组成，如图1-5所示。

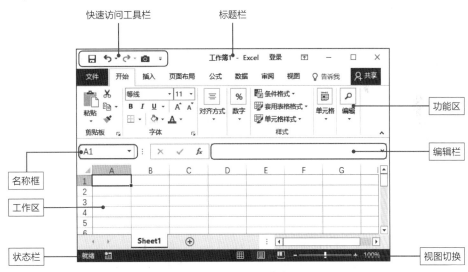

图1-5 Excel 2016工作窗口

其中，功能区包含了Excel中大部分的命令和按钮，默认情况下包括"文件"、"开始"、"插入"、"页面布局"、"公式"、"数据"、"审阅"和"视图"选项卡，单击选项卡标签，即可切换到相应的功能选项组。

1. "开始"选项卡

"开始"选项卡主要用于对表格中的数据以及单元格的格式进行编辑，该选项卡下包括"剪贴板"、"字体"、"对齐方式"、"数字"、"样式"、"单元格"和"编辑"7个选项组，如图1-6所示。

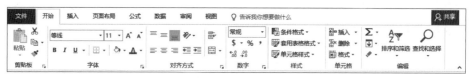

图1-6 “开始”选项卡

> **提示**
> “开发工具”选项卡主要用于VBA程序开发时使用，默认情况下是不显示的。

2. “插入”选项卡

“插入”选项卡主要用于在表格中插入各种对象，如文本、符号、图片等。该选项卡下包括“表格”、“插图”、“加载项”、“图表”、“演示”、“迷你图”、“筛选器”、“链接”、“文本”和“符号”10个选项组，如图1-7所示。

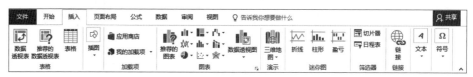

图1-7 “插入”选项卡

3. “页面布局”选项卡

“页面布局”选项卡主要用于设置Excel表格的页面样式。该选项卡下包括“主题”、“页面设置”、“调整为合适大小”、“工作表选项”和“排列”5个选项组，如图1-8所示。

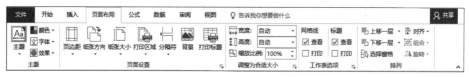

图1-8 “页面布局”选项卡

> **提示**
> 在编辑栏中单击鼠标左键即可时一步对其中的数据、公式和函数进行编辑修改。

4. “公式”选项卡

“公式”选项卡主要用于在Excel表格中进行数据计算。该选项卡下包括“函数库”、“定义的名称”、“公式审核”和“计算”4个选项组，如图1-9所示。

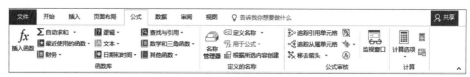

图1-9 “公式”选项卡

5. “数据”选项卡

“数据”选项卡主要用于在Excel表格中进行数据的处理操作。该选项卡下包括“获取外部数据”、“获取和转换”、“连接”、“排序和筛选”、“数据工具”、“预测”、“分级显示”和“分析”8个选项组，如图1-10所示。

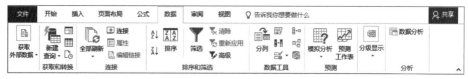

图1-10 “数据”选项卡

6. “审阅”选项卡

“审阅”选项卡主要用于对表格进行校对和保护等操作。该选项卡下包括“校对”、“可访问性”、“见解”、“语言”、“批注”、“保护”和“墨迹”7个选项组，如图1-11所示。

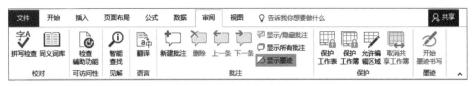

图1-11 "审阅"选项卡

7. "视图"选项卡

"视图"选项卡主要用于工作簿视图及显示比例设置等操作。该选项卡下包括"工作簿视图"、"显示"、"显示比例"、"窗口"、"切换窗口"和"宏"6个选项组,如图1-12所示。

图1-12 "视图"选项卡

1.2.2 自定义功能区

Excel功能区中显示的功能一般都是默认的设置,用户可以在"Excel选项"对话框中根据需要对功能区进行编辑操作,如添加、删除或重命名等,下面详细介绍具体操作方法。

Step 01 **打开"Excel选项"对话框**。打开Excel工作表,单击"文件"标签,选择"选项"选项,即可打开"Excel选项"对话框,如图1-13所示。

Step 02 **重命名选项卡**。在打开的对话框中选择"自定义功能区"选项,在打开的选项面板中勾选"公式"选项卡,单击"重命名"按钮,如图1-14所示。

图1-13 选择"选项"选项

图1-14 单击"重命名"按钮

Step 03 **进行重命名操作**。打开"重命名"对话框,在"显示名称"文本框中输入名称,单击"确定"按钮,如图1-15所示。

图1-15 输入名称

Step 04 **查看重命名选项卡效果。**返回"Excel选项"对话框中，单击"确定"按钮，返回工作表中查看将"公式"选项卡重命名为"公式与函数"的效果，如图1-16所示。

图1-16 查看效果

Step 05 **隐藏选项卡。**再次打开"Excel选项"对话框，选择"自定义功能区"选项，在右侧区域取消勾选需要隐藏的选项卡复选框，如"页面布局"，然后单击"确定"按钮，如图1-17所示。

Step 06 **查看隐藏选项卡的效果。**返回工作表中，可见在功能区中不显示"页面布局"选项卡了，如图1-18所示。

图1-17 取消勾选对应的复选框

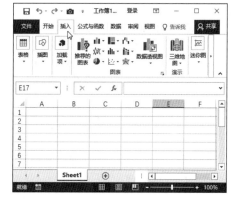

图1-18 查看隐藏选项卡的效果

Step 07 **添加选项卡。**打开"Excel选项"对话框后，选择"自定义功能区"选项，在右侧区域中选中"视图"选项卡，然后单击"新建选项卡"按钮，即可新建选项卡，如图1-19所示。

Step 08 **查看添加选项卡的效果。**将新建选项卡重命名为"常用工具"，单击"确定"按钮，返回工作表中可见在功能区中"视图"选项卡后面显示了"常用工具"选项卡，此时添加的选项卡是空白的，如图1-20所示。

图1-19 单击"新建选项卡"按钮

图1-20 查看添加选项卡的效果

Step 09 **恢复功能区的默认设置。** 打开"Excel选项"对话框，选择"自定义功能区"选项，在右侧区域中单击"重置"下拉按钮，在下拉列表中选择"重置所有自定义项"选项，如图1-21所示。

Step 10 **确定恢复。** 在弹出的系统提示框中单击"是"按钮，即可恢复默认的功能区效果，如图1-22所示。

图1-21　选择"重置所有自定义项"选项　　　　图1-22　单击"是"按钮

1.3 工作簿的基本操作

工作簿的基本操作包括新建工作簿、打开工作簿、关闭工作簿、保存工作簿、显示/隐藏工作簿以及保护工作簿等，本节将分别向读者进行介绍。

1.3.1 新建工作簿

在Excel 2016中，用户可以根据需要新建空白工作簿，也可以根据模版创建工作簿，下面分别进行介绍。

1. 新建空白工作簿

下面介绍新建空白工作簿的操作步骤，具体如下。

Step 01 **新建工作簿。** 打开Excel工作表，单击"文件"标签，在列表中选择"新建"选项，在打开的"新建"面板中单击"新建工作簿"图标，如图1-23所示。

Step 02 **查看新建的工作簿。** 即可打开空白工作簿，新建的空白工作薄以"工作簿"+数字命名，如图1-24所示。

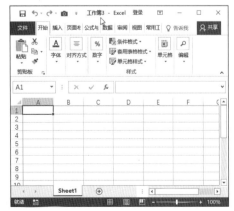

图1-23　"新建"面板　　　　　　　　　　图1-24　查看效果

2. 使用模板新建工作簿

Excel 2016提供了多种模板类别供用户选择，在打开Excel 2016时，可以在开始界面中看到Excel提示建议的搜索关键字，如业务、日历、个人、列表、教育、预算和日志等，下面介绍创建模板工作表的操作方法。

Step 01 **选择模板**。打开Excel软件，在开始界面右侧区域选择所需模板选项，如"客户联系人列表"，如图1-25所示。

Step 02 **查看效果**。在打开的面板中单击"创建"按钮，稍等片刻即可下载完成。新建模板工作薄后，用户可以根据实际需要在打开的模板工作薄中进行数据的修改，如图1-26所示。

提示

在Step 02中打开选中模板的面板，在左侧可以预览模板的整体效果，若满意单击"创建"按钮即可，如果不满意可以单击向左或向右的箭头进行切换模板。

图1-25 选择模板

图1-26 查看模板效果

Step 03 **联机搜索模板**。打开Excel软件，在搜索文本框中输入关键字，如"计划表"，单击"开始搜索"按钮，如图1-27所示。

Step 04 **选择联机模板**。系统自动搜索关于"计划表"的模板，通过拖动滚动条选择满意的模板，在打开的面板中单击"创建"按钮即可，如图1-28所示。

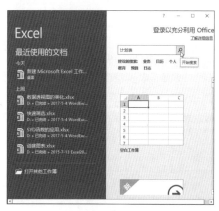

图1-27 输入关键字

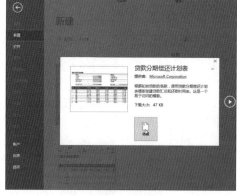

图1-28 创建模板

1.3.2 保存工作簿

在工作簿中进行数据编辑后，需要及时进行保存操作，下面介绍两种保存工作簿的操作方法。

1. 保存新建工作簿

新建工作簿并输入数据后，需要进行保存，才能将数据存储在电脑中。在Excel中有"保存"和"另存为"两种命令，对于新建的工作簿，执行这两种命令的结果是一样的。

提示

在"另存为"区域选择"添加位置"选项，然后单击OneDrive按钮，在打开的登录界面输入Microsoft帐户和密码，进行微软的云存储操作。

Step 01 打开"另存为"对话框。执行"文件>另存为"操作，在"另存为"选项区域选择"浏览"选项，如图1-29所示。

Step 02 保存工作簿。打开"另存为"对话框，在"文件名"文本框中输入工作簿的名称，在"保存类型"下拉列表中选择保存格式，单击"保存"按钮即可完成保存操作，如图1-30所示。

图1-29　选择"浏览"选项

图1-30　单击"保存"按钮

提示

在保存已有的工作簿时，如果执行"文件>另存为"命令，在打开的"另存为"对话框中设置保存位置，编辑后工作簿得到保存，而且原工作簿不会改变。

2. 保存已有的工作簿

对已经存在的工作簿进行编辑后，也需要执行保存操作。下面介绍几种保存已有工作簿的方法。

方法1 单击快速工具栏中的"保存"按钮，如图1-31所示。

方法2 执行"文件>保存"操作，如图1-32所示。

图1-31　快速工具栏保存

图1-32　选择"保存"选项

方法3 按Ctrl+S组合键进行保存。

3. 自动保存工作簿

提示

自动保存工作簿功能不能完全代替手动保存，用户在编辑工作簿时一定要养成按时保存的习惯。

用户可以设置Excel自动保存工作簿操作，防止突然断电造成数据丢失。单击"文件"标签，选择"选项"选项，打开"Excel选项"对话框，选择"保存"选项，在右侧"保存工作簿"区域中勾选"保存自动恢复信息时间间隔"复选框，在数值框中输入自动保存的间隔时间，单击"确定"按钮，如图1-33所示。

图1-33 选择"浏览"选项

1.3.3 打开工作簿

在编辑工作簿之前，需要打开工作簿，下面介绍打开工作簿的方法。

1. 通过执行命令打开工作簿

用户可以通过执行命令的方法打开已有的工作簿。

Step 01 打开"打开"对话框。 执行"文件>打开"操作，在"打开"区域选择"浏览"选项，将打开"打开"对话框。

Step 02 选择工作簿。 在打开的对话框中，选择需要打开的工作簿，单击"打开"按钮，即可打开选中的工作簿，如图1-34所示。

2. 打开最近使用的工作簿

如果用户需要查看或打开最近使用的工作簿，可执行"文件>打开"操作，选择"最近"选项，然后在右侧列表中显示了最近使用的工作簿，选中即可打开该工作簿。如果将光标长时间停留在工作簿上，会显示该工作簿的保存路径，如图1-35所示。

图1-34 单击"打开"按钮

图1-35 查看最近使用的工作簿

1.3.4 隐藏工作簿

用户可以根据需要将工作簿隐藏，隐藏后各个选项卡中的一些功能按钮变为灰色不可用状态，对工作簿起到保护作用。下面介绍隐藏工作簿的方法。

Step 01 隐藏工作簿。 打开需要隐藏的工作簿，切换至"视图"选项卡，在"窗口"选项组中单击"隐藏"按钮，如图1-36所示。

Step 02 查看隐藏工作簿效果。 可见工作簿中无任何数据，如图1-37所示。

提示

若要显示隐藏的工作
簿，则在"视图"选项
卡的"窗口"选项组中
单击"取消隐藏"按钮
即可。

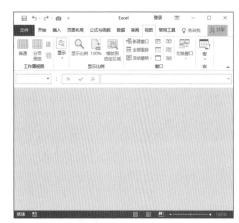

图1-36 单击"隐藏"按钮   图1-37 查看效果

1.3.5 保护工作簿

用户编辑完工作簿后，为了有效地保护工作簿的安全，可以为其添加密码。Excel
提供了多种保护工作簿的方式，用户可以根据工作簿的重要程度设置不同的密码保护。
本节将详细介绍为工作簿设置不同保护密码的方法。

1. 为工作簿添加打开密码

用户可以为工作簿添加打开密码，只有知道授权打开密码的浏览者才可以打开该工
作簿，下面介绍具体操作方法。

Step 01 加密文档。打开"销售报表.xlsx"工作簿，单击"文件"标签，选择"信息"
选项，单击"保护工作簿"下拉按钮，在列表中选择"用密码进行加密"选项，如
图1-38所示。

Step 02 输入密码。打开"加密文档"对话框，在"密码"数值框中输入密码，如111，
单击"确定"按钮，如图1-39所示。

实例文件

原始文件：
实例文件\第01章\原始
文件\销售报表.xlsx
最终文件：
实例文件\第01章\最终
文件\为工作簿添加打开
密码

提示

为工作簿设置打开密码
后，用户可以编辑数据
并保存。

图1-38 选择"用密码进行加密"选项   图1-39 设置密码

Step 03 确认密码。打开"确认密码"对话框，在"重新输入密码"数值框中输入刚才设
置的密码，单击"确定"按钮，如图1-40所示。

Step 04 验证效果。关闭工作簿，并保存设置，然后打开存储该工作簿的文件夹，双击设
置打开密码的工作簿，打开"密码"对话框，输入设置的密码后，单击"确定"按钮，
即可打开该工作簿，如图1-41所示。

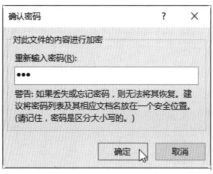 

图1-40 输入确认密码　　　　　　　图1-41 输入密码

提 示

在步骤4打开的"密码"对话框中，如果输入错误的密码，将打开提示对话框，显示密码错误，而且无法打开该工作簿。

Step 05 **撤销密码保护**。打开该工作簿，执行"文件>信息"操作，单击右侧"保护工作簿"下拉按钮，在下拉列表中选择"用密码进行加密"选项，在打开的"加密文档"对话框中删除密码，单击"确定"按钮即可。

2. 保护工作簿的结构

为了防止他人删除、复制工作簿中的工作表内容，用户可以设置密码保护工作簿的结构，下面介绍具体操作方法。

Step 01 **保护工作簿的结构**。打开"产品价格表.xlsx"工作簿，切换至"审阅"选项卡，单击"保护"选项组中的"保护工作簿"按钮，如图1-42所示。

Step 02 **输入密码**。打开"保护结构和窗口"对话框，在"密码"数值框中输入密码，如111，默认勾选"结构"复选框，单击"确定"按钮，如图1-43所示。

提 示

如果需要撤销工作簿的保护，则再次单击"保护"选项组中的"保护工作簿"按钮，在打开的"撤销工作簿保护"对话框的"密码"数值框中输入设置的密码，单击"确定"按钮即可。

图1-42 单击"保护工作簿"按钮　　　　图1-43 输入密码

Step 03 **查看保护效果**。打开"确认密码"对话框，输入设置的密码，单击"确定"按钮即可完成操作。返回工作簿中并右击工作表标签，可见快捷菜单中关于工作簿结构与编辑的命令为灰色不可用状态，如图1-44所示。

图1-44 查看效果

1.4 工作表的基本操作

工作表存储在工作簿中，通常称为电子表格，它是工作簿的组成部分。工作表默认的名称为Sheet+数字。在Excel 2016中创建工作簿时，默认包含1张工作表。本节将介绍常见的工作表的基本操作。

1.4.1 创建工作表

在工作簿中，用户可以根据实际需要创建工作表。创建工作表的方法有很多，但是常用的为以下3种方法。

方法1 单击按钮法

Step 01 **新建工作表。** 打开"项目成本预算.xlsx"工作簿，单击工作表标签右侧的"新工作表"按钮，如图1-45所示。

Step 02 **查看新建工作表。** 即可在当前工作表右侧新建名为Sheet2的空白工作表，如图1-46所示。

实例文件

实例文件\第01章\原始文件\项目成本预算.xlsx

图1-45　单击"新工作表"按钮　　　图1-46　插入新工作表

方法2 功能区插入法

Step 01 **执行"插入工作表"命令。** 在"开始"选项卡中，单击"单元格"选项组的"插入"下拉按钮，在下拉列表中选择"插入工作表"选项，如图1-47所示。

Step 02 **查看效果。** 返回工作表中，可见在当前工作表左侧创建了名为Sheet2的工作表，如图1-48所示。

交叉参考

新建工作表后，是无法通过单击"撤销"按钮或按Ctrl+Z组合键进行撤销的，只能通过"删除"命令将其删除，将在1.4.5小节中具体介绍删除工作表的方法。

图1-47　选择"插入工作表"选项　　　图1-48　查看插入工作表效果

方法3 右键命令法

Step 01 **右击工作表标签**。选中工作表标签并右击，在弹出的快捷菜单中选择"插入"命令，如图1-49所示。

Step 02 **插入工作表**。打开"插入"对话框，在"常用"选项卡中选择"工作表"选项，单击"确定"按钮，即可完成工作表的插入操作，如图1-50所示。

> **提示**
>
> 选择工作表，按Shift+F11组合键，即可在该工作表的左侧插入一个新工作表。

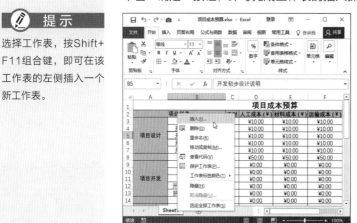

图1-49 选择"插入"命令

图1-50 选择"工作表"选项

1.4.2 选定工作表

若想对工作表进行编辑操作，首先要选中工作表，用户可以根据需要选择单张工作表，也可以选择多张工作表，下面介绍具体操作方法。

1. 选择单张工作表

工作簿中包含多张工作表时，用户只需将光标移至需要选择的工作表标签上，单击即可选中该工作表，如图1-51所示。

用户也可右击工作表标签左侧的向左或向右箭头按钮，打开"激活"对话框，在"活动文档"选项列表框中选择需要选定的工作表名称，单击"确定"按钮，如图1-52所示。

> **提示**
>
> 选中任意工作表，按Shift+Ctrl+Page Down组合键，即可选中当前工作表和下一张工作表；如果按Shift+Ctrl+Page Up组合键，可选中当前工作表和上张工作表。

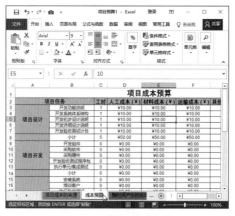

图1-51 单击工作表标签

图1-52 选择工作表

2. 选择多张工作表

当需要同时选中多张工作表时，用户可以根据需要选择连续的多张工作表，或者是不连续的多张工作表。要选择连续的多张工作表，则选择第一张工作表，然后按住Shift键，选择最后一张工作表，即可选中两张工作表之间所有工作表，如图1-53所示。

要选择任意不连续的工作表，则按住Ctrl键，依次单击需要选中的工作表，即可选择多张不连续的工作表，如图1-54所示。

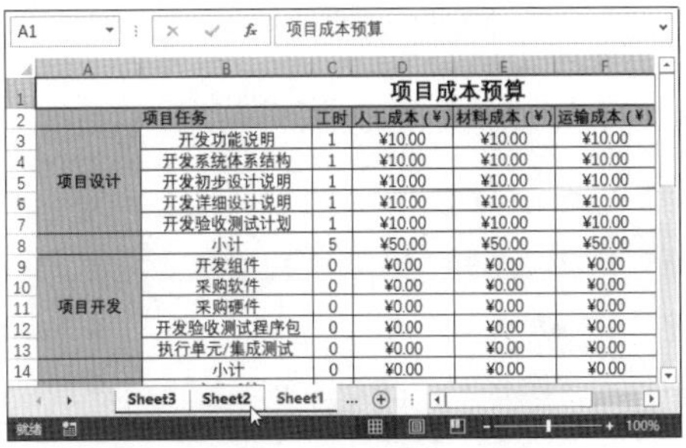

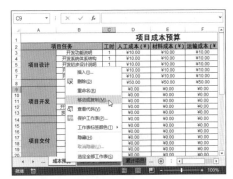

图1-53 选择连续多张工作表

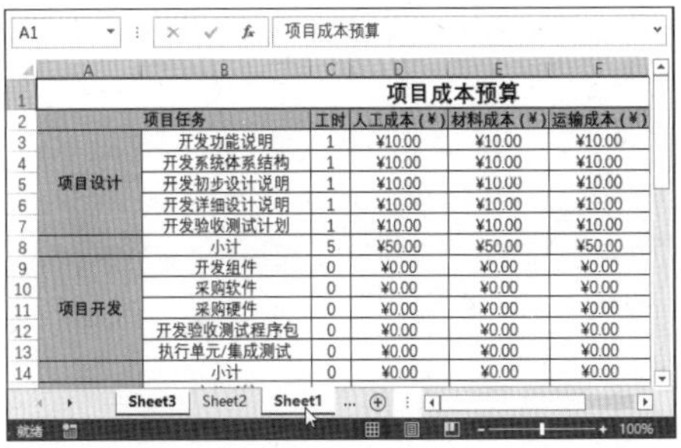

图1-54 选择不连续的多张工作表

1.4.3 移动和复制工作表

在管理工作表时，用户可以将工作表移动到目标位置，或者将工作表复制并移到指定位置，下面介绍具体操作方法。

Step 01 **打开"移动或复制工作表"对话框。**打开"项目预算.xlsx"工作簿，在"成本预算"工作表标签上右击，在快捷菜单中选择"移动或复制"命令，如图1-55所示。

Step 02 **选择位置。**打开"移动或复制工作表"对话框，在"下列选定工作表之前"选项列表框中选择工作表名称，单击"确定"按钮，如图1-56所示。

图1-55 选择"移动或复制"命令

图1-56 选择工作表

Step 03 **查看移动后的效果。**返回工作表中，可见选中的工作表移至指定的工作表之前，如图1-57所示。

Step 04 **复制工作表。**根据上述方法打开"移动或复制工作表"对话框，选择要复制到的位置后，勾选"建立副本"复选框，然后单击"确定"按钮，如图1-58所示。

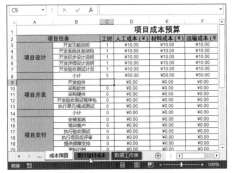

图1-57 完成移动工作表操作

图1-58 勾选"建立副本"复选框

» 实例文件

原始文件：
实例文件\第01章\原始
文件\项目预算.xlsx
最终文件：
实例文件\第01章\最终
文件\移动和复制工作表

提示

在同一工作簿中移动工作表时，可以使用鼠标直接拖曳工作表到指定位置，然后释放鼠标即可。

提示

用户也可以使用鼠标拖曳的方法复制工作表，和移动工作表操作方法一样，只是在拖动工作表时需要按住Ctrl键不放。

Step 05 查看复制工作表的效果。返回工作表中，可见选中的工作表已复制到指定位置，并且工作表名称后有数字序列，如图1-59所示。

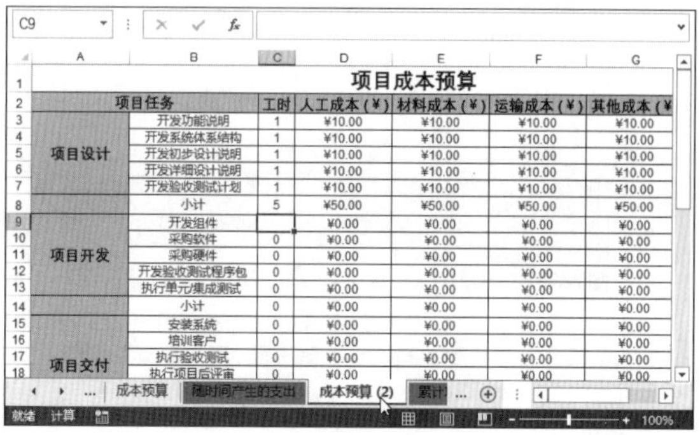

图1-59　复制工作表

1.4.4 重命名工作表

工作簿中工作表名称默认是以Sheet+数字命名的，用户可以为工作表重命名，方便下次查看时能快速识别工作表的内容。下面介绍重命名的操作方法，具体如下。

实例文件

原始文件：
实例文件\第01章\原始文件\减肥跟踪器.xlsx
最终文件：
实例文件\第01章\最终文件\重命名工作表.xlsx

Step 01 编辑工作表名称。打开“减肥跟踪器.xlsx”工作簿，选中工作表标签并右击，在快捷菜单中选择“重命名”命令，如图1-60所示。

Step 02 输入名称。可见工作表名称为可编辑状态，然后输入名称，如“第1个月”，按Enter键完成操作，如图1-61所示。

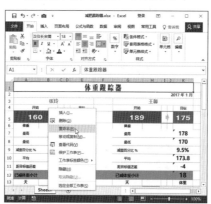

图1-60　选择“重命名”命令

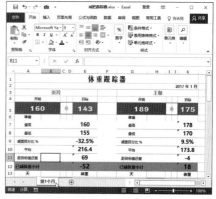

图1-61　输入工作表名称

提示

用户也可双击工作表名称，使工作表标签处于可编辑状态，然后重命名工作表名称。

1.4.5 删除工作表

当用户不需要工作表中的内容时，可以将该工作表删除，下面介绍两种删除工作表的方法。

方法1 右键快捷菜单删除法

选中需要删除的工作表标签，如选中Sheet2工作表，然后单击鼠标右键，在快捷菜单中选择“删除”命令，如图1-62所示。

方法2 功能区删除法

选中需要删除的工作表标签，切换至“开始”选项卡，单击“单元格”选项组中的“删除”下拉按钮，在下拉列表中选择“删除工作表”选项，即可删除选中的工作表，如图1-63所示。

图1-62 选择"删除"命令　　　　图1-63 选择"删除工作表"选项

1.4.6 隐藏/显示工作表

用户可以将不希望别人浏览的工作表隐藏，从而对工作表进行保护。若需要查看隐藏的工作表，再将其显示即可。下面介绍隐藏/显示工作表的操作方法，具体如下。

Step 01 隐藏工作表。选中需要隐藏的工作表，如选中"第2个月"工作表，然后单击鼠标右键，在弹出的快捷菜单中选择"隐藏"命令，如图1-64所示。

Step 02 查看隐藏后的效果。返回工作表中，可见"第2个月"工作表被隐藏了，如图1-65所示。

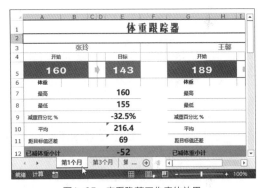

图1-64 选择"隐藏"命令　　　　图1-65 查看隐藏工作表的效果

Step 03 取消隐藏工作表。打开包含隐藏工作表的工作簿，选中任意工作表标签并右击，在弹出的快捷菜单中选择"取消隐藏"命令，如图1-66所示。

Step 04 选择需要取消隐藏的工作表。打开"取消隐藏"对话框，在"取消隐藏工作表"选项列表框中选择要取消隐藏的工作表，然后单击"确定"按钮，即可在工作簿中隐藏该工作表时的位置显示出来，如图1-67所示。

图1-66 选择"取消隐藏"命令　　　　图1-67 选择要取消隐藏的工作表

1.4.7 设置工作表标签颜色

在Excel中，用户可以设置工作表标签不同的颜色来区分不同的工作表，下面介绍具体操作方法。

Step 01 设置颜色。 选中工作表标签并右击，在快捷菜单中选择"工作表标签颜色"命令，在打开的颜色面板中选择所需颜色，如图1-68所示。

Step 02 查看效果。 返回工作表中，可见选中的工作表标签变成了设置的颜色，为了展示效果，选择其他任意工作表标签，效果如图1-69所示。

图1-68 选择颜色　　　　　　　　　图1-69 查看设置工作表标签颜色的效果

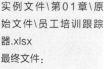
1.4.8 保护工作表

当用户不希望工作表中的数据被其他人修改时，可以设置工作表保护，或者设置浏览者的修改权限，下面介绍具体操作方法。

Step 01 启动保护工作表功能。 打开"员工培训跟踪器.xlsx"工作簿，切换至"审阅"选项卡，单击"保护"选项组中的"保护工作表"按钮，如图1-70所示。

Step 02 设置密码。 打开"保护工作表"对话框，在"取消工作表保护时使用的密码"数值框中输入密码，如输入111，单击"确定"按钮，如图1-71所示。

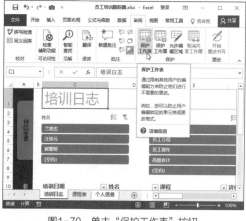
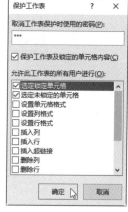

图1-70 单击"保护工作表"按钮　　　　图1-71 输入密码

Step 03 确认密码。 打开"确认密码"对话框，在"重新输入密码"数值框中输入相同的密码，单击"确定"按钮，如图1-72所示。

Step 04 保护工作表不被修改。 至此，工作表保护设置完成，如果在工作表中修改或编辑数据，Excel会弹出提示对话框，提示单元格受保护，必须先取消工作表保护，如图1-73所示。

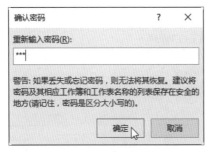

图1-72　输入密码　　　　　　　　　　　　　　　图1-73　提示信息

Step 05 **设置权限**。返回至步骤2，在"保护工作表"对话框中输入密码为111，在"允许此工作表的所有用户进行"列表框中勾选"设置单元格格式"复选框，然后单击"确定"按钮，如图1-74所示。

Step 06 **设置单元格格式**。打开"确认密码"对话框，输入密码后，单击"确定"按钮，返回工作表。选中D11：D20单元格区域，切换至"开始"选项卡，单击"字体"选项组的"填充颜色"下拉按钮，如图1-75所示。

图1-74　勾选"设置单元格格式"复选框　　　　图1-75　单击"填充颜色"下拉按钮

Step 07 **查看设置效果**。在打开的颜色面板中选择浅紫色，可见选中的单元格应用该填充颜色，如图1-76所示。

图1-76　查看设置单元格格式的效果

Step 08 **撤销工作表保护**。切换至"审阅"选项卡，单击"保护"选项组中"撤销工作表保护"按钮，打开"撤销工作表保护"对话框，输入密码111，单击"确定"按钮即可，如图1-77所示。

图1-77　撤销工作表保护

用户还可以为工作簿设置打开密码的同时，为工作表设置修改密码，则需要在"另存为"对话框中实现，下面介绍具体操作方法。

Step 01 **另存为工作表**。执行"文件>另存为"操作，然后选择"浏览"选项，如图1-78所示。

Step 02 **设置保存方式**。打开"另存为"对话框，选择保存路径并设置文件名称，单击"工具"下拉按钮，在列表中选择"常规选项"选项，如图1-79所示。

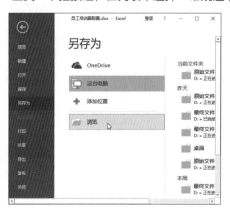

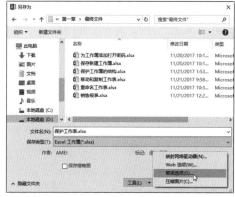

图1-78　选择"浏览"选项　　　　　　图1-79　选择"常规选项"选项

Step 03 **设置密码**。打开"常规选项"对话框，分别在"打开权限密码"和"修改权限密码"数值框中输入密码为111和222，单击"确定"按钮，如图1-80所示。

Step 04 **确认密码**。打开"确认密码"对话框，在数值框中输入确认打开密码为111，单击"确定"按钮，再次打开"确认密码"对话框，然后输入修改权限密码为222，单击"确定"按钮，如图1-81所示。

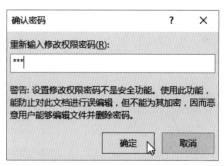

图1-80　输入密码　　　　　　　　图1-81　确认密码

> **提示**
>
> 当用户只知道打开密码时，在输入修改密码对话框中单击"只读"按钮，可以只读方式浏览工作表，不能保存编辑的数据，但可以执行另存为操作。

Step 05 **验证保护效果。** 返回至"另存为"对话框,单击"保存"按钮完成设置。关闭工作表,在保存文件夹中打开受保护的工作表时,将打开"密码"对话框,分别输入打开和修改权限密码即可,如图1-82所示。

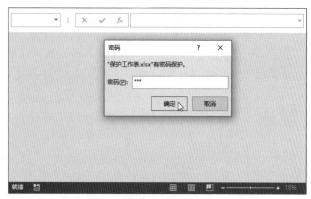

图1-82 输入密码

1.5 单元格的基本操作

单元格是工作表最基础的组成部分,是行和列交叉形成的格子,也是用户输入数据的存储单位。用户对工作表的各项操作都是通过对单元格操作完成的。本节将介绍单元格的插入、选择、合并以及保护等基本操作。

1.5.1 选择单元格

选择单元格是使用工作表时最频繁的操作之一,一般包括以下几种类型:选择单个单元格、选择单元格区域、选择整行或整列、选择全部单元格。

1. 选择单个单元格

直接将光标移至需要选中的单元格上,然后单击即可选中该单元格,如选择A5单元格后,在名称框中将显示该单元格的名称,在编辑栏中显示单元格的内容,如图1-83所示。

2. 选择单元格区域

用户可以根据需要选择连续或不连续的单元格区域,若选择连续的单元格区域,则首先选中区域中的第一个单元格,按住鼠标左键拖曳至区域的最后一个单元格,释放鼠标即可;若选择不连续的单元格区域,则按住Ctrl键,然后逐个选择所需单元格即可,如图1-84所示。

提示

在名称框中输入单元格名称,然后按Enter键即可选中该单元格。

图1-83 选择单个单元格

图1-84 选择不连续的单元格区域

3. 选择整行或整列

将光标移至行号的位置时会变为向右的箭头，然后单击即可选中该行。若选择多行，可以使用选择单元格区域的方法，选择连续的行，也可按住Ctrl键的同时选择不连续的行，如图1-85所示。其中选择列的方法和选择行一样，此处不再赘述。

4. 选择所有单元格

如果需要选择所有的单元格，可将光标移至行号和列标交叉处，单击全选按钮即可，如图1-86所示。

图1-85 选择不连续的行

图1-86 选择全部单元格

1.5.2 移动单元格

在工作表中移动单元格时，只是移动单元格的内容，单元格的名称是随之发生变化的，而且移动后该位置自动填充空白单元格。下面介绍移动单元格内容的操作方法，具体如下。

Step 01 拖曳单元格。选中D5单元格，将光标移至任意一条边上，会出现4个黑色的箭头，按住鼠标拖曳，如图1-87所示。

Step 02 完成移动单元格操作。当拖曳至目标位置时，释放鼠标左键即可完成单元格的移动操作，如图1-88所示。

图1-87 拖曳单元格

图1-88 查看移动单元格后的效果

1.5.3 插入和删除单元格

用户可以根据需要对单元格执行插入或删除操作，下面介绍具体操作方法。

Step 01 插入单元格。首先选中插入单元格的位置，如选中C5单元格，切换至"开始"选项卡，单击"单元格"选项组中的"插入"下拉按钮，在下拉列表中选择"插入单元格"选项，如图1-89所示。

Step 02 活动单元格右移。打开"插入"对话框，选择"活动单元格右移"单选按钮，单击"确定"按钮，如图1-90所示。

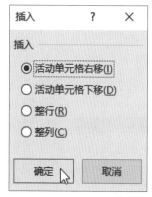

图1-89 选择"插入单元格"选项   图1-90 选中"活动单元格右移"单选按钮

Step 03 **查看效果。**返回工作表中，可见在C5插入空白单元格，原单元格向右移动，如
图1-91所示。

Step 04 **删除单元格。**选中需要删除的单元格，如选择C5单元格，在"开始"选项卡的
"单元格"选项组中单击"删除"下拉按钮，在下拉列表中选择"删除单元格"选项，如
图1-92所示。

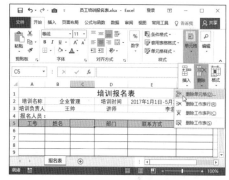

图1-91 查看插入单元格的效果   图1-92 选择"删除单元格"选项

Step 05 **选择需要删除的选项。**打开"删除"对话框，选择"右侧单元格左移"单选按
钮，然后单击"确定"按钮，如图1-93所示。

Step 06 **查看删除单元格的效果。**返回工作表中，可见选中的单元格被删除，位于该单元
格右侧的单元格区域依次向左移动，如图1-94所示。

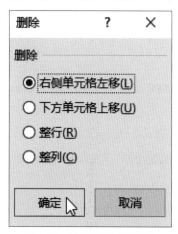

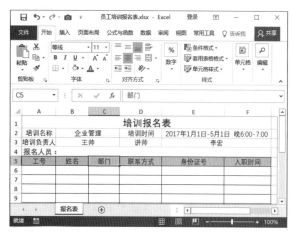

图1-93 打开"删除"对话框   图1-94 查看删除单元格的效果

1.5.4 合并与取消合并单元格

在制作表格时，为了使表格更整齐、美观，用户可以执行合并单元格操作，特别是制作表格标题的时候。合并单元格就是将多个连续的单元格合并为一个大的单元格，取消合并单元格与合并单元格相反，下面介绍具体操作方法。

Step 01 选中需要合并的单元格区域。首先选择所需单元格区域，如选中A1:F1单元格区域，切换至"开始"选项卡，单击"对齐方式"选项组中的"合并后居中"下拉按钮，在下拉列表中选择"合并后居中"选项，如图1-95所示。

Step 02 查看合并单元格的效果。返回工作表中，可见选中的单元格区域变为一个大的单元格，并且内容居中显示了，如图1-96所示。

图1-95　选择"合并后居中"选项

图1-96　查看合并后的效果

上述介绍将选中的单元格合并为一个大的单元格的方法，用户也可选择多行单元格区域，然后每行合并为一个单元格，下面介绍具体的操作方法。

Step 03 选择单元格。选中需要合并的单元格区域，如选择B2:C3单元格区域，切换至"开始"选项卡，单击"对齐方式"选项组中的"合并后居中"下拉按钮，在下拉列表中选择"跨越合并"选项，如图1-97所示。

Step 04 查看跨越合并后的效果。返回工作表中，可见选中的单元格区域按行合并单元格，如图1-98所示。

图1-97　选择"跨越合并"选项

图1-98　查看按行合并单元格的效果

Step 05 取消合并单元格。选中合并后的单元格，切换至"开始"选项卡，单击"对齐方式"选项组中的"合并后居中"按钮，或者单击该下拉按钮，在列表中选择"取消单元格合并"选项，即可完成取消合并单元格的操作，如图1-99所示。

图1-99 取消合并单元格

1.5.5 为单元格添加批注

当需要对单元格内容进行说明时，用户可以为该单元格添加批注。添加批注后，用户也可以根据需对其进行时实更新，下面介绍添加批注的操作方法。

Step 01 **新建批注**。首先选择单元格，如选中E3单元格，切换至"审阅"选项卡，单击"批注"选项组中的"新建批注"按钮，如图1-100所示。

Step 02 **输入批注内容**。返回工作表中，可见在选中单元格右侧弹出批注框，然后输入相关内容，输入完成后单击任意单元格即可，如图1-101所示。

> **提示**
>
> 用户还可以使用右键快捷菜单添加批注，即右击单元格，在快捷菜单中选择"插入批注"命令。

图1-100 单击"新建批注"按钮

图1-101 查看插入批注的效果

Step 03 **编辑批注**。选择需要编辑批注的单元格，切换至"审阅"选项卡，单击"批注"选项组中的"编辑批注"按钮，批注处于可编辑状态，如图1-102所示。

图1-102 单击"编辑批注"按钮

如果需要删除批注，只需选中该单元格，然后单击"批注"选项组中的"删除"按钮即可，如图1-103所示。

当工作表中包含很多批注时，如果需要全部删除，一个个删除费时费力。用户可以在"开始"选项卡的"编辑"选项组中单击"查找和选择"下拉按钮，在列表中选择"定位条件"选项，如图1-104所示。

图1-103　删除单个批注

图1-104　选择"定位条件"选项

打开"定位条件"对话框，选择"批注"单选按钮，然后单击"确定"按钮，即可选中工作表中所有添中批注的单元格，如图1-105所示。

然后单击"编辑"选项组中的"清除"下拉按钮，在下拉列表中选择"清除批注"选项即可，如图1-106所示。

> **提示**
>
> 选中所有添加批注的单元格后，也可单击"批注"选项组中的"删除"按钮来删除批注。

图1-105　选择"批注"单选按钮

图1-106　选择"清除批注"选项

1.5.6　保护部分单元格

保护部分单元格，即保护工作表中一部分单元格区域不被修改，其余单元格可以被编辑。因此我们有两种思路，第一种是保护部分单元格不被修改，第二种是设置允许修改的单元格区域。下面介绍保护部分单元格的两种操作方法，具体如下。

方法1　保护部分单元格不被修改

Step 01　全选工作表。 打开"员工培训报名表.xlsx"工作表，单击全选按钮，选择所有单元格，单击"开始"选项卡下"对齐方式"选项组的对话框启动器按钮，如图1-107所示。

Step 02　取消锁定单元格。 打开"设置单元格格式"对话框，切换至"保护"选项卡，取消勾选"锁定"复选框，单击"确定"按钮，如图1-108所示。

图1-107 单击对话框启动器按钮

图1-108 取消勾选"锁定"复选框

Step 03 **锁定保护的单元格**。返回工作表中，选择需要保护的单元格区域，如选择A2:F5单元格区域，再次打开"设置单元格格式"对话框，勾选"锁定"复选框，然后单击"确定"按钮，如图1-109所示。

Step 04 **设置保护工作表**。返回工作表中，切换至"审阅"选项卡，单击"保护"选项组中的"保护工作表"按钮，打开"保护工作表"对话框，设置密码为111，单击"确定"按钮，如图1-110所示。

图1-109 勾选"锁定"复选框

图1-110 输入密码

Step 05 **查看设置效果**。打开"确认密码"对话框，输入111，单击"确定"按钮。返回工作表中，如果试图修改被保护部分的单元格区域，Excel将弹出提示对话框，提示该区域不能被修改，如果修改保护单元格区域外的单元格，则正常操作，如图1-111所示。

图1-111 输入数据

>> 实例文件

原始文件：
实例文件\第01章\原始
文件\出差申请表.xlsx
最终文件：
实例文件\第01章\最终
文件\允许用户编辑区
域.xlsx

方法2 设置允许用户编辑区域

Step 01 启动允许用户编辑功能。打开"出差申请表.xlsx"工作表，切换至"审阅"选项卡，单击"保护"选项组中的"允许编辑区域"按钮，如图1-112所示。

Step 02 新建可编辑区域。打开"允许用户编辑区域"对话框，单击"新建"按钮，如图1-113所示。

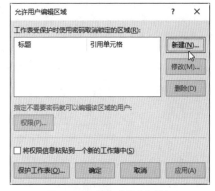

图1-112 单击"允许编辑区域"按钮　　　　图1-113 单击"新建"按钮

Step 03 选择可编辑区域。打开"新区域"对话框，在"标题"文本框中区域输入名称，然后单击"引用单元格"右侧折叠按钮，返回表格中选择允许用户编辑的单元格区域，然后单击"确定"按钮，如图1-114所示。

Step 04 设置保护工作表。返回"允许用户编辑区域"对话框，单击"保护工作表"按钮，在打开的对话框中设置密码为111，单击"确定"按钮，如图1-115所示。

提示

在步骤4中的"允许用
户编辑区域"对话框，
可以单击"确定"按
钮，然后切换至"审
阅"选项卡，单击"保
护"选项组中的"保护
工作表"按钮。

图1-114 选择单元格　　　　1-115 输入密码

Step 05 查看保护效果。输入确认密码后单击"确定"按钮，返回表格中。此时用户如果在允许输入区域外编辑数据，Excel会弹出提示对话框，提示不能修改数据，在允许编辑区域内输入数据，则正常操作，如图1-116所示。

图1-116 输入数据

1.6 数据的输入

在Excel中可以存储各种类型的数据,如文本、数值、日期以及公式等,除此之外还可以存储逻辑值。本节主要针对这几种类型的数据介绍其输入方法。

1.6.1 文本型数据的输入

在Excel中,文本型数据包括汉字和英文字母等,数字也可以做为文本型数据输入,但是在输入之前需要进行设置。文本型数据在单元格中默认为左对齐,下面介绍具体的输入方法。

Step 01 输入汉字。在输入数据之前,首先要选择需要选择输入数据的单元格,如选择B3单元格,然后输入员工姓名,如图1-117所示。

Step 02 输入身份证号码。选中E2单元格,然后直接输入18位身份证号码,此时数据以科学计数法显示,如图1-118所示。

图1-117　输入汉字　　　　　　　图1-118　输入身份证号码

Step 03 设置单元格区域的格式。选择E3:E10单元格区域,按Ctrl+1组合键,打开"设置单元格格式"对话框,在"数字"选项卡中选择"文本"选项,单击"确定"按钮,如图1-119所示。

Step 04 验证效果。在E3单元格中重新输入18位身份证号码,可见显示完整的数字,如图1-120所示。

<!-- 提示 -->
提示

在Excel中如果输入超过11位数字时,可以先输入"'"(英文状态下单引号),然后输入数字,即可输入文本型数据。

图1-119　设置单元格区域为文本格式　　　　图1-120　显示身份证号码

1.6.2

数值型数据的输入

对于经常使用Excel的用户，数值型数据是最常见的数据类型之一。在Excel中输入数值后默认情况下是右对齐。下面主要介绍数值和货币数据的输入方法。

Step 01 输入员工的工龄。 选择F3单元格，使用键盘输入相应的数据，如输入数字5，输入完成后，按Enter键即可，如图1-121所示。

Step 02 选择设置的单元格区域。 选中F3:F 10单元格区域，切换至"开始"选项卡，单击"数字"选项组的对话框启动器，如图1-122所示。

图1-121 输入数值

图1-122 单击对话框启动器按钮

Step 03 设置数值的小数位数。 打开"设置单元格格式"对话框，在"数字"选项卡中选择"数值"选项，在右侧的"小数位数"数值框中输入2，然后单击"确定"按钮，如图1-123所示。

Step 04 查看设置效果。 在该单元格区域中输入数值后，自动保留两位小数，如图1-124所示。

图1-123 设置两位小数位数

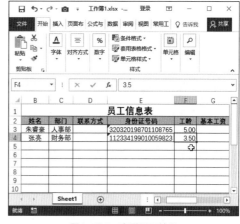

图1-124 查看显示效果

Step 05 设置单元格为货币格式。 选择G3:G10单元格区域，切换至"开始"选项卡，单击"数字"选项组中的"数字格式"下拉按钮，在下拉列表中选择"货币"选项，如图1-125所示。

Step 06 输入货币。 在G3单元格中输入2800，然后按Enter键，可见在单元格中显示货币符号并保留两位小数，在编辑栏中显示输入的实际内容，然后再输入其他数值，如图1-126所示。

图1-125 选择"货币"选项　　　　　　图1-126 查看输入货币数据的效果

1.6.3 日期和时间型数据的输入

Excel提供多种日期格式，用户在输入日期时可以直接输入，年月日之间使用"/"或"-"进行分隔，也可以设置单元格的格式，下面介绍具体操作方法。

Step 01 **直接输入日期。**选择H3单元格，在"数字"选项组的"数字格式"文本框中显示"常规"，然后输入"2012-5-10"，如图1-127所示。

Step 02 **查看输入日期效果。**按Enter键确认输入，在单元格中显示为"5/10/2012"，在"数字格式"文本框中显示"日期"，如图1-128所示。

提示

如果需要输入当前日期，则选择单元格后按Ctrl+;组合键，可快速输入当前电脑中的日期；若按Ctrl+Shift+;组合键，可输入当前电脑中的时间。

图1-127 输入日期　　　　　　　　图1-128 确认输入

Step 03 **打开"设置单元格格式"对话框。**选择H3:H10单元格区域，然后按Ctrl+1组合键，在打开的"设置单元格格式"对话框中选择"日期"选项，在右侧"类型"列表框中选择所需的日期格式，在下方还可以进行所在的国家/地区的区域设置，如选择"中文（中国）"选项，单击"确定"按钮，如图1-129所示。

Step 04 **查看设置效果。**在G4单元格中输入日期，可见单元格中显示设置的日期形式，在编辑栏中显示默认的格式，如图1-130所示。

时间的输入与日期相似，此处不再详细介绍。用户可以在时、分、秒之间使用":"来分隔，也可以在"设置单元格格式"对话框中进行设置。

交叉参考

用户也可以使用TODAY和TIME函数输入当前日期和时间。这两种函数分别在6.1.1和6.4.1小节中详细介绍。

图1-129 设置日期格式

图1-130 输入日期

1.6.4 更高效地输入数据

之前介绍几种类型数据的常规输入，在Excel中输入数据有很多技巧和规律，在工作和学习中使用这些技巧可以大大提高工作效率。下面介绍常用的几种数据输入技巧。

1. 输入以0开头的数据

在Excel中会经常遇到输入以0开头的数字的情况，但是正常输入时，前面的0会自动不显示。我们可以通过两种方法实现输入以0开头的数据，第一种是之前介绍的将单元格格式设置为文本，此处不再介绍。下面我们介绍第二种方法，具体操作步骤如下。

Step 01 设置自定义单元格格式。选择A3:A10单元格区域，打开"设置单元格格式"对话框，选择"自定义"选项，在"类型"文本框中输入0000，然后单击"确定"按钮，如图1-131所示。

Step 02 输入数据。返回工作表中，在A3单元格中输入1，按Enter键确认，单元格中显示为0001，而在编辑栏中显示1，如图1-132所示。

（**提示**

在步骤1中，设置单元格类型为0000，表示数据为4位数，当输入小于4位时，自动在数据前添加0并补齐4位。如果在"类型"文本框中输入"@"，则不限位数，单元格内的数据和编辑栏中数据是一致的。

图1-131 自定义单元格格式

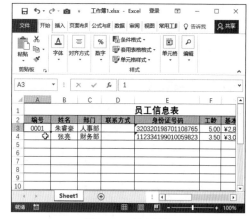

图1-132 输入数据

2. 序列填充

当需要输入连续的数字或等差数字时，我们不需逐个输入，只需使用Excel的序列填充功能即可快速输入数据，下面介绍具体操作方法。

Step 01 启用序列功能。打开"员工信息表.xlsx"工作表，在A3单元格中输入0001，选中A3单元格，切换至"开始"选项卡，单击"编辑"选项组中的"填充"下三角按钮，在列表中选择"序列"选项，如图1-133所示。

实例文件

原始文件：
实例文件\第01章\原始
文件\员工信息表.xlsx
最终文件：
实例文件\第01章\最终
文件\序列填充.xlsx

Step 02 **设置序列填充。** 打开"序列"对话框，在"序列产生在"区域中选择"列"单选按钮，设置步长值和终止值，然后单击"确定"按钮，如图1-34所示。

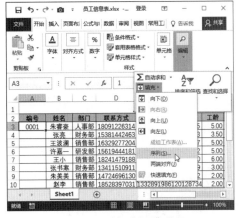

图1-133　选择"序列"选项　　　　　　　　图1-134　设置序列参数

提示

在A3单元格中输入0001，将光标移至该单元格右下角，按住鼠标左键向下拖曳至A10单元格，并释放鼠标，然后单击右下角的"自动填充选项"下拉按钮，在列表中选中"填充序列"单选按钮，完成数据填充。

Step 03 **查看填充效果。** 返回工作表中，可见Excel自动填充了序列数据，如图1-135所示。

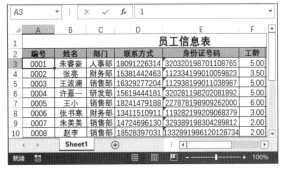

图1-135　完成序列填充

3. 同时输入相同数据

当需要在多个单元格中输入相同数据时，可以选中多个单元格同时输入，即节省时间还不容易输入错误，下面介绍具体操作方法。

Step 01 **选择单元格。** 首先，按住Ctrl键依次选择要输入相同数据的单元格，如图1-136所示。

Step 02 **输入数据。** 输入"销售部"文本，然后按Ctrl+Enter组合键，可见选中的单元格同时输入了相同的数据，如图1-137所示。

 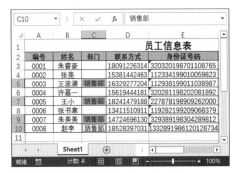

图1-136　选择单元格　　　　　　　　　　图1-137　显示数据

上述介绍的是在同一工作表的多个单元格中输入相同的数据，用户也可以在同一工作簿中不同的工作表中输入相同数据。首先，按住Ctrl键选择工作表，然后在单元格中输入数据，按Enter键即可。

4. 使用数据验证输入数据

在输入数据时，为了更准确无误地输入数据，我们可以通数据验证功能输入数据，下面介绍具体操作方法。

Step 01 **启用数据验证功能。** 打开"员工信息表.xlsx"工作表，选中C3:C10单元格区域，切换至"数据"选项卡，单击"数据工具"选项组中的"数据验证"下三角按钮，在下拉列表中选择"数据验证"选项，如图1-138所示。

Step 02 **设置输入内容。** 弹出"数据验证"对话框，在"允许"列表中选择"序列"选项，在"来源"文本框中输入"人事部,财务部,销售部，研发部"（用英文状态的逗号隔开），如图1-139所示。

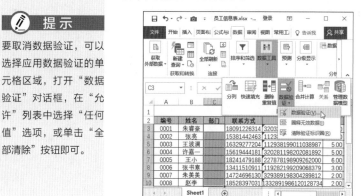

图1-138　选择"数据验证"选项

图1-139　输入数据

Step 03 **在表格中输入数据。** 返回工作表中，选中C3单元格并单击右侧下三角按钮，在列表中选择所需的数据即可，如图1-140所示。

Step 04 **验证非法数据。** 在C4单元格中输入"销售"文本，然后按Enter键，将弹出提示对话框，提示此值与单元格定义的数据验证限制不匹配，如图1-141所示。

图1-140　选择相应的选项

图1-141　弹出提示对话框

除了上述介绍的使用数据验证功能从下拉列表中选择输入数据外，还可以使用右键菜单命令法实现该操作，下面介绍具体方法。

Step 01 **输入数据。** 在D3:D5单元格区域中输入相应的学历文本，然后选中D6单元格并右击，在快捷菜单中选择"从下拉列表中选择"命令，如图1-142所示。

Step 02 **选择数据**。在D6单元格下方显示本列之前输入的数据，选择相应的数据选项即可，如图1-143所示。

图1-142 选择"从下拉列表中选择"选项　　　　图1-143 选择相应用的选项

5. 自动更正数据

自动更正功能比较适合输入较长的文本，我们可以使用简单的字母代替该文本，下面介绍具体操作方法。

Step 01 **启用自动更正功能**。执行"文件>选项"操作，打开"Excel选项"对话框，选择"校对"选项，单击"自动更正选项"按钮，如图1-144所示。

Step 02 **设置替换内容**。弹出"自动更正"对话框，在"替换"文本框中输入w，在"为"文本框中输入"某某文化传播有限公司"，单击"添加"按钮，然后依次单击"确定"按钮，如图1-145所示。

图1-144 单击"自动更正选项"按钮　　　　图1-145 添加替换内容

Step 03 **查看效果**。返回工作表中，在C2单元格中输入w，按Enter键后则显示替换的内容，如图1-146所示。

图1-146 显示替换内容

> **提示**
>
> 若要取消w代替"某某文化传播有限公司"的操作，只需在"自动更正"对话框中选中此选项，然后单击"删除"按钮即可。

1.7 工作表的美化

工作表编辑完成后，用户可以对其进行美化操作，使表格耳目一新，让浏览者不会为枯燥的数据而影响心情。下面主要介绍设置单元格格式、单元格样式以及表格格式等的操作方法。

1.7.1 设置单元格格式

在Excel表格中输入各种类型数据后，其对齐方式是不同的，而且字体、字号都是默认的，整个表格看起来不整齐。用户可以通过设置单元格格式，进行统一设置，使表格不但美观整齐，而且还更专业。

1. 设置字体格式

字体格式包括字体、字形、字号、颜色等，Excel默认的字体格式为黑色11号宋体，下面介绍设置表格表头格式的方法。

Step 01 启用设置单元格格式功能。打开"固定资产表.xlsx"工作表，选中A1:K1单元格区域，单击"对齐方式"选项组的对话框启动器按钮，如图1-147所示。

Step 02 设置合并单元格。打开"设置单元格格式"对话框，在"对齐"选项卡的"文本控制"选项区域中勾选"合并单元格"复选框，如图1-148所示。

图1-147 选择单元格区域　　　　　　图1-148 勾选"合并单元格"复选框

Step 03 设置字体格式。切换至"字体"选项卡，设置字体为"方正康体简体"、字形为"加粗"、字号为16，并设置颜色，最后单击"确定"按钮，如图1-149所示。

Step 04 查看设置效果。返回工作表中，可见表格的标题应用了设置的格式，根据相同的方法设置第2行文本的字体格式，如图1-150所示。

图1-149 设置文本格式　　　　　　图1-150 查看效果

2. 设置文本对齐方式和表格边框样式

在数据输入时，各种数据类型是保持默认的对齐方式，要使表格整齐，设置表格的对齐方式是必不可少的操作。工作表中的网格线在打印时是不显示的，因此用户还需为表格添加边框。下面介绍设置文本对齐方式和表格边框样式的操作文法，具体如下。

Step 01 **打开对话框**。打开"固定资产表.xlsx"工作表，选择表格区域任意单元格，按Ctrl+A组合键全选数据，按Ctrl+1组合键，打开"设置单元格格式"对话框，在"对齐"选项卡中设置"水平对齐"和"垂直对齐"均为"居中"，单击"确定"按钮，如图1-151所示。

Step 02 **查看对齐效果**。返回工作表中，可见选中的所有数据均居中对齐，如图1-152所示。

图1-151 设置文本"居中"对齐

图1-152 查看文本居中显示效果

Step 03 **设置外边框样式**。全选数据单元格，打开"设置单元格格式"对话框，切换至"边框"选项卡，选择线条样式，并设置线条颜色，然后单击"外边框"按钮，如图1-153所示。

Step 04 **设置内部线条**。根据相同的方法设置内部线条的样式，单击"确定"按钮，如图1-154所示。

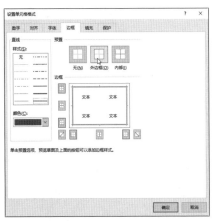

图1-153 设置表格外边框样式

图1-154 设置表格内边框样式

Step 05 **查看设置边框的效果**。返回工作表中，可见选中数据区域应用了设置的边框样式。为了展效果，在第一行和第一列插入空白行和列，然后隐藏几行，使表格显示完全，效果如图1-155所示。

图1-155 查看设置表格边框样式的效果

3. 设置表格底纹

Excel工作表默认的底纹颜色是白色，用户可以通过添加颜色、图案使表格更美观，下面介绍具体操作方法。

Step 01 **设置底纹颜色**。选择表格区域所有单元格，然后单击鼠标右键，在快捷菜单中选择"设置单元格格式"命令，如图1-156所示。

Step 02 **选择底纹颜色**。在打开的"设置单元格格式"对话框中选择"填充"选项卡，选择合适的颜色后，单击"确定"按钮，如图1-157所示。

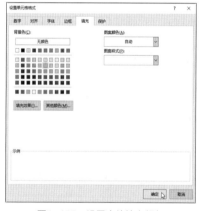

图1-156 选择"设置单元格格式"命令　　　图1-157 设置底纹填充颜色

Step 03 **查看设置底纹的效果**。返回工作表中，可见选中的数据区域添加了所选的底纹颜色，效果如图1-158所示。

用户还可以为表格填充图案，即在"设置单元格格式"对话框的"填充"选项卡中，单击"图案样式"下拉按钮，在下拉列表中选择所需图案，然后在"图案颜色"列表中选择合适的颜色，单击"确定"按钮。

图1-158 查看设置边框样式的效果

1.7.2 应用单元格样式

Excel提供多种单元格样式，其中包括数据和模型、标题、主题单元格样式以及数字格式等，用户可直接套用，下面介绍具体操作方法。

Step 01 套用单元格样式。全选数据单元格区域，切换至“开始”选项卡，单击“样式”选项组的“单元格样式”下拉按钮，如图1-159所示。

Step 02 选择样式。在下拉列表中选择合适的样式选项，如图1-160所示。

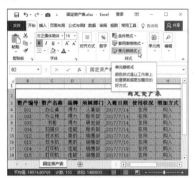

图1-159 单击“单元格样式”下拉按钮

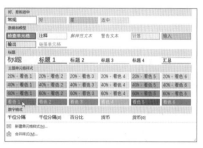

图1-160 选择所需单元格样式

> **提示**
>
> 要删除单元格样式，则在打开的单元格样式列表中需要删除的样式上右击，在快捷菜单中选择“删除”命令即可。

Step 03 查看套用单元格样式的效果。返回工作表中，可见选中的单元格区域应用了选中的单元格样式，如图1-161所示。

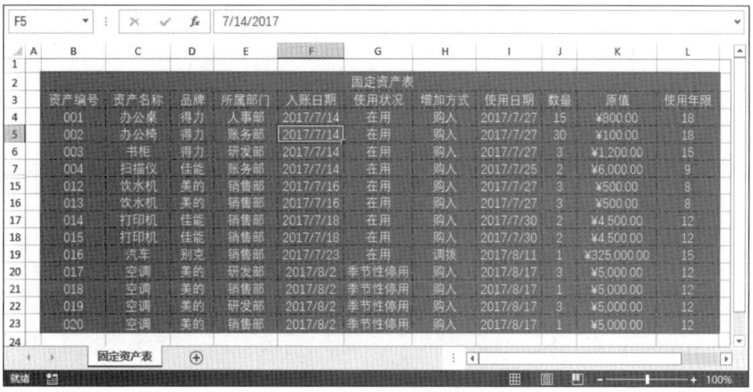

图1-161 查看效果

Step 04 修改单元格样式。选中表格内任意单元格，切换至“开始”选项卡，单击“样式”选项组的“单元格样式”下三角按钮，在列表中右击需要修改的样式，在快捷菜单中选择“修改”命令，如图1-162所示。

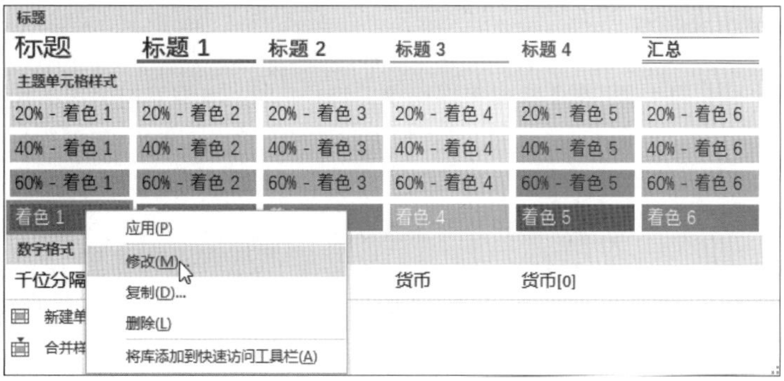

图1-162 选择“修改”命令

用户也可以自定义单元格样式，选择单元格，单击"样式"选项组的"单元格样式"下三角按钮，在列表中选择"新建单元格样式"选项，在打开的"样式"对话框中，根据修改样式的方法设置单元格样式即可。

Step 05 启用格式设置功能。打开"样式"对话框，在"样式包括"区域显示了已经应用的单元格样式的格式，保持默认状态，单击"格式"按钮，如图1-163所示。

Step 06 设置单元格格式。打开"设置单元格格式"对话框，设置单元格格式，然后单击"确定"按钮，如图1-164所示。

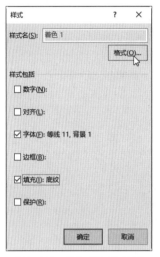

图1-163　单击"格式"按钮　　　　图1-164　设置单元格格式

Step 07 查看修改样式后的效果。返回工作表中，可见表格应用修改后的单元格样式，如图1-165所示。

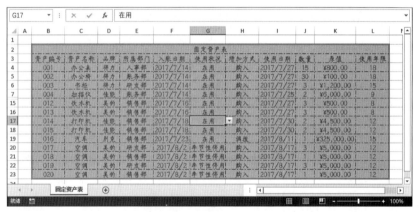

图1-165　查看效果

1.7.3 套用表格格式

Excel提供多种表格格式，套用的方法和单元格样式一样，下面介绍具体操作方法。

Step 01 选择表格格式。选择B3:L23单元格区域，切换至"开始"选项卡，单击"样式"选项组的"套用表格格式"下拉按钮，在展开的列表中选择合适的表格样式，如图1-166所示。

Step 02 确定数据来源。打开"套用表格式"对话框，保持默认状态，单击"确定"按钮，如图1-167所示。

Step 03 查看套用表格式的效果。返回工作表中，可见选中区域应用了表格样式，而且启用筛选功能，在功能区增加了"表格工具"选项卡，如图1-168所示。

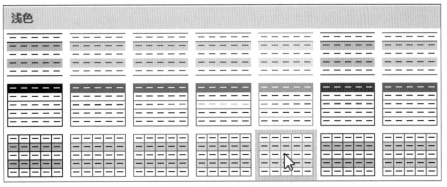

图1-166 选择表格格式

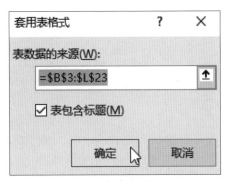

图1-167 单击"确定"按钮

图1-168 查看效果

Step 04 转换为普通表格区域。 切换至"表格工具-设计"选项卡，单击"工具"选项组的"转换为区域"按钮，弹出提示对话框，单击"是"按钮，将表格转换为普通数据表，功能区不再显示"表格工具"选项卡，如图1-169所示。

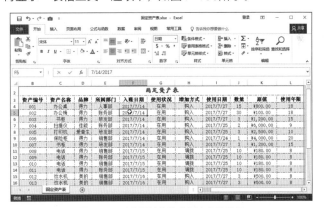

图1-169 查看转换为普通表格的效果

1.7.4 添加背景图片

前面介绍了在"设置单元格格式"对话框中设置表格底纹填充颜色的方法，用户也可以将漂亮的图片添加到工作表中作为背景，下面介绍具体操作方法。

Step 01 启用添加背景功能。 打开工作表，切换至"页面布局"选项卡，单击"页面设置"选项组的"背景"按钮，如图1-170所示。

Step 02 选择图片。 打开"插入图片"面板，单击"浏览"按钮，弹出"工作表背景"对话框，选择合适的背景图片，单击"插入"按钮，如图1-171所示。

图1-170　单击"背景"按钮　　　　　　图1-171　单击"插入"按钮

Step 03 **查看添加背景图片的效果**。返回工作表中，可见工作表背景应用了所选择的图片，如图1-172所示。

Step 04 **设置只填充数据区域**。选择工作表所有单元格，单击"字体"选项组的"填充颜色"下三角按钮，在列表中选择白色，如图1-173所示。

提示

删除背景图片的方法为，切换至"页面布局"选项卡，单击"页面设置"选项组中"删除背景"按钮即可。

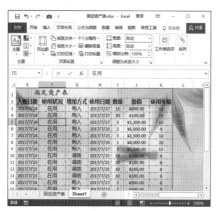

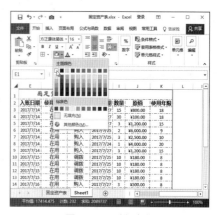

图1-172　查看设置背景图片的效果　　　　图1-173　选择白色

Step 05 **设置数据填充区域**。选择表格中的数据区域，单击"填充颜色"下三角按钮，在列表中选择"无填充"选项，如图1-174所示。

Step 06 **查看只填充数据区域的效果**。在表格的第一行和第一列分别插入一行或一列，展示的效果才更明显，如图1-75所示。

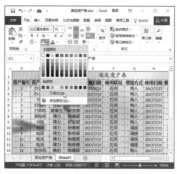

图1-174　选择"无填充"选项　　　　图1-175　查看效果

Chapter 02

公式的基础

在Excel中对数据进行计算时，使用公式是最有效的方法之一。在学习使用公式计算之前，我们首先介绍公式的基础知识，如公式的组成、编辑以及单元格的引用等。此外，还介绍了在使用公式计算过程中遇到的一些常见的错误值以及解决方法。

2.1 公式的组成

在使用公式之前，首先需要了解公式的组成部分，然后才能正确地进行数据计算，本节主要对公式的基本结构和运算符的应用等知识点进行介绍。

2.1.1 公式的基本结构

在Excel中，公式是以等号开始的，公式中可以包括单元格的引用、运算符、常量以及函数，公式的结构如图2-1所示。

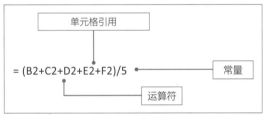

图2-1 公式的结构

其中，常量是在输入公式时直接输入的数字或文本值；运算符是公式中执行运算的类型，将在2.1.2节中详细介绍；单元格引用是在公式计算时，引用工作表中数据所在的单元格的位置；函数是预先编写好的公式，直接使用即可计算出结果。

2.1.2 公式中的运算符

运算符用于指定公式中各参数之间的计算类型，在公式计算过程中起着重要的作用。Excel的运算符主要分为4种类型，分别为算术运算符、比较运算符、文本运算符和引用运算符。

1. 算术运算符

算术运算符可以进行数学运算，包括加、减、乘、除和百分比等等。下面我们通过表格的形式介绍各种算术运算符的符号、含义以及示例，如表2-1所示。

2. 比较运算符

比较运算符主要用于比较两个数值或单元格引用的大小，返回逻辑值TRUE或FALSE，如果满足条件则返回TRUE，否则返回FALSE。比较运算符的运算符号、含义及示例，如表2-2所示。

3. 引用运算符

引用运算符主要用于进行单元格之间的引用。引用运算符的运算符号、含义及示例，如表2-3所示。

表2-1 算术运算符号

运算符号	意义	示例
+（加号）	加法运算	=A1+B1
-（减号）	减法运算	=A1-B1
*（乘号）	乘法运算	=A1*B1
/（除号）	除法运算	=A1/B1
%（百分号）	百分比运算	10%
^（脱字号）	乘方运算	3^3=27

表2-2 比较运算符号

运算符号	意义	示例
=（等于号）	等于	=2=3 返回FALSE
>（大于号）	大于	=2>3 返回FALSE
<（小于号）	小于	=2<3 返回TRUE
>=（大于或等于号）	大于或等于	=2>=3 返回FALSE
<=（小于或等于号）	小于或等于	=2<=3 返回TRUE
<>（不等于号）	不等于	=2<>3 返回TRUE

表2-3 引用运算符号

运算符号	意义	示例
:（冒号）	区域运算	A1:B2
,（逗号）	联合运算	A1:B2,C1:D2
（空格）	交叉运算	A1:B2 C1:D2

4. 文本运算符

文本运算符主要用于将多个字符进行联合，生成一个大的文本，通过&符号连接。文本运算符的运算符号、含义及示例，如表2-4所示。

表2-4 文本运算符号

运算符号	意义	示例
&（与号）	将多个值连接在一起	=1&2=12

2.1.3 运算符的运算顺序

在公式中常常包含多种运算符，那么在执行计算时有什么先后顺序呢？当公式的运算顺序改变时，所计算的结果也是不同的，因此用户在使用公式计算时，一定要熟知运算符的运算顺序以及如何更改运算顺序。

公式的运算顺序是按照特定次序计算的，通常情况下是以从左向右的顺序进行运算的，但是当公式中包含多个不同种类的运算符时，则要按照一定规则的次序进行计算。下面以表格的形式介绍运算符的顺序，按从上到下的次序进行计算，如表2-5所示。

提示

如果公式中包含同等优先级别的运算符时，如 *和/，＋和－等，则是按从左到右的顺序进行计算。

表2-5 运算符的运算顺序

运算符	说明
:（冒号）	区域运算
（空格）	交叉运算
,（逗号）	联合运算
－（负号）	负号
%（百分号）	百分比
^(脱字号)	乘方运算
*和/	乘法和除法
+和-	加法和减法
&	连接文本字符
=<>=>=<>	比较运算符

如果需要更改运算顺序，用户可以在公式中添加括号，例如=3+2*4结果为11，将该公式修改为=(3+2)*4时，计算结果则为20。下面介绍该公式的运算顺序，首先计算括号内部的运算符，即3+2=5，然后再运算括号外的运算符，即括号内结果和4相乘结果为20。因此，括号可以将运算优先级别低的运算符先计算。

在使用括号更改运算符顺序时，需要注意以下几点：

- 在公式中使用括号时，必须要成对出现，即有左括号就必须有右括号。
- 括号内必须遵循运算的顺序。
- 在公式中多组括号进行嵌套使用时，其运算的顺序为从最内侧的括号逐级向外进行运算。

2.2 公式的编辑操作

本节首先介绍在工作表中如何输入公式，然后介绍公式的编辑操作，如修改、复制以及隐藏公式。最后介绍公式的审核，如检查公式中的错误、追踪引用单元格以及设置错误检查规则等。

2.2.1 输入公式

如果需要应用公式进行数值计算，首先要在单元格中输入公式。公式必须以"="开头，然后输入运算公式，最后按Enter键执行计算。下面介绍两种输入公式的方法。

方法1 利用鼠标输入

Step 01 **输入等号。**打开"员工销售数据统计表.xlsx"，选中F2单元格，然后后输入"="，如图2-2所示。

Step 02 **选择引用的单元格。**将光标移至B2单元格并单击，选中该单元格，在等号后显示该单元格，同时B2单元格被滚动的虚线选中，如图2-3所示。

实例文件

原始文件：

实例文件\第02章\原始文件\员工销售数据统计表.xlsx

最终文件：

实例文件\第02章\最终文件\输入公式.xlsx

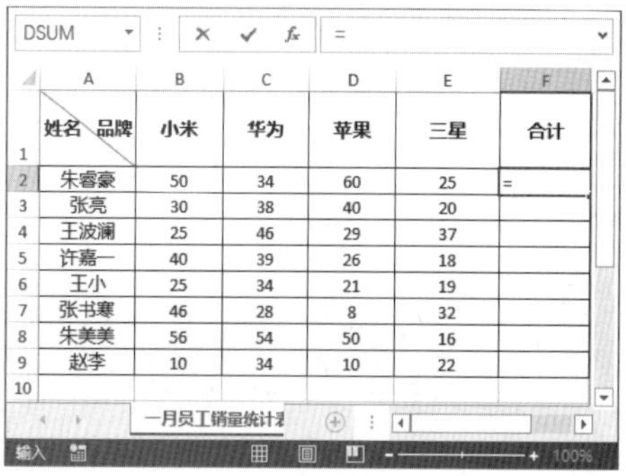

图2-2　选中F2单元格并输入等号

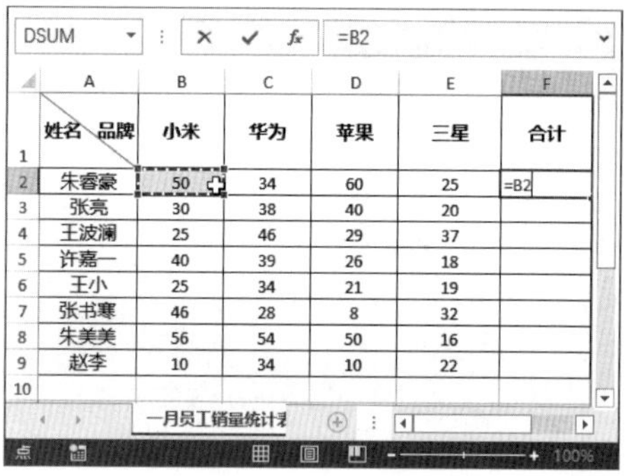

图2-3　选中B2单元格

Step 03 **输入运算符号。**在键盘上输入需要参与计算的运算符，此处输入“+”加号，表示要统计各单元格内的数值之和，如图2-4所示。

Step 04 **再次选择引用的单元格。**然后再选择C2单元格，根据相同的方法添加其他需要引用的单元格，之间输入加号，最后按Enter键执行计算，在F2单元格中显示计算结果，并在编辑栏中显示计算公式，如图2-5所示。

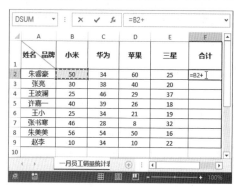

图2-4　输入“+”

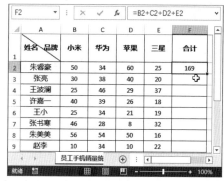

图2-5　查看计算结果

提示

公式输入完成后需要按Enter键执行计算，或者单击编辑栏中“输入”按钮，也可以执行计算。

方法2 直接输入

Step 01 **输入公式。**选中F3单元格，然后直接输入“=B3+C3+D3+E3”公式，如图2-6所示。

Step 02 **计算结果。**按Enter键后查看计算结果，如图2-7所示。

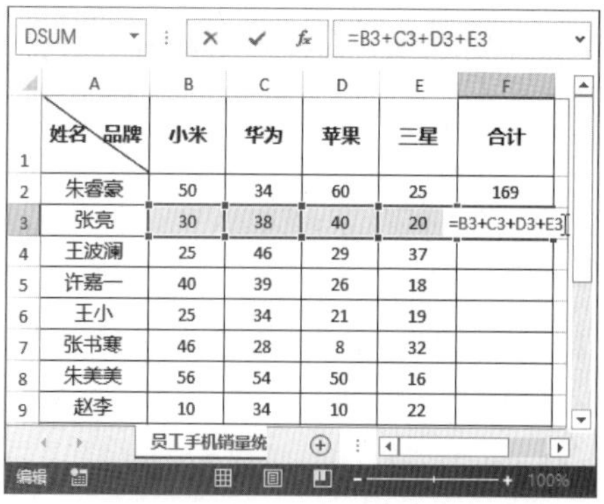

图2-6　输入“=B3+C3+D3+E3”公式

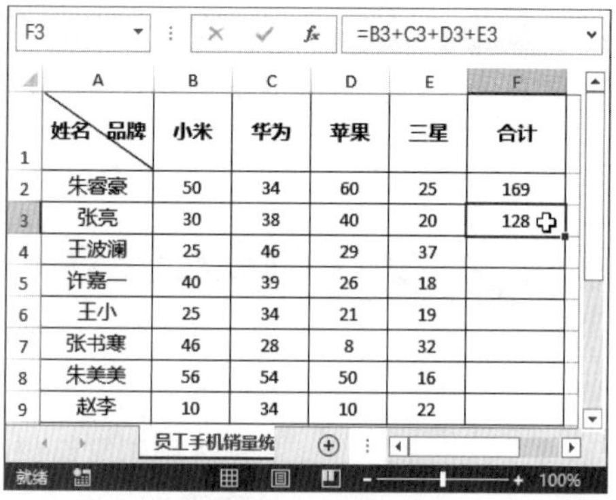

图2-7　查看计算结果

2.2.2 复制公式

当需要输入大量相同公式的表达式时，用户可以通过复制公式的方法快速批量计算出结果。下面介绍两种复制公式的操作方法。

方法1 使用快捷键复制公式

Step 01 选中公式并进行复制。选中F2单元格，按Ctrl+C组合键进行复制，F2单元格被虚线选中，如图2-8所示。

Step 02 粘贴公式。选中F3:F9单元格区域，然后按Ctrl+V组合键进行粘贴，可见选中的单元格应用公式，并计算出结果，如图2-9所示。

提示

除了使用快捷键进行公式的复制和粘贴外，还可以在“开始”选项卡的“剪贴板”选项组中单击“复制”和“粘贴”下三角按钮，选择相应的选项。

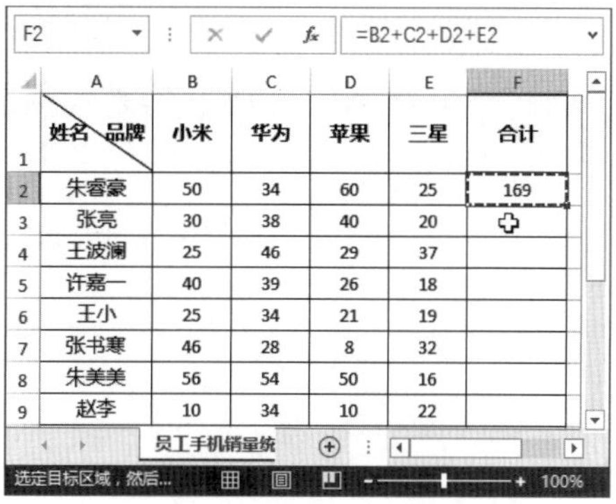

F2 =B2+C2+D2+E2

姓名＼品牌	小米	华为	苹果	三星	合计
朱睿豪	50	34	60	25	169
张亮	30	38	40	20	
王波澜	25	46	29	37	
许嘉一	40	39	26	18	
王小	25	34	21	19	
张书寒	46	28	8	32	
朱美美	56	54	50	16	
赵李	10	34	10	22	

图2-8 使用快捷键复制公式

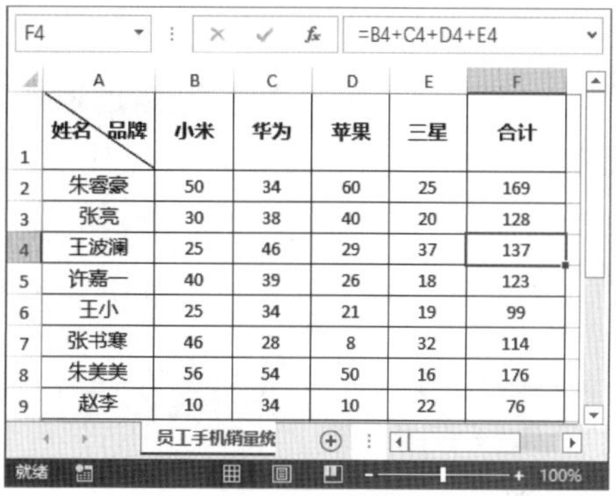

F4 =B4+C4+D4+E4

姓名＼品牌	小米	华为	苹果	三星	合计
朱睿豪	50	34	60	25	169
张亮	30	38	40	20	128
王波澜	25	46	29	37	137
许嘉一	40	39	26	18	123
王小	25	34	21	19	99
张书寒	46	28	8	32	114
朱美美	56	54	50	16	176
赵李	10	34	10	22	76

图2-9 使用快捷键粘贴公式

方法2 使用填充柄复制公式

Step 01 输入公式并拖曳填充柄。首先在F2单元格中输入“=B2+C2+D2+E2”公式，然后将光标移至F2单元格右下角，当光标变为黑色十字形状时，按住鼠标左键向下拖曳至F9单元格，如图2-10所示。

Step 02 填充公式。然后释放鼠标左键，则覆盖的单元格区域都填充了公式，并计算出结果，如图2-11所示。

提示

使用填充柄填充公式时，还可以选中F2单元格，然后双击单元格右下角的填充柄，即可自动填充公式至表格的结尾单元格。

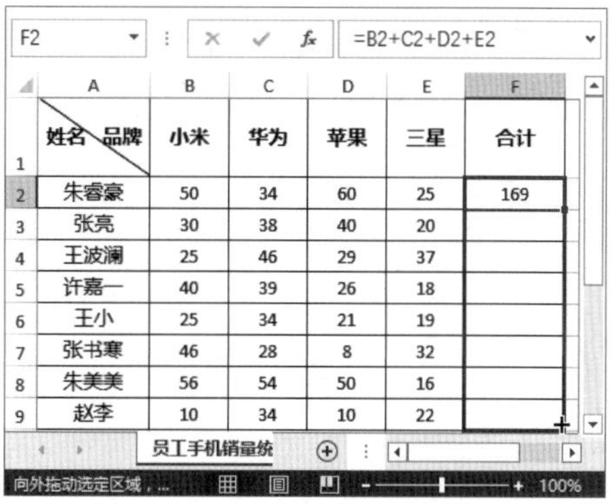

F2 =B2+C2+D2+E2

姓名＼品牌	小米	华为	苹果	三星	合计
朱睿豪	50	34	60	25	169
张亮	30	38	40	20	
王波澜	25	46	29	37	
许嘉一	40	39	26	18	
王小	25	34	21	19	
张书寒	46	28	8	32	
朱美美	56	54	50	16	
赵李	10	34	10	22	

图2-10 将填充柄拖曳至F9单元格

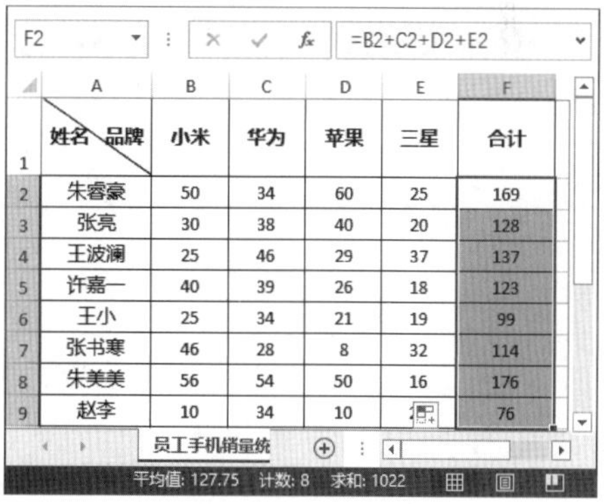

F2 =B2+C2+D2+E2

姓名＼品牌	小米	华为	苹果	三星	合计
朱睿豪	50	34	60	25	169
张亮	30	38	40	20	128
王波澜	25	46	29	37	137
许嘉一	40	39	26	18	123
王小	25	34	21	19	99
张书寒	46	28	8	32	114
朱美美	56	54	50	16	176
赵李	10	34	10	22	76

图2-11 查看计算结果

2.2.3 修改公式

公式输入完成后，用户可以根据需要对其进行修改，如将计算员工手机销量总和的公式更改为统计员工销量平均值的公式。下面介绍修改公式的操作方法。

Step 01 进入公式可编辑模式。打开“员工销售数量统计表.xlsx”工作表，选中F2单元格，按F2功能键，单元格中的公式处于可编辑状态，如图2-12所示。

Step 02 重新输入公式。 在单元格或在编辑栏中重新输入公式，如输入"=(B2+C2+D2+E2)/4"公式，按Enter键执行计算，如图2-13所示。

图2-12　按F2功能键　　　　　　图2-13　查看计算结果

选中需要修改公式的单元格，除了按F2功能键进入可编辑状态外，用户还可以双击单元格或直接在编辑栏中单击。

2.2.4 隐藏公式

使用公式计算数据时，在单元格中显示计算结果，在编辑栏中显示公式。为了防止他人修改公式，用户可以将公式隐藏，即在编辑栏中不显示计算公式。下面介绍隐藏公式的操作方法。

Step 01 启用定位条件功能。 打开"员工销售数量统计表.xlsx"工作表，选中表格内任意单元格，切换至"开始"选项卡，单击"编辑"选项组中的"查找和选择"下三角按钮，在列表中选择"定位条件"选项，如图2-14所示。

Step 02 定位公式所在的单元格。 打开"定位条件"对话框，选中"公式"单选按钮，然后单击"确定"按钮，如图2-15所示。

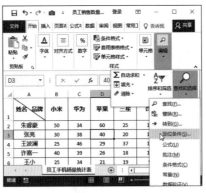

图2-14　选择"定位条件"选项　　　图2-15　选中"公式"单选按钮

Step 03 设置隐藏公式。 可见在表格中选中所有公式所在的单元格，按Ctrl+1组合键，打开"设置单元格格式"对话框，切换至"保护"选项卡，勾选"隐藏"复选框，单击"确定"按钮，如图2-16所示。

Step 04 启动保护工作表。 返回工作表，切换至"审阅"选项卡下，单击"保护"选项组中的"保护工作表"按钮，如图2-17所示。

提示

如果需要取消隐藏公式，则切换至"审阅"选项卡，单击"保护"选项组中的"撤销工作表保护"按钮即可。

图2-16 勾选"隐藏"复选框

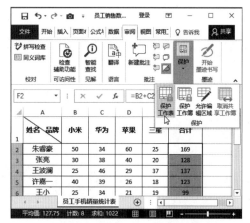

图2-17 单击"保护工作表"按钮

Step 05 实施保护。 打开"保护工作表"对话框，保持默认设置，并且不需要设置密码，单击"确定"按钮，如图2-18所示。

Step 06 查看隐藏效果。 返回工作表中，选中公式所在的单元格，在编辑栏中不显示公式，也不可以对其进行编辑操作，如图2-19所示。

图2-18 不设置密码

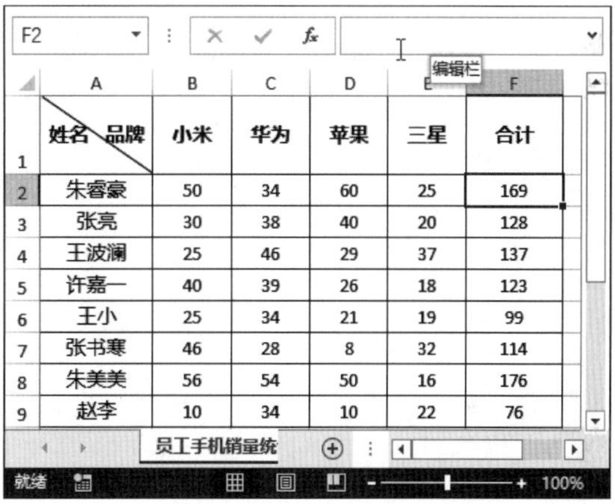

图2-19 查看隐藏公式的效果

2.2.5 审核公式

在使用公式进行数据计算时，有时会出现异常情况，导致无法计算出结果，如单元格引用错误、数据格式错误等。Excel为了确保数据的准确性，提供了后台检查错误功能，可以快速准确地查找错误的根源。

1. 显示公式

当用户需要查看工作表中所有的公式时，可以将公式显示，即在单元格中不显示计算结果而显示计算公式，下面介绍具体操作方法。

Step 01 启用显示公式功能。 打开工作表，切换至"公式"选项卡，单击"公式审核"选项组中的"显示公式"按钮，如图2-20所示。

Step 02 查看显示公式的效果。 返回工作表中，显示所有单元格中的公式，适当调整单元格的宽度，如图2-21所示。

提示

如果取消显示公式操作，则在"公式审核"选项组中再次单击"显示公式"按钮。

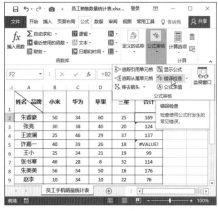

图2-20　单击"显示公式"按钮　　　　　　图2-21　查看效果

2. 错误检查

在使用公式进行计算时，可能会出现小失误导致公式计算错误，此时，用户可使用"错误检查"功能进行检查。下面介绍具体操作方法。

Step 01 **启动错误检查功能。** 打开工作表，切换至"公式"选项卡，在"公式审核"选项组中单击"错误检查"按钮，如图2-22所示。

Step 02 **修改错误。** 打开"错误检查"对话框，显示F3单元格中公式不一致，单击"从上部复制公式"按钮，如图2-23所示。

> **提示**
>
> 如果单元格中公式错误，当选中该单元格时，在左侧出现⚠·下三角按钮，单击后在列表中选择合适的选项，在列表中会显示错误的原因。

图2-22　单击"错误检查"按钮　　　　　　图2-23　单击"从上部复制公式"按钮

Step 03 **继续检查错误。** 上一错误修改完成后，在对话框中显示F5单元格中出错，原因是值错误，单击"在编辑栏中编辑"按钮，如图2-24所示。

Step 04 **修改错误。** 在编辑栏中修改公式，按照相同的方法继续修改，修改完成会弹出提示对话框，单击"确定"按钮即可，如图2-25所示。

图2-24　单击"在编辑栏中编辑"按钮

图2-25　修改完成

3. 查找循环引用

如果公式所在的单元格也参与了该公式的计算，则导致重复执行计算，从而产生错误的结果。下面介绍快速查找循环引用的方法。

`Step 01` **启用循环引用功能。** 选中表格内任意单元格，切换至"公式"选项卡，单击"公式审核"选项组中的"错误检查"下三角按钮，在列表中选择"循环引用"选项，在子列表中显示循环引用的单元格，如选择F4单元格，如图2-26所示。

`Step 02` **修改循环引用的公式。** 返回工作表中，可见Excel自动选择F4单元格，然后在编辑栏中检查并修改公式，修改后按Enter键执行计算，如图2-27所示。

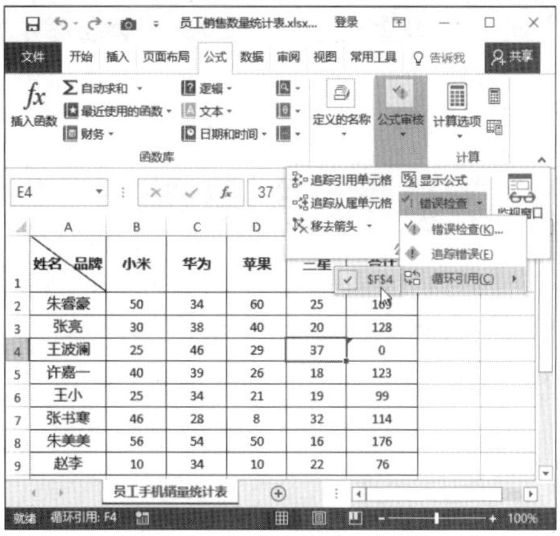

图2-26　启用循环引用功能 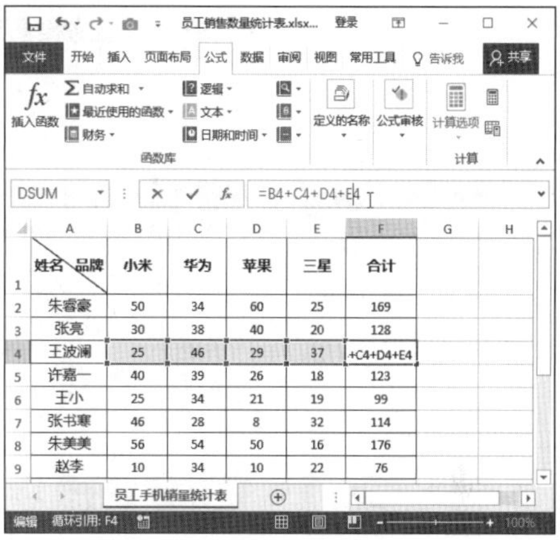　　　　　　图2-27　修改公式

4. 追踪公式的引用关系

用户在检查公式时，首先要清楚公式中引用单元格的从属关系，如果引用比较多时，可以使用追踪引用单元格功能，下面介绍具体的操作方法。

`Step 01` **启用追踪从属单元格功能。** 打开工作表，选中D3单元格，切换至"公式"选项卡，单击"公式审核"选项组中的"追踪从属单元格"按钮，如图2-28所示。

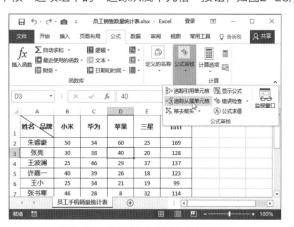

图2-28　单击"追踪从属单元格"按钮

`Step 02` **查看效果。** 返回工作表中，可见追踪引用单元格的箭头指向F3单元格，蓝色圆点所在的单元格表示从属于F3单元格，如图2-29所示。

`Step 03` **启用追踪引用单元格功能。** 选中F4单元格，单击"公式审核"选项组中的"追踪引用单元格"按钮，将所有F4单元格中公式引用的单元格都标记出来，如图2-30所示。

提示

如果需要取消追踪引用的箭头，则单击"公式审核"选项组中的"移去箭头"下三角按钮，在列表中选择相应的选项即可。

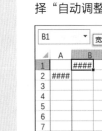

图2-29　显示从属效果　　　　　　　　　图2-30　显示引用效果

2.3 解决公式中常见的错误值

使用公式或函数进行计算时，用户经常会发现按Enter键后，单元格中显示错误的信息，如#N/A!、#VALUE!、#DIV/O!和#REF!等。出现错误的原因有很多种，下面向用户介绍最常见的错误值以及解决方法。

2.3.1 ####错误值

在单元格中输入数值型的数字、日期或时间时，如果列宽不够宽或者日期与时间公式产生负值时，会显示####错误值。下面介绍出现该错误值的解决方法。

解决方法1：

适当调整列宽即可。在Excel中调整列宽的方法很多，最直接的方法是将光标移至需要调整列宽单元格列标右侧分界线上，变为向左和向右的双向箭头时，按住鼠标左键向右拖曳至合适位置，释放鼠标左键即可，如图2-31所示。也可以选中该单元格，然后切换至"开始"选项卡，单击"单元格"选项组中的"格式"下三角按钮，在列表中选择"自动调整列宽"选项，如图2-32所示。

<aside>
提示

调整行高的操作方法和调整列宽的方法一样，此处不再赘述。
</aside>

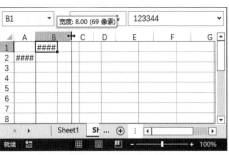

图2-31　拖曳分界线

图2-32　选择"自动调整列宽"选项

解决方法2：

在执行日期或时间计算时，要确保公式的正确性。现在大部分计算机使用的是1900年的日期系统，那么如果使用较早的日期或时间值减去较晚的日期与时间值，则会产生####错误值。如果检查公式是正确的，而且必须要计算日期或时间之间的值，则设置单元格的格式为非日期或非时间格式即可。

2.3.2 #DIV/0!错误值

在公式中，如果存在被零除或除数引用的单元格为空时（在Excel中空白单元格被当作零值），则会显示#DIV/0!错误值，下面介绍解决的方法。

解决方法1：

将公式中为零的除数，修改为非零的值即可。

解决方法2：

在公式中除数引用空白单元格时，修改单元格的引用或者在该单元格中输入相应的数值即可。

2.3.3 #N/A错误值

在使用函数或公式时，其中没有可用的数值时，将产生#N/A错误值，具体解决方法如下。

如果工作表中某些单元格暂时没有数值，请在这些单元格中输入"#N/A"，公式在引用这些单元格时，将不进行数值计算，而是返回#N/A，如图2-33所示。

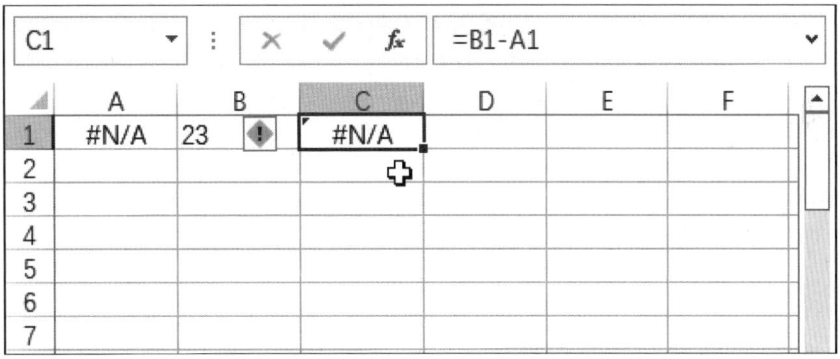

图2-33　显示#N/A错误值

2.3.4 #NUM!错误值

当函数或公式中某数字有问题时，则会产生#NUM!错误值，具体解决方法如下。

如数字太大或太小，Excel无法计算出正确的结果，此时只需要修改公式或函数中Excel无法表示的数字即可。

2.3.5 #NAME?错误值

当在公式中使用Excel不能识别的文本时，会产生#NAME?错误值，产生的原因很多，下面将详细介绍其原因和解决方法。

原因1：

使用不存在的名称，或者使用的名称已经被删除。

解决方法1：

首先检查在公式中使用的名称是否存在，如果不存在则为其定义对应的名称即可。切换至"公式"选项卡，单击"定义的名称"选项组中"名称管理器"按钮，在打开的"名称管理器"对话框中查看是否有需在的名称。

原因2：

使用文本时，没有输入双引号。

交叉参考

定义名称的相关知识将在4.4.1节中进行详细介绍。

解决方法2：

当公式或函数中有文本参于计算时，必须使用双引号将文本括起来，如=“Excel”&“2016”则返回Excel 2016，如果不添加引号则返回#NAME?错误值。

原因3：

在单元格区域引用时未使用冒号。

解决方法3：

在公式中使用单元格区域时必须使用冒号。

2.3.6 #VALUE!错误值

在公式中使用错误的参数或运算对象类型、公式自动更正功能不能使用时，会产生#VALUE!错误值。下面介绍解决的方法。

🔗 **交叉参考**

其中SUM函数将在7.1.1节中详细介绍。

原因1：

将数字或逻辑值误输入为文本格式。

解决方法1：

在这种情况下，Excel是不能自动将其转换为所需的数字类型，此时，需要确认公式或函数的运算符和参数正确，并且引用的单元格中包含有效数值。例如，在A1单元格中为数值型数字，B1单元格中为文本型，在C1单元格中输入“=A1+B1”公式则返回#VALUE!错误值，在C2单元格中输入“=SUM(A1:B1)”公式，则返回A1单元格中数字，因为SUM函数忽略文本，如图2-34所示。

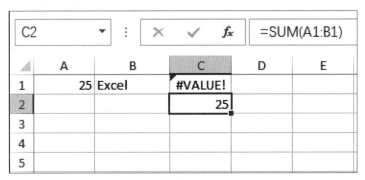

图2-34 查看效果

原因2：

将单元格的引用、公式或函数作为数组常量参与计算。

解决方法2：

检查数组公式中的常量是不是单元格引用、公式或函数，如果是需要对其进行修改。

原因3：

赋予需要单一数值的运算符或函数一个数值区域。

解决方法3：

将数值区域改为单一数值。修改数值区域，使其包含公式所在的数据行或列。

2.3.7 #REF!错误值

删除由其他公式引用的单元格，或将移动单元格粘贴到由其他公式引用的单元格中，产生#REF!错误值，具体解决方法如下。

修改公式中引用的单元格，也可恢复删除的单元格。

2.3.8　#NULL!错误值

当公式或函数中的区域运算符或单元格引用错误，则产生#NULL!错误值，具体解决方法如下。

更改区域的运算符，单元格区域之间使用逗号隔开。例如，输入公式"=SUM(A 1:C1 A3:C3)"时，两区域之间使用空格则返回#NULL!错误值，只需将空格修改为逗号即可。因为空格表示交叉运算，对两个单元格区域交叉部分进行求和，而公式中两个区域不相交，所以显示#NULL!错误值。逗号表示联合运算，即公式中将两个单元格区域中所有数据进行求和。

2.4　单元格的引用

在公式中引用单元格，是引用单元格内的数据进行计算，因此，只有正确的单元格引用才能得到正确的计算结果。在Excel中单元格引用一般有3种方式，即相对引用、绝对引用和混合引用。

2.4.1　相对引用

相对引用是公式中单元格的引用随着公式所在单元格的位置变化而变化，下面介绍该引用的方法。

Step 01　输入公式。打开"产品销售统计表.xlsx"工作簿，选中E2单元格然后输入"=C2*D2"公式，按Enter键计算出该商品的销售总额，如图2-35所示。

Step 02　填充公式。然后将公式填充至E9单元格，选中E4单元格，在编辑栏中可见公式中单元格的引用发生的变化，如图2-36所示。

图2-35　计算销售总额	图2-36　查看相对引用效果

2.4.2　绝对引用

绝对引用和相对引用是对立的，即公式所在的单元格发生改变时，引用的单元格不会随之变化。下面介绍具体操作方法。

Step 01　输入公式。打开"产品销售统计表1.xlsx"工作簿，选中F2单元格，然后输入公式"=E2*G2"，计算该产品的利润，如图2-37所示。

Step 02　添加绝对值符号。选中公式中G2单元格，然后按1次F4功能键，变为$G$2，如图2-38所示。

实例文件

原始文件：
实例文件\第02章\原始文件\产品销售统计表1.xlsx
最终文件：
实例文件\第02章\最终文件\绝对引用.xlsx

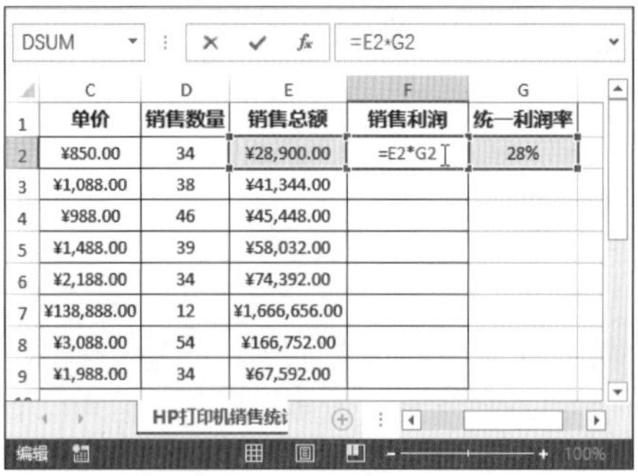

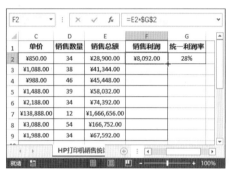

图2-37　输入计算公式

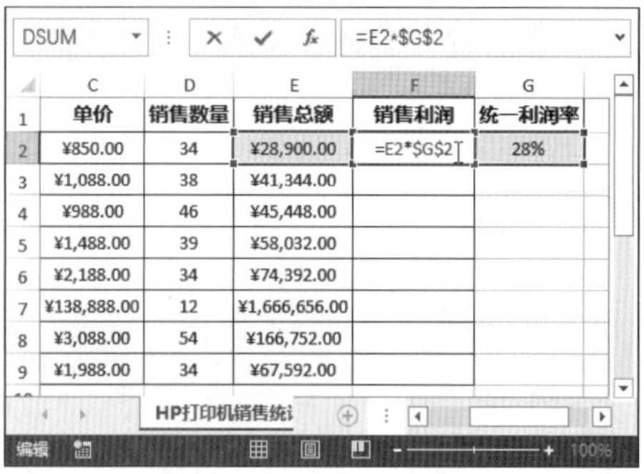

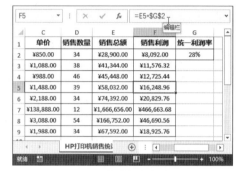

图2-38　按1次F4功能键

Step 03 **填充公式。**按Enter键执行计算，然后将光标移至F2单元格右下角，双击填充柄，如图2-39所示。

Step 04 **查看绝对引用效果。**完成公式填充后，选中F5单元格，在编辑栏中的公式为“=E5*$G$2”，可见添加绝对值符号的单元格没有变化，如图2-40所示。

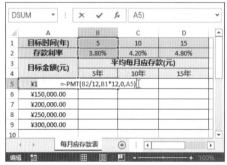

图2-39　双击填充柄

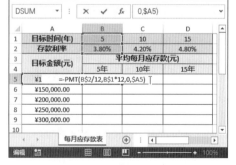

图2-40　查看绝对引用效果

2.4.3 混合引用

混合引用是指相对引用和绝引用相结合的形式，即在单元格引用时包括相对行绝对列或是绝对行相对列，下面介绍具体操作方法。

实例文件

原始文件：
实例文件\第02章\ 原始文件\每月应存款.xlsx
最终文件：
实例文件\第02章\最终文件\混合引用.xlsx

Step 01 **输入公式。**打开“每月应存款.xlsx”工作簿，在B5单元格中输入“=-PMT(B2/12,B1*12,0,A5)”公式，如图2-41所示。

Step 02 **设置混合引用。**在公式中选择B2，按2次F4功能键，即可变为B$2，将B1修改为B$1，选中A5，按3次F4功能键，即可变为$A5，如图2-42所示。

图2-41　输入公式

图2-42　按F4功能键设置混合引用

Step 03 **填充公式**。选中B5单元格，按住填充柄向右拖曳至D5单元格，将公式向右填充，然后选中该单元格区域右下角填充柄，向下拖曳至D9单元格，如图2-43所示。

Step 04 **查看混合引用的效果**。公式填充完成后，选中该区域中任意单元格，如C7单元格，在编辑栏中可见混合引用的单元格是绝对行或绝列是不发生变化的，相对行或相对列是发生变化的，如图2-44所示。

B5		fx	=-PMT(B$2/12,B$1*12,

	A	B	C	D
1	目标时间(年)	5	10	15
2	存款利率	3.80%	4.20%	4.80%
3	目标金额(元)	平均每月应存款(元)		
4		5年	10年	15年
5	¥100,000.00	¥1,515.97	¥671.98	¥380.41
6	¥150,000.00			
7	¥200,000.00			
8	¥250,000.00			
9	¥300,000.00			
10				

平均值:¥856.12　计数:3　求和:¥2,568.37

图2-43　将公式填充整个单元格区域

C7		fx	=-PMT(C$2/12,C$1*12,0,$A7)

	A	B	C	D	E
1	目标时间(年)	5	10	15	
2	存款利率	3.80%	4.20%	4.80%	
3	目标金额(元)	平均每月应存款(元)			
4		5年	10年	15年	
5	¥100,000.00	¥1,515.97	¥671.98	¥380.41	
6	¥150,000.00	¥2,273.96	¥1,007.98	¥570.62	
7	¥200,000.00	¥3,031.95	¥1,343.97	¥760.83	
8	¥250,000.00	¥3,789.93	¥1,679.96	¥951.04	
9	¥300,000.00	¥4,547.92	¥2,015.95	¥1,141.24	
10					
11					
12					

图2-44　查看效果

2.4.4 引用同一工作簿不同工作表中数据

在Excel中，有时需要引用其他工作表中的数据。下面介绍引用同一工作簿中不同工作表中数据的方法。

Step 01 **选择需要引用的单元格**。打开"员工销售统计表.xlsx"工作簿，切换至"员工销售统计表"工作表中，选中A1单元格并输入"="，然后切换至"员工信息表"工作表，选择A1单元格，如图2-45所示。

Step 02 **查看引用效果**。按Enter键确认计算，查看引用"员工信息表"工作表A1单元格中的内容的效果，如图2-46所示。

图2-45　选中"员工信息表"中A1单元格

图2-46　按Enter键确认计算

Step 03 **输入公式**。选中B1单元格，输入"=员工信息表!B1"公式，如图2-47所示。

Step 04 **确认计算**。按Enter键执行计算，则显示"员工信息表"工作表B1单元格中的内容，如图2-48所示。

图2-47 输入"=员工信息表!B1"公式

图2-48 引用数据

Step 05 **填充公式**。选中A1:B1单元格区域,将公式向下填充,可见只引用单元格内的数据,不引用单元格的格式,如图2-49所示。

图2-49 填充引用的公式

2.4.5 引用不同工作簿中的数据

用户还可以引用不同工作簿中的数据,操作方法和引用同一工作簿不同工作表中数据的方法类似,具体操作方法如下。

Step 01 **打开工作簿**。打开"产品销售统计表1.xlsx"和"库存表.xlsx"工作簿,选中"库存表.xlsx"中D2单元格,如图2-50所示。

Step 02 **引用数据**。在单元格中输入"=",然后选中"产品销售统计表1.xlsx"工作簿中的D2单元格,如图2-51所示。

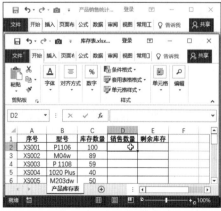

图2-50 选中D2单元格

图2-51 选中引用单元格

Step 03 填充公式。按Enter键执行计算，然后将公式填充至D9单元格，可见填充的数据都是一样的，因此，引用不同工作簿中数据时，不可以填充公式，如图2-52所示。

Step 04 输入公式。在D2单元格中输入"=VLOOKUP(B2,[产品销售统计表1.xlsx]HP打印机销售统计表!$B$2:$D$9,3,FALSE)"公式，如图2-53所示。

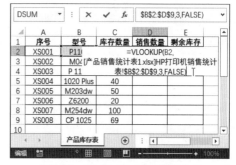

图2-52 将公式向下填充　　　　图2-53 输入VLOOKUP函数的公式

Step 05 填充公式。按Enter键确认计算，然后将公式向下填充至D9单元格，如图2-54所示。

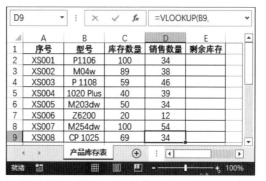

图2-54 将公式向下填充

Chapter

03

数组公式

很多人对Excel数组公式的应用感觉很陌生，其实数组公式操作很简单，相信通过本章学习，用户会习惯使用数组公式。

数组公式就是多重运算，返回一个或多个结果。和普通公式区别在于，数组公式必须按Ctrl+Shift+Enter组合键结束，其公式被大括号括起来，而且是对多个数据同时进行的计算。

3.1 数组的类型

数组是指按行、列排列的一组数据元素的集合。位于一行或一列上的数组称为一维数组，位于多行或多列上的数组称为二维数组。

3.1.1 一维数组

数组是按行和列进行的集合，所以一维数组又分为一维水平数组和一维纵向数组。本节将以一维水平数组为例介绍其含义。

Step 01 **输入一维水平数组**。选择需要输入数组的单元格区域，如选中A1:D1单元格区域，然后在编辑栏中输入数组公式"={2,5,9,12}"，如图3-1所示。

Step 02 **将数据输入到对应的单元格中**。按Ctrl+Shift+Enter组合键执行计算，可见数组公式中的数据分别输入到不同的单元格中，如图3-2所示。

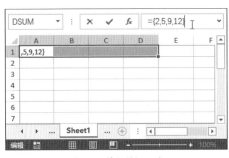

图3-1　输入数组公式

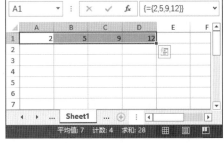

图3-2　计算数组公式

Step 03 **查看一维水平数组的效果**。选中该区域中任意单元格，则在编辑栏中均显示输入的数组公式，而且数组公式在大括号内，如图3-3所示。

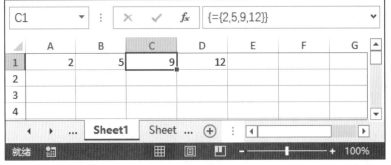

图3-3　显示数组公式

3.1.2 二维数组

二维数组的输入方法结合了一维数组的输入方法，使用逗号将一行内的常量分开，使用分号将各行分开。下面介绍二维数组的输入方法。

Step 01 输入二维数组。 选中A1:C3单元格区域，然后在编辑栏中输入二维数组公式"={1,2,5;3,5,2;8,6,9}"，如图3-4所示。

Step 02 输入数据。 按Ctrl+Shift+Enter组合键执行计算，数据分别输入到指定单元格中，选中该区域中任意单元格，在编辑栏中显示相同的公式，如图3-5所示。

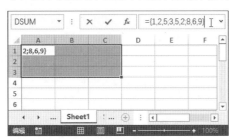 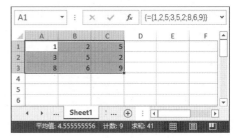

图3-4　输入二维数组　　　　图3-5　分散三维数组中的数据

3.2 数组公式的计算

本节主要介绍数组公式的计算方式，根据数组的类型可分为同方向一维数组的运算、一维数组与二维数组的运算等。

3.2.1 同方向一维数组运算

同方向一维数组之间的运算要求两个数组具有相同的尺寸，然后进行相同元素的一一对应运算。如果运算的两个数组尺寸不一致，则仅两个数组都有元素的部分进行计算，其他部分返回错误值。下面介绍具体操作方法。

Step 01 输入数组公式。 打开"员工培训成绩表.xlsx"工作簿，选中F2:F9单元格区域，然后输入"=C2:C9+D2:D9+E2:E9"公式，如图3-6所示。

Step 02 计算结果。 按Ctrl+Shift+Enter组合键执行计算，即可同时计算出各员工的总分，如图3-7所示。

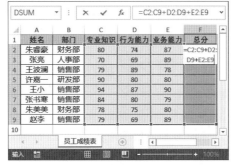

图3-6　输入数组公式　　　　图3-7　查看计算结果

3.2.2 不同方向一维数组运算

如果对两个不同方向的一维数组进行运算，其中一个数组中的各数值与另一数组中的各数值分别计算，返回一个矩形阵的结果。下面介绍具体操作方法。

实例文件

原始文件：

实例文件\原始文件\第03章\每月应存款.xlsx

最终文件：

实例文件\第03章\最终文件\不同方向一维数组运算.xlsx

Step 01 输入公式。打开“每月应存款.xlsx”工作簿，选中B5:D9单元格区域，输入“=-PMT($B$2:$D$2/12,$B$1:$D$1*12,0,$A5:$A9)”公式，其中包含两个一维水平数组和一个纵向数组，如图3-8所示。

Step 02 计算结果。按Ctrl+Shift+Enter组合键执行计算并查看结果，如图3-9所示。

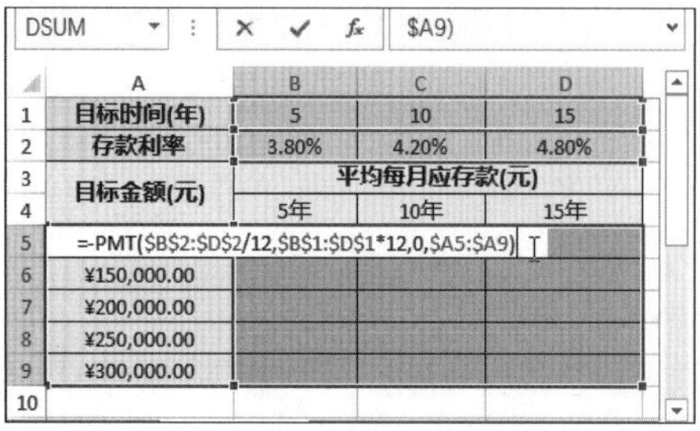

DSUM | $A9)

	A	B	C	D
1	目标时间(年)	5	10	15
2	存款利率	3.80%	4.20%	4.80%
3	目标金额(元)	平均每月应存款(元)		
4		5年	10年	15年
5	=-PMT($B$2:$D$2/12,$B$1:$D$1*12,0,$A5:$A9)			
6	¥150,000.00			
7	¥200,000.00			
8	¥250,000.00			
9	¥300,000.00			
10				

图2-8　输入公式

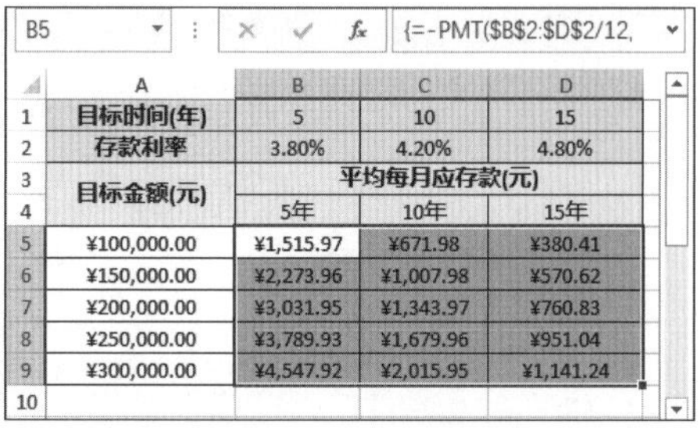

B5 | {=-PMT($B$2:$D$2/12,

	A	B	C	D
1	目标时间(年)	5	10	15
2	存款利率	3.80%	4.20%	4.80%
3	目标金额(元)	平均每月应存款(元)		
4		5年	10年	15年
5	¥100,000.00	¥1,515.97	¥671.98	¥380.41
6	¥150,000.00	¥2,273.96	¥1,007.98	¥570.62
7	¥200,000.00	¥3,031.95	¥1,343.97	¥760.83
8	¥250,000.00	¥3,789.93	¥1,679.96	¥951.04
9	¥300,000.00	¥4,547.92	¥2,015.95	¥1,141.24
10				

图3-9　查看计算结果

3.2.3 单值与一维数组的运算

单值与一维数组的运算是该值分别和数组中的各个数值进行运算，最终返回与数组同方向同尺寸的结果数组。下面介绍具体操作方法。

提示

从输入数组公式可见使用数组公式计算时，不需要考虑单元格引用情况。

Step 01 输入公式。选中F2:F9单元格区域，输入“=E2:E9*G2”公式，如图3-10所示。

Step 02 计算结果。按Ctrl+Shift+Enter组合键执行计算，计算出各产品的销售利润，如图3-11所示。

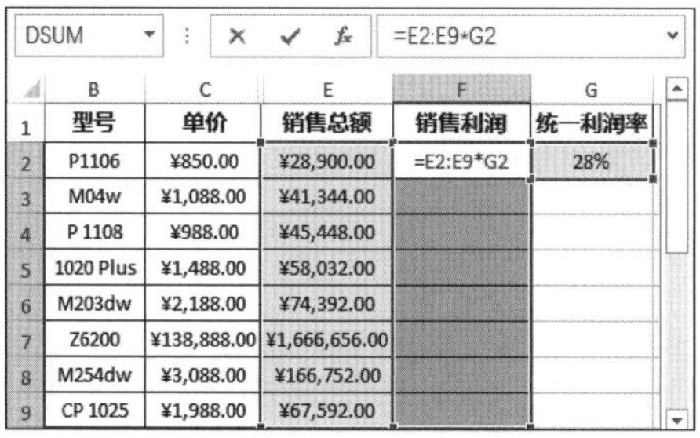

DSUM | =E2:E9*G2

	B	C	E	F	G
1	型号	单价	销售总额	销售利润	统一利润率
2	P1106	¥850.00	¥28,900.00	=E2:E9*G2	28%
3	M04w	¥1,088.00	¥41,344.00		
4	P 1108	¥988.00	¥45,448.00		
5	1020 Plus	¥1,488.00	¥58,032.00		
6	M203dw	¥2,188.00	¥74,392.00		
7	Z6200	¥138,888.00	¥1,666,656.00		
8	M254dw	¥3,088.00	¥166,752.00		
9	CP 1025	¥1,988.00	¥67,592.00		

图3-10　输入公式

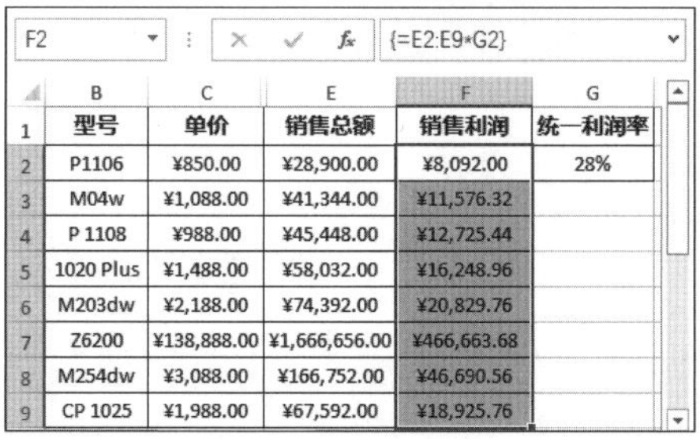

F2 | {=E2:E9*G2}

	B	C	E	F	G
1	型号	单价	销售总额	销售利润	统一利润率
2	P1106	¥850.00	¥28,900.00	¥8,092.00	28%
3	M04w	¥1,088.00	¥41,344.00	¥11,576.32	
4	P 1108	¥988.00	¥45,448.00	¥12,725.44	
5	1020 Plus	¥1,488.00	¥58,032.00	¥16,248.96	
6	M203dw	¥2,188.00	¥74,392.00	¥20,829.76	
7	Z6200	¥138,888.00	¥1,666,656.00	¥466,663.68	
8	M254dw	¥3,088.00	¥166,752.00	¥46,690.56	
9	CP 1025	¥1,988.00	¥67,592.00	¥18,925.76	

图3-11　查看计算结果

3.2.4 一维数组与二维数组之间的运算

当一维数组与二维数组具有相同尺寸时，返回与二维数组一样特征的结果。下面介绍具体的操作方法。

Step 01 输入公式。打开“相机年度销售统计表.xlsx”工作簿，选中L3:O30单元格区域，然后输入“=C3:C30*D3:G30”公式，其中包括C3:C30一维数组，D3:G30二维数组，如图3-12所示。

Step 02 计算结果。按Ctrl+Shift+Enter组合键执行计算，在选中单元格中快速计算出各季度每种商品的销售金额，如图3-13所示。

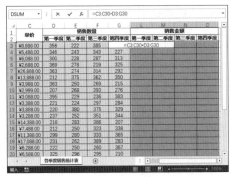

图3-12 输入公式　　　　　　　图3-13 计算结果

3.2.5 二维数组之间的运算

两个二维数组运算按尺寸较小的数组的位置逐一进行对应的运算，返回结果的数组和较大尺寸的数组特性一致。下面介绍二维数组之间的运算方法。

Step 01 **输入公式**。打开"相机年度销售统计表1.xlsx"工作簿，选中L3:O30单元格区域，然后输入"=H3:K30*D3:G30"公式，在公式中包含两个二维数组，如图3-14所示。

Step 02 **计算结果**。按Ctrl+Shift+Enter组合键执行计算，同时计算出两个二维数组相乘的结果，如图3-15所示。

图3-14 输入公式　　　　　　　图3-15 计算结果

3.2.6 生成单个结果的数组公式

使用数组公式进行计算时，可以生成多个结果，也可以生成单个结果，该情况下一般需要和函数配合使用。下面介绍具体的操作方法。

Step 01 **输入公式**。打开"年度销售总额.xlsx"工作表，选中P3单元格，然后输入"=SUM(L3:L30,M3:M30,N3:N30,O3:O30)"公式，在公式中包含4个同方向一维数组，如图3-16所示。

Step 02 **计算结果**。按Ctrl+Shift+Enter组合键执行计算，如图3-17所示。

结合本节所学知识，作者总结使用数组公式的注意事项。

- 在输入数组公式之前，必须选择用于保存结果的单元格或单元格区域；
- 创建多个单元格数组公式时，不能更改结果中单个单元格的内容；
- 不能在多个单元格数组公式中插入单元格或删除其中部分单元格；
- 可以移动或删除整个数组公式，但是不能移动或删除部分内容。

图3-16 输入公式 　　　　　　　　　图3-17 查看计算结果

3.3 数组公式的应用

前两节介绍了数组公式的基础知识和常规运算，使用数组公式有很多优点，如运算快以及不用担心单元格的引用问题等。本节将介绍数组公式的应用，将所学的知识应用到现实工作中，下面主要以案例形式进行介绍。

3.3.1 利用数组公式统计销售额前3名数据

统计完各商品的销售总额后，需要在这些数据中查找出销售总额最多的3条数据，下面介绍具体的操作方法。

Step 01 选择单元格区域并输入公式。打开"年度销售统计表.xlsx"工作表，选中Q3:Q5单元格区域，然后输入"=LARGE(P3:P30,{1;2;3})"公式，公式中包括一维数组和常量数组，如图3-18所示。

Step 02 查看计算结果。按Ctrl+Shift+Enter组合键执行计算，在选中单元格区域显示销售总额最多的3条数据，并按照降序排序，如图3-19所示。

>> 实例文件

原始文件：
实例文件\第03章\原始文件\年度销售统计表.xlsx

最终文件：
实例文件\第03章\最终文件\利用数组公式统计前3名.xlsx

提示

在步骤1中选择单元格的数量和需要提取最大值的数量相同。

图3-18 输入公式 　　　　　　　　　图3-19 计算结果

3.3.2 利用数组公式计算跳水成绩平均值

在统计跳水运动员成绩时，首先需要去掉一个最高分和一个最低分，然后计算其余成绩的平均值，下面介绍具体的操作方法。

Step 01 输入公式。打开"跳水成绩表.xlsx"工作簿，选中K2单元格，然后输入"=(SUM(B2:J2)-LARGE(B2:J2,{1,1})-SMALL(B2:J2,{1,1}))/(COUNT (B2:J2)-2)"公式，如图3-20所示。

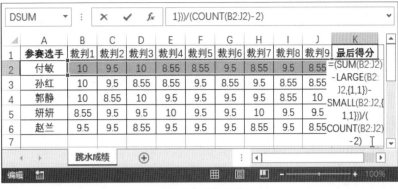

图3-20 输入公式

Step 02 计算结果。 按Ctrl+Shift+Enter组合键,计算出选手跳水的平均分数,然后将公式向下填充,并设置K2:K6单元格区域数值保留两位小数,如图3-21所示。

图3-21 填充公式

3.3.3 利用数组公式生成成绩单

统计各员工培训成绩后,为了保护员工的隐私,需要将成绩打印为成绩单分别发送给每位员工,让员工看到自己的进步。下面将介绍利用数组公式生成成绩单的方法。

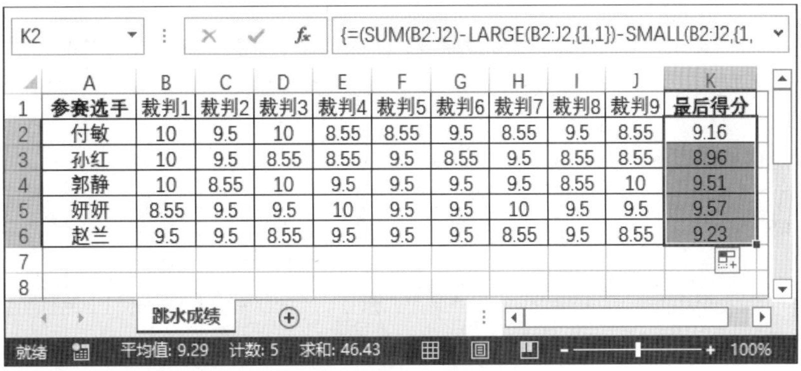

Step 01 输入公式。 打开"员工培训成绩表2.xlsx"工作簿,切换至"成绩单"工作表,选中A1:F1单元格区域,输入"=CHOOSE(MOD(ROW(1:1),3)+1,"",员工成绩表!\$A\$1:\$F\$1,OFFSET(员工成绩表!\$A\$1:\$F\$1,INT(ROW(1:1)/3)+1,))"公式,如图3-22所示。

图3-22 输入公式

Step 02 **计算结果。**按Ctrl+Shift+Enter组合键，在选中区域引用"员工成绩表"工作表中的数据，如图3-23所示。

交叉参考

CHOOSE函数的应用将在8.1.1节中介绍；ROW函数的应用将在8.2.5节中介绍；OFFSET函数的应用将在8.2.4节中介绍；INT函数的应用将在7.3.1中介绍。

图3-23　查看计算结果

Step 03 **生成成绩单。**将光标移至该单元格区域右下角，按住填充柄向下拖曳，直至所有员工的成绩显示完全，然后再设置表格的边框、对齐方式和字体格式，效果如图3-24所示。

	A	B	C	D	E	F	G
1	姓名	部门	专业知识	行为能力	业务能力	总分	
2	朱睿豪	财务部	80	74	87	241	
3							
4	姓名	部门	专业知识	行为能力	业务能力	总分	
5	张亮	人事部	70	69	89	228	
6							
7	姓名	部门	专业知识	行为能力	业务能力	总分	
8	王波澜	销售部	79	89	78	246	
9							
10	姓名	部门	专业知识	行为能力	业务能力	总分	
11	许嘉一	研发部	90	80	80	250	

图3-24　查看成绩单的效果

3.3.4 利用数组公式比较两个单元格区域不同值的个数

当用户需要比较两个区域中不同值的个数时，也可以使用数组公式快速进行计算，下面介绍具体操作方法。

Step 01 **输入公式。**打开"气象数据.xlsx"工作簿，选中C10单元格，然后输入公式"=SUM(IF(B2:P4=B6:P8,0,1))"，如图3-25所示。

Step 02 **计算不同值的个数。**按Ctrl+Shift+Enter组合键执行计算，显示两组数据有7处不同，如图3-26所示。

Step 03 **使用其他公式计算结果。**选中D10单元格输入"=SUM(1*(B2:P4<>B6:P8))"公式，然后按Ctrl+Shift+Enter组合键执行计算，可见结果是一样的，如图3-27所示。

实例文件

原始文件：
实例文件\第03章\原始文件\气象数据.xlsx
最终文件：
实例文件\第03章\最终文件\利用数组公式比较两个单元格区域不同值的个数.xlsx

图3-25　输入公式

交叉参考

IF函数的应用将在11.1.2节中详细介绍。

图3-26　查看计算不同值个数的结果

图3-27　验证计算结果

3.3.5 利用数组公式计算指定条件的数值

统计完各项数据后，用户需要根据指定条件查询某些数据。下面介绍利用数组公式计算指定条件的数值的操作方法。

Step 01 **计算佳能相机销售总额的最高值。** 打开"年度销售总额1.xlsx"工作簿，选中Q4单元格，输入"=MAX(IF(A3:A30="佳能",P3:P30))"公式，按Ctrl+Shift+Enter组合键执行计算，如图3-28所示。

图3-28 计算结果

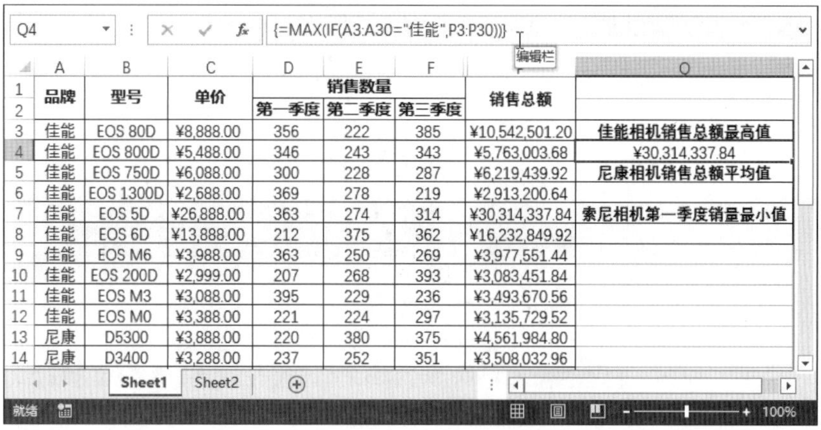

Step 02 计算尼康相机销售总额的平均值。选中Q6单元格，输入"=AVERAGE(IF(A3:A30="尼康",P3:P30))"公式，按Ctrl+Shift+Enter组合键执行计算，如图3-29所示。

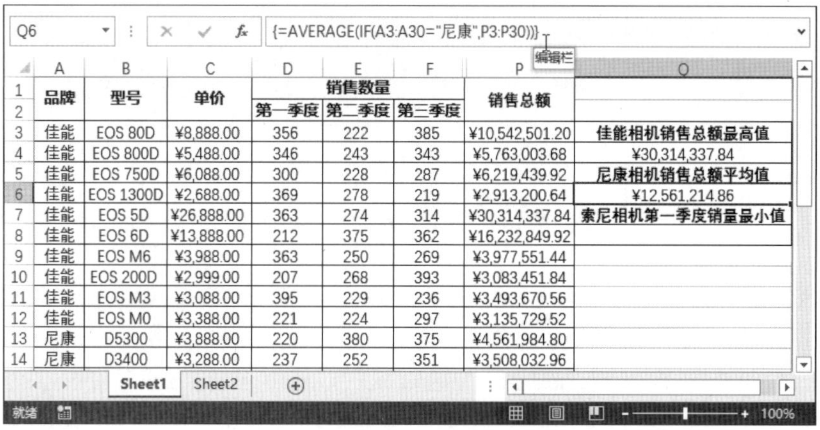

图3-29 计算结果

Step 03 计算索尼相机第一季度销量最小值。选中Q8单元格，输入"=MIN(IF(A3:A30="索尼",D3:D30))"公式，按Ctrl+Shift+Enter组合键执行计算，如图3-30所示。

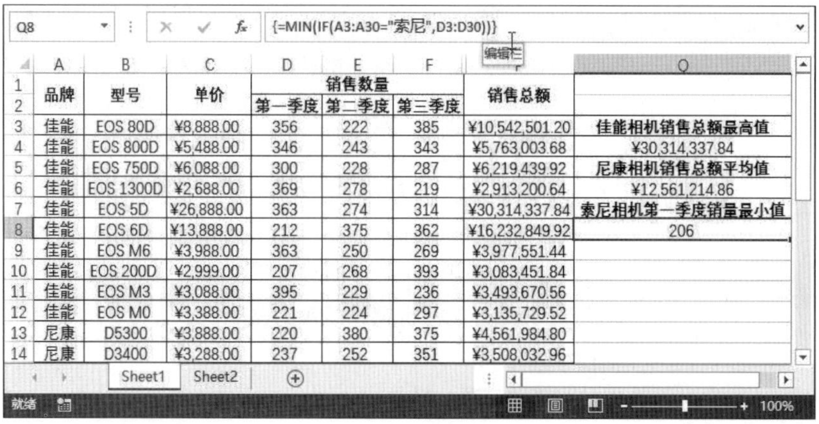

图3-30 计算结果

Chapter 04 函数的基础

在学习函数之前，相信很多读者提到函数都感觉比较深奥，或者有些读者认为函数就是求和、平均值、最大值和最小值等。其实函数的应用很广泛，种类也很多，只要我们掌握其用法，理解函数是如何进行计算的，就会很简单。

4.1 函数的概述

函数是Excel中最重要的组成部分，功能非常强大，使用函数进行计算可以让很多复杂的数据瞬间得出结果。

4.1.1 函数是什么

函数是Excel中预先编好的公式，只需要在函数中输入相应的参数即可计算出结果，Excel中的函数很多，基本上可以应用到各个行业，因此学好函数可以轻松完成各项复杂的工作。

下面通过在期中考试成绩表中计算每个学生的平均值为例，介绍公式与函数的区别，具体操作如下。

提示

在步骤1的公式中，数字6表示统计6门功课的平均分，需要用户去数一下。而在步骤2中使用函数时，只需在函数中输入单元格区域即可。

Step 01 **使用公式计算。**打开工作表，选中I2单元格，输入计算平均分的公式为“=(C2+D2+E2+F2+G2+H2)/6”，按Enter键执行计算，如图4-1所示。

Step 02 **使用函数计算。**同样选中I2单元格，输入“=AVERAGE(C2:H2)”公式，按Enter键执行计算即可，如图4-2所示。

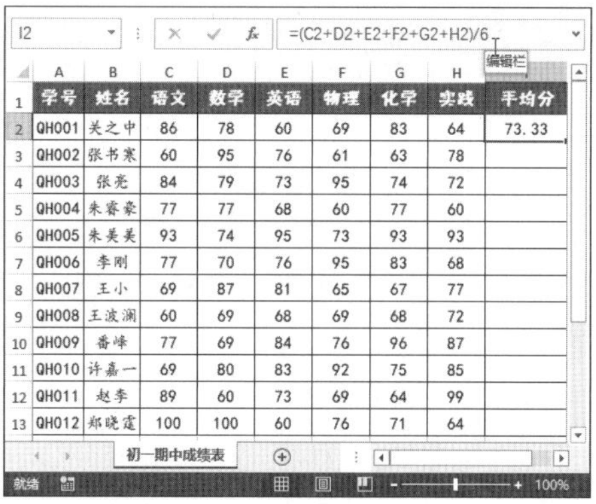

学号	姓名	语文	数学	英语	物理	化学	实践	平均分
QH001	关之中	86	78	60	69	83	64	73.33
QH002	张书寒	60	95	76	61	63	78	
QH003	张亮	84	79	73	95	74	72	
QH004	朱睿豪	77	77	68	60	77	60	
QH005	朱美美	93	74	95	73	93	93	
QH006	李刚	77	70	76	95	83	68	
QH007	王小	69	87	81	65	67	77	
QH008	王波澜	60	69	68	69	68	72	
QH009	番峰	77	69	84	76	96	87	
QH010	许嘉一	69	80	83	92	75	85	
QH011	赵李	89	60	73	69	64	99	
QH012	郑晓霆	100	100	60	76	71	64	

图4-1　输入公式

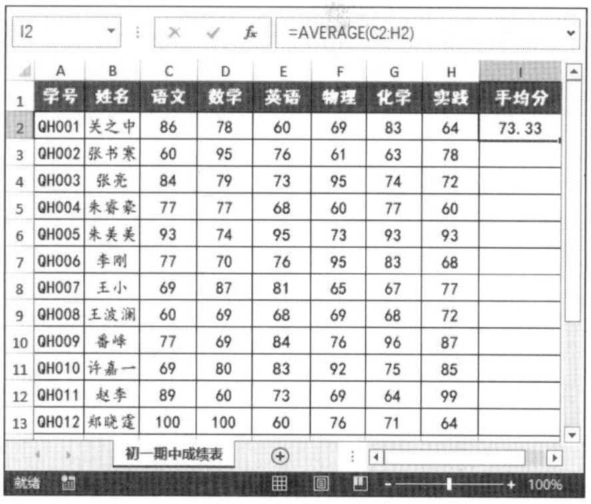

学号	姓名	语文	数学	英语	物理	化学	实践	平均分
QH001	关之中	86	78	60	69	83	64	73.33
QH002	张书寒	60	95	76	61	63	78	
QH003	张亮	84	79	73	95	74	72	
QH004	朱睿豪	77	77	68	60	77	60	
QH005	朱美美	93	74	95	73	93	93	
QH006	李刚	77	70	76	95	83	68	
QH007	王小	69	87	81	65	67	77	
QH008	王波澜	60	69	68	69	68	72	
QH009	番峰	77	69	84	76	96	87	
QH010	许嘉一	69	80	83	92	75	85	
QH011	赵李	89	60	73	69	64	99	
QH012	郑晓霆	100	100	60	76	71	64	

图4-2　输入函数

从函数公式中可见其结构为：函数名称（参数1，参数2…），其中函数名称是不区分大小写的，如图4-3所示。在Excel中大部分的函数都是有参数的，也有的函数是无参数，如TODAY、NOW函数，只需要在单元格中输入“=TODAY()”，按Enter键即可。

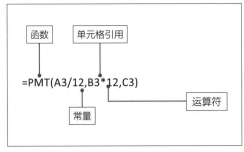

图4-3 函数的结构

4.1.2 函数的类型

Excel中包含上百种函数，并且根据Excel的版本升级还在不断增加。本节将根据函数涉及内容和使用方法，对函数种类和应用进行介绍。

1. 财务函数

财务函数主要用于财务领域数据的计算，如计算债券的利息、结算日的天数、投资的未来值以及固定资产折旧的计算等。

常用的财务函数包括：FV、ACCRINT、DB、PMT、NPV、SLN等。

2. 日期与时间函数

日期与时间函数主要用于计算日期和时间，如计算两个日期间相关的天数、两个日期之间完整工作日数以及日期的年份值等。

常用的日期与时间函数包括：DATE、DAYS360、HOUR、MONTH、WEEKDAY、TODAY、YEAR等。

3. 数学与三角函数

数学与三角函数主要用于数据计算，如求和、求绝对值、向下取整数、计算两数值相除的余数、对数据列表的分类汇总等。

常用的数学与三角函数包括：INT、MOD、RAND、SUMIF、SUM、SUBTOTAL、PRODUCT、ROUND等。

4. 统计函数

统计函数用于对数据区域进行统计分析，如求平均值、求最大值、求最小值、统计数值个数、返回数据组中第n个最小值等。

常用的统计函数包括：MAX、AVERAGE、RAND、SUMIF、RANK、SMLL等。

5. 查找与引用函数

查找与引用函数用于在数据区域中查找指定的数值或查找某单元格的引用，如根据给定的索引值，从参数串中选出相应值或操作时，可以使用CHOOSE函数；以指定的引用为参照系，通过给定偏移量返回新的引用时，可以使用OFFSET函数。

常用的查找与引用函数包括：ADDRESS、HLOOKUP、INDEX、LOOKUP、ROW、MATCH、VLOOKUP等。

6. 文本函数

文本函数主要用于处理文字串，如将多个文本字符合并为一个、返回字符串在另一个字符串中的起始位置、从字符串指定位置返回某长度的字符等。

常用的文本函数包括：CONCATENATE、FIND、LEFT、LEN、MID、TEXT、CLEAN、REPLACE、RIGHT等。

🔗 交叉参考

财务函数将在第10章详细介绍；日期与时间函数将在第6章详细介绍；数学与三角函数将在第7章详细介绍；统计函数将在第9章详细介绍；查找与引用函数将在第8章详细介绍；逻辑函数、信息函数和数据库函数将在第11章详细介绍。

7. 逻辑函数

逻辑函数主要用于真假值的判断，如判断是否满足条件并返回不同的值、判断所有参数是否为真返回TRUE等。

常用的逻辑函数包括：AND、OR、TRUE、FALSE、IF、NOT等。

8. 数据库函数

数据库函数主要用于分析数据清单中的数值是否符合指定条件，如返回满足给定条件的数据库记录的字段中数据的最大值。

常用的数据库函数包括：DAVERAGE、DMAX、DSUM、DPRODUCT等。

9. 信息函数

信息函数主要用于确定单元格内数据的类型以及错误值的种类，如确定数字是否为奇数、检测值是否为#N/A等。

常用的信息函数包括：CELL、INFO、ISERR、TYPE等。

10. 工程函数

工程函数主要用于工程分析，如将二进制转换为十进制、返回复数的自然对数等。

常用的工程函数包括：BIN2DEC、COMOLEX、ERF、IMCOS等。

4.2 函数的基本操作

用户对函数有了基本的了解后，接下来就可以使用函数计算相关数据，在此之前先向读者介绍函数的基本操作，如输入函数、修改函数以及删除函数等。

4.2.1 输入函数

用户在使用函数计算数据之前，需要学习如何输入函数，通常情况下采用直接输入和通过"插入函数"对话框输入。如果用户对需要输入的函数很熟悉时，可以使用直接输入；如果不是很确定函数的用法时，可以使用对话框输入。下面将详细介绍函数的输入方法。

1. 直接输入

直接输入函数不需要过多的操作，只需输入函数和相关参数，然后按Enter键即可。但是用户必须熟悉该函数的名称以及各项参数。下面以SUM函数为例介绍具体的操作方法。

Step 01 输入等号和函数名称。打开"期中考试成绩表.xlsx"工作簿，选中I2单元格，然后输入"=SUM"，如图4-4所示。

Step 02 输入括号和参数。然后输入英文状态下小括号，在括号内输入计算的单元格区域，如(C2:H2)，如图4-5所示。在输入函数的参数时，一定注意单元格的引用和运算符的使用。

Step 03 计算结果。公式输入完成后，按Enter键执行计算，即在I2单元格中显示结果，然后将I2单元格中的公式填充至表格结尾即可，如图4-6所示。

2. 通过"插入函数"对话框输入

用户对插入的函数不是很了解时，可以使用"插入函数"对话框输入，根据提示的向导逐步输入数据，可以保证正确率。下面以ACCRINT函数为例介绍具体操作方法。

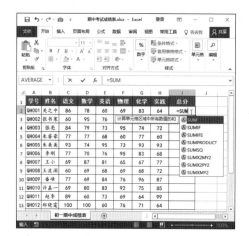

图4-4　输入函数名称

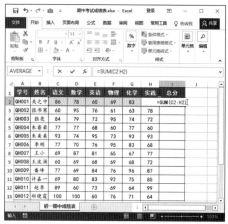

图4-5　输入参数

图4-6　查看计算结果

Step 01 **打开"插入函数"对话框**。打开"证券利息.xlsx"工作簿，选中D4单元格，切换至"公式"选项卡，单击"函数库"选项组中的"插入函数"按钮，如图4-7所示。

Step 02 **选择函数**。打开"插入函数"对话框，单击"或选择类别"下三角按钮，在列表中选择"财务"选项，在"选择函数"列表框中选择ACCRINT函数，单击"确定"按钮，如图4-8所示。

图4-7　单击"插入函数"按钮　　　图4-8　选择ACCRINT函数

Step 03 **输入参数**。打开"函数参数"对话框，然后输入对应的参数，或者单击文本框右侧折叠按钮，在表格中选中对应的单元格，单击"确定"按钮，如图4-9所示。

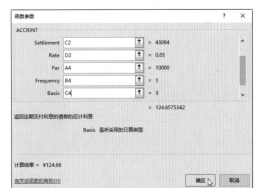

图4-9　设置函数参数

Step 04 **计算结果**。返回工作表中在D4单元格中显示计算出应付的利息，在编辑栏中显示计算公式，如图4-10所示。

图4-10　查看计算结果

4.2.2 修改函数

修改函数主要包括修改函数名称和修改函数的参数操作。下面介绍在"相机年度销售统计表.xlsx"中将计算年度销售总额的公式修改为佳能相机年度销售总额的方法，具体操作步骤如下。

Step 01 **函数进入可编辑状态**。打开"相机年度销售统计表.xlsx"工作簿，选中M3单元格，然后将光标移至编辑栏中的公式上并单击，此时函数公式进入可编辑状态，如图4-11所示。

Step 02 **修改函数名称和参数**。在编辑栏中将SUM修改为SUMIF，然后再修改参数，最终函数公式为"=SUMIF(A3:A30,"佳能",L3:L30)"，如图4-12所示。

图4-11　函数公式进入可编辑状态

图4-12　修改函数名称和参数

Step 03 **重新执行计算。** 修改完成后，按Enter键执行计算，然后修改对应的标题，如
图4-13所示。

图4-13　查看修改函数后的计算结果

4.2.3　删除、复制和隐藏函数

函数的删除、复制和隐藏操作和2.2节介绍的公式的相关操作是一样的，请参照其操
作方法，此处不再赘述。

4.3　嵌套函数

嵌套函数是将一个函数作为另一个函数的参数使用，使用嵌套函数时，返回值的类
型是和最外层函数的参数类型相符的。嵌套函数的结构，如图4-14所示。

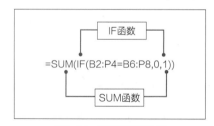

图4-14　嵌套函数的结构

下面介绍通过身份证号码计算员工性别为例，介绍嵌套函数的使用方法，具体操作
如下。

Step 01 **打开"插入函数"对话框。** 打开"员工信息表.xlsx"工作簿，选中G3单元格，
然后单击编辑栏左侧"插入函数"按钮，如图4-15所示。

Step 02 **选择IF函数。** 打开"插入函数"对话框，在"或选择类别"列表中选择"逻辑"
选项，在"选择函数"列表框中选择IF函数，单击"确定"按钮，如图4-16所示。

Step 03 **设置IF函数的参数。** 打开"函数参数"对话框，在Logical_test文本框中输入
"MOD(MID(F3,17,1),2)"，在Value_if_true文本框中输入"男"，在Value_if_flase
文本框中输入"女"，单击"确定"按钮，如图4-17所示。

Step 04 **计算结果并填充公式。** 返回工作表中可见计算出员工的性别，在编辑栏中显示计
算函数公式，然后将公式填充到表格结尾，如图4-18所示。

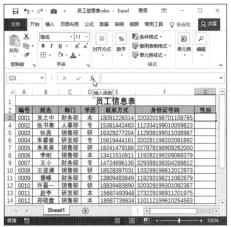

图4-15　单击"插入函数"按钮

图4-16　选择IF函数

提示

在身份证号码中，第17位数字为偶数则表示性别为女，为奇数则表示性别为男。

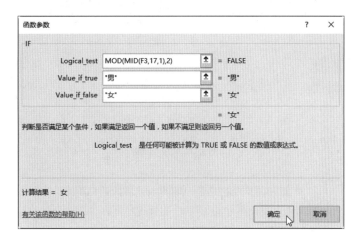

图4-17　设置函数参数

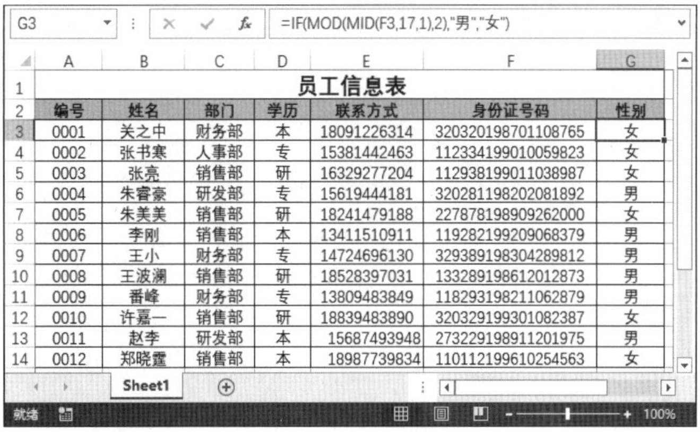

▲	A	B	C	D	E	F	G
1	员工信息表						
2	编号	姓名	部门	学历	联系方式	身份证号码	性别
3	0001	关之中	财务部	本	18091226314	320320198701108765	女
4	0002	张书寒	人事部	专	15381442463	112334199010059823	女
5	0003	张亮	销售部	研	16329277204	112938199011038987	女
6	0004	朱睿豪	研发部	专	15619444181	320281198202081892	男
7	0005	朱美美	销售部	研	18241479188	227878198909262000	女
8	0006	李刚	销售部	本	13411510911	119282199209068379	男
9	0007	王小	财务部	专	14724696130	329389198304289812	男
10	0008	王波澜	销售部	研	18528397031	133289198612012873	男
11	0009	番峰	财务部	专	13809483849	118293198211062879	男
12	0010	许嘉一	销售部	研	18839483890	320329199301082387	女
13	0011	赵李	研发部	本	15687493948	273229198911201975	男
14	0012	郑晓霆	销售部	本	18987739834	110112199610254563	女

G3 公式：=IF(MOD(MID(F3,17,1),2),"男","女")

图4-18　查看计算结果

4.4 名称的使用

　　用户可以将单元格、单元格区域或常量等定义名称，在使用公式计算时直接输入名称即可参于计算，这样表现更直观。而且使用名称计算数据时不需要考虑单元格的引用，避免出现错误。

4.4.1

定义名称

实例文件

原始文件：
实例文件\第04章\原始
文件\1月份销售统计
表.xlsx
最终文件：
实例文件\第04章\最终
文件\通过"新建名称"
对话框定义.xlsx

只有定义名称之后才能使用，如果公式中使用未定义的名称，则将返回错误值。通常定义名称有3种方法，通过"新建名称"对话框定义、名称框定义以及根据所选内容进行定义。

方法1 **通过"新建名称"对话框定义**

Step 01 **打开"新建名称"对话框。** 打开"1月份销售统计表.xlsx"工作表，选中C2:C29单元格区域，切换至"公式"选项卡，单击"定义的名称"选项组中的"定义名称"按钮，如图4-19所示。

Step 02 **设置名称。** 打开"新建名称"对话框，在"名称"文本框中输入名称，单击"确定"按钮，如图4-20所示。

提示

在步骤2中，用户可以
单击"引用位置"右侧
折叠按钮，返回工作表
中重新选择引用的单元
格区域。

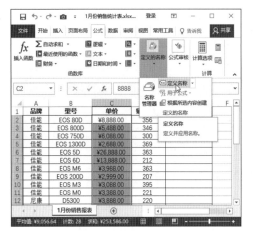

图3-19 单击"定义名称"按钮   图4-20 输入名称

Step 03 **查看定义名称。** 返回工作表，若选中C2:C29单元格区域，在名称框中显示"销售单价"，表示定义名称成功，如图4-21所示。

品牌	型号	单价	销售数量	销售总额
佳能	EOS 80D	¥8,888.00	356	
佳能	EOS 800D	¥5,488.00	346	
佳能	EOS 750D	¥6,088.00	300	
佳能	EOS 1300D	¥2,688.00	369	
佳能	EOS 5D	¥26,888.00	363	
佳能	EOS 6D	¥13,888.00	212	
佳能	EOS M6	¥3,988.00	363	
佳能	EOS 200D	¥2,999.00	207	
佳能	EOS M3	¥3,088.00	395	
佳能	EOS M0	¥3,388.00	221	
尼康	D5300	¥3,888.00	220	

平均值：¥9,056.64 计数：28 求和：¥253,586.00   100%

图4-21 查看定义的名称

提示

在定义名称的时候，不
能使用空格，使用字母
时必须要区分大小写，
而且名称长度最多为
255个字符。在使用字
母时不能将C、c、R和
r用作名称。

方法2 **使用名称框定义**

首先选择D2:D29单元格区域，然后在名称框内输入名称，如"销售数量"，然后按Enter键即可，单击名称框右侧下三角按钮，在列表中查看定义的名称，如图4-22所示。

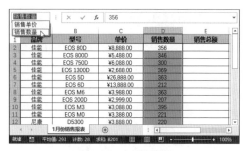

图4-22 名称框定义

方法3 根据所选内容创建

Step 01 启用"根据所选内容创建"功能。 打开工作表，选中B2:D29单元格区域，切换至"公式"选项卡，单击"定义的名称"选项组中的"根据所选内容创建"按钮，如图4-23所示。

Step 02 设置创建名称的依据。 打开"根据所选内容创建名称"对话框，勾选"首行"和"最左列"复选框，单击"确定"按钮，如图4-24所示。

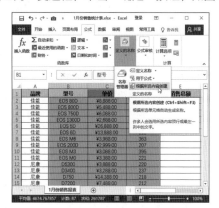

图4-23 单击"根据所选内容创建"按钮

图4-24 设置创建名称依据

Step 03 验证定义的名称。 在工作表的名称框中输入"EOS 200D"，然后按Enter键，Excel自动选择型号为EOS 200D对应的单价和销售数量为C9：D9的单元格区域，如图4-25所示。

Step 04 验证列和行交叉的单元格。 在名称框中输入"EOS 5D 销售数量"，输入型号和销售数量之间用空格隔开，按Enter键自动选择EOS 5D型号销售数量所在的D6单元格，如图4-26所示。

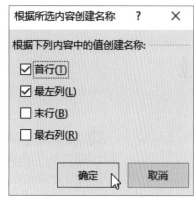

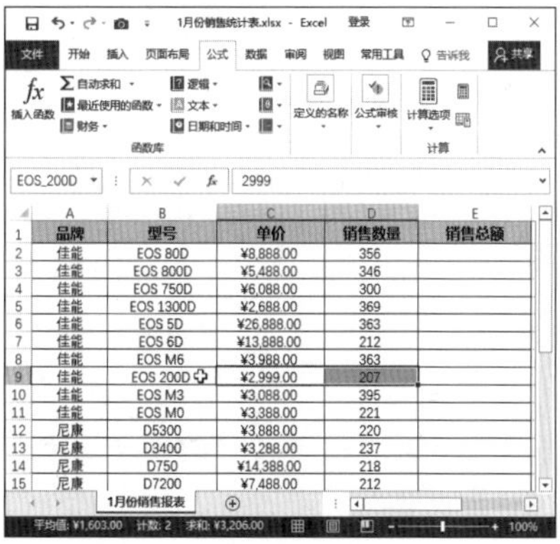

图4-25 显示所选型号对应信息

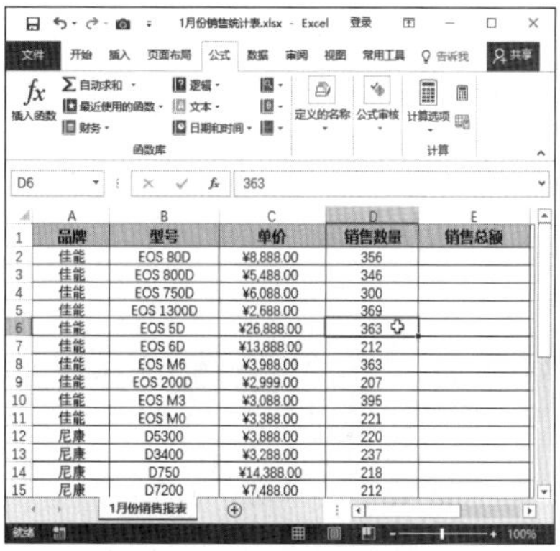

图4-26 显示指定型号的销售数量

4.4.2 名称的应用

名称定义完后可直接应用了，下面以计算产品的销售金额为例介绍使用名称参与公式计算的方法。

Step 01 **输入名称**。打开工作表，选中E2单元格，和输入公式一样先输入"="，然后直接输入定义的名称"单价"，在表格中会自动选中名称所对应的单元格区域，如图4-27所示。

Step 02 **粘贴名称**。接着输入"*"乘号，单击"定义的名称"选项组"用于公式"下三角按钮，在列表中选择"粘贴名称"选项，如图4-28所示。

图4-27　输入名称

图4-28　选择"粘贴名称"选项

Step 03 **选择定义的名称**。打开"粘贴名称"对话框，在列表框中选择需要的名称，如"销售数量"，然后单击"确定"按钮，如图4-29所示。

Step 04 **计算结果**。返回工作表中，按Enter键执行计算，在编辑栏中显示计算公式，然后将公式向下填充至E29单元格，如图4-30所示。

图4-29　选择名称

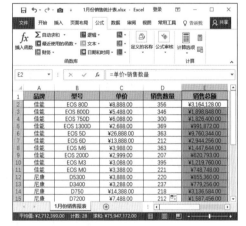

图4-30　计算结果

4.4.3 管理名称

在Excel中，管理定义的名称主要通过"名称管理器"对话框进行管理，如编辑或删除名称等，下面介绍具体操作方法。

1. 编辑名称

用户可以根据需要编辑定义的名称，如修改名称或单元格引用，具体操作方法如下。

Step 01 打开"名称管理器"对话框。打开工作簿，切换至"公式"选项卡，单击"定义的名称"选项组中的"名称管理器"按钮，如图4-31所示。

Step 02 选中需要编辑的名称。打开"名称管理器"对话框，选择"型号"名称，单击"编辑"按钮，如图4-32所示。

图4-31 单击"名称管理器"按钮

图4-32 单击"编辑"按钮

Step 03 选择引用区域。打开"编辑名称"对话框，设置名称为"产品型号"，单击"引用位置"折叠按钮，返回工作表中，重新选择单元格区域，如图4-33所示。

Step 04 查看编辑效果。然后依次单击"确定"按钮，返回工作表中，在名称框中输入"产品型号"，即可选中设置的单元格区域，效果如图4-34所示。

图4-33 选择引用区域　　　　图4-34 查看编辑效果

2. 删除名称

如果不需要某名称，用户可以在"名称管理器"对话框中将其删除，具体操作方法如下。

Step 01 打开"名称管理器"对话框。打开工作表，按Ctrl+F3组合键，打开"名称管理器"对话框，选中需要删除的名称，如"产品型号"，然后单击"删除"按钮，如图4-35所示。

Step 02 确认删除名称。弹出提示对话框，提示用户是否要删除名称，单击"确定"按钮，即可删除，如图4-36所示。

图4-35　删除名称

图4-36　确认删除名称

3. 查看名称

　　用户可以将工作簿中所有名称和引用位置导出到指定的位置。首先选择需要导出的位置，单击"定义的名称"选项组中的"用于公式"下三角按钮，在列表中选择"粘贴名称"选项，打开"粘贴名称"对话框，单击"粘贴列表"按钮即可，效果如图4-37所示。

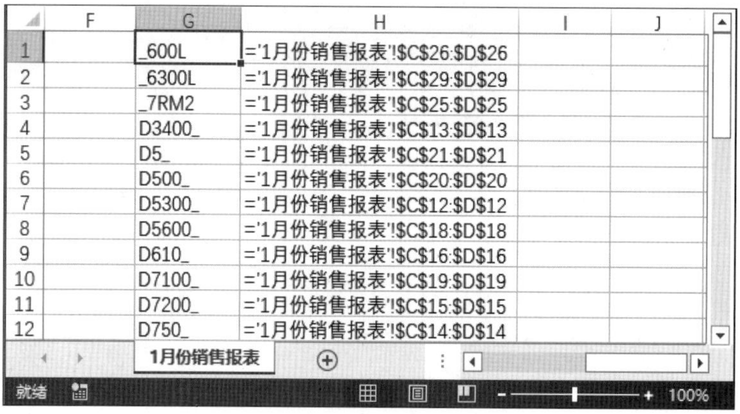

	F	G	H	I	J
1		_600L	='1月份销售报表'!$C$26:$D$26		
2		_6300L	='1月份销售报表'!$C$29:$D$29		
3		_7RM2	='1月份销售报表'!$C$25:$D$25		
4		D3400_	='1月份销售报表'!$C$13:$D$13		
5		D5_	='1月份销售报表'!$C$21:$D$21		
6		D500_	='1月份销售报表'!$C$20:$D$20		
7		D5300_	='1月份销售报表'!$C$12:$D$12		
8		D5600_	='1月份销售报表'!$C$18:$D$18		
9		D610_	='1月份销售报表'!$C$16:$D$16		
10		D7100_	='1月份销售报表'!$C$19:$D$19		
11		D7200_	='1月份销售报表'!$C$15:$D$15		
12		D750_	='1月份销售报表'!$C$14:$D$14		

图4-37　查看名称

Chapter 05

文本函数

文本型数据是Excel中常见的数据之一，Excel提供了专门处理文本字符的函数。本章主要从以下几方面介绍文本函数，如文本字符转换、获取字符串、查找替换字符等，将详细介绍文本函数的功能、表达式以及参数的含义，并以案例形式说明常用函数的用法。

5.1 文本字符转换

用户经常需要在工作表中对文本字符进行相应的转换，如英文的大写和小写转换、文本字符串全角和半角转换以及转换为文本等。

5.1.1 英文转换大小写及首字母大写

介绍英文大小写转换和设置首字母大写时，主要用到以下3个函数，分别为UPPER、LOWER和PROPER。下面将分别介绍各函数的用法。

1. UPPER函数

UPPER函数主要用于将文本字符串中所有小写字母转换为大写字母。

表达式： UPPER(text)

参数含义： Text表示转换为大写的文本，可以为引用的单元格或文本字符串。

➜ **EXAMPLE** 将企业名称转换为大写

Step 01 **输入公式**。打开"客户信息表.xlsx"工作簿，选中D2单元格，输入公式"=UPPER(B2)"，如图5-1所示。

Step 02 **转换为大写**。按Enter键执行计算，可见在D2单元格中显示B2单元格的内容并全部为大写，然后将公式填充至D12单元格，如图5-2所示。

实例文件

原始文件：
实例文件\第05章\ 原始
文件\客户信息表.xlsx
最终文件：
实例文件\第05章\最终
文件\UPPER函数.xlsx

图5-1 输入公式

图5-2 转换为大写

2. LOWER函数

LOWER函数与UPPER函数功能相反，用于将文本字符串中所有英文转换为小写字母。

91

表达式：LOWER(text)

参数含义：Text表示需要转换为小写的文本，可以是单元格或文本字符串。

➡ **EXAMPLE** 将联系人名称转换为小写

Step 01 **输入公式**。打开"客户信息表.xlsx"工作簿，选中D2单元格，然后输入公式"=LOWER(C2)"，如图5-3所示。

Step 02 **计算结果**。按Enter键执行计算，将引用单元格内的人名转换为小写，然后将公式填充至D12单元格，如图5-4所示。

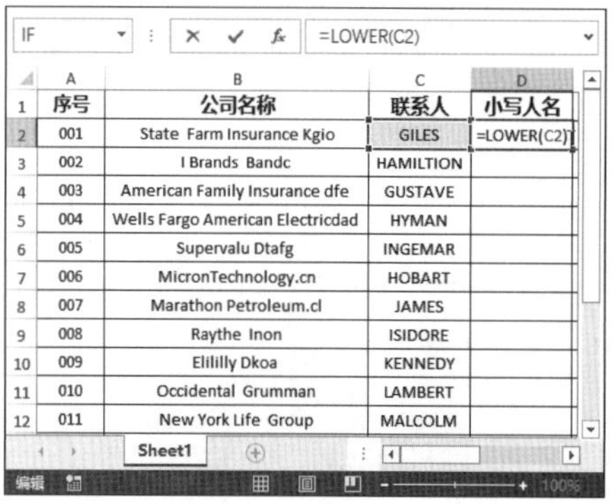

实例文件

原始文件：
实例文件\第05章\ 原始文件\客户信息表.xlsx
最终文件：
实例文件\第05章\最终 文件\LOWER 函数.xlsx

图5-3 输入公式

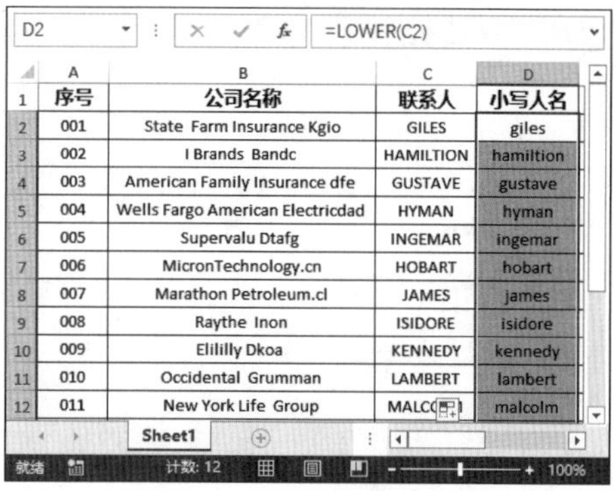

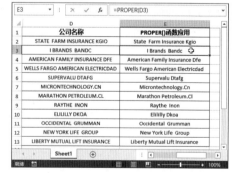

图5-4 转换为小写

3. PROPER函数

PROPER函数用于将文本字符串的首字母中及任何非字母字符之后的首字母转换成大写，并将其余字母转换为小写。

表达式：PROPER(text)

参数含义：Text表示需要转换为首字母大写的文本，可以是单元格或文本字符串。

➡ **EXAMPLE** 将公司名称每个单词首字母转换为大写

Step 01 **输入公式**。打开"客户信息表1.xlsx"工作簿，选中E2单元格，然后输入公式"=PROPER(D2)"，如图5-5所示。

Step 02 **计算结果**。按Enter键执行计算，然后将公式填充至E13单元格，将所有公司名称的首字母转换为大写，如图5-6所示。

实例文件

原始文件：
实例文件\第05章\原始文件\客户信息表1.xlsx
最终文件：
实例文件\第05章\最终文件\PROPER函数.xlsx

图5-5 输入公式

图5-6 将首字母转换为大写

5.1.2 转换文本格式

在Excel中可以通过函数转换数值的表现形式，转换文本格式的函数包括TEXT、FIXED、RMB、DOLLAR、BAHTTEXT、NUMBERSTRING等。下面主要介绍TEXT、FIXED、RMB和NUMBERSTRING4种函数的功能和具体用法。

1. TEXT函数

TEXT函数表示将数值转换为按指定数值格式表示的文本。

表达式： TEXT(value,format_text)

参数含义： Value为数值、计算结果为数值的公式或对包含数值的单元格引用；Format_text表示指定格式代码，使用双引号括起来。

首先简单介绍TEXT常用的格式代码，如图5-7所示。

	A	B	C	D
1	数值	格式代码	函数公式	返回值
2	452.27	00.0	=TEXT(A2,"00.0")	452.3
3	2.3	00.00	=TEXT(A3,"00.00")	02.30
4	35.68	####	=TEXT(A4,"####")	36
5	-36	正数;负数;零	=TEXT(A5,"正数;负数;零")	负数
6	20171225	0000年00月00日	=TEXT(A6,"0000年00月00日")	2017年12月25日
7	20171225	0000-00-00	=TEXT(A7,"0000-00-00")	2017-12-25
8	2017/12/25	dd-mmm-yyyy	=TEXT(A8,"dd-mmm-yyyy")	25-Dec-2017
9	2017/12/25	yyyy年mm月	=TEXT(A9,"yyyy年mm月")	2017年12月
10	2017/12/25	aaaa	=TEXT(A10,"aaaa")	星期一

图5-7　TEXT()函数格式代码

→ EXAMPLE 转换员工的基本工资

Step 01 输入公式。 打开"员工信息表.xlsx"工作簿，选中I3单元格，然后输入公式"=TEXT(H3,"¥00.00")"，表示将H3单元格中数值转换为带货币符号的形式，如图5-8所示。

Step 02 转换为货币形式后的效果。 按Enter键执行转换，然后将公式填充至I14单元格，可见员工的基本工资前都添加了货币符号，而且都保留了两位小数，如图5-9所示。

实例文件

原始文件：
实例文件\第05章\ 原始
文件\员工信息表.xlsx
最终文件：
实例文件\第05章\最终
文件\转换员工的基本工
资.xlsx

提示

本实例主要是介绍
TEXT函数的不同格式
代码，将数值转换为货
币形式，也可以使用下
面将介绍的RMB函数进
行转换。

图5-8　输入公式

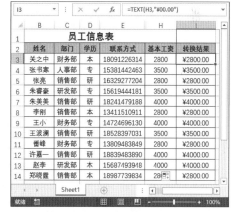

图5-9　转换为货币形式

2. FIXED函数

FIXED函数用于将数字按指定的小数位数进行取整，利用句号和逗号，以小数格式对该数进行格式设置，并以文本形式返回结果。

表达式： FIXED(number,decimals,no_commas)

参数含义： Number表示要进行舍入并转换为文本的数值；Decimals表示十进制数

的小数位数；No_commas为一个逻辑值，如果为 TRUE，则会禁止 FIXED 在返回的文本中包含逗号。

➔ **EXAMPLE 转换产品的销售金额**

Step 01 输入公式。打开“第4季度销售统计表.xlsx”工作簿，选中F2单元格，然后输入公式“=FIXED(E2,2)”，表示将E2单元格中数值保留两位小数，并且使用逗号，如图5-10所示。

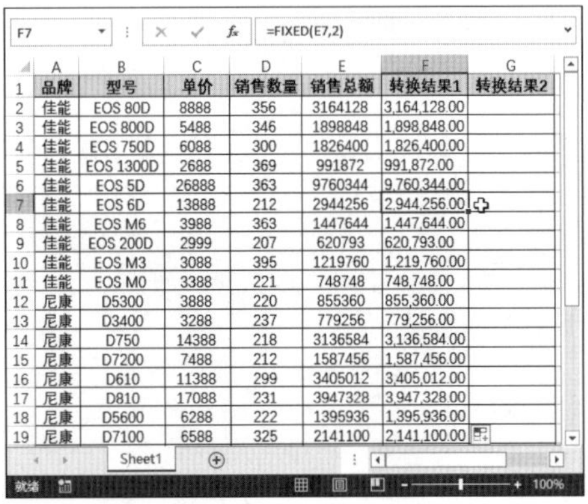

Step 02 查看转换的效果。按Enter键执行转换，然后将公式填充至F29单元格，可见各产品的销售总额都保留了两位小数，并使用逗号对数字进行分离，如图5-11所示。

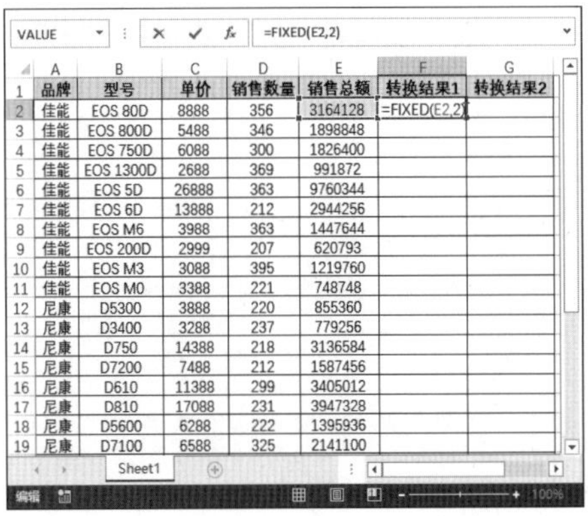

	A	B	C	D	E	F	G
1	品牌	型号	单价	销售数量	销售总额	转换结果1	转换结果2
2	佳能	EOS 80D	8888	356	3164128	=FIXED(E2,2)	
3	佳能	EOS 800D	5488	346	1898848		
4	佳能	EOS 750D	6088	300	1826400		
5	佳能	EOS 1300D	2688	369	991872		
6	佳能	EOS 5D	26888	363	9760344		
7	佳能	EOS 6D	13888	212	2944256		
8	佳能	EOS M6	3988	363	1447644		
9	佳能	EOS 200D	2999	207	620793		
10	佳能	EOS M3	3088	395	1219760		
11	佳能	EOS M0	3388	221	748748		
12	尼康	D5300	3888	220	855360		
13	尼康	D3400	3288	237	779256		
14	尼康	D750	14388	218	3136584		
15	尼康	D7200	7488	212	1587456		
16	尼康	D610	11388	299	3405012		
17	尼康	D810	17088	231	3947328		
18	尼康	D5600	6288	222	1395936		
19	尼康	D7100	6588	325	2141100		

图5-10 输入公式

	A	B	C	D	E	F	G
1	品牌	型号	单价	销售数量	销售总额	转换结果1	转换结果2
2	佳能	EOS 80D	8888	356	3164128	3,164,128.00	
3	佳能	EOS 800D	5488	346	1898848	1,898,848.00	
4	佳能	EOS 750D	6088	300	1826400	1,826,400.00	
5	佳能	EOS 1300D	2688	369	991872	991,872.00	
6	佳能	EOS 5D	26888	363	9760344	9,760,344.00	
7	佳能	EOS 6D	13888	212	2944256	2,944,256.00	
8	佳能	EOS M6	3988	363	1447644	1,447,644.00	
9	佳能	EOS 200D	2999	207	620793	620,793.00	
10	佳能	EOS M3	3088	395	1219760	1,219,760.00	
11	佳能	EOS M0	3388	221	748748	748,748.00	
12	尼康	D5300	3888	220	855360	855,360.00	
13	尼康	D3400	3288	237	779256	779,256.00	
14	尼康	D750	14388	218	3136584	3,136,584.00	
15	尼康	D7200	7488	212	1587456	1,587,456.00	
16	尼康	D610	11388	299	3405012	3,405,012.00	
17	尼康	D810	17088	231	3947328	3,947,328.00	
18	尼康	D5600	6288	222	1395936	1,395,936.00	
19	尼康	D7100	6588	325	2141100	2,141,100.00	

图5-11 查看转换效果

Step 03 输入公式。选中G2单元格，然后输入公式“=FIXED(E2,2,TRUE)”，表示将E2单元格中数值保留两位小数，并且不使用逗号，如图5-12所示。

Step 04 查看转换的效果。按Enter键执行转换，然后将公式填充至G29单元格，可见各产品的销售总额都保留了两位小数，没有使用逗号对数字进行分离，如图5-13所示。

	A	B	C	D	E	F	G
1	品牌	型号	单价	销售数量	销售总额	转换结果1	转换结果2
2	佳能	EOS 80D	8888	356	3164128	3,164,128.00	=FIXED(E2,2,TRUE)
3	佳能	EOS 800D	5488	346	1898848	1,898,848.00	
4	佳能	EOS 750D	6088	300	1826400	1,826,400.00	
5	佳能	EOS 1300D	2688	369	991872	991,872.00	
6	佳能	EOS 5D	26888	363	9760344	9,760,344.00	
7	佳能	EOS 6D	13888	212	2944256	2,944,256.00	
8	佳能	EOS M6	3988	363	1447644	1,447,644.00	
9	佳能	EOS 200D	2999	207	620793	620,793.00	
10	佳能	EOS M3	3088	395	1219760	1,219,760.00	
11	佳能	EOS M0	3388	221	748748	748,748.00	
12	尼康	D5300	3888	220	855360	855,360.00	
13	尼康	D3400	3288	237	779256	779,256.00	
14	尼康	D750	14388	218	3136584	3,136,584.00	
15	尼康	D7200	7488	212	1587456	1,587,456.00	
16	尼康	D610	11388	299	3405012	3,405,012.00	
17	尼康	D810	17088	231	3947328	3,947,328.00	
18	尼康	D5600	6288	222	1395936	1,395,936.00	
19	尼康	D7100	6588	325	2141100	2,141,100.00	

图5-12 输入公式

	A	B	C	D	E	F	G
1	品牌	型号	单价	销售数量	销售总额	转换结果1	转换结果2
2	佳能	EOS 80D	8888	356	3164128	3,164,128.00	3164128.00
3	佳能	EOS 800D	5488	346	1898848	1,898,848.00	1898848.00
4	佳能	EOS 750D	6088	300	1826400	1,826,400.00	1826400.00
5	佳能	EOS 1300D	2688	369	991872	991,872.00	991872.00
6	佳能	EOS 5D	26888	363	9760344	9,760,344.00	9760344.00
7	佳能	EOS 6D	13888	212	2944256	2,944,256.00	2944256.00
8	佳能	EOS M6	3988	363	1447644	1,447,644.00	1447644.00
9	佳能	EOS 200D	2999	207	620793	620,793.00	620793.00
10	佳能	EOS M3	3088	395	1219760	1,219,760.00	1219760.00
11	佳能	EOS M0	3388	221	748748	748,748.00	748748.00
12	尼康	D5300	3888	220	855360	855,360.00	855360.00
13	尼康	D3400	3288	237	779256	779,256.00	779256.00
14	尼康	D750	14388	218	3136584	3,136,584.00	3136584.00
15	尼康	D7200	7488	212	1587456	1,587,456.00	1587456.00
16	尼康	D610	11388	299	3405012	3,405,012.00	3405012.00
17	尼康	D810	17088	231	3947328	3,947,328.00	3947328.00
18	尼康	D5600	6288	222	1395936	1,395,936.00	1395936.00
19	尼康	D7100	6588	325	2141100	2,141,1[illegible]0	2141100.00

图5-13 查看转换效果

3. RMB函数

RMB函数用于将数字转换成人民币格式的文本。

表达式：RMB(number,decimals)

函数参数：Number表示需要转换为货币的数字、单元格的引用；Decimals表示需要保留的小数点位数，默认情况下为2，即保留2位小数，若该参数值为负数，表示从小数点往左按相应的位数进行四舍五入。

实例文件

原始文件：

实例文件\第05章\原始文件\第4季度销售统计表.xlsx

最终文件：

实例文件\第05章\最终文件\转换产品的销售金额.xlsx

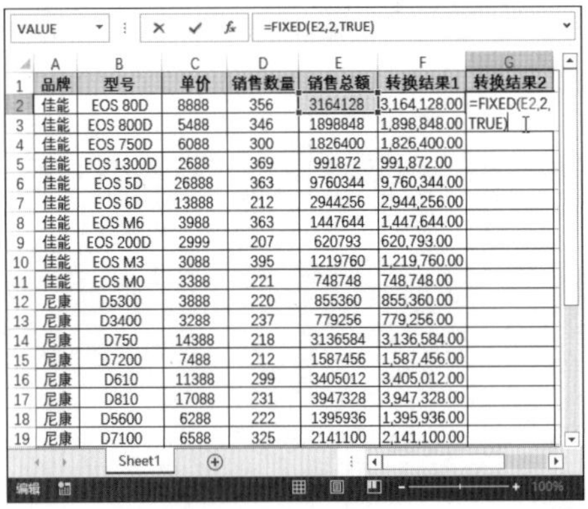

提示

在步骤1中输入公式时，FIXED函数的第3个参数省略，也可输入FALSE都表示不阻止使用逗号。

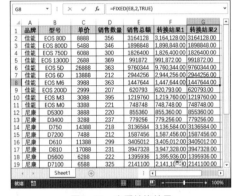

提示

DOLLAR函数的用法和RMB函数一样，参照学习即可。

实例文件

原始文件：

实例文件\第05章\原始文件\某学校爱心捐款统计表.xlsx

最终文件：

实例文件\第05章\ 最终文件\RMB函数.xlsx

➜ **EXAMPLE 将捐款金额转换为人民币格式**

Step 01 输入公式。打开“某学校爱心捐款统计表.xlsx”工作簿，选中F3单元格，然后输入“=RMB(E3,2)”公式，如图5-14所示。

Step 02 计算结果。按Enter键执行计算，然后将公式填充至F18单元格，可见转换的数字添加货币符号，并保留2位小数，如图5-15所示。

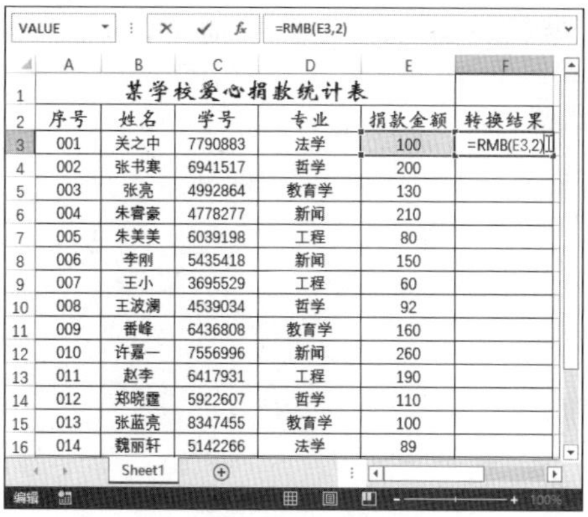

	A	B	C	D	E	F
1	某学校爱心捐款统计表					
2	序号	姓名	学号	专业	捐款金额	转换结果
3	001	关之中	7790883	法学	100	=RMB(E3,2)
4	002	张书寒	6941517	哲学	200	
5	003	张亮	4992864	教育学	130	
6	004	朱睿豪	4778277	新闻	210	
7	005	朱美美	6039198	工程	80	
8	006	李刚	5435418	新闻	150	
9	007	王小	3695529	工程	60	
10	008	王波澜	4539034	哲学	92	
11	009	番峰	6436808	教育学	160	
12	010	许嘉一	7556996	新闻	260	
13	011	赵李	6417931	工程	190	
14	012	郑晓霆	5922607	哲学	110	
15	013	张蓝亮	8347455	教育学	100	
16	014	魏丽轩	5142266	法学	89	

图5-14 输入公式

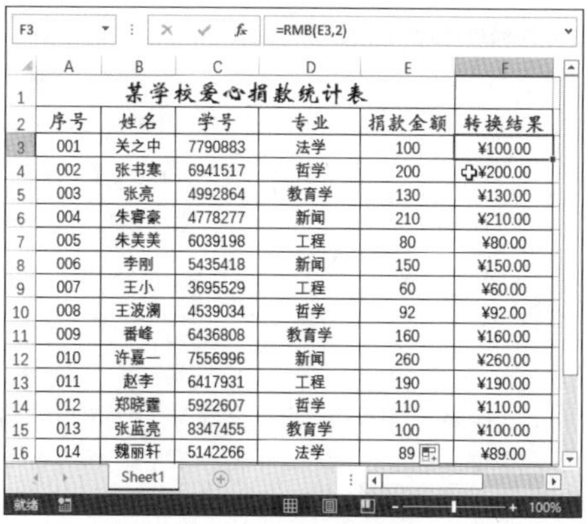

	A	B	C	D	E	F
1	某学校爱心捐款统计表					
2	序号	姓名	学号	专业	捐款金额	转换结果
3	001	关之中	7790883	法学	100	¥100.00
4	002	张书寒	6941517	哲学	200	¥200.00
5	003	张亮	4992864	教育学	130	¥130.00
6	004	朱睿豪	4778277	新闻	210	¥210.00
7	005	朱美美	6039198	工程	80	¥80.00
8	006	李刚	5435418	新闻	150	¥150.00
9	007	王小	3695529	工程	60	¥60.00
10	008	王波澜	4539034	哲学	92	¥92.00
11	009	番峰	6436808	教育学	160	¥160.00
12	010	许嘉一	7556996	新闻	260	¥260.00
13	011	赵李	6417931	工程	190	¥190.00
14	012	郑晓霆	5922607	哲学	110	¥110.00
15	013	张蓝亮	8347455	教育学	100	¥100.00
16	014	魏丽轩	5142266	法学	89	¥89.00

图5-15 查看转换效果

4. NUMBERSTRING函数

NUMBERSTRING函数用于将数字转换为中文大写。

表达式：NUMBERSTRING(number,type)

参数含义：Number表示需要转换为中文大写的数字，不能为负数，否则返回#NUM!错误值；Type表示返回结果的类型，有3种形式，如图5-16所示。

	A	B	C
1	数值	公式	返回结果
2	123456	=NUMBERSTRING(A2,1)	一十二万三千四百五十六
3	123456	=NUMBERSTRING(A3,2)	壹拾贰万叁仟肆佰伍拾陆
4	123456	=NUMBERSTRING(A4,3)	一二三四五六
5	-123456	=NUMBERSTRING(A5,1)	#NUM!
6			

图5-16 NUMBERSTRING函数的3种形式

5.1.3 全角半角字符转换

在Excel中使用文本函数还可以进行全角和半角相互转换，下面介绍ASC和WIDECHAR两个函数的功能和具体应用。

1. ASC函数

ASC函数主要用于将全角字符转换为半角字符。

表达式：ASC(text)

参数含义：Text表示需要进行半角转换的文本，如果不包含全角字母返回结果则保持不变。

ASC函数的应用，如图5-17所示。

	A	B	C	
1	**TXET**	**公式**	**返回值**	
2	Ｅｘｃｅｌ　２０１６	=ASC(A2)	Excel 2016	
3	Ｅｘｃｅｌ	=ASC(A3)	Excel	
4	" "	=ASC(A4)	""	
5				

图5-17　ASC()函数的应用

2. WIDECHAR函数

WIDECHAR函数用于将半角字符转换为全角字符。

表达式： WIDECHAR (text)

参数含义： Text表示需要转换为全角字符的文本。

5.2 提取字符串

用户有时需要提取文本中部分信息，从提取的位置可分为从文本左、中或右提取。Excel中提取字符串的相应函数包括LEFT、LEFTB、RIGHT、RIGHTB、MID和LEN等，本节主要介绍LEFT、RIGHT、MID和LEN4个函数的功能和具体用法。

5.2.1 LEFT函数

LEFT函数从指定文本的左侧第一个字符返回给定数量的字符。

表达式： LEFT(text,num_chars)

参数含义： Text表示提取的文本，可以为单元格引用，也可以为文本字符串，但必须使用双引号括起来；Num_chars表示从左开始提取的字符数量，字符为单字节字符。

→ EXAMPLE 返回商品的生产地

Step 01 **选择函数。** 打开"商品信息.xlsx"工作簿，选中C2单元格，然后单击"插入函数"按钮，打开"插入函数"对话框，选择IF函数，单击"确定"按钮，如图5-18所示。

Step 02 **输入参数。** 打开"函数参数"对话框，在Logical_test文本框中输入"LEFT(B2,3)='457'"，在Value_if_true文本框中输入"'中国'"，在Value_if_false文本框中输入"IF(LEFT(B2,3)="840","美国","澳大利亚")"，单击"确定"按钮，如图5-19所示。

提示

在步骤2中，457是中国的代码，840是美国的代码，036是澳大利亚的代码。

图5-18　选择函数

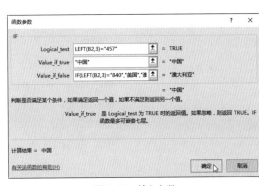

图5-19　输入参数

Step 03 **计算结果**。返回工作表中可见显示该商品的生产地为中国，如图5-20所示。

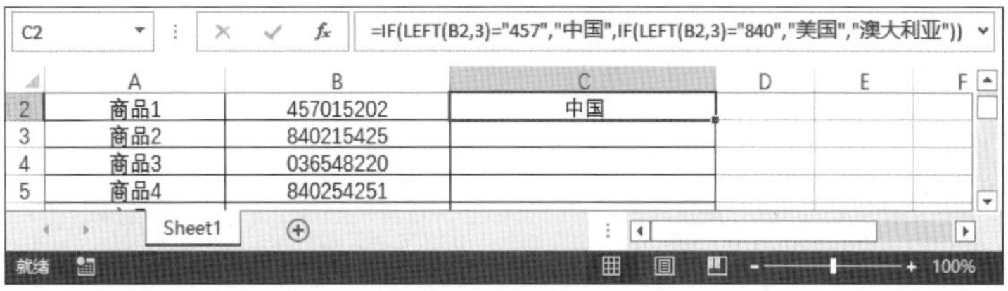

图5-20　计算结果

Step 04 **显示生产地**。将C2单元格中的公式填充至表格结尾，即可显示所有商品的生产地，如图5-21所示。

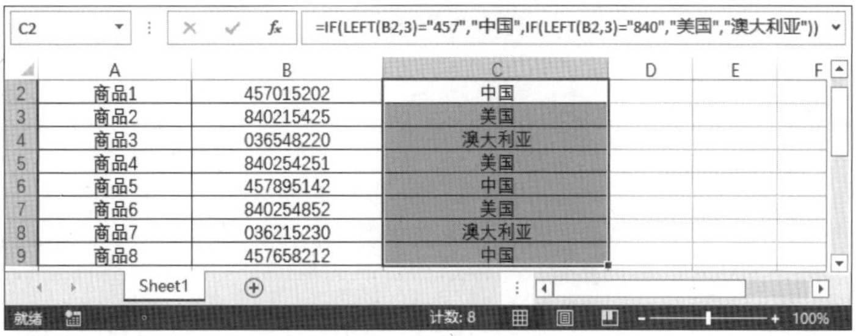

图5-21　显示生产地

5.2.2 RIGHT函数

RIGHT函数用于从一个文本字符串的最右侧字符开始提取指定数量的字符，字符串中不区分全角或半角。

表达式： RIGHT(text,num_chars)

参数含义： Text表示提取字符的文本，可以为单元格引用或指定的文本字符；Num_chars表示需要提取字符的数量。

➡ EXAMPLE 提取产品名称

Step 01 **选择函数**。打开"格力销售信息.xlsx"工作簿，选中E2单元格，打开"插入函数"对话框，在"或选择类别"列表中选择"文本"选项，然后选择RIGHT函数，单击"确定"按钮，如图5-22所示。

Step 02 **设置参数**。打开"函数参数"对话框，在Text文本框中输入B2，在Num_chars文本框中输入"(LEN(B2)-2)"，单击"确定"按钮，如图5-23所示。

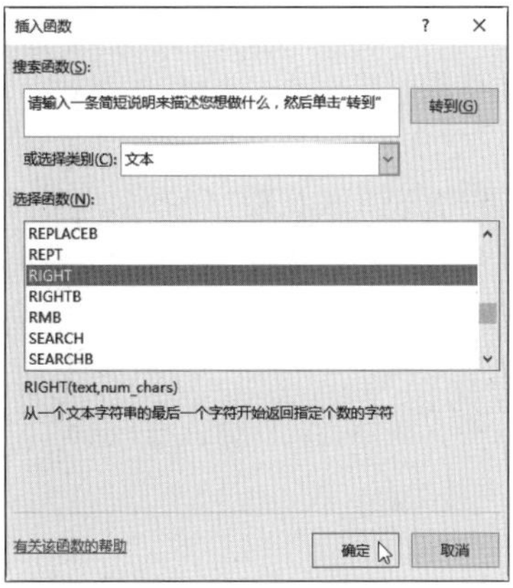

图5-22　选择函数　　　　　　　　　　图5-23　设置参数

Step 03 **计算结果。**返回工作中可见已经提取产品的名称，如图5-24所示。

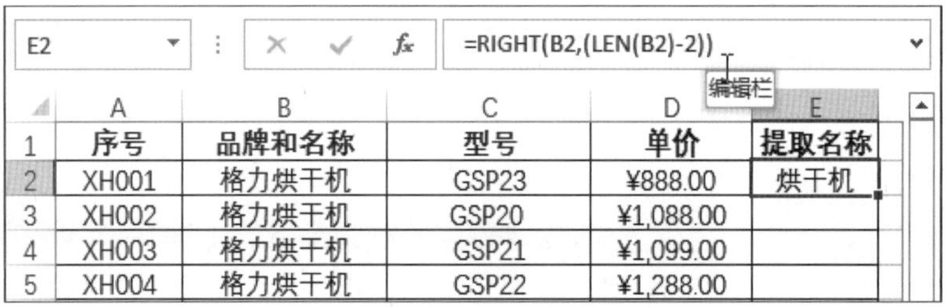
E2 =RIGHT(B2,(LEN(B2)-2))

	A	B	C	D	E
1	序号	品牌和名称	型号	单价	提取名称
2	XH001	格力烘干机	GSP23	¥888.00	烘干机
3	XH002	格力烘干机	GSP20	¥1,088.00	
4	XH003	格力烘干机	GSP21	¥1,099.00	
5	XH004	格力烘干机	GSP22	¥1,288.00	

图5-24　计算结果

Step 04 **显示所有产品名称。**将E2单元格中的公式填充至E14单元格，可见提取所有产品的名称，如图5-25所示。

提示

RIGHT和LEFT函数中第2个参数取值范围是一样的，此处不再赘述。

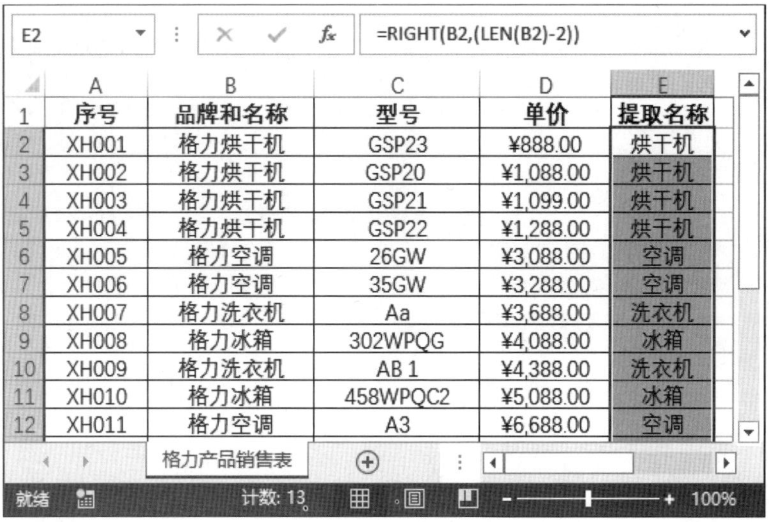
E2 =RIGHT(B2,(LEN(B2)-2))

	A	B	C	D	E
1	序号	品牌和名称	型号	单价	提取名称
2	XH001	格力烘干机	GSP23	¥888.00	烘干机
3	XH002	格力烘干机	GSP20	¥1,088.00	烘干机
4	XH003	格力烘干机	GSP21	¥1,099.00	烘干机
5	XH004	格力烘干机	GSP22	¥1,288.00	烘干机
6	XH005	格力空调	26GW	¥3,088.00	空调
7	XH006	格力空调	35GW	¥3,288.00	空调
8	XH007	格力洗衣机	Aa	¥3,688.00	洗衣机
9	XH008	格力冰箱	302WPQG	¥4,088.00	冰箱
10	XH009	格力洗衣机	AB 1	¥4,388.00	洗衣机
11	XH010	格力冰箱	458WPQC2	¥5,088.00	冰箱
12	XH011	格力空调	A3	¥6,688.00	空调

图5-25　显示所有产品名称

5.2.3 MID函数

MID函数用于返回字符串中从指定位置开始的指定数量的字符。与LEFT和RIGHT函数相比，MID函数提取字符更自由。

表达式：MID(text, start_num, num_chars)

参数含义：Text表示需要提取字符串的文本，可以是单元格引用或指定文本；Start_num表示需要提取字符的位置，即从左起第几位开始提取；Num_chars表示从text中指定位置提取字符的数量。若Num_chars为负数，则返回#VALUE!错误值；若Num_chars为0数，则返回空值；若省略Num_chars，则显示该函数输入参数太少。

➜ **EXAMPLE 从身份证号码中提取出生日期**

实例文件

原始文件：
实例文件\第05章\ 原始文件\员工信息表.xlsx
最终文件：
实例文件\第05章\ 最终文件\MID函数.xlsx

Step 01 **提取出生日期。**打开“员工信息表.xlsx”工作簿，选中H3单元格，然后输入“=MID(F3,7,8)”公式，该公式表示从身份证号码的第7位向右提取8位数，如图5-26所示。

Step 02 **显示提取字符。**按Enter键确认计算，在H3单元格中显示提取的字符，如图5-27所示。

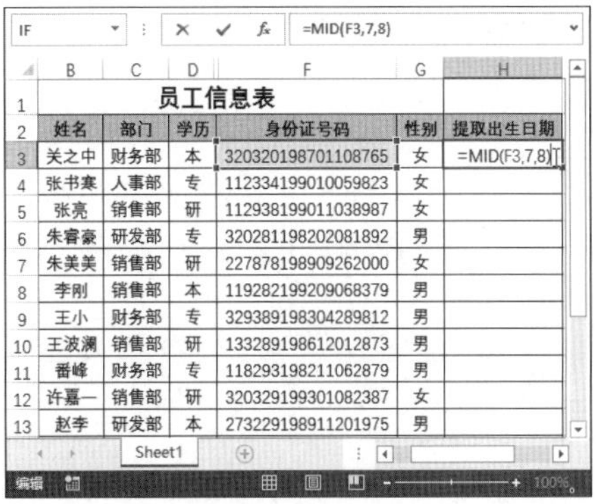

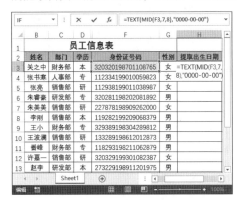

图5-26 输入公式

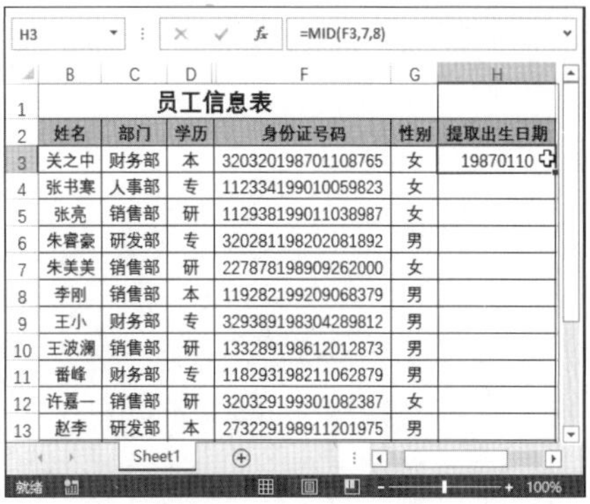

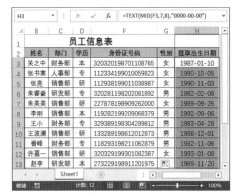

图5-27 显示提取字符

提示

现在身份证号码都是18位了，用户只需从第7位提取8位数即可。如果有15位的身份证号码，则首先使用LEN函数判断字符数量，如果是15位只需从第7位提取6位数即可。

Step 03 编辑函数。提取的字符显示日期不是很直观，选中H3单元格按F2功能键，然后添加TEXT函数将结果转换为日期格式的文本，如图5-28所示。

Step 04 显示出生日期。按Enter键执行计算，然后将公式向下填充至表格结尾，可见分别提取各员工的出生日期，如图5-29所示。

图5-28 修改公式

图5-29 显示出生日期

5.2.4 LEN函数

LEN函数用于返回文本字符串中字符数量，不区分半角和全角，其中句号、逗号和空格为一个字符进行计算。

表达式：LEN(text)

参数含义：Text表示返回文本长度的文本字符串，可以是单元格引用或指定文本，如果是单元格的区域，则返回#VALUE!错误值。

LEN函数的应用，如图5-30所示。

数值	公式	返回值
Excel 2016	=LEN(A2)	10
Ｅｘｃｅｌ　２０１６	=LEN(A3)	10
Excel 2016,	=LEN(A4)	11
电子表格。	=LEN(A5)	5
	=LEN("Excel 2016")	10

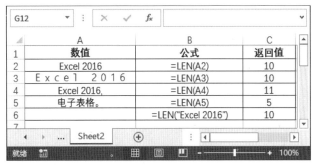

图5-30 LEN函数的应用

5.3 查找与替换函数

用户经常会遇到从单元格或字符中查找某些信息，或是为了保护某些信息，需要替换部分内容。Excel中的查找与替换函数包括FIND、FINDB、SEARCH、REPLACE、SUBSTITUTE等。本节将主要介绍FIND、SEARCH、REPLACE、SUBSTITUTE函数的功能和具体应用。

5.3.1 查找函数

在Excel中查找函数包括FIND、FINDB、SEARCH、SEARCHB。下面主要介绍FIND和SEARCH两个函数的具体应用。

1. FIND函数

FIND函数用于在一个文本中查找另一个文本的位置的数值，区分字母的大小写，该值是从第2个文本中第1个字符算起。

表达式： FIND(find_text,within_text,start_num)

参数含义： Find_text表示需要查找的字符串；Within_text表示包含要查找的文本；Start_num表示指定开始查找的字符数，如果省略则为1。

→ **EXAMPLE** 使用FIND函数查找指定字符的位置

Step 01 查找"花"文字的位置。新建工作表，输入相关数据，选中B2单元格，然后输入"=FIND("花",A2)"公式，表示从文本最左侧查找第一次出现"花"文字的位置，如图5-31所示。

Step 02 显示查找结果。按Enter键执行计算，可见显示其位置是在第5个字符，如图5-32所示。

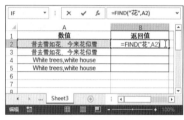

图5-31　输入公式　　　　图5-32　显示查找位置

Step 03 从第6个字符开始查找"花"的位置。选中B3单元格，然后输入"=FIND("花",A3,6)"公式，表示从文本第6个字符开始查找第一次出现"花"的位置，按Enter键执行计算，如图5-33所示。

Step 04 查找w出现的位置。选中B4单元格，然后输入"=FIND("w",A4)"公式，表示从文本查找第一次出现w的位置，按Enter键执行计算，从结果可见FIND函数是区分大小写的，如图5-34所示。

图5-33　从第6个字符查找"花"的位置　　　　图5-34　查找w出现的位置

提示：当Find_text为空文本时，则返回数值为1。

实例文件：最终文件：实例文件\第05章\最终文件\FIND函数.xlsx

提示：FIND应用的函数是不支持通配符的。

提示：在公式中需要输入Start_num参数时，如果小于或等于0，则返回#VALUE!错误值。

Step 05 **查找空值时显示的结果**。选中B5单元格，然后输入"=FIND("",A5)"公式，表示从文本查找空值的位置，按Enter键执行计算，如图5-35所示。

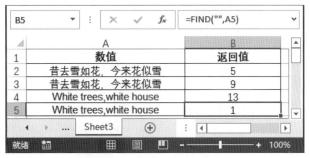

图5-35　查找空值时显示的结果

2. SEARCH函数

SEARCH函数和FIND函数使用方法是一样的，只是它不区分大小写。SEARCH函数用于返回指定的字符串在原始文本字符串中首次出现的位置，忽略英文的大小写。

表达式： SEARCH (find_text,within_text,start_num)

参数含义： Find_text表示需要查找的字符串；Within_text表示包含要查找的文本；Start_num表示指定开始查找的字符数，如果省略则为1。

SEARCH函数的应用示例，如图5-36所示。

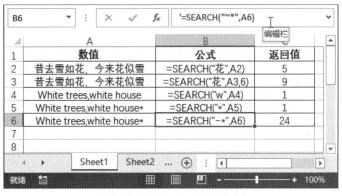

图5-36　SEARCH函数应用示例

5.3.2 替换函数

为了保护某些信息，我们需要替换文本中某些字符，如手机号码、身份证号码或账号等。替换函数主要包括REPLACE、REPLACEB和SUBSTITUTE函数，下面主要介绍REPLACE和SUBSTITUTE两个函数的功能和具体用法。

1. REPLACE函数

REPLACE函数用于使用新字符串替换指定位置和数量的旧字符。

表达式： REPLACE(old_text,start_num,num_chars，new_text)

参数含义： Old_text表示需要替换的字符串；Start_num表示替换字符串的开始位置；Num_chars表示从指定位置替换字符的数量；New_text表示需要替换Old_text的文本。

➡ **EXAMPLE** 替换员工的联系方式和身份证号码

Step 01 用*替换联系方式后4位数据。打开"员工信息表.xlsx"工作簿，在合适位置插

实例文件

原始文件：
实例文件\第05章\原始文件\员工信息表.xlsx
最终文件：
实例文件\第05章\最终文件\REPLACE函数.xlsx

入列，选中F3单元格，然后输入“=REPLACE(E3,8,4,"****")”公式，表示将手机号码后4位用4个*代替，如图5-37所示。

Step 02 **显示替换联系方式的效果。**按Enter键执行计算，然后将公式填充至表格结尾，查看联系方式被替换的效果，如图5-38所示。替换后可以有效地保护员工的信息。

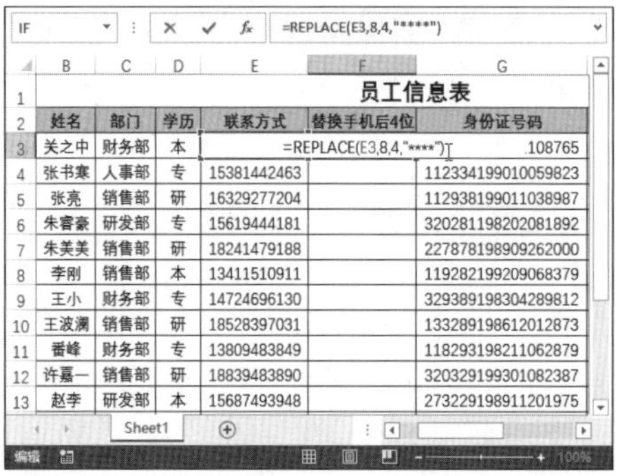

员工信息表					
姓名	部门	学历	联系方式	替换手机后4位	身份证号码
关之中	财务部	本	=REPLACE(E3,8,4,"****")		108765
张书寒	人事部	专	15381442463		112334199010059823
张亮	销售部	研	16329277204		112938199011038987
朱睿豪	研发部	专	15619444181		320281198202081892
朱美美	销售部	研	18241479188		227878198909262000
李刚	销售部	本	13411510911		119282199209068379
王小	财务部	专	14724696130		329389198304289812
王波澜	销售部	研	18528397031		133289198612012873
番峰	财务部	专	13809483849		118293198211062879
许嘉一	销售部	研	18839483890		320329199301082387
赵李	研发部	本	15687493948		273229198911201975

图5-37 输入公式

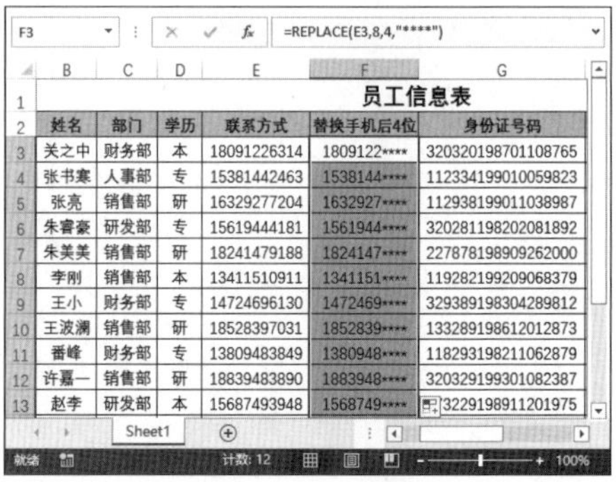

员工信息表					
姓名	部门	学历	联系方式	替换手机后4位	身份证号码
关之中	财务部	本	18091226314	1809122****	320320198701108765
张书寒	人事部	专	15381442463	1538144****	112334199010059823
张亮	销售部	研	16329277204	1632927****	112938199011038987
朱睿豪	研发部	专	15619444181	1561944****	320281198202081892
朱美美	销售部	研	18241479188	1824147****	227878198909262000
李刚	销售部	本	13411510911	1341151****	119282199209068379
王小	财务部	专	14724696130	1472469****	329389198304289812
王波澜	销售部	研	18528397031	1852839****	133289198612012873
番峰	财务部	专	13809483849	1380948****	118293198211062879
许嘉一	销售部	研	18839483890	1883948****	320329199301082387
赵李	研发部	本	15687493948	1568749****	3229198911201975

图5-38 查看替换效果

提示

如果将New_text设置为空值，则表示将指定的字符删除。

Step 03 **替换身份证部分号码。**选中H3单元格，然后输入“=REPLACE(G3,9,8,"#")”公式，表示使用#替换身份证号码的第9位后面的8个字符，按Enter键执行计算，并填充至表格结尾，如图5-39所示。

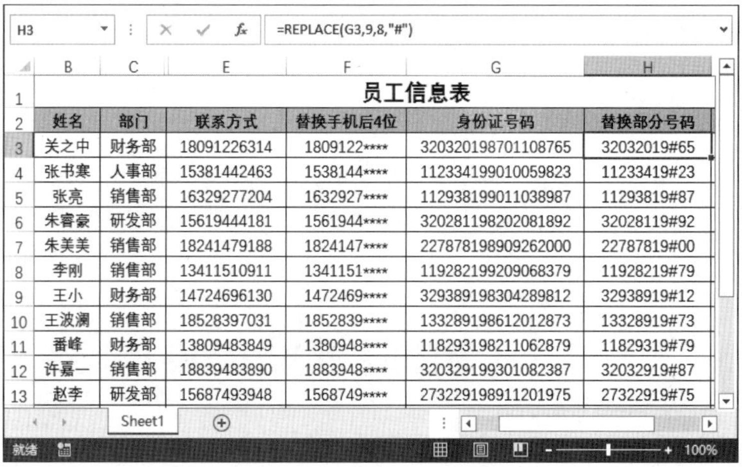

员工信息表					
姓名	部门	联系方式	替换手机后4位	身份证号码	替换部分号码
关之中	财务部	18091226314	1809122****	320320198701108765	32032019#65
张书寒	人事部	15381442463	1538144****	112334199010059823	11233419#23
张亮	销售部	16329277204	1632927****	112938199011038987	11293819#87
朱睿豪	研发部	15619444181	1561944****	320281198202081892	32028119#92
朱美美	销售部	18241479188	1824147****	227878198909262000	22787819#00
李刚	销售部	13411510911	1341151****	119282199209068379	11928219#79
王小	财务部	14724696130	1472469****	329389198304289812	32938919#12
王波澜	销售部	18528397031	1852839****	133289198612012873	13328919#73
番峰	财务部	13809483849	1380948****	118293198211062879	11829319#79
许嘉一	销售部	18839483890	1883948****	320329199301082387	32032919#87
赵李	研发部	15687493948	1568749****	273229198911201975	27322919#75

图5-39 查看替换后的效果

2. SUBSTITUTE函数

SUBSTITUTE函数用于在文本字符串中使用新文本替换旧文本。

表达式：SUBSTITUTE(text,old_text,new_text,instance_num)

参数含义：Text表示需要替换其中字符的文本，或是对含有文本的单元格的引用；Old_text表示需要替换的旧文本；New_text表示替换旧文本的新文本；Instance_num表示使用新文本替换第几次出现的旧文本，如果省略则替换Text中所有旧文本。

实例文件

原始文件：
实例文件\第05章\原始文件\员工信息表.xlsx
最终文件：
实例文件\第05章\最终文件\SUBSTITUTE函数.xlsx

➔ **EXAMPLE** **使用*替换联系方式中部分字符**

Step 01 **选择函数。**打开“员工信息表.xlsx”工作簿，在“联系方式”右侧插入1列，选中F3单元格，打开“插入函数”对话框，在“或选择类别”列表中选择“文本”选项，在“选择函数”列表框中选择SUBSTITUTE函数，单击“确定”按钮，如图5-40所示。

Step 02 **输入参数。** 打开"函数参数"对话框，在Text文本框中输入E3，在Old_text文本框中输入"MID(E3,6,4)"，在New_text文本框中输入"'****'"，单击"确定"按钮，如图5-41所示。

图5-40　选择函数

图5-41　输入参数

Step 03 **填充公式。** 然后将F3单元格中公式填充至表格结尾，可见指定的文本被替换为*，如图5-42所示。

图5-42　查看替换后的效果

提示

在步骤2中，使用MID函数提取需要被替换的文本。其New_text参数也可以是单元格的引用。

5.4 其他文本函数的应用

　　文本函数还有其他用处，如合并文本 、删除文本以及判断两个单元格中文本是否一致等。

5.4.1 CONCATENATE函数

　　CONCATENATE函数用于将多个字符进行合并。

　　表达式： CONCATENATE(text1, text2, ...)

　　参数含义： Text1、Text2表示需要合并的文本或数值，也可以是单元格的引用，数量最多为255个。

→ **EXAMPLE** 将区号和座机号合并

Step 01 **输入公式。** 新建工作表，输入相关数据，选中Ｃ2单元格并输入公式

“=CONCATENATE(A2,B2)”，如图5-43所示。

Step 02 查看合并效果。按Enter键执行计算，效果如图5-44所示。

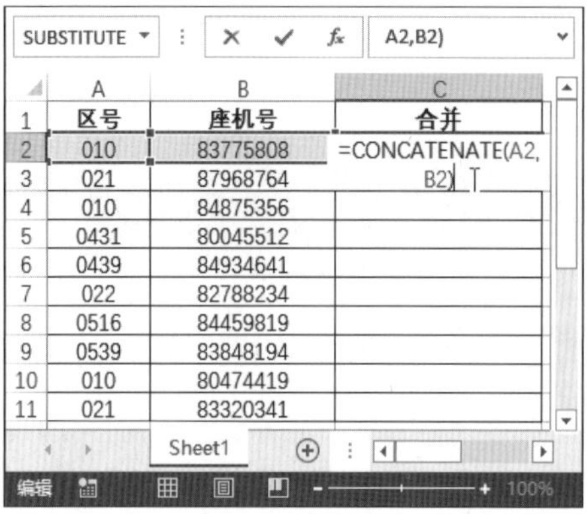

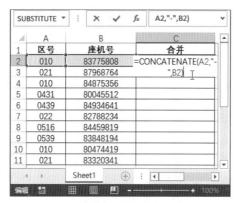

	A	B	C
1	区号	座机号	合并
2	010	83775808	=CONCATENATE(A2,B2)
3	021	87968764	
4	010	84875356	
5	0431	80045512	
6	0439	84934641	
7	022	82788234	
8	0516	84459819	
9	0539	83848194	
10	010	80474419	
11	021	83320341	

图5-43 输入公式

	A	B	C
1	区号	座机号	合并
2	010	83775808	01083775808
3	021	87968764	
4	010	84875356	
5	0431	80045512	
6	0439	84934641	
7	022	82788234	
8	0516	84459819	
9	0539	83848194	
10	010	80474419	
11	021	83320341	

图5-44 合并数据

Step 03 修改公式。通常情况下，区号和座机号之间有“-”，下面需对公式进行简单地修改。选中C2单元格并按F2功能键，然后将公式修改为“=CONCATENATE(A2,"-",B2)”，如图5-45所示。

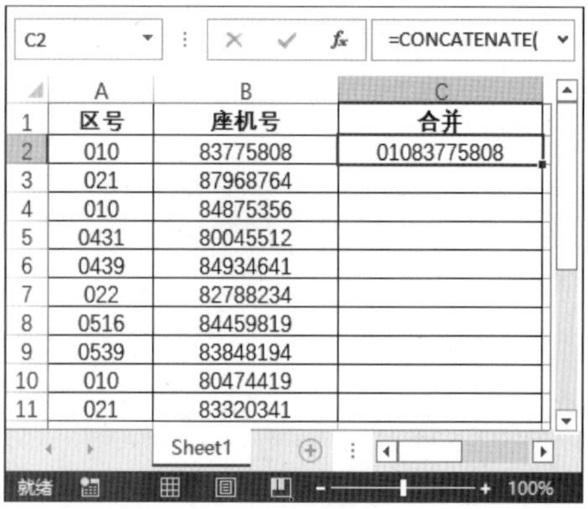

Step 04 填充公式。按Enter键执行计算，然后将该公式填充至表格结尾，如图5-46所示。

	A	B	C
1	区号	座机号	合并
2	010	83775808	=CONCATENATE(A2,"-",B2)
3	021	87968764	
4	010	84875356	
5	0431	80045512	
6	0439	84934641	
7	022	82788234	
8	0516	84459819	
9	0539	83848194	
10	010	80474419	
11	021	83320341	

图5-45 修改公式

	A	B	C
1	区号	座机号	合并
2	010	83775808	010-83775808
3	021	87968764	021-87968764
4	010	84875356	010-84875356
5	0431	80045512	0431-80045512
6	0439	84934641	0439-84934641
7	022	82788234	022-82788234
8	0516	84459819	0516-84459819
9	0539	83848194	0539-83848194
10	010	80474419	010-80474419
11	021	83320341	021-83320341

图5-46 填充公式

> **实例文件**
> 最终文件：
> 实例文件\第05章\最终文件\CONCATENATE函数.xlsx

> **提示**
> 在Excel中合并数据也可以使用“&”符号，在本案例中输入公式“=A2&"-"&B2”，也可达到相同的效果。

5.4.2 EXACT函数

EXACT函数用来对比两个单元格中的文本内容是否一致，如果一致则返回TRUE，否则返回FALSE。

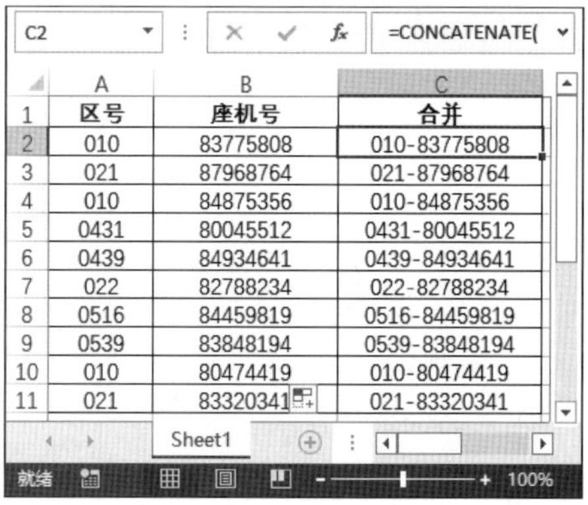

表达式：EXACT(text1,text2)

参数含义：Text1表示需要比较的第1个字符串；Text2表示需要比较的第2个字符串。

> **实例文件**
> 最终文件：
> 实例文件\第05章\最终文件\EXACT函数.xlsx

➜ **EXAMPLE 比较联系方式是否一样**

Step 01 输入公式并计算结果。新建工作表，输入相关数据，选中C2单元格，然后输入公式“=EXACT(A2,B2)”，按Enter键，然后将公式向下填充，如图5-47所示。

Step 02 修改公式。为了使结果更一目了然，将公式修改为“=IF(EXACT(A2,B2)=TRUE,"合格","待确认")”，如图5-48所示。

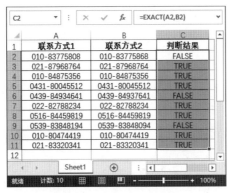

C2 =EXACT(A2,B2)

	A	B	C
1	联系方式1	联系方式2	判断结果
2	010-83775808	010-83775868	FALSE
3	021-87968764	021-87968764	TRUE
4	010-84875356	010-84875356	TRUE
5	0431-80045512	0431-80045512	TRUE
6	0439-84934641	0439-84937641	FALSE
7	022-82788234	022-82788234	TRUE
8	0516-84459819	0516-84459819	TRUE
9	0539-83848194	0539-83848094	FALSE
10	010-80474419	010-80474419	TRUE
11	021-83320341	021-83320341	TRUE
12			

图5-47　输入公式并计算结果

SUBSTITUTE ")

	A	B	C
1	联系方式1	联系方式2	判断结果
2	010-83775808	010-83775868	=IF(EXACT(A2,B2)=TRUE,"合格","待确认")
3	021-87968764	021-87968764	
4	010-84875356	010-84875356	
5	0431-80045512	0431-80045512	TRUE
6	0439-84934641	0439-84937641	FALSE
7	022-82788234	022-82788234	TRUE
8	0516-84459819	0516-84459819	TRUE
9	0539-83848194	0539-83848094	FALSE
10	010-80474419	010-80474419	TRUE
11	021-83320341	021-83320341	TRUE
12			

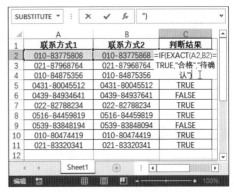

图5-48　修改公式

> **交叉参考**
> IF函数的具体应用将在11.1.2小节中进行详细介绍。

Step 03 **显示比较结果。**按Enter键执行计算，并将公式填充至表格结尾，效果如图5-49所示。

C2 =IF(EXACT(A2,B2)=TRUE,"合格","待确认")

	A	B	C
1	联系方式1	联系方式2	判断结果
2	010-83775808	010-83775868	待确认
3	021-87968764	021-87968764	合格
4	010-84875356	010-84875356	合格
5	0431-80045512	0431-80045512	合格
6	0439-84934641	0439-84937641	待确认
7	022-82788234	022-82788234	合格
8	0516-84459819	0516-84459819	合格
9	0539-83848194	0539-83848094	待确认
10	010-80474419	010-80474419	合格
11	021-83320341	021-83320341	合格

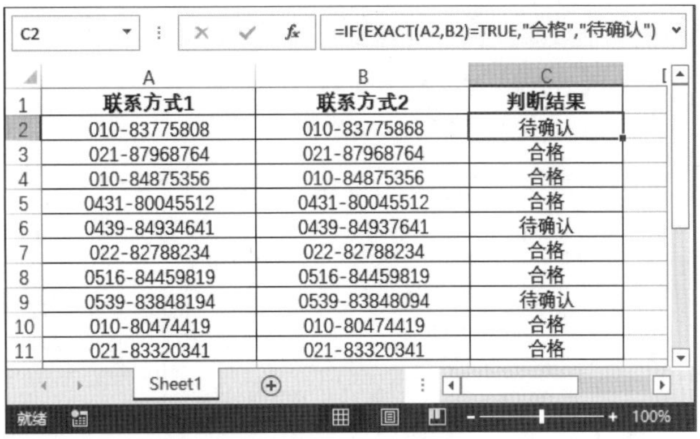

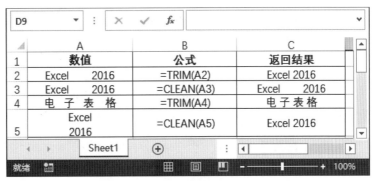

图5-49　显示比较结果

5.4.3 CLEAN和TRIM函数

CLEAN函数用于删除文本中不能打印的字符。

表达式：CLEAN(text)

参数含义：Text表示需要删除非打印字符的文本。

TRIM函数删除文本之间多余的空格，只保留一个空格。

表达式：TRIM(text)

参数含义：Text表示需要删除多余空格的文本。

下面通过示例介绍两个函数的用法，如图5-50所示。

D9

	A	B	C
1	数值	公式	返回结果
2	Excel　　2016	=TRIM(A2)	Excel 2016
3	Excel　　2016	=CLEAN(A3)	Excel　　2016
4	电　子　表　格	=TRIM(A4)	电 子 表 格
5	Excel 2016	=CLEAN(A5)	Excel 2016

图5-50　函数比较

5.4.4 REPT函数

REPT函数可以输入多个重复的文本或符号。

表达式： REPT(text,number_times)

参数含义： Text表示重复出现的文本；Number_times表示文本重复的数量，该参数为0时，则返回空文本，若为非整数时，则重复值为取整，不进行四舍五入计算。

→ **EXAMPLE** 制作数据条并添加百分比

Step 01 选择公式。 打开"产品销售统计表.xlsx"工作簿，选中F2单元格，打开"插入函数"对话框，在"选择函数"列表框中选择REPT函数，单击"确定"按钮，如图5-51所示。

Step 02 设置参数。 打开"函数参数"对话框，在Text文本框中输入"|"，在Number_times文本框中输入"E2/$E$10*160"，设置重复的数量，单击"确定"按钮，如图5-52所示。

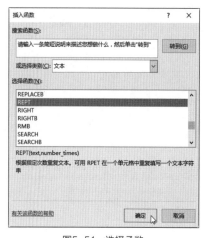

图5-51　选择函数

图5-52　输入参数

Step 03 显示结果。 返回工作表中将公式填充至表格结尾，设置颜色为红色，可见数据条越长表示该产品的销售额越大，效果如图5-53所示。

序号	型号	单价	销售数量	销售总额	数据条
XS001	P1106	¥850.00	34	¥28,900.00	
XS002	M04w	¥1,088.00	38	¥41,344.00	
XS003	P 1108	¥988.00	46	¥45,448.00	
XS004	1020 Plus	¥1,488.00	39	¥58,032.00	
XS005	M203dw	¥2,188.00	30	¥65,640.00	
XS006	Z6200	¥13,888.00	2	¥27,776.00	
XS007	M254dw	¥3,088.00	20	¥61,760.00	
XS008	CP 1025	¥1,988.00	34	¥67,592.00	
				¥396,492.00	

图5-53　显示结果

交叉参考

ROUND函数的具体应用将在7.3.2小节中进行详细地介绍。

Step 04 修改公式。 为了使各产品的销售比例更明显，还需要在数据条右侧添加百分比。选中F2单元格并双击，将公式修改为"=REPT("|",E2/$E$10*160)&ROUND(E2/$E$10*100,2)&"%""，如图5-54所示。

Step 05 **执行计算**。按Enter键执行计算，可见在数据条右侧添加该产品销售额所占的百分比，如图5-55所示。

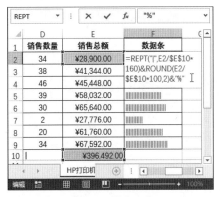

图5-54 修改公式

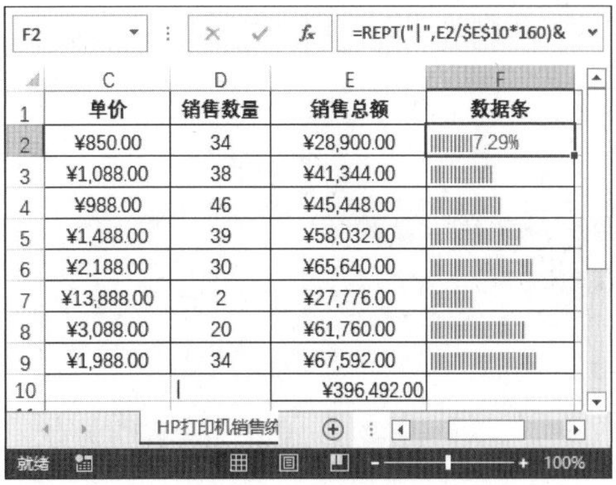

图5-55 执行计算

Step 06 **显示数据条和百分比**。将公式向下填充至F9单元格，即所有产品显示数据条和百分比，如图5-56所示。

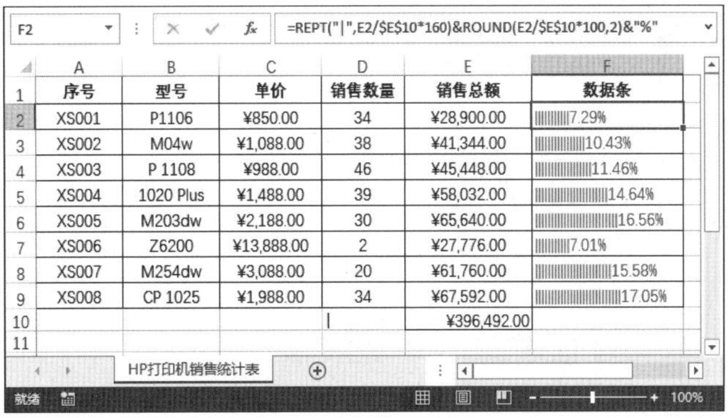

序号	型号	单价	销售数量	销售总额	数据条
XS001	P1106	¥850.00	34	¥28,900.00	‖‖‖‖‖7.29%
XS002	M04w	¥1,088.00	38	¥41,344.00	‖‖‖‖‖‖10.43%
XS003	P 1108	¥988.00	46	¥45,448.00	‖‖‖‖‖‖11.46%
XS004	1020 Plus	¥1,488.00	39	¥58,032.00	‖‖‖‖‖‖‖14.64%
XS005	M203dw	¥2,188.00	30	¥65,640.00	‖‖‖‖‖‖‖16.56%
XS006	Z6200	¥13,888.00	2	¥27,776.00	‖‖‖‖7.01%
XS007	M254dw	¥3,088.00	20	¥61,760.00	‖‖‖‖‖‖‖15.58%
XS008	CP 1025	¥1,988.00	34	¥67,592.00	‖‖‖‖‖‖‖17.05%
				¥396,492.00	

图5-56 显示数据条和百分比

提示

Excel提供的数据条功能，也可以达到相似的效果。即选中单元格区域，切换至"开始"选项卡，单击"样式"选项组中的"条件格式"下三角按钮，在列表中选择"数据条"选项，然后在子列表中选择相应的选项即可。

日期与时间函数

用户在Excel中处理日期和时间时，有时会经常出现错误，而掌握日期与时间函数的应用可以节省很多时间，解决不必要的麻烦。本章主要从以下几方面介绍日期与时间函数的应用，如日期函数、工作日函数、星期函数以及时间函数。在介绍日期与时间函数的同时还配合一些工作中常用的案例，使用户可以轻松解决很多关于日期与时间的问题。

6.1 日期函数

使用日期函数处理工作表中的日期数据是每个使用Excel工作人员必备技能之一。使用日期函数可以提取日期部分内容、计算两个日期之间的天数等。本节将由浅入深地介绍Excel日期函数的功能、表达式以及应用。

6.1.1 返回当前日期

如果需要在表格中输入当前日期，可以使用函数进行快速准确地输入，Excel中常用的函数包括TODAY和NOW。

1. TODAY函数

TODAY函数用于返回当前电脑系统的日期。

表达式： TODAY()

→ EXAMPLE 计算员工年龄

Step 01 输入公式。 打开"员工信息表.xlsx"工作簿，选中I3单元格，输入公式"=YEAR(TODAY())-YEAR(H3)"，如图6-1所示。

Step 02 计算年龄。 按Enter键执行计算，即可计算出员工的年龄，然后将公式向下填充至I14单元格，如图6-2所示。

图6-1　输入公式　　　　　　　　　　　图6-2　计算年龄

2. NOW函数

NOW函数用于返回当前电脑系统的日期和时间，和TODAY函数一样没有参数。

表达式： NOW()

→ **EXAMPLE** 返回早例会的日期和时间

Step 01 **输入公式**。打开"早例会签到表.xlsx"工作簿，选中D2单元格，然后输入公式"=NOW()"，如图6-3所示。

Step 02 **计算结果**。按Enter键执行计算，即可显示当前的日期和时间，效果如图6-4所示。

图6-3　输入公式　　　　　　　图6-4　计算结果

在Excel中，用户也可以使用组合键快速输入当前日期或时间，按Ctrl+;组合键，可输入当前日期；按Ctrl+Shift+;组合键，可输入当前时间，如图6-5所示。

	A	B	C
1	**组合键**	**返回值**	
2	Ctrl+;	2017/12/4	
3	Ctrl+Shift+;	12:30	
4			

图6-5　组合键输入日期和时间

6.1.2 使用序列号表示日期

Excel提供的YEAR、MONTH和DAY函数，可以分别从日期值中提取年、月、日的值，下面详细介绍各函数的应用。

1. YEAR函数

YEAR函数用于返回指定日期的年份，返回年份值是整数，其范围是1900~9999。

表达式：YEAR(serial_number)

参数含义：Serial_number表示需要提取年份的日期值，如果该参数是日期格式以外的文本，则返回#VALUE!错误值。

下面以示例形式介绍YEAR函数的应用，如图6-6所示。

	A	B	C
1	**日期**	**公式**	**返回值**
2	2017/12/25	=YEAR(A2)	2017
3	2017年12月25日	=YEAR(A3)	2017
4	43094	=YEAR(A4)	2017
5		=YEAR("2017/12/25")	2017

图6-6　YEAR函数应用示例

→ **EXAMPLE** 计算员工的工龄

Step 01 **输入公式**。打开"员工工龄统计表.xlsx"工作簿,选中I3单元格,然后输入公式"=YEAR(TODAY())-YEAR(H3)",如图6-7所示。

Step 02 **查看员工工龄**。按Enter键执行计算,然后将公式填充至I14单元格,如图6-8所示。

图6-7 输入公式   图6-8 计算员工工龄

2. MONTH函数

MONTH函数用于返回指定日期中的月份,返回值为1~12之间的整数。

表达式: MONTH (serial_number)

参数含义: Serial_number表示需要返回月份的日期,可以是单元格引用、日期序列号等,如果是非日期值,则返回#VALUE!错误值。

➤ **EXAMPLE** 统计员工生日的月份

Step 01 **输入公式**。打开"员工生日表.xlsx"工作簿,选中I3单元格,然后输入公式"=MONTH(H3)",如图6-9所示。

Step 02 **计算结果**。按Enter键执行计算,然后将公式填充至I14单元格,如图6-10所示。

图6-9 输入公式   图6-10 查看转换效果

3. DAY函数

DAY函数用于返回指定日期的天数,返回值是1~31之间的整数。

表达式: DAY (serial_number)

参数含义: Serial_number表示需要返回天数的日期,可以是单元格引用、日期序列号等,如果是非日期值,则返回#VALUE!错误值。

➜ EXAMPLE 统计员工生日的天数并返回两位数

Step 01 计算天数。 打开“员工生日表.xlsx”工作簿，选中J3单元格，然后输入“=DAY(H3)”公式，按Enter键执行计算，返回指定日期的天数，可见返回是1位的数值，如图6-11所示。

Step 02 修改日期。 选中J3单元格并双击，然后将公式修改为“=TEXT (DAY(H3),"dd")”，如图6-12所示。

实例文件

原始文件：

实例文件\第06章\原始文件\员工生日表.xlsx

最终文件：

实例文件\第06章\最终文件\DAY函数.xlsx

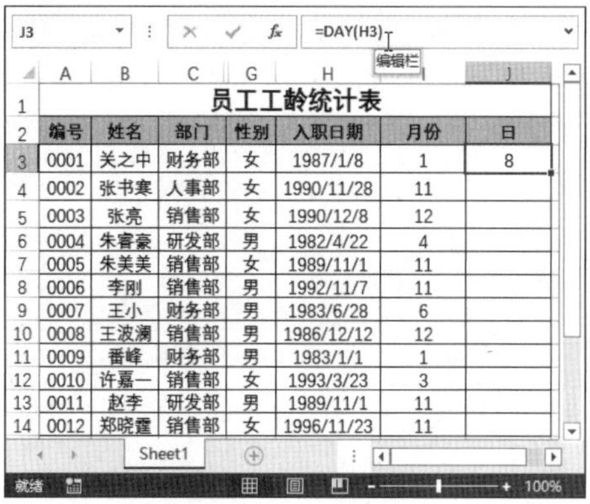

员工工龄统计表						
编号	姓名	部门	性别	入职日期	月份	日
0001	关之中	财务部	女	1987/1/8	1	8
0002	张书寒	人事部	女	1990/11/28	11	
0003	张亮	销售部	女	1990/12/8	12	
0004	朱睿豪	研发部	男	1982/4/22	4	
0005	朱美美	销售部	女	1989/11/1	11	
0006	李刚	销售部	男	1992/11/7	11	
0007	王小	财务部	男	1983/6/28	6	
0008	王波澜	销售部	男	1986/12/12	12	
0009	番峰	财务部	男	1983/1/1	1	
0010	许嘉一	销售部	女	1993/3/23	3	
0011	赵李	研发部	男	1989/11/1	11	
0012	郑晓霆	销售部	女	1996/11/23	11	

图6-11 计算天数

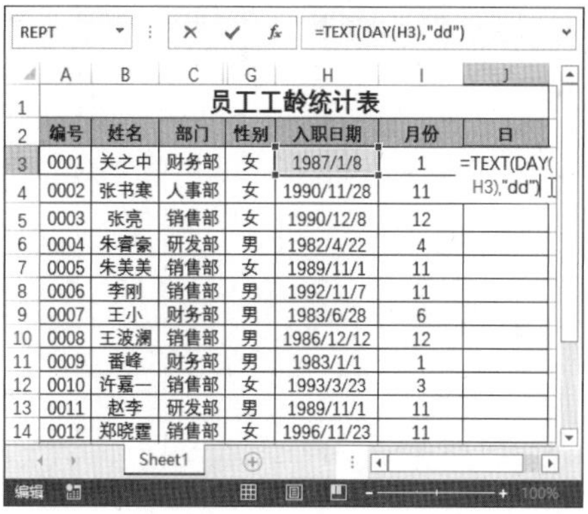

员工工龄统计表						
编号	姓名	部门	性别	入职日期	月份	日
0001	关之中	财务部	女	1987/1/8	1	=TEXT(DAY(H3),"dd")
0002	张书寒	人事部	女	1990/11/28	11	
0003	张亮	销售部	女	1990/12/8	12	
0004	朱睿豪	研发部	男	1982/4/22	4	
0005	朱美美	销售部	女	1989/11/1	11	
0006	李刚	销售部	男	1992/11/7	11	
0007	王小	财务部	男	1983/6/28	6	
0008	王波澜	销售部	男	1986/12/12	12	
0009	番峰	财务部	男	1983/1/1	1	
0010	许嘉一	销售部	女	1993/3/23	3	
0011	赵李	研发部	男	1989/11/1	11	
0012	郑晓霆	销售部	女	1996/11/23	11	

图6-12 修改公式

Step 03 计算员工生日。 按Enter键执行计算，然后将公式填充至J14单元格，如图6-13所示。

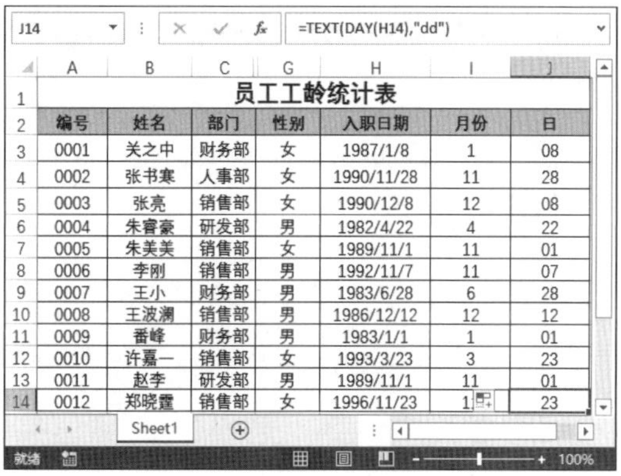

员工工龄统计表						
编号	姓名	部门	性别	入职日期	月份	日
0001	关之中	财务部	女	1987/1/8	1	08
0002	张书寒	人事部	女	1990/11/28	11	28
0003	张亮	销售部	女	1990/12/8	12	08
0004	朱睿豪	研发部	男	1982/4/22	4	22
0005	朱美美	销售部	女	1989/11/1	11	01
0006	李刚	销售部	男	1992/11/7	11	07
0007	王小	财务部	男	1983/6/28	6	28
0008	王波澜	销售部	男	1986/12/12	12	12
0009	番峰	财务部	男	1983/1/1	1	01
0010	许嘉一	销售部	女	1993/3/23	3	23
0011	赵李	研发部	男	1989/11/1	11	01
0012	郑晓霆	销售部	女	1996/11/23	11	23

图6-13 查看效果

6.1.3 返回日期

使用Excel处理日期数据时，有时需要返回指定的日期，此时，用户可以使用DATE、EDATE和EMONTH函数。

1. DATE函数

DATE函数用于返回特定日期的序列号，如果输入函数之前，单元格的格式为“常规”，需要将结果设为日期格式。

表达式： DATE(year,month,day)

参数含义： Year表示年份，是1~4位的数字；Month表示月份；Day表示天数，为正整数或负整数。

在1900年日期系统中，如果Year参数位于0~1899之间，则Excel会自动在该年份的值上加1900，如DATE(180,1,1)，则返回2080/1/1，年份为180+1900。如果Year

提示

在1904年日期系统中，Year参数的值和1900日期系统中相似。

位于1900~9999之间，则该值作为年份。如果Year值小于0大于等于10000，则返回#NUM!错误值。

Month参数的值为1~12之间整数，如month的值大于12，则将从year年份加上指定的数值，并从1月份往上加，如DATE(2017,14,20)，则返回2018/2/20。如果Month数值小于0，则在Year年份上减去指定数值，如DATE(2017,-2,20)，则返回2016/10/20。其中Day参数和Month类似此处不再赘述。

实例文件

原始文件：实例文件\第06章\原始文件\某超市牛奶统计表.xlsx

最终文件：实例文件\第06章\最终文件\DATE函数.xlsx

➔ EXAMPLE 计算牛奶是否过期

Step 01 输入公式。打开“某超市牛奶统计表.xlsx”工作簿，选中E2单元格，然后输入“=DATE(YEAR(C2),MONTH(C2),DAY(C2)+D2)”公式，如图6-14所示。

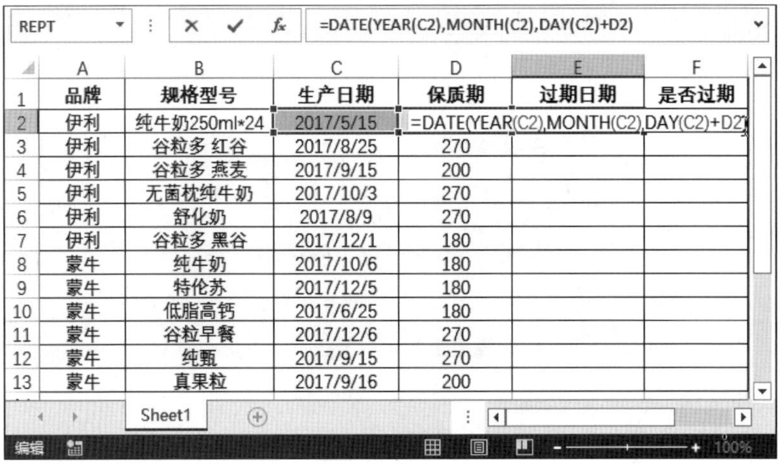
REPT =DATE(YEAR(C2),MONTH(C2),DAY(C2)+D2)

	A	B	C	D	E	F
1	品牌	规格型号	生产日期	保质期	过期日期	是否过期
2	伊利	纯牛奶250ml*24	2017/5/15	=DATE(YEAR(C2),MONTH(C2),DAY(C2)+D2)		
3	伊利	谷粒多 红谷	2017/8/25	270		
4	伊利	谷粒多 燕麦	2017/9/15	200		
5	伊利	无菌枕纯牛奶	2017/10/3	270		
6	伊利	舒化奶	2017/8/9	270		
7	伊利	谷粒多 黑谷	2017/12/1	180		
8	蒙牛	纯牛奶	2017/10/6	180		
9	蒙牛	特伦苏	2017/12/5	180		
10	蒙牛	低脂高钙	2017/6/25	180		
11	蒙牛	谷粒早餐	2017/12/6	270		
12	蒙牛	纯甄	2017/9/15	270		
13	蒙牛	真果粒	2017/9/16	200		

Sheet1 编辑 100%

图6-14 输入公式

Step 02 计算过期日期。按Enter键执行计算，然后将公式向下填充，计算出各产品的过期日期，如图6-15所示。

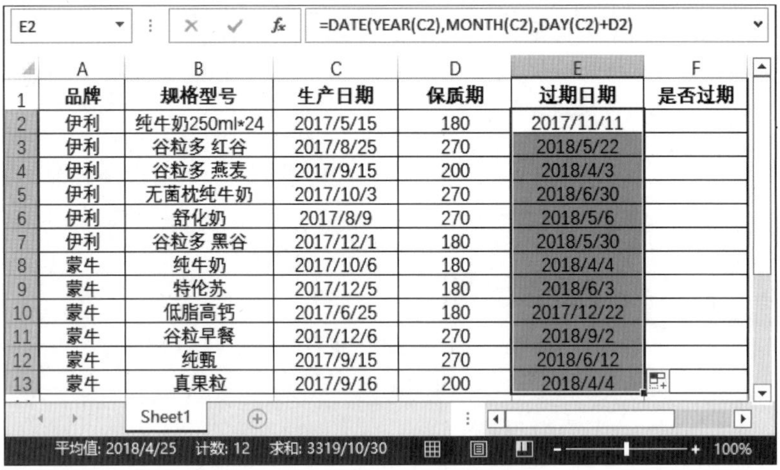
E2 =DATE(YEAR(C2),MONTH(C2),DAY(C2)+D2)

	A	B	C	D	E	F
1	品牌	规格型号	生产日期	保质期	过期日期	是否过期
2	伊利	纯牛奶250ml*24	2017/5/15	180	2017/11/11	
3	伊利	谷粒多 红谷	2017/8/25	270	2018/5/22	
4	伊利	谷粒多 燕麦	2017/9/15	200	2018/4/3	
5	伊利	无菌枕纯牛奶	2017/10/3	270	2018/6/30	
6	伊利	舒化奶	2017/8/9	270	2018/5/6	
7	伊利	谷粒多 黑谷	2017/12/1	180	2018/5/30	
8	蒙牛	纯牛奶	2017/10/6	180	2018/4/4	
9	蒙牛	特伦苏	2017/12/5	180	2018/6/3	
10	蒙牛	低脂高钙	2017/6/25	180	2017/12/22	
11	蒙牛	谷粒早餐	2017/12/6	270	2018/9/2	
12	蒙牛	纯甄	2017/9/15	270	2018/6/12	
13	蒙牛	真果粒	2017/9/16	200	2018/4/4	

Sheet1 平均值: 2018/4/25 计数: 12 求和: 3319/10/30 100%

图6-15 计算过期的日期

交叉参考

IF函数的应用将在11.1.2小节中进行详细地介绍。

提示

使用IF函数判断过期日期是否大于当天日期，如果大于说明该产品未过期，否则产品就过期了。

Step 03 使用IF函数判断是否过期。选中F2单元格，然后输入“=IF (TODAY()-E2<0,"未过期","过期")”公式，按Enter键执行计算，并将公式向下填充，判断出各产品是否过期，如图6-16所示。

图6-16 判断产品是否过期

2. EDATE函数

EDATE函数用于返回指定日期之前或之后几个月的日期。

表达式： EDATE(start_date,months)

参数含义： Start_date表示起始日期；Months表示Start_date之前或之后的月份数。

→ EXAMPLE 计算理财产品的到期日期

本案例中的理财产品分为A和B两类，A类从起息日期到结束日期为12个月，B类则为13个月。

Step 01 输入日期。 打开"理财产品.xlsx"工作簿，选中D2单元格，然后输入"=IF(B2 ="A",EDATE(C2,12),EDATE(C2,13))"公式，如图6-17所示。

Step 02 计算日期。 按Enter键执行计算，然后将公式向下填充，计算出各理财产品到期的日期，如图6-18所示。

图6-17 输入公式

图6-18 计算日期

用户在使用EDATE函数时，也可以返回指定之前或之后月数和天数，如返回2017/12/15之后2个月10天的日期值，只需在指定的单元格中输入公式"=EDATE（"2017/12/15"+10,2）"，返回2018/2/25日期。

3. EOMONTH函数

EOMONTH函数用于返回在某日期之前或之后，与该日期相隔指定月份的最后一天的日期。

表达式： EOMONTH(start_date,months)

参数含义： Start_date代表开始日期，如果输入是无效的日期，则函数返回

#VALUE!错误值；Months表示Start_date之前或之后的月份数，为正数时表示起始日期之后，为负数时表示起始日期之前，为0时，返回起始日期当月最后一天。

➜ EXAMPLE 计算优惠券的过期日期

某商场庆典大酬宾，推出各种优惠券，如美食、服装、百货等，不同优惠券的有效期也不同。各种优惠券的截至日期在有效期月份的最后一天，下面使用EOMONTH函数计算该日期。

Step 01 输入日期。打开“优惠券管理表.xlsx”工作簿，选中E2单元格，打开“插入函数”对话框，选择EOMONTH函数，单击“确定”按钮，如图6-19所示。

Step 02 输入函数的参数。打开“函数参数”对话框，在Start_date文本框中输入C2，在Months文本框中输入D2，单击“确定”按钮，如图6-20所示。

实例文件

原始文件：
实例文件\第06章\原始文件\优惠券管理表.xlsx
最终文件：
实例文件\第06章\最终文件\EOMONTH函数.xlsx

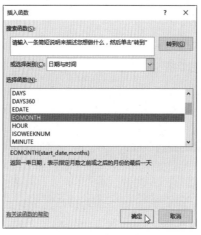

图6-19 选择函数

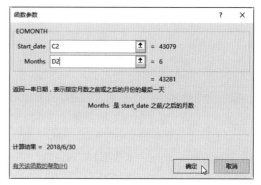

图6-20 输入参数

Step 03 查看截至日期。返回工作表中，将E2单元格中的公式向下填充，即可计算各优惠券的截止日期，如图6-21所示。

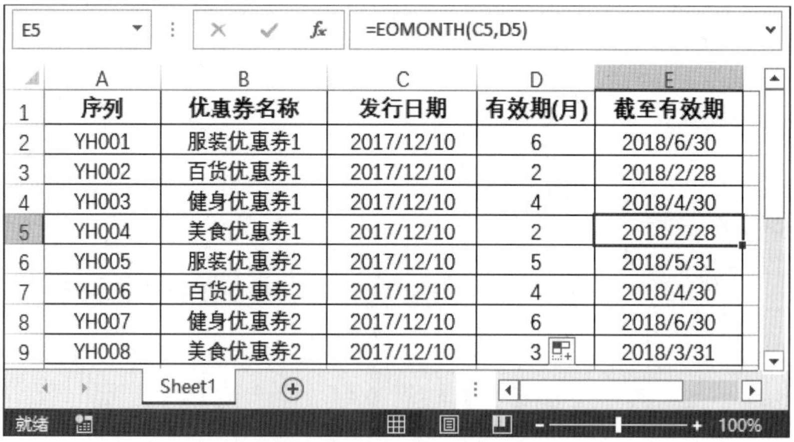

	A	B	C	D	E
1	序列	优惠券名称	发行日期	有效期(月)	截至有效期
2	YH001	服装优惠券1	2017/12/10	6	2018/6/30
3	YH002	百货优惠券1	2017/12/10	2	2018/2/28
4	YH003	健身优惠券1	2017/12/10	4	2018/4/30
5	YH004	美食优惠券1	2017/12/10	2	2018/2/28
6	YH005	服装优惠券2	2017/12/10	5	2018/5/31
7	YH006	百货优惠券2	2017/12/10	4	2018/4/30
8	YH007	健身优惠券2	2017/12/10	6	2018/6/30
9	YH008	美食优惠券2	2017/12/10	3	2018/3/31

图6-21 计算优惠券截止日期

用户也可以使用EOMONTH函数判断指定年份是闰年还是平年，若判断2017年是平年还是闰年，则在单元格中输入“=IF(DAY(EOMONTH(DATE(2017,2,1),0))=28,"平年","闰年")”公式，按Enter键执行计算则显示“平年”。使用EOMONTH函数返回2017年2月最后一天的日期，使用DAY函数提取天数，使用IF函数判断提取数为28天则为“平年”，若不是28天则为“闰年”。

6.1.4 计算日期之间的天数

在进行日期之间运算时，经常需要计算两个日期之间相差的天数。日期是一种特殊的数值，也可以进行加减运算。在Excel中用于计算天数的常用函数有DAYS、DAYS360和DATEDIF等，本节将详细介绍这3个函数的用法。除此之外，还介绍YEARFRAC函数的用法。

1. DAYS函数

DAYS函数用于返回两个日期之间的天数。

表达式： DAYS(end_date, start_date)

参数含义： End_date表示计算天数的终止日期；Start_date表示计算天数的起始日期。

→ EXAMPLE 统计销售产品的账期天数

Step 01 输入公式。 打开"手机销售统计表.xlsx"工作簿，选中H2单元格，然后输入"=DAYS(G2,B2)"公式，如图6-22所示。

B	C	D	E	F	G	H
销售日期	产品型号	销售单价	销售数量	销售公司	结账日期	账期(天数)
2017/12/15	荣耀8 64G	¥1,788.00	20	志阳机械	2017/12/29	=DAYS(G2,B2)
2017/12/15	Mate 9 64G	¥3,388.00	15	伟业科技	2017/12/22	
2017/12/15	荣耀8 32G	¥1,188.00	32	耀阳电器	2018/1/8	
2017/12/15	Mate 9 128G	¥4,088.00	15	保理装饰	2017/12/26	
2017/12/15	畅玩6X 32G	¥1,188.00	21	苈绒租赁	2018/1/12	
2017/12/15	nova 64G	¥1,488.00	14	直隶广告	2017/12/27	
2017/12/15	畅享7 32G	¥1,188.00	12	力旷科技	2017/12/19	
2017/12/15	荣耀8 32G	¥1,188.00	32	之众贸易	2018/1/8	
2017/12/15	Mate 9 128G	¥4,088.00	15	镖令经贸	2017/12/26	
2017/12/15	畅玩6X 32G	¥1,188.00	21	益气电力	2018/1/12	

图6-22　输入公式

Step 02 计算账期天数。 按Enter键执行计算，然后将公式向下填充，计算出各产品的账期天数，如图6-23所示。

B	C	D	E	F	G	H
销售日期	产品型号	销售单价	销售数量	销售公司	结账日期	账期(天数)
2017/12/15	荣耀8 64G	¥1,788.00	20	志阳机械	2017/12/29	14
2017/12/15	Mate 9 64G	¥3,388.00	15	伟业科技	2017/12/22	7
2017/12/15	荣耀8 32G	¥1,188.00	32	耀阳电器	2018/1/8	24
2017/12/15	Mate 9 128G	¥4,088.00	15	保理装饰	2017/12/26	11
2017/12/15	畅玩6X 32G	¥1,188.00	21	苈绒租赁	2018/1/12	28
2017/12/15	nova 64G	¥1,488.00	14	直隶广告	2017/12/27	12
2017/12/15	畅享7 32G	¥1,188.00	12	力旷科技	2017/12/19	4
2017/12/15	荣耀8 32G	¥1,188.00	32	之众贸易	2018/1/8	24
2017/12/15	Mate 9 128G	¥4,088.00	15	镖令经贸	2017/12/26	11
2017/12/15	畅玩6X 32G	¥1,188.00	21	益气电力	2018/1	28

图6-23　计算账期天数

提示

使用DAYS函数计算天数时，如果日期参数超出有效日期范围，则返回#NUM!错误值。

2. DAYS360函数

DAYS360函数按一年360天的算法，计算两个日期之间的天数，通常用在一些会计计算中应用。

表达式： DAYS360(start_date,end_date,method)

参数含义： Start_date表示起始日期；End_date表示结束日期；Method为逻辑值，表示计算时采用欧洲方法还是美国方法。

Method参数为FALSE或省略时，表示采用美国方法，如果起始日期是一个月的第31天，则将这一天视为同一个月份的第30天。如果结束日期是一个月的第31天、且开始日期早于一个月的第30天，则将这个结果日期视为下一个月的第1天，否则结束日期等于同一个月的第30天。

Method参数为TRUE时，采用欧洲方法，如果开始日期或结束日期是一个月的第31天，则将这一天视为同一个月份的第30天。

3. DATEDIF函数

DATEDIF函数是Excel隐藏函数中功能比较强的函数，该函数在"插入函数"对话框中是找不到的。DATEDIF函数用于返回两个日期之间的天数、月数或年数。

表达式： DATEDIF(start_date,end_date,unit)

参数含义： Start_date表示起始日期；End_date表示结束日期；Unit表示所需信息的返回代码，使用代码时需要添加双引号。如果start_date在end_date之后，则返回错误值。

表6-1　Unit代码说明

Unit	返回值说明
Y	返回时间段中年数
m	返回时间段中月数
d	返回时间段中天数
md	返回两个日期之间的天数，忽略日期中的月和年
ym	返回两个日期之间的月数，忽略日期中的年和日
yd	返回两个日期之间的天数，忽略日期中的年

DATEDIF函数的应用示例，如图6-24所示。

	A	B	C	D
1	Start_date	End_date	公式	返回值
2	2016/1/1	2018/3/15	=DATEDIF(A2,B2,"y")	2
3	2016/1/1	2018/3/15	=DATEDIF(A3,B3,"m")	26
4	2016/1/1	2018/3/15	=DATEDIF(A4,B4,"d")	804
5	2016/1/1	2018/3/15	=DATEDIF(A5,B5,"md")	14
6	2016/1/1	2018/3/15	=DATEDIF(A6,B6,"ym")	2
7	2016/1/1	2018/3/15	=DATEDIF(A7,B7,"yd")	74

图6-24　DATEDIF函数应用示例

➔ EXAMPLE 计算员工的年龄

在6.1.1小节中介绍使用YEAR和TODAY函数计算员工年龄的方法，在本节中将介绍使用DATEDIF和TODAY函数计算员工年龄，用户可以根据需要选择任意一种方法进行计算。

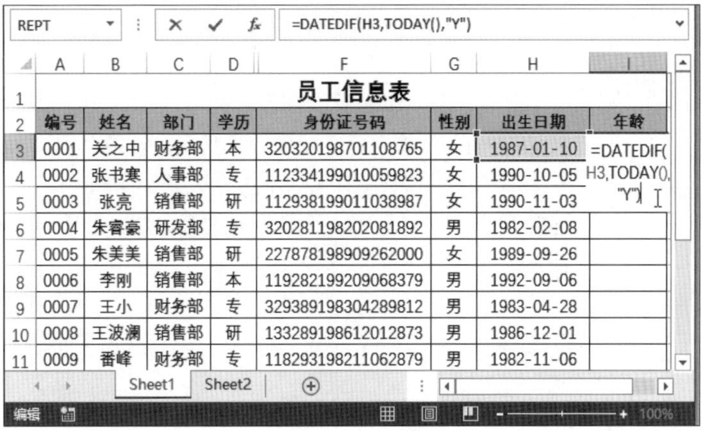

»实例文件

原始文件：实例文件\第06章\原始文件\员工信息表.xlsx

最终文件：实例文件\第06章\最终文件\DATEDIF函数.xlsx

Step 01 输入公式。 打开“员工信息表.xlsx”工作簿，选中I3单元格，然后输入“=DATEDIF(H3,TODAY(),"Y")”公式，该公式表示只统计两个日期之间的年数，如图6-25所示。

REPT | =DATEDIF(H3,TODAY(),"Y")

编号	姓名	部门	学历	身份证号码	性别	出生日期	年龄
0001	关之中	财务部	本	320320198701108765	女	1987-01-10	=DATEDIF(H3,TODAY(),"Y")
0002	张书寒	人事部	专	112334199010059823	女	1990-10-05	
0003	张亮	销售部	研	112938199011038987	女	1990-11-03	
0004	朱睿豪	研发部	专	320281198202081892	男	1982-02-08	
0005	朱美美	销售部	研	227878198909262000	女	1989-09-26	
0006	李刚	销售部	本	119282199209068379	男	1992-09-06	
0007	王小	财务部	专	329389198304289812	男	1983-04-28	
0008	王波澜	销售部	研	133289198612012873	男	1986-12-01	
0009	番峰	财务部	专	118293198211062879	男	1982-11-06	

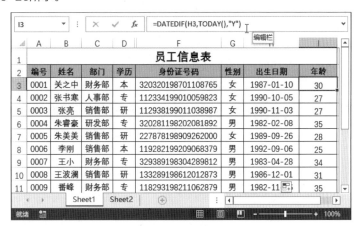

图6-25　输入公式

Step 02 计算年龄。 按Enter键执行计算，然后将公式向下填充，即可计算出员工的年龄，如图6-26所示。

I3 | =DATEDIF(H3,TODAY(),"Y")

编号	姓名	部门	学历	身份证号码	性别	出生日期	年龄
0001	关之中	财务部	本	320320198701108765	女	1987-01-10	30
0002	张书寒	人事部	专	112334199010059823	女	1990-10-05	27
0003	张亮	销售部	研	112938199011038987	女	1990-11-03	27
0004	朱睿豪	研发部	专	320281198202081892	男	1982-02-08	35
0005	朱美美	销售部	研	227878198909262000	女	1989-09-26	28
0006	李刚	销售部	本	119282199209068379	男	1992-09-06	25
0007	王小	财务部	专	329389198304289812	男	1983-04-28	34
0008	王波澜	销售部	研	133289198612012873	男	1986-12-01	31
0009	番峰	财务部	专	118293198211062879	男	1982-11	35

图6-26　计算年龄

4. YEARFRAC函数

YEARFRAC函数用于返回开始日期和结束日期之间天数占全年天数的百分比。

表达式： YEARFRAC(start_date,end_date,basis)

参数含义： Start_date表示起始日期；End_date表示结束日期；Basis表示日计算基准类型。

Basis参数的取值说明，如表6-2所示。

表6-2 Basis参数说明

Basis	说明
0或省略	采用NASD方法计算，一年360天为基准
1	实际天数/该年的实际天数
2	实际天数/360
3	实际天数/365
4	采用欧洲方法计算，一年360天为基准

→ **EXAMPLE** 计算预计全年盈利额

Step 01 **输入公式。**打开"预计各产品全年盈利额.xlsx"工作簿，选中E2单元格，然后输入"=YEARFRAC(B2,C2,1)"公式，如图6-27所示。

Step 02 **计算统计天数占全年天数的百分比。**按Enter键执行计算，并设置单元格格式为百分比，如图6-28所示。

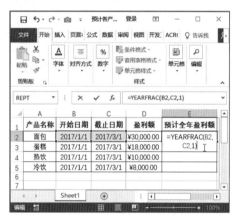

图6-27 输入公式

图6-28 计算百分比

Step 03 **修改公式。**将统计日期内的盈利额除以计算的百分比就得到全年预计的盈利额，将公式修改为"=D2/YEARFRAC(B2,C2,1)"，如图6-29所示。

Step 04 **计算全年盈利额。**按Enter键执行计算，然后将公式向下填充，即可计算各产品预计全年的盈利额，如图6-30所示。

图6-29 修改公式

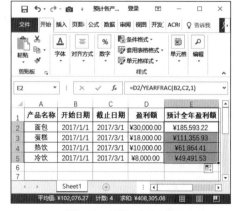

图6-30 计算全年盈利额

6.2 工作日函数

在Excel中，工作日函数主要用于计算除去周末和节假日之后的天数，本节主要介绍WORKDAY和NETWORKDAYS两个函数的功能和用法。

6.2.1 WORKDAY函数

WORKDAY函数用于计算某日期之前或之后相隔指定工作日数的某一日的日期，其中工作日不包含周末、法定节假日以及指定的假日。

表达式： WORKDAY(start_date, days, holidays)

参数含义： Start_date表示开始的日期；Days表示开始日期之前或之后工作日的数量；Holidays表示指定需要从工作日中排除的日期。

其中Days参数为正值时将产生未来的值，为负值则产生过去的值，如果该参数不是整数，则将截去小数部分取整数。

→ **EXAMPLE** 计算各产品促销结束日期

某家电市场开业，举办开业酬宾优惠活动，各类商品都有不同的优惠时间，该活动在节假日期间不能使用。下面介绍计算各商品活动的截止日期。

Step 01 **输入公式。** 打开"优惠活动日期.xlsx"工作簿，选中D2单元格，然后输入"=WORKDAY(B2,C2,$E$2:$E$5)"公式，如图6-31所示。

Step 02 **计算日期。** 按Enter键执行计算，然后将公式向下填充，计算出各商品优惠活动的结束日期，如图6-32所示。

图6-31　输入公式　　　　　　　图6-32　计算日期

6.2.2 NETWORKDAYS函数

NETWORKDAYS函数用于返回两个日期之间的所有工作日数。该函数与WORKDAY函数的用法相似。

表达式： NETWORKDAYS(start_date,end_date,holidays)

参数含义： Start_date表示开始日期；End_date表示结束日期；Holidays表示在工作日中需要排除的日期值。

→ **EXAMPLE** 判断结账日期是否为周末

Step 01 **输入公式。** 打开"手机销售统计表.xlsx"工作簿，选中H2单元格，然后输入"=IF(NETWORKDAYS(G2,G2),"工作日","周末")"公式，如图6-33所示。

Step 02 **判断结果。** 按Enter键执行计算，并将公式向下填充，查看判断结账日期是否为周末的结果，如图6-34所示。

实例文件

原始文件:
实例文件\第06章\原
始文件\手机销售统计
表.xlsx
最终文件:
实例文件\第06章\最终文件\ NETWORKDAYS
函数.xlsx

图6-33　输入公式

图6-34　查看判断结果

6.2.3 使用TODAY和NETWORKDAYS函数更新倒计时天数

　　某企业项目经理需要实时关注手下各项目的进度，并督促项目保质保量地在指定时间完工。下面将介绍使用TODAY和NETWORKDAYS函数对各项目的剩余天数进行自动计算的方法。

Step 01 输入公式计算当前日期。打开"项目跟进表.xlsx"工作簿，选中E2单元格，然后输入"=TODAY()"公式，并按Enter键执行计算，如图6-35所示。

Step 02 计算剩余天数。选中G4单元格，然后输入公式"=NETWORKDAYS($E$2,F4,$B$11:$D$11)"，按Enter键确认计算，并将公式向下填充，计算出各项目剩余天数，如图6-36所示。

实例文件

原始文件:
实例文件\第06章\原始
文件\项目跟进表.xlsx
最终文件:
实例文件\第06章\最
终文件\更新倒计时天
数.xlsx

图6-35　计算当前日期

图6-36　计算剩余天数

Step 03 添加条件格式。选中G4:G9单元格区域，切换至"开始"选项卡，单击"样式"选项组中"条件格式"下三角按钮，在列表中选择"最前/最后规则>最后10项"选项，如图6-37所示。

Step 04 设置条件格式。打开"最后10项"对话框，设置相关参数，如图6-38所示。

提示

Excel的条件格式功能
可以突出显示满足条件
的单元格。在Excel中
条件格式很多，常用的
有数据条件、色阶和图
标集等。

图6-37　添加条件格式　　　　　图6-38　设置条件格式

Step 05 **查看效果**。返回工作表中，可见剩余天数最少的3个项目被突出显示，项目经理应当多跟进该项目，如图6-39所示。

图6-39　查看设置效果

6.3 星期值函数

在Excel中，星期值函数主要用于计算某日期的星期值或是星期的数量，本节主要介绍WEEKDAY和WEEKNUM函数的功能和具体用法。

6.3.1 WEEKDAY函数

WEKDAY函数用于返回指定日期为星期几的数值，默认情况下，返回的值为1时，表示星期天；返回的值为7时，表示星期六，以此类推。

表达式： WEEKDAY(serial_number，return_type)

参数含义： Serial_number表示需要返回日期数的日期，它可以是带引号的文本字符串、日期序列号或其他公式或函数的结果；Return_type表示确定返回值类型的数字。

其中，Return_type参数的取值超过范围，则返回#NUM!错误值。按照中国人显示星期的习惯应当设置该参数值为2。下面以表格形式介绍Return_type的数值范围以及数值说明，如表6-3所示。

> **提示**
>
> 其中Serial_number参数为日期外的文本时，返回＃VALUE!错误值，若该参数不在当前日期基数值范围内，则返回#NUM!错误值。

表示6-3　Return_type参数含义

Return_type	说明
1或省略	星期日作为一周的开始，数字1(星期日)到数字7(星期六)
2	星期一作为一周的开始，数字1(星期一)到数字7(星期日)
3	星期一作为一周的开始，数字0(星期一)到数字6(星期日)
11	星期一作为一周的开始，数字1(星期一)到数字7(星期日)
12	星期二作为一周的开始，数字1(星期二)到数字7(星期一)
13	星期三作为一周的开始，数字1(星期三)到数字7(星期二)
14	星期四作为一周的开始，数字1(星期四)到数字7(星期三)
15	星期五作为一周的开始，数字1(星期五)到数字7(星期四)
16	星期六作为一周的开始，数字1(星期六)到数字7(星期五)
17	星期日作为一周的开始，数字1(星期日)到数字7(星期六)

实例文件

原始文件：

实例文件\第06章\原始文件\优惠券统计表.xlsx

最终文件：

实例文件\第06章\最终文件\WEEKDAY函数.xlsx

➔ EXAMPLE 计算优惠券截止日期的星期值

Step 01 输入公式计算星期值。打开“优惠券统计表.xlsx”工作簿，选中F2单元格，然后输入“=WEEKDAY(E2,2)”公式，如图6-40所示。

Step 02 显示计算结果。按Enter键执行计算，并将公式向下填充，用小写阿拉伯数字表示星期值，如图6-41所示。

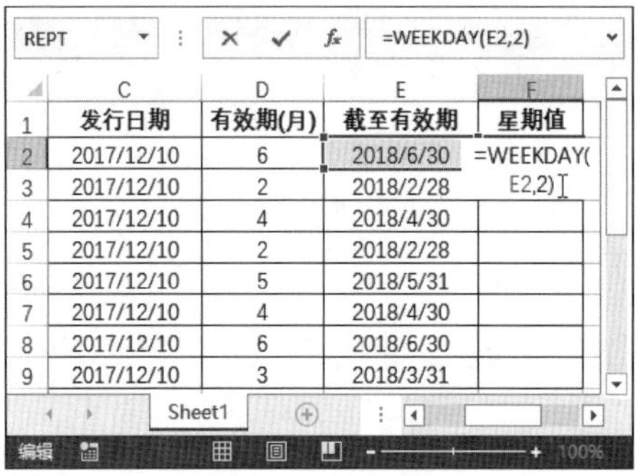

REPT | =WEEKDAY(E2,2)

	C	D	E	F
1	发行日期	有效期(月)	截至有效期	星期值
2	2017/12/10	6	2018/6/30	=WEEKDAY(E2,2)
3	2017/12/10	2	2018/2/28	
4	2017/12/10	4	2018/4/30	
5	2017/12/10	2	2018/2/28	
6	2017/12/10	5	2018/5/31	
7	2017/12/10	4	2018/4/30	
8	2017/12/10	6	2018/6/30	
9	2017/12/10	3	2018/3/31	

Sheet1

图6-40　输入公式

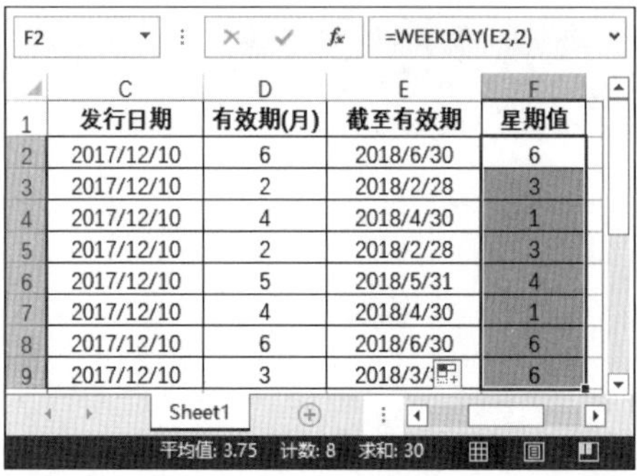

F2 | =WEEKDAY(E2,2)

	C	D	E	F
1	发行日期	有效期(月)	截至有效期	星期值
2	2017/12/10	6	2018/6/30	6
3	2017/12/10	2	2018/2/28	3
4	2017/12/10	4	2018/4/30	1
5	2017/12/10	2	2018/2/28	3
6	2017/12/10	5	2018/5/31	4
7	2017/12/10	4	2018/4/30	1
8	2017/12/10	6	2018/6/30	6
9	2017/12/10	3	2018/3/31	6

Sheet1　平均值: 3.75　计数: 8　求和: 30

图6-41　显示计算结果

提示

本例中，首先使用WEEKDAY函数计算出星期的数值，然后再使用TEXT函数将文本转换为大写中文字符即可。

Step 03 修改公式。下面介绍如何显示中文星期值，将公式修改为“=TEXT(WEEKDAY(E2),"aaaa")”公式，如图6-42所示。

Step 04 查看结果。按Enter键执行计算，然后将公式向下填充，查看计算结果，如图6-43所示。

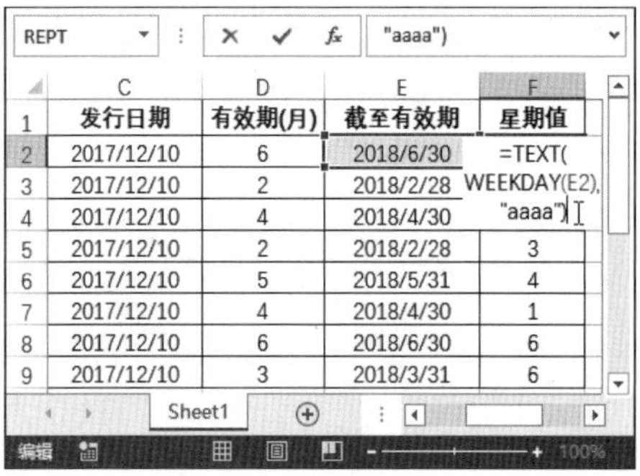

REPT | "aaaa")

	C	D	E	F
1	发行日期	有效期(月)	截至有效期	星期值
2	2017/12/10	6	2018/6/30	=TEXT(WEEKDAY(E2),"aaaa")
3	2017/12/10	2	2018/2/28	
4	2017/12/10	4	2018/4/30	
5	2017/12/10	2	2018/2/28	3
6	2017/12/10	5	2018/5/31	4
7	2017/12/10	4	2018/4/30	1
8	2017/12/10	6	2018/6/30	6
9	2017/12/10	3	2018/3/31	6

Sheet1

图6-42　修改公式

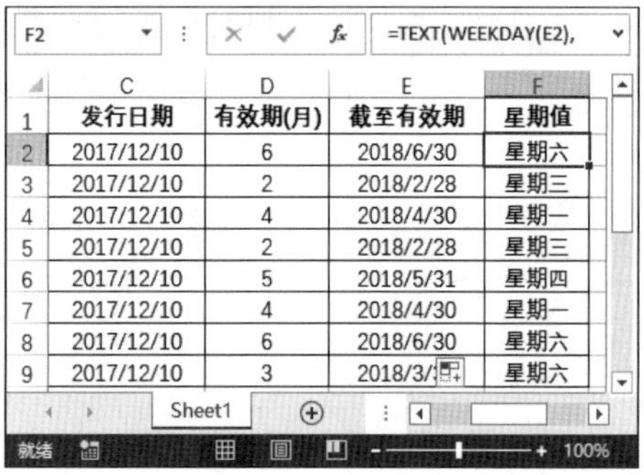

F2 | =TEXT(WEEKDAY(E2),

	C	D	E	F
1	发行日期	有效期(月)	截至有效期	星期值
2	2017/12/10	6	2018/6/30	星期六
3	2017/12/10	2	2018/2/28	星期三
4	2017/12/10	4	2018/4/30	星期一
5	2017/12/10	2	2018/2/28	星期三
6	2017/12/10	5	2018/5/31	星期四
7	2017/12/10	4	2018/4/30	星期一
8	2017/12/10	6	2018/6/30	星期六
9	2017/12/10	3	2018/3/31	星期六

Sheet1

图6-43　查看结果

细心的读者会发现，在步骤3中将WEEKDAY函数的第2个参数省略了，采用星期日作为一周开始的计数方式，目的是和TEXT函数的第2个参数相对应。如果WEEKDAY函数的第2个参数还是数字2，则TEXT函数返回的星期值比实际数值小1。

6.3.2 WEEKNUM函数

WEEKNUM函数用于返回指定日期是一年中第几个星期的数值。

表达式：WEEKNUM(serial_num,return_type)

参数含义：Serial_num表示需要计算一年中周数的日期；Return_type表示确定星期计算从哪一天开始的数字，默认值为1，即是从星期日开始。

其中，Serial_num参数为非日期值时，则返回#VALUE!错误值；如果Return_type参数在取值范围之外，则返回#NUM!错误值。下面介绍Return_type参数的取值范围及说明，如表6-4所示。

提示

系统1表示包含本年1月1日的周为第一周；系统2表示包含第一个星期四的周为本年的第一周。

表6-4 Return_type参数说明

Return_type	说明	系统
1或省略	星期从星期日开始	系统1
2	星期从星期一开始	系统1
11	星期从星期一开始	系统1
12	星期从星期二开始	系统1
13	星期从星期三开始	系统1
14	星期从星期四开始	系统1
15	星期从星期五开始	系统1
16	星期从星期六开始	系统1
17	星期从星期日开始	系统1
21	星期从星期一开始	系统2

➜ EXAMPLE 计算各项目周期的周数

实例文件

原始文件：

实例文件\第06章\原始文件\项目统计表.xlsx

最终文件：

实例文件\第06章\最终文件\WEEKNUM函数.xlsx

Step 01 输入公式。打开“项目统计表.xlsx”工作簿，选中G3单元格，然后输入“=IF(YEAR(B4)=YEAR(F4),WEEKNUM(F4,2)-WEEKNUM(B4,2),WEEKNUM(DATE(LEFT(B4,4),12,31),2)-WEEKNUM(B4,2)+WEEKNUM(F4,2))”公式，如图6-44所示。

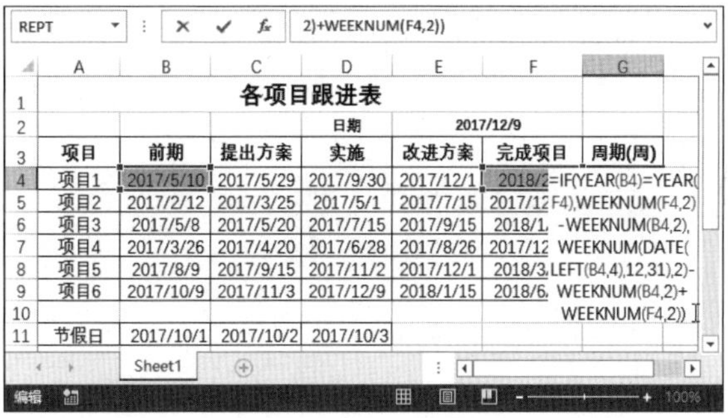

图6-44 输入公式

Step 02 计算项目周期。按Enter键执行计算，然后将公式填充至表格结尾，查看计算结果，如图6-45所示。

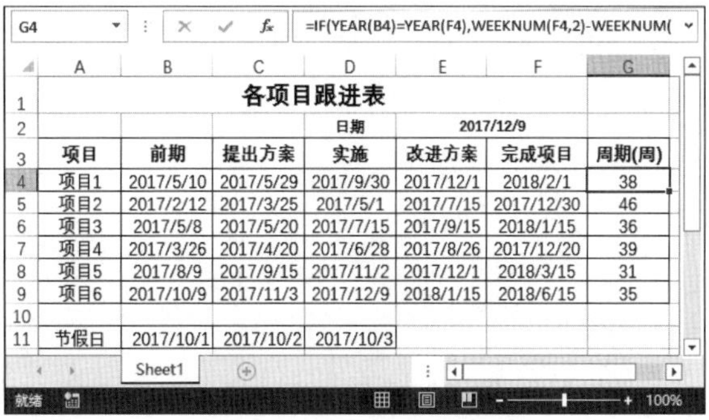

项目	前期	提出方案	实施	改进方案	完成项目	周期(周)
项目1	2017/5/10	2017/5/29	2017/9/30	2017/12/1	2018/2/1	38
项目2	2017/2/12	2017/3/25	2017/5/1	2017/7/15	2017/12/30	46
项目3	2017/5/8	2017/5/20	2017/7/15	2017/9/15	2018/1/15	36
项目4	2017/3/26	2017/4/20	2017/6/28	2017/8/26	2017/12/20	39
项目5	2017/8/9	2017/9/15	2017/11/2	2017/12/1	2018/3/15	31
项目6	2017/10/9	2017/11/3	2017/12/9	2018/1/15	2018/6/15	35
节假日	2017/10/1	2017/10/2	2017/10/3			

图6-45 计算项目的周期

交叉参考

LEFT函数的应用在5.2.1小节中将会进行详细地介绍；DATE函数的应用在6.1.3小节中将会进行详细地介绍。

在步骤1中的公式很长，有点唬人，其实逐步分解之后就很容易理解了。首先使用YEAR(B4)=YEAR(F4)判断需要统计两个日期是否在一年内，使用IF函数返回不同的结果，如果在一年内则使用WEEKNUM(F4,2)-WEEKNUM(B4,2)公式计算，如果不在一年内使用WEEKNUM(DATE(LEFT(B4,4),12,31),2)-WEEKNUM(B4,2)+WEEKNUM(F4,2)公式计算。

6.3.3 使用WEEKNUM和SUMIF函数计算周销售额

某商场每天需要统计日销售额，每月结束后需要对每周的销售额进行统计。在统计之前我们使用WEEKNUM函数计算出每天属于哪个周次，然后再使用SUMIF函数对满足条件的数据进行汇总，下面介绍具体操作方法。

Step 01 添加辅助列并完善表格。打开"12月份销售明细表.xlsx"工作簿，在表格右侧添加"周次"列并设置居中对齐，然后再完善表格，并设置字体、字号和对齐方式，如图6-46所示。

Step 02 输入公式计算日期的周次。选中D3单元格，然后输入公式"=WEEKNUM(B3,2)"，该公式计算出指定日期所处的周次，按Enter键执行计算，然后将公式填充至D33单元格，如图6-47所示。

图6-46　完善表格

图6-47　输入公式计算周次

Step 03 输入公式。选中G3单元格，然后输入"=SUMIF($D$3:$D$33,49,$C$3:$C$33)"公式，该公式表示汇总第49周次所有销售额，如图6-48所示。

Step 04 填充公式。按Enter键执行计算，然后将公式向下填充至G7单元格，可见所有数值是一样的，如图6-49所示。

图6-48　输入公式　　　　　　　　　　图6-49　填充公式

Step 05 **修改公式**。选中G4单元格并双击，将SUMIF函数的第2个参数修改为50，然后按Enter键执行计算，可见单元格中显示周次为50的所有销售额之和，如图6-50所示。

Step 06 **填充公式**。然后根据相同的方法修改SUMIF函数中的参数，即可计算12月份周销售额，如图6-51所示。

G4 fx =SUMIF($D$3:$D$33,50,$C$3:$C$33)	G7 fx =SUMIF($D$3:$D$33,53,$C$3:$C$33)

	A	B	C	D	E	F	G
1		12月分销售明细表					
2	序号	日期	销售额	周次		周销售额	
3	X001	12月1日	¥42,340.00	49		第1周	¥103,996.00
4	X002	12月2日	¥34,180.00	49		第2周	¥274,537.00
5	X003	12月3日	¥27,476.00	49		第3周	¥103,996.00
6	X004	12月4日	¥23,535.00	50		第4周	¥103,996.00
7	X005	12月5日	¥42,239.00	50		第5周	¥103,996.00
8	X006	12月6日	¥47,581.00	50			
9	X007	12月7日	¥41,082.00	50			
10	X008	12月8日	¥46,546.00	50			
11	X009	12月9日	¥41,522.00	50			
12	X010	12月10日	¥32,032.00	50			
13	X011	12月11日	¥35,318.00	51			
14	X012	12月12日	¥37,150.00	51			
15	X013	12月13日	¥39,093.00	51			
16	X014	12月14日	¥31,773.00	51			
17	X015	12月15日	¥35,711.00	51			

图6-50 修改公式

	A	B	C	D	E	F	G
1		12月分销售明细表					
2	序号	日期	销售额	周次		周销售额	
3	X001	12月1日	¥42,340.00	49		第1周	¥103,996.00
4	X002	12月2日	¥34,180.00	49		第2周	¥274,537.00
5	X003	12月3日	¥27,476.00	49		第3周	¥249,524.00
6	X004	12月4日	¥23,535.00	50		第4周	¥261,891.00
7	X005	12月5日	¥42,239.00	50		第5周	¥246,382.00
8	X006	12月6日	¥47,581.00	50			
9	X007	12月7日	¥41,082.00	50			
10	X008	12月8日	¥46,546.00	50			
11	X009	12月9日	¥41,522.00	50			
12	X010	12月10日	¥32,032.00	50			
13	X011	12月11日	¥35,318.00	51			
14	X012	12月12日	¥37,150.00	51			
15	X013	12月13日	¥39,093.00	51			
16	X014	12月14日	¥31,773.00	51			
17	X015	12月15日	¥35,711.00	51			

图6-51 查看结果

6.4 时间函数

在此之前本章介绍的是Excel日期的相关函数，本节将介绍Excel中主要的时间函数的功能与具体应用，如TIME、HOUR、MINUTE和SECOND函数。

6.4.1 常用的时间函数

本小节将介绍Excel中经常使用的时间函数，如TIME、HOUR、MINUTE函数等，下面将详细介绍各函数的功能和用法。

1. TIME函数

TIME函数用于返回指定时间的十进制数字。该函数返回小数值为从0~0.999988426之间的数值，表示从0:00:00~23:59:59之间的时间值。

表达式： TIME(hour, minute, second)

参数含义： Hour是从0~32767之间的数值，代表小时，当该参数大于23时，将除以24，余数作为小时；Minute 是从0~ 32767之间的数值，代表分钟，当该参数大于59时，将被转换为小时和分钟；Second 是从0~32767之间的数值，代表秒，大于59时，将被转换为小时、分钟和秒。

→ EXAMPLE 自动计算快递员取件时间

Step 01 **输入公式**。打开"快递公司取件统计表.xlsx"工作簿，选中D2单元格并输入公式"=B2+TIME(0,C2,0)"，如图6-52所示。

Step 02 **计算应取件时间**。按Enter键执行计算，然后将公式向下填充，计算出快递员应取件的时间，如图6-53所示。

本案例中没有涉及到时间相加大于24小时的情况，如果有这种情况需要使用TEXT函数将格式转换为"[h]:mm"，然后再执行计算。

图6-52 输入公式

图6-53 计算结果

2. HOUR函数

HOUR函数用于返回指定时间的小时数，为介于0~23之间的整数。

表达式： HOUR(serial_number)

参数含义： Serial_number表示需要提取小时数的时间，若该参数为日期以外的文本，则返回#VALUE!错误值。

→ **EXAMPLE** 快速计算兼职员工的工资

某单位每天统计兼职员工的当天工资情况，按1小时15元，不足1小时不算时间的方式计算。下面介绍具体操作方法。

Step 01 输入公式计算员工的工作时间。打开"兼职员工工资结算表.xlsx"工作簿，选中F2单元格并输入公式"=HOUR(E2-D2)"，如图6-54所示。按Enter键即可计算出该员工的工作时间。

Step 02 输入公式计算员工当天的工资。选中G2单元格，然后输入"=F2*15"公式，如图6-55所示。

实例文件

原始文件：
实例文件\第06章\原始
文件\兼职员工工资结算
表.xlsx
最终文件：
实例文件\第06章\最终
文件\HOUR函数.xlsx

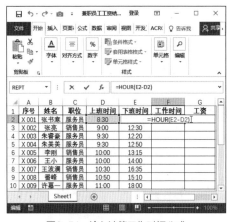

图6-54 输入计算工作时间公式

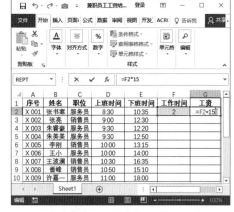

图6-55 计算员工工资

Step 03 填充公式。选中F2:G2单元格区域，拖曳右下角填充柄，向下至表格结尾，即可计算出所有兼职员工的工作时间和工资，如图6-56所示。

MINUTE和SECOND函数的应用和HOUR函数类似，只是它们分别返回指定时间的分钟和秒数，下面以示例形式介绍两个函数的用法，如图6-57所示。

图6-56　填充公式

图6-57　函数应用示例

6.4.2 制作员工加班费查询表

实例文件

原始文件:
实例文件\第06章\原始
文件\员工加班费统计
表.xlsx

最终文件:
实例文件\第06章\最终
文件\ 员工加班费查询
表.xlsx

某单位统计各员工当月加班时间,并根据规定加班1小时补贴20元,不足1小时按1小时计算,下面介绍具体操作方法。

Step 01 **输入公式转换时间。**打开"员工加班费统计表.xlsx"工作簿,在"加班总数"右侧插入列,选中E2单元格,输入公式"=TEXT(D2,"[h]:mm")",如图6-58所示。

Step 02 **填充公式。**按Enter键执行计算,然后将公式向下填充,完成所有时间转换,如图6-59所示。

图6-58　输入公式转换时间

图6-59　填充公式

提示

如果不使用TEXT函数转换，在图6-59的D5单元格中可见在编辑栏中显示1900/1/1 6:25:00，提取小时数则是6，导致计算出错误的数值。

Step 03 **输入计算加班费的公式。** 选中F2单元格，输入"=IF(MINUTE(E2)=0,HOUR (E2)*20,(HOUR(E2)+1)*20)"公式，如图6-60所示。

Step 04 **显示加班费。** 按Enter键执行计算，并将公式向下填充，如图6-61所示。

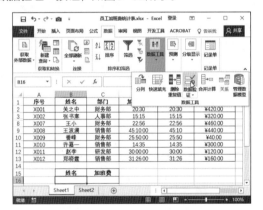

图6-60　输入公式　　　　　　　图6-61　计算加班费

提示

在步骤3的公式中，使用MINUTE函数提取加班时间的分钟数，然后使用IF函数判断如果有分钟，则在HOUR提取的小时数加1，如果没有分钟则不加1，然后使用加班总数乘以20元即可。

Step 05 **启用数据验证功能。** 选中B16单元格，切换至"数据"选项卡，单击"数据工具"选项组中的"数据验证"按钮，如图6-62所示。

图6-62　单击"数据验证"按钮

Step 06 **设置数据验证。** 打开"数据验证"对话框，在"设置"选项卡中设置"允许"为"序列"，单击"来源"右侧折叠按钮，如图6-63所示。

Step 07 **选择单元格区域。** 返回工作表中选择B2:B13单元格区域，然后单击折叠按钮，如图6-64所示。返回"数据验证"对话框中，单击"确定"按钮。

图6-63　单击折叠按钮　　　　　　图6-64　选择单元格区域

交叉参考

VLOOKUP函数的具体应用将在8.1.2节中进行详细介绍。

提示

步骤9的公式表示，在B2:F13单元格区域中查找B16单元格中的内容，返回对应的第5列单元格中的数据。

Step 08 选择员工姓名。返回工作表中，单击B16单元格右侧下三角按钮，在列表中选择需要查询的员工姓名，如图6-65所示。

Step 09 输入公式引用数值。选中C16单元格，输入"=VLOOKUP(B16,B2:F13,5,FALSE)"公式，如图6-66所示。

图6-65 选择员工姓名

图6-66 输入公式

Step 10 查看员工的加班费。按Enter键执行计算，则计算出"朱睿豪"员工的加班费，如图6-67所示。

Step 11 继续验证效果。在B16单元格列表中选择"许嘉一"，在C16单元格自动显示该员工的加班费，如图6-68所示。

图6-67 显示员工加班费

图6-68 验证效果

数学和三角函数

在使用Excel进行数据处理时，经常需要进行各种数学运算并计算出结果，计算方法有很多种，但是最快捷、准确的是使用数学与三角函数。使用数学与三角函数可以很方便地对数据进行计算，如求和、求积等。

7.1 求和函数

提到数学与三角函数时，相信很多用户首先想到的就是求和函数，对数据进行求和计算也是工作和生活中应用最广泛的。本节主要介绍SUM、SUMIF、SUMIFS、SUMPRODUCT和SUBTOTAL等函数的应用。

7.1.1 SUM函数

SUM函数是Excel中比较常见的函数，主要用于对数据进行求和，下面详细介绍该函数的功能和用法。

SUM函数用于返回单元格区域中数字、逻辑值以及数字的文本表达式之和。

表达式： SUM(number1,number2, ...)

参数含义： Number1和Number2表示需要进行求和的参数，参数的数量最多为255个，该参数可以是单元格区域、数组、常量、公式或函数。

➡ **EXAMPLE** 计算学生考试总成绩

Step 01 **启用自动求和功能。** 打开"期中考试成绩表.xlsx"工作簿，选中I2单元格，切换至"公式"选项卡，单击"函数库"选项组中的"自动求和"按钮，如图7-1所示。

Step 02 **确认公式。** 返回工作表中，可见在I2单元格自动输入公式"=SUM(C2:H2)"，确定函数参数的引用正确，然后按Enter键执行计算，如图7-2所示。

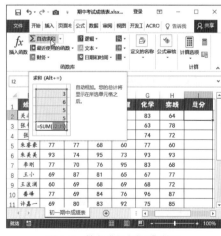

图7-1 单击"自动求和"按钮　　　图7-2 确认公式

Step 03 **填充公式。** 然后将I2单元格中的公式向下填充至I13单元格，完成所有学生总成绩的计算，如图7-3所示。

Step 04 **计算所有学生语文和英语总分**。选中I14单元格，打开"插入函数"对话框，选择SUM函数，单击"确定"按钮，如图7-4所示。

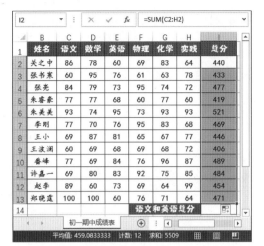

图7-3　填充公式　　　　　　　　　　图7-4　选择SUM函数

Step 05 **输入参数**。打开"函数参数"对话框，在Number1文本框中输入"C2:C13"，在Number2文本框中输入"E2:E13"，单击"确定"按钮，如图7-5所示。

Step 06 **计算结果**。返回工作表中，即可查看计算出语文和英语的总分，在编辑栏中查看计算公式，如图7-6所示。

图7-5　输入参数　　　　　　　　　　图7-6　计算结果

7.1.2　SUMIF和SUMIFS函数

　　SUM函数是引用所有数据进行求和，SUMIF和SUMIFS函数是对引用的数据中满足条件的数据进行求和，下面介绍这两个函数的功能和应用。

1. SUMIF函数

　　SUMIF函数用于对指定数据区域中满足条件的数值进行求和。

　　表达式： SUMIF(range,criteria,sum_range)

　　参数含义： Range表示根据条件计算的区域；Criteria表示求和条件，其形式可以为数字、逻辑表达式、文本等，当求和条件为文本条件、含有逻辑或数学符号的条件时，必须使用双引号；Sum_range 表示实际求和的区域，如果省略该参数，则条件区域就是实际求和区域。

→ **EXAMPLE** 统计不同性别的数学和实践总分

Step 01 **计算所有男生的数学总分。**打开"期中考试成绩表.xlsx"工作簿，选中M2单元格，打开"插入函数"对话框，选择SUMIF函数，单击"确定"按钮，如图7-7所示。

Step 02 **设置函数参数。**打开"函数参数"对话框，然后在Range文本框中输入"$C$2:$C$13"，在Criteria文本框中输入L2，在Sum_range文本框中输入"$E$2:$E$13"，单击"确定"按钮，如图7-8所示。

图7-7 选择函数　　　　　　　　图7-8 输入参数

Step 03 **计算所有男生实践的总成绩。**选中N2单元格，然后输入公式"=SUMIF($C$2:$C$13,L2,$I$2:$I$13)"，按Enter键执行计算，如图7-9所示。

Step 04 **查看计算结果。**选中M2:N2单元格区域，然后将公式向下填充，再计算出所有女生数学和实践的总成绩，如图7-10所示。

图7-9 输入公式　　　　　　　　图7-10 查看计算结果

2. SUMIFS函数

SUMIFS函数用于在指定的数据范围内对满足多条件的数据进行求和。

表达式： SUMIFS(sum_range,criteria_range1,criteria1,criteria_range2,criteria2, ...)

参数含义： Sum_range表示用于条件计算求和的单元格区域；Criteria_range1表示条件的第一个区域；Criteria1表示第一个区域需要满足的条件；Criteria_range2表示条件的第二个区域；Criteria2表示第二个区域需要满足的条件。Criteria_range和Criteria是成对出现的，最多允许127对区域和条件。

→ **EXAMPLE** 统计满足条件的总分之和

Step 01 **计算男生语文成绩大于80的总分之和。**打开"期中考试成绩表.xlsx"工作簿，在表格下面输入计算条件，选中G14单元格，打开"插入函数"对话框，选择SUMIFS函数，单击"确定"按钮，如图7-11所示。

Step 02 **输入参数。** 打开"函数参数"对话框，然后在文本框中输入对应的参数，单击"确定"按钮，如图7-12所示。

图7-11　选择函数　　　　　　　　　　　图7-12　输入参数

Step 03 **计算语文成绩大于70和英语成绩大于80的总分之和。** 选择G15单元格，然后输入"=SUMIFS(J2:J13,D2:D13,">=70",F2:F13,">=80")"公式，按Enter键执行计算，查看计算结果，如图7-13所示。

学号	姓名	性别	语文	数学	英语	物理	化学	实践	总分
QH001	关之中	男	86	78	60	69	83	64	440
QH002	张书寒	女	60	95	76	61	63	78	433
QH003	张亮	男	84	79	73	95	74	72	477
QH004	朱睿豪	男	77	77	68	60	77	60	419
QH005	朱美美	女	93	74	95	73	93	93	521
QH006	李刚	男	77	70	76	95	83	68	469
QH007	王小	女	69	87	81	65	67	77	446
QH008	王波澜	女	60	69	68	69	68	72	406
QH009	番峰	男	77	69	84	76	96	87	489
QH010	许嘉一	女	69	80	83	92	75	85	484
QH011	赵季	男	89	66	73	69	64	99	454
QH012	郑晓霆	女	100	100	60	76	71	64	471
男生语文成绩大于80的总分之和						1371			
语文大于70和英语大于80的总分之和						1010			

G15 公式栏：=SUMIFS(J2:J13,D2:D13,">=70",F2:F13,">=80")

初一期中成绩表

图7-13　计算员工生日

使用SUMIF和SUMIFS函数进行求和时，其Criteria参数都可以使用通配符。下面介绍使用通配符进行求和的操作方法。

Step 01 **计算姓"王"学生的总成绩。** 打开"期中考试成绩表.xlsx"工作簿，在表格下面输入计算条件，选中E14单元格，输入"=SUMIF(B2:B13,"王*",J2:J13)"公式，按Enter键执行计算，为突出结果，将本次执行计算的单元格标记为红色，如图7-14所示。

Step 02 **修改公式中的通配符。** 选中F14单元格，然后输入公式"=SUMIF(B2:B13,"王?",J2:J13)"，将星号改为问号，按Enter键执行计算，并比较两次计算结果的不同，如图7-15所示。

提示

在公式中使用*通配符，表示任意多个字符，在本步骤中表示所有姓"王"的学生。

在公式中使用?通配符，表示任意单个字符，在本步骤中表示所有姓"王"但名字只有一个字的，即"王亮"和"王小"。

图7-14 输入公式　　　　　　　图7-15 修改公式

Step 03 计算姓"王"的男学生的总成绩。选择E15单元格，然后输入"=SUMIFS(J2:J13,B2:B13,"王*",C2:C13,"男")"公式，按Enter键执行计算，查看计算结果，如图7-16所示。

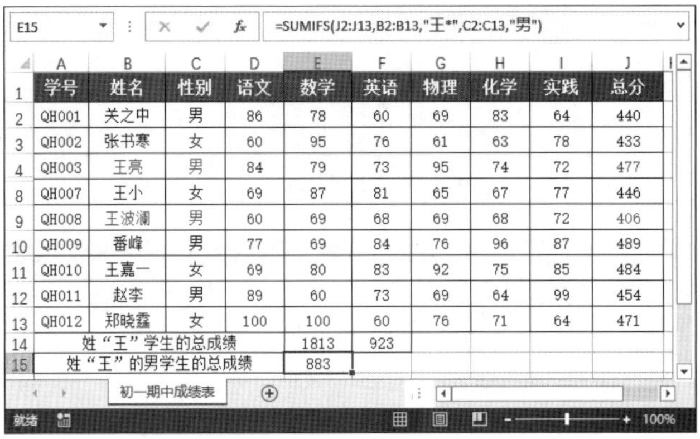

图7-16 输入公式并查看计算结果

7.1.3 SUMPRODUCT函数

SUMPRODUCT函数用于计算相应的数组或区域的乘积之和。

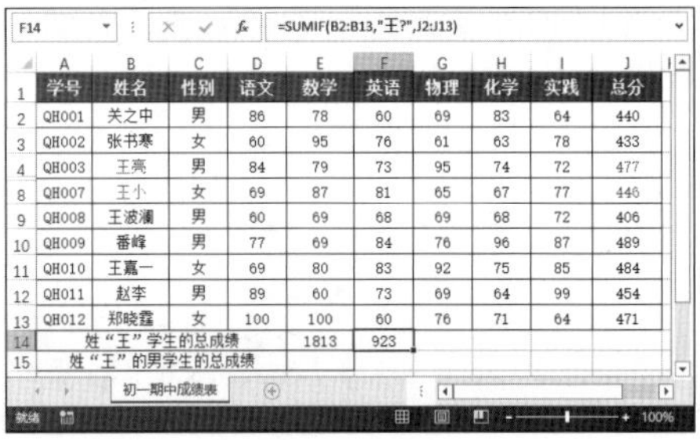

表达式： SUMPRODUCT(array1,array2,array3, ...)

参数含义： Array1,array2,array3, ...表示数组，其相应元素需要进行相乘并求和，最多为255个，其中各参数的数组必须有相同的维度，否则返回错误的值。

→ EXAMPLE 计算采购统计表中的相关数据

Step 01 输入公式计算采购总金额。打开"采购统计表.xlsx"工作簿，完善表格，选中I3单元格，打开"插入函数"对话框，选择SUMPRODUCT函数，单击"确定"按钮，如图7-17所示。

Step 02 输入参与计算的数组参数。打开"函数参数"对话框，输入相应的数组参数，单击"确定"按钮，如图7-18所示。

Step 03 验证计算结果。然后选中I3单元格并输入"=SUM(G2:G46)"公式，按Enter键执行计算，可见两次计算结果是一致的，如图7-19所示。

Step 04 计算佳能单反相机采购次数。选中I7单元格，然后输入公式"=SUMPRODUCT((B2:B46="佳能")*(C2:C46="单反"))"，按Enter键执行计算，结果为12次，如图7-20所示。

Step 05 计算尼康卡片相机的采购数量。选中I11单元格，然后输入公式"=SUMPRODUCT((B2:B46="尼康")*(C2:C46="卡片"),F2:F46)"，按Enter键执行计算，即可计算出采购数量，如图7-21所示。

实例文件

原始文件：
实例文件\第07章\原始文件\采购统计表.xlsx

最终文件：
实例文件\第07章\最终文件\SUMPRODUCT函数.xlsx

提示

在步骤4中，公式表示统计B2:B46单元格区域为"佳能"，而且C2:C46单元格区域为"单反"的个数。

图7-17　选择函数　　　　　　　　　　　　图7-18　设置函数参数

图7-19　验证计算结果

图7-20　输入公式

提示

在步骤5中，当同时满足（B2:B46="尼康"）*（C2:C46="卡片"）条件时，则返回1，与F2:F46单元格区域中对应的数值相乘，即计算出总数量。

图7-21　查看计算结果

7.1.4 SUBTOTAL函数

SUBTOTAL函数用于返回列表或数据库中的分类汇总。

表达式： SUBTOTAL(function_num,ref1,ref2, ...)

参数含义： Function_num 表示1 到 11（包含隐藏值）或 101 到 111（忽略隐藏值）之间的数字，用于指定使用何种函数在列表中进行分类汇总计算。Ref表示要对其进行分类汇总计算的第1至29个命名区域或引用，该参数必须是对单元格区域的引用。

提示

Excel中的分类汇总功能就是根据SUBTOTAL函数的原理进行数据汇总的。

下面介绍Function_num参数的取值和说明，如表7-1所示。

表7-1　Function_num参数

值（包含隐藏值）	值（忽略隐藏值）	函数	函数说明
1	101	AVERAGE	计算平均值
2	102	COUNT	统计非空值单元格计数
3	103	COUNTA	统计非空值单元格计数（包括字母）
4	104	MAX	计算最大值
5	105	MIN	计算最小值
6	106	PRODUCT	计算乘积
7	107	STDEV	计算标准偏差（忽略逻辑值和文本）
8	108	STDEVP	计算标准偏差值
9	109	SUM	求和
10	110	VAR	计算给定样本的方差
11	111	VARP	计算整个样本的总体方差

→ EXAMPLE 对数据进行筛选并汇总

Step 01 启用冻结首行功能。 打开"采购统计表.xlsx"工作簿，该工作表中数据很多，所以通过冻结首行的方法显示底部内容。选中任意单元格，然后切换至"视图"选项卡，单击"窗口"选项组中的"冻结窗格"下三角按钮，在下拉列表中选择"冻结首行"选项，如图7-22所示。

Step 02 输入公式。 在E48:G50单元格区域完善表格内容，主要能体现Function_num参数取值不同，结果是否一致。在G48单元格中输入"=SUBTOTAL(109,G2:G46)"公式，对采购金额进行求和，如图7-23所示。

实例文件

原始文件：
实例文件\第07章\原始文件\采购统计表.xlsx
最终文件：
实例文件\第07章\最终文件\SUBTOTAL函数.xlsx

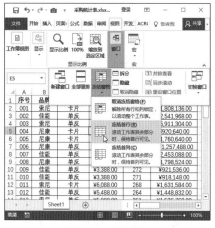

图7-22　冻结首行　　　　　　图7-23　输入公式

Step 03 输入公式。 选中G49单元格，然后输入"=SUBTOTAL(9,G2:G46)"公式，如图7-24所示。

Step 04 输入SUM函数公式。 然后在G50单元格中输入"=SUM(G2:G46)"公式，按Enter键执行计算，可见3个数值是一样的，如图7-25所示。

提示

步骤2中Function_num参数是109，表示忽略隐藏的值并进行求和；步骤3中该参数为9，表示包含隐藏的值并进行求和。

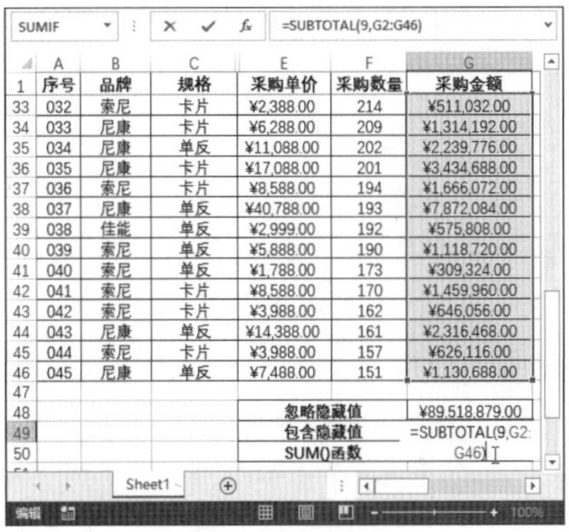

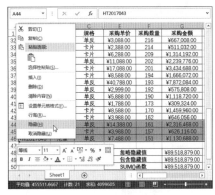

图7-24　输入公式

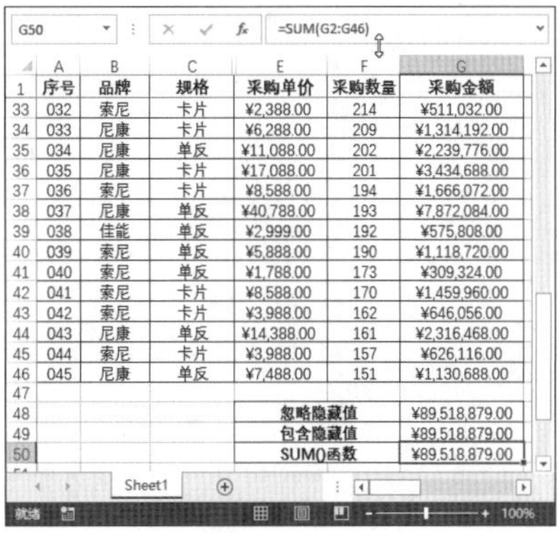

图7-25　输入公式

Step 05 隐藏部分行。选中第44-46行并单击鼠标右键，在快捷菜单中选择“隐藏”命令，如图7-26所示。

Step 06 比较计算结果。返回工作表中，可见忽略隐藏值的结果发生了变化，因为隐藏部分的数值没有参与计算，如图7-27所示。

提示

本实例是以求和的方式对函数的应用介绍的，用户也可采用其他计算方式进行运算。

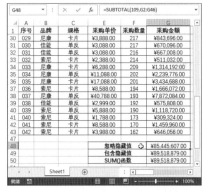

图7-26　隐藏部分行

图7-27　查看隐藏部分行后的效果

Step 07 启用“筛选”功能。选中表格内任意单元格，然后切换至“数据”选项卡，单击“排序和筛选”选项组中的“筛选”按钮，如图7-28所示。

Step 08 筛选出“佳能”品牌。此时工作表进入筛选模式，在每列标题右侧显示下三角按钮，单击“品牌”下三角按钮，在列表中只勾选“佳能”复选框，单击“确定”按钮，如图7-29所示。

提示

“筛选”功能是Excel中最常用的功能之一，可以对文本、数值、日期等数据类型进行筛选，可以很方便地筛选出用户需要的数据。

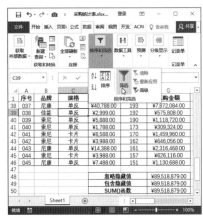

图7-28　单击“筛选”按钮

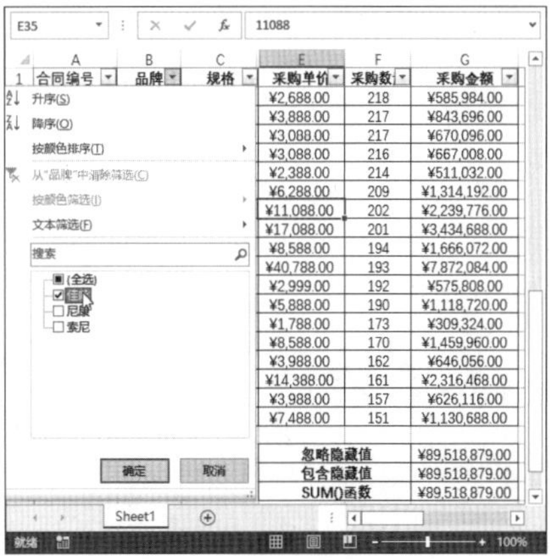

图7-29　勾选“佳能”复选框

Step 09 **比较结果。** 从结果可见SUBTOTAL函数对筛选后的数据进行汇总求和，而SUM函数是对所有数据进行求和，如图7-30所示。可见第一列的序号比较乱，用户可以使用SUBTOTAL函数生成连续的序号。

Step 10 **输入公式。** 再次单击"品牌"下三角按钮，在列表中勾选"全选"复选框，然后单击"确定"按钮，即可取消筛选。在A2单元格中输入"=SUBTOTAL(3,B\$1:B2)-1"公式，并填充至A46单元格，如图7-31所示。

> **提示**
>
> 步骤10中的公式采用SUBTOTAL函数的第3种统计方法，统计B2:B3区域中非空单元格的个数，然后减去1，就是本单元格的序号。

图7-30 查看比较结果 　　　　图7-31 输入公式

Step 11 **筛选数据并查看序号效果。** 再筛选出"佳能"品牌，查看效果，如图7-32所示。

图7-32 查看效果

7.2 求积函数

在Excel中对数据进行计算时，经常需要执行求积操作，本节将介绍PRODUCT和MMULT这两个求积函数的具体应用。

7.2.1 PRODUCT函数

PRODUCT函数用于计算所有数值的乘积。

表达式： PRODUCT(number1,number2,...)

参数含义： Number1,number2,...表示1~255个需要求积的数值，可以是数字、逻辑值、文本格式的数字或者单元格引用。

> **提示**
>
> 如果该参数为文本，则返回错误值。

→ **EXAMPLE** 快速计算采购金额

Step 01 选择函数。 打开"采购统计表.xlsx"工作簿，选中K2单元格，打开"插入函数"对话框，选择PRODUCT函数，单击"确定"按钮，如图7-33所示。

Step 02 输入参数。 打开"函数参数"对话框，设置相关参数，单击"确定"按钮，如图7-34所示。

实例文件

原始文件：
实例文件\第07章\原始文件\采购统计表.xlsx
最终文件：
实例文件\第07章\最终文件\PRODUCT函数.xlsx

图7-33　选择函数

图7-34　设置函数参数

Step 03 填充公式。 返回工作表中，将公式向下填充，查看计算所有商品采购金额的效果，如图7-35所示。

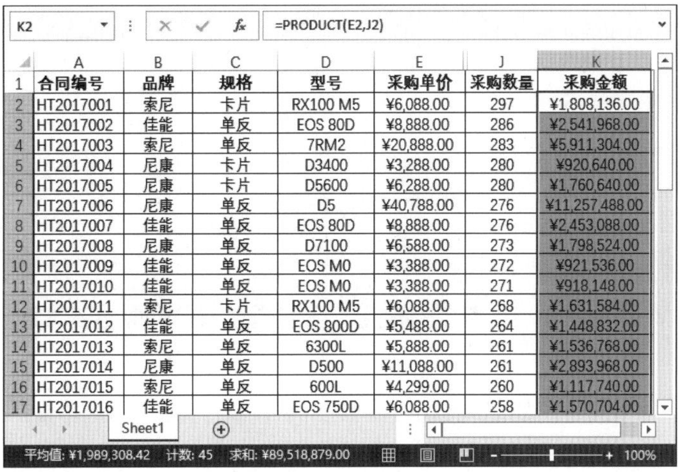

合同编号	品牌	规格	型号	采购单价	采购数量	采购金额
HT2017001	索尼	卡片	RX100 M5	¥6,088.00	297	¥1,808,136.00
HT2017002	佳能	单反	EOS 80D	¥8,888.00	286	¥2,541,968.00
HT2017003	索尼	单反	7RM2	¥20,888.00	283	¥5,911,304.00
HT2017004	尼康	卡片	D3400	¥3,288.00	280	¥920,640.00
HT2017005	尼康	卡片	D5600	¥6,288.00	280	¥1,760,640.00
HT2017006	尼康	单反	D5	¥40,788.00	276	¥11,257,488.00
HT2017007	佳能	单反	EOS 80D	¥8,888.00	276	¥2,453,088.00
HT2017008	尼康	单反	D7100	¥6,588.00	273	¥1,798,524.00
HT2017009	佳能	单反	EOS M0	¥3,388.00	272	¥921,536.00
HT2017010	佳能	单反	EOS M0	¥3,388.00	271	¥918,148.00
HT2017011	索尼	卡片	RX100 M5	¥6,088.00	268	¥1,631,584.00
HT2017012	佳能	单反	EOS 800D	¥5,488.00	264	¥1,448,832.00
HT2017013	索尼	单反	6300L	¥5,888.00	261	¥1,536,768.00
HT2017014	尼康	单反	D500	¥11,088.00	261	¥2,893,968.00
HT2017015	索尼	单反	600L	¥4,299.00	260	¥1,117,740.00
HT2017016	佳能	单反	EOS 750D	¥6,088.00	258	¥1,570,704.00

K2　=PRODUCT(E2,J2)

平均值：¥1,989,308.42　计数：45　求和：¥89,518,879.00

图7-35　查看计算结果

7.2.2 MMULT函数

MMULT函数用于返回两个数组的矩阵乘积。

表达式： MMULT(array1,array2)

参数含义： Sarray1,array2表示要进行矩阵乘法运算的两个数组。

→ **EXAMPLE** 计算打折后的单价和总销售额

Step 01 计算商品打折后的单价。 新建工作表，输入数据，选中D3:E30单元格，然后输入"=MMULT(C3:C30,D2:E2)"公式，相当于数组公式中不同方向的一维数组之间的运算，如图7-36所示。

Step 02 计算单价。 按Ctrl+Shift+Enter组合键确认计算，计算出不同折扣的各商品单价，如图7-37所示。

最终文件：
实例文件\第07章\最终文件\MMULT函数.xlsx

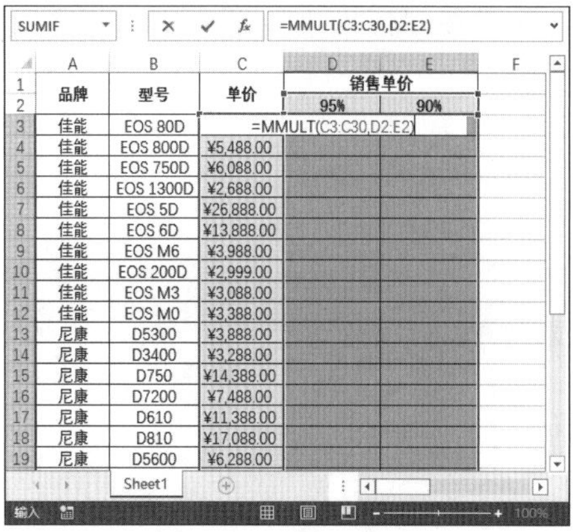

SUMIF | =MMULT(C3:C30,D2:E2)

	A	B	C	D	E	F
1	品牌	型号	单价	销售单价		
2				95%	90%	
3	佳能	EOS 80D	=MMULT(C3:C30,D2:E2)			
4	佳能	EOS 800D	¥5,488.00			
5	佳能	EOS 750D	¥6,088.00			
6	佳能	EOS 1300D	¥2,688.00			
7	佳能	EOS 5D	¥26,888.00			
8	佳能	EOS 6D	¥13,888.00			
9	佳能	EOS M6	¥3,988.00			
10	佳能	EOS 200D	¥2,999.00			
11	佳能	EOS M3	¥3,088.00			
12	佳能	EOS M0	¥3,388.00			
13	尼康	D5300	¥3,888.00			
14	尼康	D3400	¥3,288.00			
15	尼康	D750	¥14,388.00			
16	尼康	D7200	¥7,488.00			
17	尼康	D610	¥11,388.00			
18	尼康	D810	¥17,088.00			
19	尼康	D5600	¥6,288.00			

Sheet1　输入　100%

图7-36　输入公式

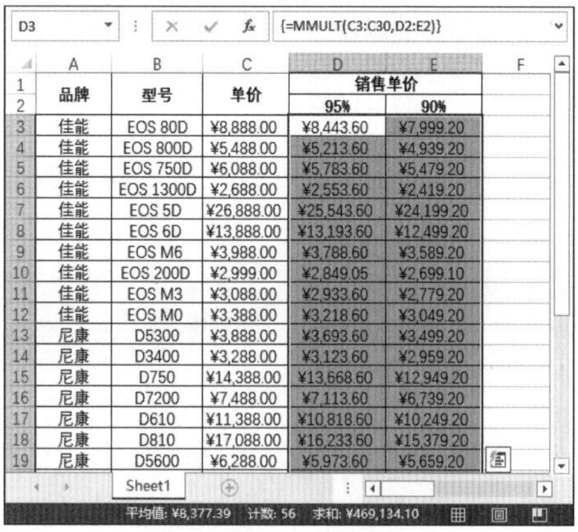

D3 | {=MMULT(C3:C30,D2:E2)}

	A	B	C	D	E	F
1	品牌	型号	单价	销售单价		
2				95%	90%	
3	佳能	EOS 80D	¥8,888.00	¥8,443.60	¥7,999.20	
4	佳能	EOS 800D	¥5,488.00	¥5,213.60	¥4,939.20	
5	佳能	EOS 750D	¥6,088.00	¥5,783.60	¥5,479.20	
6	佳能	EOS 1300D	¥2,688.00	¥2,553.60	¥2,419.20	
7	佳能	EOS 5D	¥26,888.00	¥25,543.60	¥24,199.20	
8	佳能	EOS 6D	¥13,888.00	¥13,193.60	¥12,499.20	
9	佳能	EOS M6	¥3,988.00	¥3,788.60	¥3,589.20	
10	佳能	EOS 200D	¥2,999.00	¥2,849.05	¥2,699.10	
11	佳能	EOS M3	¥3,088.00	¥2,933.60	¥2,779.20	
12	佳能	EOS M0	¥3,388.00	¥3,218.60	¥3,049.20	
13	尼康	D5300	¥3,888.00	¥3,693.60	¥3,499.20	
14	尼康	D3400	¥3,288.00	¥3,123.60	¥2,959.20	
15	尼康	D750	¥14,388.00	¥13,668.60	¥12,949.20	
16	尼康	D7200	¥7,488.00	¥7,113.60	¥6,739.20	
17	尼康	D610	¥11,388.00	¥10,818.60	¥10,249.20	
18	尼康	D810	¥17,088.00	¥16,233.60	¥15,379.20	
19	尼康	D5600	¥6,288.00	¥5,973.60	¥5,659.20	

Sheet1　平均值: ¥8,377.39　计数: 56　求和: ¥469,134.10

图7-37　计算单价

提示

在步骤3的公式中，首先使用MMULT函数计算出不同折扣的单价，然后使用SUMPRODUCT函数将单价和数量相乘并求和。

Step 03 输入计算总销售额的公式。在该工作簿中新建工作表并输入数据，选中F3单元格，然后输入“=SUMPRODUCT(MMULT(C3:C30,D2:E2),D3:E30)”公式，如图7-38所示。

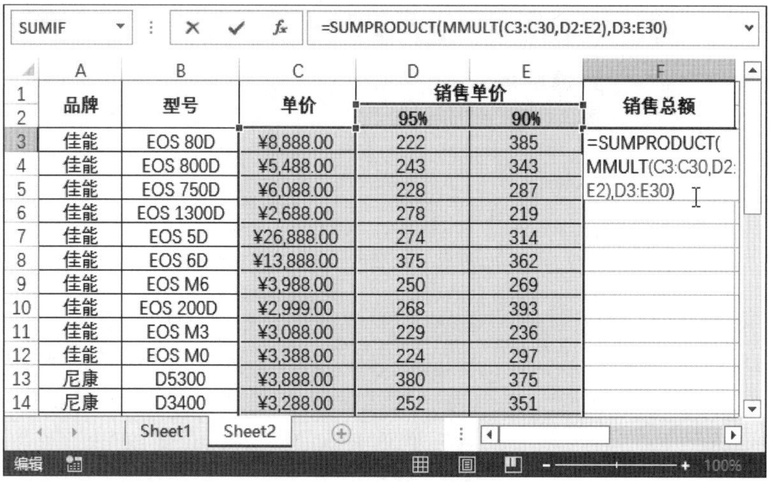

SUMIF | =SUMPRODUCT(MMULT(C3:C30,D2:E2),D3:E30)

	A	B	C	D	E	F
1	品牌	型号	单价	销售单价		销售总额
2				95%	90%	
3	佳能	EOS 80D	¥8,888.00	222	385	=SUMPRODUCT(MMULT(C3:C30,D2:E2),D3:E30)
4	佳能	EOS 800D	¥5,488.00	243	343	
5	佳能	EOS 750D	¥6,088.00	228	287	
6	佳能	EOS 1300D	¥2,688.00	278	219	
7	佳能	EOS 5D	¥26,888.00	274	314	
8	佳能	EOS 6D	¥13,888.00	375	362	
9	佳能	EOS M6	¥3,988.00	250	269	
10	佳能	EOS 200D	¥2,999.00	268	393	
11	佳能	EOS M3	¥3,088.00	229	236	
12	佳能	EOS M0	¥3,388.00	224	297	
13	尼康	D5300	¥3,888.00	380	375	
14	尼康	D3400	¥3,288.00	252	351	

Sheet1　Sheet2　编辑　100%

图7-38　输入公式

Step 04 查看结果。按Enter键执行计算，查看结果，如图7-39所示。

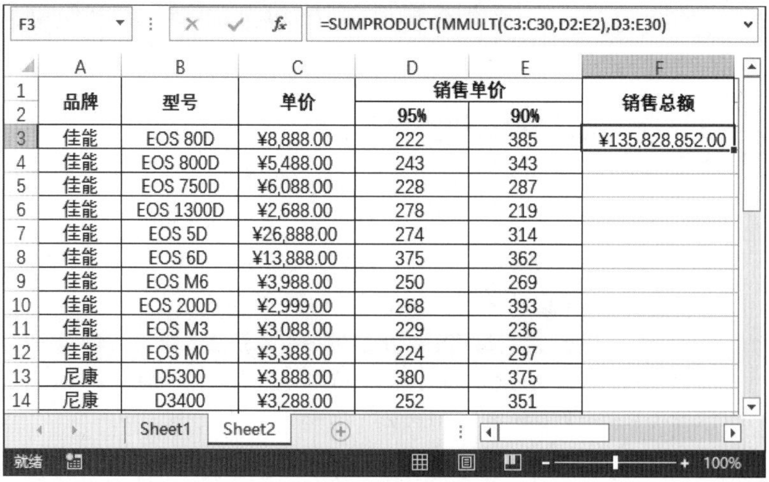

F3 | =SUMPRODUCT(MMULT(C3:C30,D2:E2),D3:E30)

	A	B	C	D	E	F
1	品牌	型号	单价	销售单价		销售总额
2				95%	90%	
3	佳能	EOS 80D	¥8,888.00	222	385	¥135,828,852.00
4	佳能	EOS 800D	¥5,488.00	243	343	
5	佳能	EOS 750D	¥6,088.00	228	287	
6	佳能	EOS 1300D	¥2,688.00	278	219	
7	佳能	EOS 5D	¥26,888.00	274	314	
8	佳能	EOS 6D	¥13,888.00	375	362	
9	佳能	EOS M6	¥3,988.00	250	269	
10	佳能	EOS 200D	¥2,999.00	268	393	
11	佳能	EOS M3	¥3,088.00	229	236	
12	佳能	EOS M0	¥3,388.00	224	297	
13	尼康	D5300	¥3,888.00	380	375	
14	尼康	D3400	¥3,288.00	252	351	

Sheet1　Sheet2　就绪　100%

图7-39　查看结果

7.3 取舍函数

在Excel中处理数据时，用户经常会遇到对小数位数进行取舍的情况，如将数值按2位小数进位或对数值进行取整等。本节将针对小数取舍情况介绍几种常用的取舍函数，如INT、ROUND和FLOOR等函数。

7.3.1 INT和TRUNC函数

1. INT函数

INT函数用于返回向下取整为最接近的整数。

表达式： INT(number)

参数含义： Number表示需要舍入的数值，该参数不能是单元格区域，如果是数值以外的文本，则返回错误值#VALUE!。

➜ **EXAMPLE** 计算员工工资各种面值的数量

某公司采用现金发放工资，在发工资之前财务人员需要统计各种面值的数量，以确保工资顺利发放。

Step 01 选择函数。打开"应发工资准备金.xlsx"工作簿，选中D4单元格，然后打开"插入函数"对话框，选择INT函数，单击"确定"按钮，如图7-40所示。

Step 02 设置函数参数。打开"函数参数"对话框，在Number文本框中输入"C4/\$D\$3"，然后单击"确定"按钮，如图7-41所示。

图7-40 选择函数

图7-41 输入参数

Step 03 输入公式计算50元金额的数量。选中E4单元格，然后输入公式"=INT(MOD(C4,\$D\$3)/\$E\$3)"，按Enter键执行计算，如图7-42所示。

图7-42 输入公式

提示

在步骤5中，首先使用MOD函数判断工资除以50的余额，然后再计算余额除以20后的余额，最后使用INT函数判断需要10元金额的数量。

Step 04 输入公式计算20元金额的数量。选中F4单元格，然后输入公式"=INT(MOD(C4,$E$3)/$F$3)"，按Enter键执行计算，如图7-43所示。

Step 05 输入公式计算10元金额的数量。选中G4单元格，然后输入公式"=INT(MOD(MOD(C4,$E$3),$F$3)/$G$3)"，按Enter键执行计算，如图7-44所示。

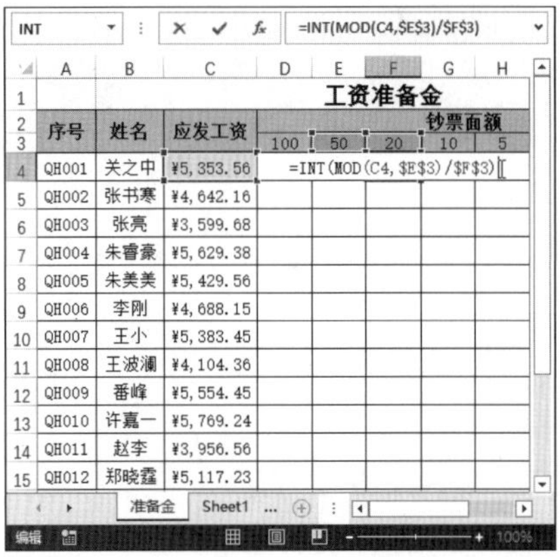

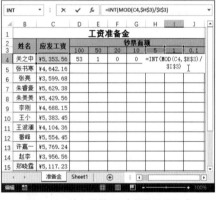

图7-43 输入计算20元金额数量的公式 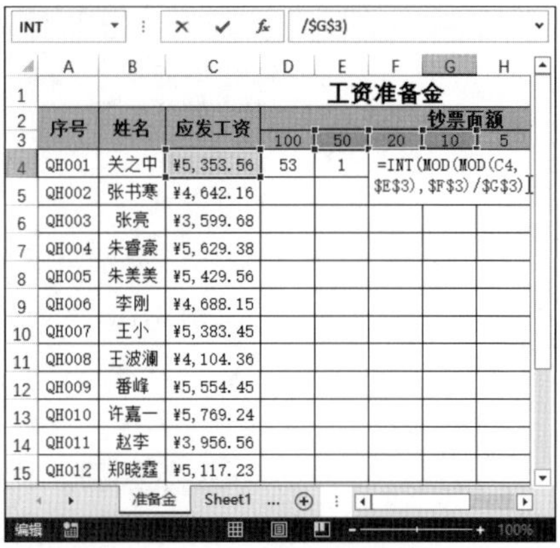 　　图7-44 输入计算10元金额数量的公式

Step 06 输入公式计算5元金额的数量。选中H4单元格，然后输入公式"=INT(MOD(C4,$G$3)/$H$3)"，按Enter键执行计算，如图7-45所示。

Step 07 输入公式计算1元金额的数量。选中I4单元格，然后输入公式"=INT(MOD(C4,$H$3)/$I$3)"，按Enter键执行计算，如图7-46所示。

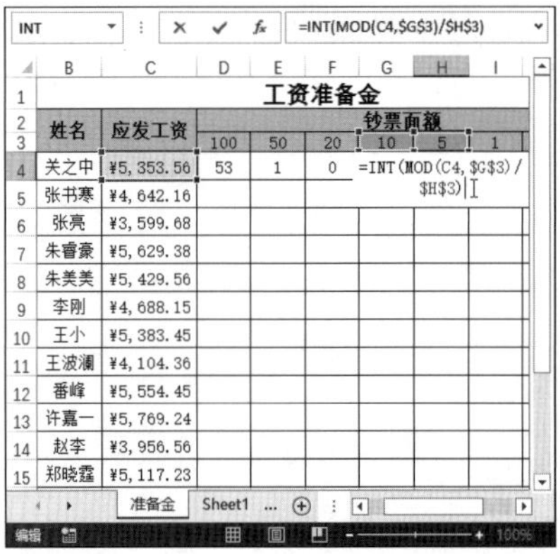

图7-45 输入计算5元金额数量的公式 　　图7-46 输入计算1元金额数量的公式

交叉参考

本案例中使用到ROUND函数，请参照7.3.2节中的相关知识。

Step 08 输入公式计算1角金额的数量。选中J4单元格，然后输入公式"=ROUND(MOD(C4,$I$3),1)*10"，按Enter键执行计算，如图7-47所示。

图7-47 输入计算1角金额数量的公式

Step 09 **填充公式。** 选中D4:J4单元格区域，然后将公式向下填充至J15单元格，查看各种面额的数量，如图7-48所示。

| J15 | | ⋮ | × | ✓ | f_x | =ROUND(MOD(C15,$I$3),1)*10 | |

▲	A	B	C	D	E	F	G	H	I	J
1			**工资准备金**							
2	**序号**	**姓名**	**应发工资**	**钞票面额**						
3				100	50	20	10	5	1	0.1
4	QH001	关之中	¥5,353.56	53	1	0	0	0	3	6
5	QH002	张书寒	¥4,642.16	46	0	2	0	0	2	2
6	QH003	张亮	¥3,599.68	35	1	2	0	1	4	7
7	QH004	朱睿豪	¥5,629.38	56	0	1	0	1	4	4
8	QH005	朱美美	¥5,429.56	54	0	1	0	1	4	6
9	QH006	李刚	¥4,688.15	46	1	1	1	1	3	1
10	QH007	王小	¥5,383.45	53	1	1	1	0	3	4
11	QH008	王波澜	¥4,104.36	41	0	0	0	0	4	4
12	QH009	番峰	¥5,554.45	55	1	0	0	0	4	4
13	QH010	许嘉一	¥5,769.24	57	1	0	1	1	4	2
14	QH011	赵李	¥3,956.56	39	1	0	1	1	1	6
15	QH012	郑晓霖	¥5,117.23	51	0	0	1	1	2	2

准备金　Sheet1　⊕

就绪　　　　　　　　　　　　　　　　　　　　　　　100%

图7-48　填充公式

Step 10 **统计各种面额的数量。** 选中D16单元格，然后输入"=SUM(D4:D15)"公式，并向右填充至J16单元格，查看各种面额的总数量，如图7-49所示。

| J16 | | ⋮ | × | ✓ | f_x | =SUM(J4:J15) | |

▲	A	B	C	D	E	F	G	H	I	J
1			**工资准备金**							
2	**序号**	**姓名**	**应发工资**	**钞票面额**						
3				100	50	20	10	5	1	0.1
4	QH001	关之中	¥5,353.56	53	1	0	0	0	3	6
5	QH002	张书寒	¥4,642.16	46	0	2	0	0	2	2
6	QH003	张亮	¥3,599.68	35	1	2	0	1	4	7
7	QH004	朱睿豪	¥5,629.38	56	0	1	0	1	4	4
8	QH005	朱美美	¥5,429.56	54	0	1	0	1	4	6
9	QH006	李刚	¥4,688.15	46	1	1	1	1	3	1
10	QH007	王小	¥5,383.45	53	1	1	1	0	3	4
11	QH008	王波澜	¥4,104.36	41	0	0	0	0	4	4
12	QH009	番峰	¥5,554.45	55	1	0	0	0	4	4
13	QH010	许嘉一	¥5,769.24	57	1	0	1	1	4	2
14	QH011	赵李	¥3,956.56	39	1	0	1	1	1	6
15	QH012	郑晓霖	¥5,117.23	51	0	0	1	1	2	2
16			**数量**	586	7	8	4	7	38	48

准备金　Sheet1　⊕

就绪　　　　　　　　　　　　　　　　　　　　　　　100%

图7-49　填充公式

2. TRUNC函数

TRUNC函数用于返回舍去指定位数的值。

表达式： TRUNC(number，number_digits)

参数含义： Number表示需要截尾取整的数字或单元格引用，不能是单元格区域，如果该参数为数值以外的文本，则返回#VALUE!错误值；Number_digits表示取整精度的数字，该参数可以是正整数、0或负整数，如果省略表示为0。

→ EXAMPLE **计算销售额并以千元表示**

Step 01 **选择函数。** 打开"转换销售额.xlsx"工作簿，选中H3单元格，然后打开"插入函数"对话框，单击"或选择类别"下三角按钮，在列表中选择"数学与三角函数"选项，选择TRUNC函数，单击"确定"按钮，如图7-50所示。

实例文件

原始文件：
实例文件\第07章\原始
文件\转换销售额.xlsx

最终文件：
实例文件\第07章\最终
文件\TRUNC函数.xlsx

图7-50　选择函数

提示

在步骤2中设置Num_
digits的值为-3，表示
将保留至小数点左侧第
3位，即千位。

Step 02 输入参数。 打开"函数参数"对话框，在Number文本框中输入"SUMPRODUCT (D3:E3,F3:G3)"，在Num_digits文本框中输入-3，单击"确定"按钮，如图7-51所示。

Step 03 修改函数公式。 返回工作表中，可见计算结果的千位后均是0，因为销售额的单位为千元，所以将公式修改为"=TRUNC(SUMPRODUCT(D3:E3,F3:G3),-3)/ 1000"，如图7-52所示。

图7-51　设置函数参数

图7-52　修改公式

Step 04 填充公式。 按Enter键执行计算，然后将公式向下填充至H30单元格，查看计算结果，如图7-53所示。

	A	B	C	销售单价		销售数量		H
1 2	品牌	型号	单价	95%	90%	95%	90%	销售额(千元)
3	佳能	EOS 80D	¥8,888.00	¥8,443.60	¥7,999.20	222	385	¥4,954.00
4	佳能	EOS 800D	¥5,488.00	¥5,213.60	¥4,939.20	243	343	¥2,961.00
5	佳能	EOS 750D	¥6,088.00	¥5,783.60	¥5,479.20	228	287	¥2,891.00
6	佳能	EOS 1300D	¥2,688.00	¥2,553.60	¥2,419.20	278	219	¥1,239.00
7	佳能	EOS 5D	¥26,888.00	¥25,543.60	¥24,199.20	274	314	¥14,597.00
8	佳能	EOS 6D	¥13,888.00	¥13,193.60	¥12,499.20	375	362	¥9,472.00
9	佳能	EOS M6	¥3,988.00	¥3,788.60	¥3,589.20	250	269	¥1,912.00
10	佳能	EOS 200D	¥2,999.00	¥2,849.05	¥2,699.10	268	393	¥1,824.00
11	佳能	EOS M3	¥3,088.00	¥2,933.60	¥2,779.20	229	236	¥1,327.00
12	佳能	EOS M0	¥3,388.00	¥3,218.60	¥3,049.20	224	297	¥1,626.00
13	尼康	D5300	¥3,888.00	¥3,693.60	¥3,499.20	380	375	¥2,715.00
14	尼康	D3400	¥3,288.00	¥3,123.60	¥2,959.20	252	351	¥1,825.00
15	尼康	D750	¥14,388.00	¥13,668.60	¥12,949.20	283	386	¥8,866.00
16	尼康	D7200	¥7,488.00	¥7,113.60	¥6,739.20	250	323	¥3,955.00
17	尼康	D610	¥11,388.00	¥10,818.60	¥10,249.20	280	333	¥6,442.00
18	尼康	D810	¥17,088.00	¥16,233.60	¥15,379.20	262	389	¥10,235.00

H3 fx =TRUNC(SUMPRODUCT(D3:E3,F3:G3),-3)/1000

平均值: ¥4,850.57　计数: 28　求和: ¥135,816.00

图7-53　查看计算结果

7.3.2 ROUND、ROUNDUP和ROUNDDOWN函数

1. ROUND函数

ROUND函数用于返回按照指定位数进行四舍五入的运算结果。

表达式: ROUND(number, num_digits)

参数含义: Number表示需要进行四舍五入的数值或单元格内容。Num_digits表示需要取多少位的参数,该参数大于0时,表示取小数点后对应位数的四舍五入数值;等于0时,表示将数字四舍五入到最接近的整数,小于0时,表示对小数点左侧前几位进行四舍五入。

→ EXAMPLE 计算员工应缴纳的保险金额并保留至角

Step 01 输入公式。 打开"员工保险福利表.xlsx"工作簿,选中D3:G14单元格区域,然后输入"=ROUND(MMULT(C3:C14,D2:G2),1)"公式,如图7-54所示。

Step 02 查看计算结果。 按Ctrl+Shift+Enter组合键执行计算,如图7-55所示。

实例文件

原始文件:
实例文件\第07章\原始文件\员工保险福利表.xlsx
最终文件:
实例文件\第07章\最终文件\ROUND函数.xlsx

图7-54　输入公式

图7-55　查看计算结果

Step 03 计算员工应缴纳保险总额。 选中H3单元格并输入"=SUM(D3:G3)"公式,如图7-56所示。

Step 04 填充公式。 按Enter键执行计算,然后将公式向下填充,完成计算,如图7-57所示。

提示

在步骤1的公式中,将计算结果保留至小数点右侧1位,表示保留至角。

交叉参考

MMULT函数在7.2.2节中详细介绍;SUM函数在7.1.1节中详细介绍。

图7-56　输入计算总额的公式

图7-57　填充公式

2. ROUNDUP函数

ROUNDUP函数根据指定的位数向上舍入数值。

表达式: ROUNDUP(number,num_digits)

参数含义: Number 表示需要向上舍入的任意实数,如果引用单元格区域,则只返

回第1个单元格内数值的结果，如果Number是数值之外的文本，则返回错误值。Num_digits表示舍入后数字的小数位数，该参数大于0时，则指定小数点右侧位置向上舍入；该参数等于0时，则从小数点右侧第1位开始舍入；该参数小于0时，则从整数的指定位置舍入。

下面以示例介绍该函数的用法，如图7-58所示。

图7-58 ROUNDUP函数应用示例

3. ROUNDDOWN函数

ROUNDDOWN函数根据指定的位数向下舍入数值。

表达式： ROUNDDOWN(number,num_digits)

参数含义： Number表示需要向下舍入的任意实数；Num_digits表示舍入后数值的小数位数。

下面以示例介绍该函数的用法，如图7-59所示。

图7-59 ROUNDDOWN函数应用示例

7.3.3 EVEN和ODD函数

1. EVEN函数

EVEN函数用于返回向上取整舍入到最接近的偶数。

表达式： EVEN(number)

参数含义： Number表示向上取舍的数字，该参数可以是数值或单元格的引用，若为数值之外的文本，则返回#VALUE!错误值。

下面以示例介绍该函数的用法，如图7-60所示。

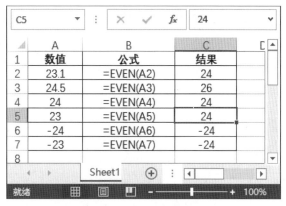

图7-60　EVEN函数应用示例

2. ODD函数

ODD函数用于返回向上取整舍入到最接近的奇数。

表达式： ODD(number)

参数含义： Number表示向上取舍的数值，该参数可以是数值或单元格引用，若为数值之外的文本，则返回#VALUE!错误值。

EVEN和ODD函数的用法是相同的，不同的是一个返回的是偶数，一个是奇数。它们返回数值的绝对值都比原数值的绝对值大。

下面以示例介绍该函数的用法，如图7-61所示。

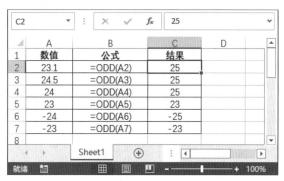

图7-61　EVEN函数应用示例

7.4 随机函数

在日常工作中，用户会经常遇到需要应用随机数的情况，例如随机排位、随机抽取检验的商品等，此时可以使用Excel提供的RAND和RANDBETWEEN两个随机函数来生成随机数。

7.4.1 RAND函数

RAND函数用于返回0至1之间的随机数值。

表达式： RAND（）

参数含义： 该函数没有参数，如果在括号内输入数值则弹出提示对话框，提示该公式有问题。

当RAND函数遇到以下情况时，会自动刷新生成的数据。

提示

用户也可以使用RAND和INT函数一次生成多个指定范围内的整数。以生成1-100之间的整数为例，选择单元格区域，输入“=INT(RAND()*100+1)”公式，然后按Ctrl+Shift+Enter组合键执行计算即可。

- 单元格中的内容发生变化时；
- 打开包含RAND函数的工作簿时；
- 按F9功能键或Shift+F9组合键时。

➜ **EXAMPLE 使用RAND函数生成指定数值间的随机数**

Step 01 输入公式。打开相应的实例文件，选中C2单元格，然后输入公式“=RAND()*(B2-A2)+A2”，如图7-62所示。

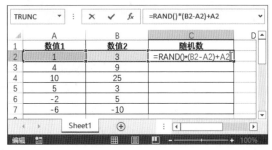

图7-62　输入公式

Step 02 计算指定范围内的随机数。按Enter键执行计算，即可计算出1至3之间的随机数，然后将公式向下填充，如图7-63所示。

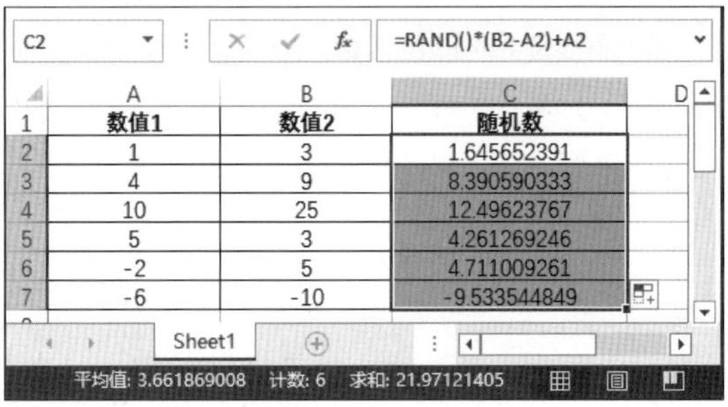

图7-63　查看计算结果

7.4.2 RANDBETWEEN函数

实例文件

原始文件：实例文件\第07章\原始文件\员工加班费统计表.xlsx

最终文件：实例文件\第07章\最终文件\RANDBETWEEN函数.xlsx

RANDBETWEEN函数用于返回位于两个指定数之间的一个随机整数。

表达式：RANDBETWEEN（bottom,top）

参数含义：Bottom表示返回的最小整数；Top表示返回的最大整数。如果任意参数为数值之外的文本或单元格区域时，则返回#VALUE!错误值；当Bottom大于Top时，则返回#NUM!错误值。

➜ **EXAMPLE 随机抽取员工的编号**

某公司年终将对一名员工进行奖励，为了体现公平公正的原则，将使用电脑随机抽取该名员工的编号。下面介绍使用RANDBETWEEN函数随机抽取员工编号的方法，具体操作步骤如下。

Step 01 输入公式计算随机的员工编号。打开“年终大奖得主信息.xlsx”工作簿，选中E2单元格，输入公式“=RANDBETWEEN(10001,10012)”，如图7-64所示。

Step 02 查看抽取的员工编号。按Enter键执行计算，即可随机抽取员工的编号，如图7-65所示。

Step 03 输入公式，查找员工编号对应的员工姓名。选中F2单元格，输入“=VLOOKUP(E2,A2:B13,2,FALSE)”公式，如图7-66所示。

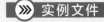

交叉参考

VLOOKUP函数将在
8.1.2节中详细介绍。

图7-64　输入计算随机编号的公式

图7-65　查看计算结果

Step 04 **查看获奖的员工信息。**按Enter键执行计算，即可查找出指定员工编号对应的员工姓名，如图7-67所示。

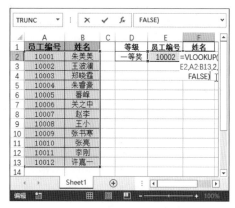

图7-66　输入查找员工姓名的公式

图7-67　查看查找结果

Chapter 08

查找与引用函数

在Excel中，如果用户需要在工作表中查找或引用某些数据时，可以使用查找与引用函数。该类函数在进行数据分析时使用非常频繁，可以查找工作表中的数值或单元格的位置。本章将对查找与引用类函数的功能和用法进行详细介绍。

8.1 查找函数

用户可以使用Excel用于查找的相关函数，查找表格中某单元格的内容，也可根据内容查找对应的单元格位置。本节主要介绍CHOOSE、VLOOKUP、HLOOKUP、LOOKUP和MATCH等函数的具体应用。

8.1.1 CHOOSE函数

CHOOSE函数用于在数值参数列表中返回指定的数值参数。

表达式： CHOOSE(index_num, value1, value2, ...)

参数含义： Index_num为必要参数，为数值表达式或字段，它的运算结果是一个数值，且界于 1 和254之间的数字，或者为公式或对包含 1 到 254 之间某个数字的单元格的引用；Value1, value2, 为数值参数，参数的个数介于 1 到254之间。CHOOSE函数基于Index_num参数，从这些值参数中选择一个数值或一项要执行的操作，参数可以为数字、单元格引用、已定义名称、公式、函数或文本。

➔ **EXAMPLE** 为学生的总成绩分等级

某初中一年级期中考试结束后，老师将统计所有学生的总成绩，并将总成绩分3个等级，大于等于500分的为"优秀"，小于500分大于等于400分的为"良好"，小于400分的为"不合格"，具体操作方法如下。

Step 01 **选择函数。** 打开"期中考试成绩表.xlsx"工作簿，选中J2单元格，打开"插入函数"对话框，选择CHOOSE函数，单击"确定"按钮，如图8-1所示。

Step 02 **输入参数。** 打开"函数参数"对话框，在Index_num文本框中输入"IF(I2>500,1,IF(I2>400,2,3))"，然后分别在Value 1、Value 2、Value 3文本框中输入相关内容，单击"确定"按钮，如图8-2所示。

提示

如果参数 Index_num 小于 1 或大于列表中最后一个值的序号，则返回 #VALUE! 错误值；如果为小数时，则将被截尾取整。

实例文件

原始文件：
实例文件\第 08 章\原始文件\期中考试成绩表.xlsx
最终文件：
实例文件\第 08 章\最终文件\CHOOSE 函数.xlsx

交叉参考

IF 函数将在 11.1.2 节中进行详细介绍。

图8-1 选择函数

图8-2 设置函数参数

Step 03 查看计算结果。返回工作表中，可见在J2单元格中显示“良好”，该学生的总成绩在400-500之间，如图8-3所示。

Step 04 填充公式。将J2单元格中的公式向下填充至J30单元格，查看所有学生考试分级情况，如图8-4所示。

提示

在本案例中，首先使用 IF 函数计算 Index_num 参数的数值，然后在 Value 参数中选择对应的数值。

用户也可将 Value 参数更改为特殊符号，如五角星等，会得到不一样的效果。

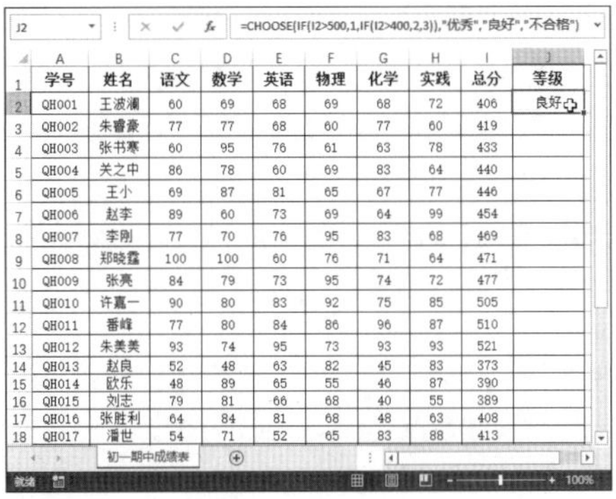

图8-3　查看计算结果

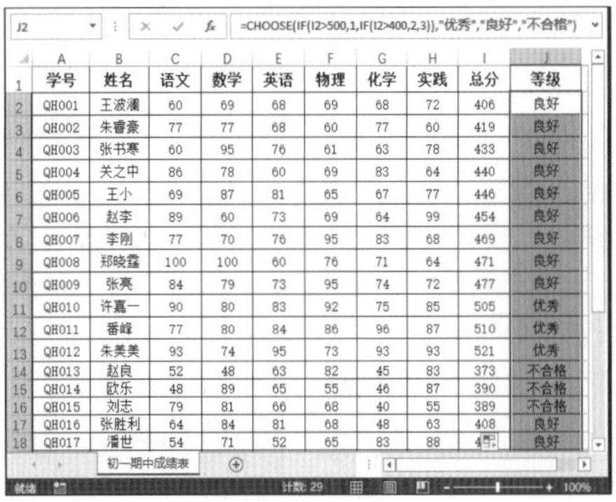

图8-4　填充公式

使用CHOOSE函数时，Value的参数可以是数组，并且会计算选中数组中的每一个数值，下面介绍具体操作方法。

Step 01 输入公式。选中L2:L30单元格区域，然后输入“=CHOOSE(3,C2:C30,D2:D30,E2:E30,F2:F30)”公式，按Ctrl+Shift+Enter组合键执行计算，如图8-5所示。

Step 02 计算英语总分。选中M2单元格，输入“=SUM(CHOOSE(3,C2:C30,D2:D30,E2:E30,F2:F30))”公式，按Enter键执行计算，如图8-6所示。

提示

在步骤 2 中，首先使用 CHOOSE 函数查找出对应数组中的数据，然后使用 SUM 函数对数据进行求和运算。

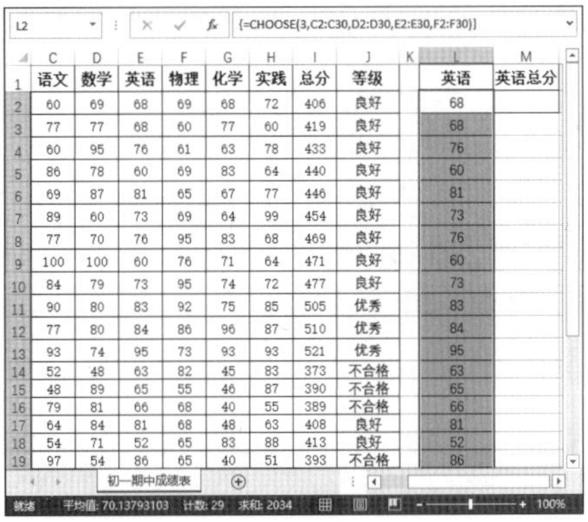

图8-5　输入公式

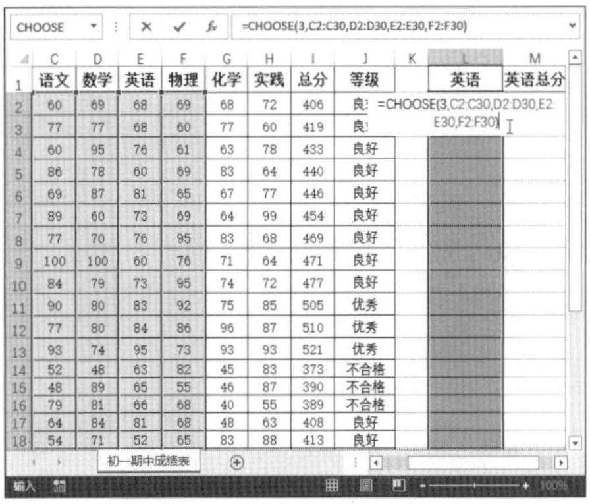

图8-6　输入计算英语总分的公式

8.1.2 VLOOKUP函数

VLOOKUP函数用于在单元格区域的首列查找指定的数值，返回该区域的相同行中任意指定单元格中的数值。

表达式：VLOOKUP(lookup_value,table_array,col_index_num,range_lookup)

参数含义：Lookup_value表示需要在数据表第一列中进行查找的数值，Lookup_value可以为数值、单元格引用或文本字符串；Table_array表示在其中查找数据的数据表，可以引用区域或名称，数据表第一列中的数值可以是文本、数字或逻辑值；Col_index_num为Table_array中待返回的匹配值列序号；Range_lookup为一逻辑值，指明VLOOKUP函数查找时是精确匹配还是近似匹配。

提示

使用VLOOKUP 函数时，如果 Range_lookup 为 FLASE 而且 lookup_Value 为文本，则可以使用通配符。

其中，Col_index_num参数小于1时，返回#VALUE!错误值；若大于Table_

array的列数时，则返回#REF!错误值。如果Range_lookup为TRUE或省略时，表示近似匹配，此时首列必须以升序排列；若找不到查找的数值，则返回小于Lookup_value的最大值；如果为FALSE，则返回精确匹配；若找不到查找的数值，则返回#N/A错误值。

 实例文件

原始文件：
实例文件\第08章\原始文件\期中考试成绩表.xlsx

最终文件：
实例文件\第08章\最终文件\VLOOKUP函数.xlsx

→ **EXAMPLE** 统计员工的个人所得税

Step 01 输入公式计算应缴税额。打开"员工个人所得税.xlsx"工作簿，选中F2单元格，输入"=IF((C2+D2-E2)>3500,C2+D2-E2-3500,0)"公式，然后按Enter键执行计算，如图8-7所示。

Step 02 制作个人所得税税率表。在B2:F30单元格区域制作个人所得税的税率表，如图8-8所示。

图8-7 输入公式　　图8-8 创建税率表

Step 03 计算适应税率。选中G2单元格，输入"=VLOOKUP($F2,$C$23:$F$30,3,TRUE)"公式，按Enter键执行计算，如图8-9所示。

Step 04 填充公式并修改。选中G2单元格，并将公式填充至H2单元格，然后在H2单元格的编辑栏中将第3个参数修改为4，即公式修改为"=VLOOKUP($F2,$C$23:$F$30,4,TRUE)"按Enter键执行计算，如图8-10所示。

提示

使用VLOOKUP函数进行近似查找，是因为查找的数值在查找范围内是介于某两个数值之间的。

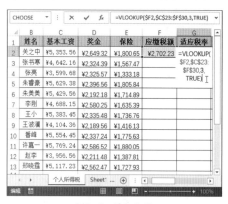

图8-9 输入公式　　图8-10 修改公式

Step 05 计算应缴的个人所得税。选中I2单元格，然后输入"=F2*G2-H2"公式，如图8-11所示。

Step 06 填充公式。选中F2:I2单元格区域，然后将公式向下填充至I13单元格，即可计算出所有员工的个人所得税，如图8-12所示。

提示

在步骤6中，用户可使用"填充"按钮进行填充公式，即选中F2:I13单元格区域，切换至"开始"选项卡，单击"编辑"选项组中的"填充"下三角按钮，在列表中选择"向下"选项，即可完成填充。

图8-11 计算个人所得税

图8-12 填充公式

8.1.3 HLOOKUP函数

提示

HLOOKUP函数用于按行查找，VLOOKUP函数用于按列查找。

HLOOKUP函数用于在查找范围的首行查找指定的数值，返回区域中指定行所在列单元格中的数值。

表达式： HLOOKUP(lookup_value,table_array,row_index_num,range_lookup)

参数含义： Lookup_value表示需要在数据表第一行中进行查找的数值、引用单元格或文本字符串；Table_array表示需要在其中查找数据的数据表；Row_index_num为Table_array中待返回的匹配值的行序号；Range_lookup为一逻辑值，指明函数HLOOKUP查找时是精确匹配，还是近似匹配。

其中，参数Row_index_num为1时，显示Table_array区域第一行中的数值，如果Row_index_num值小于1，函数返回#VALUE!错误值；如果其值大于Table_array区域的行数，则返回#REF!错误值。

Range_lookup参数若为TRUE或省略，则返回近似匹配值，如果找不到精确匹配的数值，则返回小于需要查找数值的最大值；若为FALSE，该函数则进行精确查找，如果找不到匹配值，返回#N/A错误值。

→ EXAMPLE 制作员工各品牌销售查询表

Step 01 启用数据验证功能。打开"销售统计表.xlsx"工作簿，完善表格内容，选中B15单元格，切换至"数据"选项卡，单击"数据工具"选项组中的"数据验证"按钮，如图8-13所示。

实例文件

原始文件：
实例文件\第08章\原始文件\销售统计表.xlsx
最终文件：
实例文件\第08章\最终文件\HLOOKUP函数.xlsx

图8-13 单击"数据验证"按钮

Step 02 **设置数据验证。**打开"数据验证"对话框，设置"允许"为"序列"，单击"来源"折叠按钮，在工作表中选择B2:B13单元格区域，然后单击"确定"按钮，如图8-14所示。

Step 03 **设置产品品牌的数据验证。**选中C16单元格，根据相同方法打开"数据验证"对话框，设置相关参数，如图8-15所示。

提示

在步骤2和步骤3中设置数据验证，主要是防止手动输入时产生错误的信息。

图8-14 设置姓名数据验证　　　　图8-15 设置品牌数据验证

Step 04 **输入查询公式。**选中D16单元格，然后输入"=HLOOKUP(C16,B1:G13,MATCH(B16,B1:B13,0),FALSE)"公式，如图8-16所示。

Step 05 **修改公式。**按Enter键将显示#N/A错误值，因为姓名和品牌都是空的。将公式修改为"=IF(ISERROR(HLOOKUP(C16,B1:G13,MATCH(B16,B1:B13,0),FALSE)),"请输入相关信息",HLOOKUP(C16,B1:G13,MATCH(B16,B1:B13,0),FALSE))"，如图8-17所示。

提示

在步骤4的公式中，使用MATCH函数返回姓名所在的行数，作为HLOOKUP函数的第3个参数值。

交叉参考

ISERROR函数的应用将在11.2.3节中进行详细介绍。

图8-16 验证计算结果　　　　图8-17 输入公式

Step 06 **执行计算。**按Enter键执行计算，此时不显示错误值了，如图8-18所示。

图8-18 执行计算

提示

计算结果为朱美美所在行和松下所在列交叉的F6单元格中的数值。

Step 07 验证查询效果。分别单击B16和C16单元格右侧下三角按钮，在列表中选择需要查询的姓名和品牌，在D16单元格中将自动显示销售额，如图8-19所示。

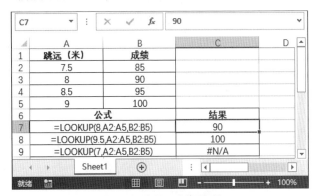

图8-19　验证查询效果

8.1.4 LOOKUP函数

LOOKUP函数有两种语法形式，分别为向量形式和数组形式，下面将分别详细介绍具体功能和用法。

1. 向量形式

> **提示**
>
> 在 Lookup_vector 中若查找一个确定的值，该范围内的数值必须以升序排列。

LOOKUP函数用于在单行或单列中查找指定的数值，然后返回第2个单行或单列中相同位置单元格中的数值。

表达式： LOOKUP (lookup_value,lookup_vector,result_vector)

参数含义： Lookup_value表示LOOKUP函数在第一个向量中所要查找的数值，可以为数字、文本、逻辑值、包含数值的名称或引用；Lookup_vector表示包含一行或一列的区域，Lookup_vector 的数值可以为文本、数字或逻辑值；Result_vector表示包含一行或一列的区域，其大小必须与Lookup_vector相同。

其中，如果LOOKUP函数找不到Lookup_value参数，则与Lookup_vector中小于Lookup_value的最大值相匹配，如果Lookup_value小于Lookup_vector中的最小值，则返回#N/A错误值。

LOOKUP函数向量形式示例，如图8-20所示。

图8-20　向量形式应用示例

➜ **EXAMPLE** 查找个人所得税小于150元且缴纳最多的员工信息

Step 01 对数据进行排序。打开"个人所得税统计表.xlsx"工作簿，在D20:G21单元格区域中输入查找条件，然后选择"个人所得税"列任意单元格，切换至"数据"选项

实例文件

原始文件：

实例文件\第08章\原始文件\个人所得税统计表.xlsx

最终文件：

实例文件\第08章\最终文件\LOOKUP函数向量形式.xlsx

提示

本案例中需要查找的姓名、部门和基本工资与表中的位置是相同的，所以直接填充公式即可，如果位置有差别，填充公式后只需修改LOOKUP函数中第3个参数与需要查找数值的单元格区域对应即可。

提示

之前介绍使用LOOKUP函数进行精确查找时必须将Lookup_vector参数对应的单元格区域进行升序排列，本案例将查找值和被查找区域转换为1和0，就不需要进行排序了。

卡，单击“排序和筛选”选项组中的“升序”按钮，如图8-21所示。

Step 02 输入公式查找姓名。选中E21单元格，然后输入“=LOOKUP($D$21,$J$2:$J$13,B2:B13)”公式，如图8-22所示。

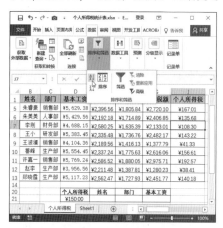

图8-21 单击“升序”按钮

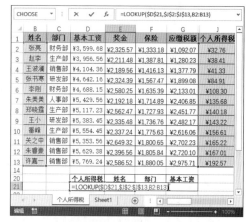

图8-22 输入查找姓名的公式

Step 03 填充公式。按Enter键执行计算，然后将E21单元格中的公式向右填充至G21单元格，返回表格验证查找数值，如图8-23所示。

LOOKUP函数不但可以进行模糊查找，还可以进行精确查找数据，如根据员工的姓名和部门查找基本工资，具体操作方法如下。

Step 01 输入公式。在E22:G23单元格区域中完善表格内容，然后选中G23单元格，输入“=LOOKUP(1,0/((B2:B13=E23)*(C2:C13=F23)),D2:D13)”公式，如图8-24所示。

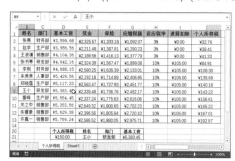

图8-23 填充公式

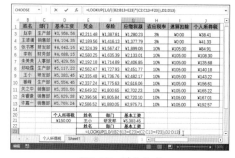

图8-24 输入公式

Step 02 查找数据。按Enter键执行计算，然后设置单元格格式为货币后，查找的数值与D6单元格中的数值是一致的，如图8-25所示。

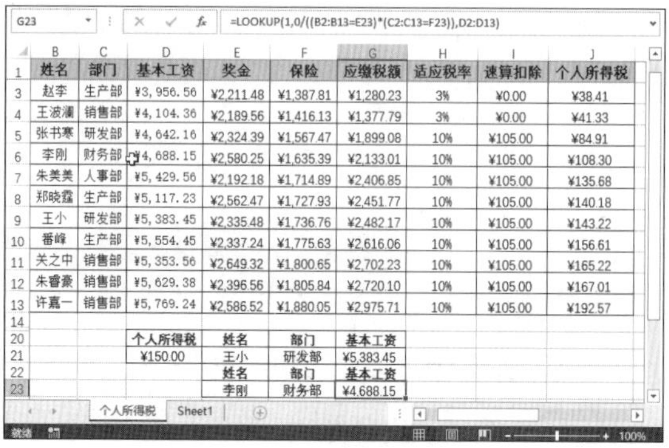

图8-25 验证查找数据

> **提示**
>
> 使用数组形式时，需要明白Array参数与返回值的关系，当Array的行数大于或等于列数时，在最左列查找数值并返回相同位置最右列的数值；当行数小于列数时，则查找第一行，并返回相同位置最后一行的数值。
>
> 这也是为什么有的时候输入的公式是正确的，却得到正确结果的原因。

> **实例文件**
>
> 原始文件：
>
> 实例文件\第08章\原始文件\期中考试成绩表.xlsx
>
> 最终文件：
>
> 实例文件\第08章\最终文件\LOOKUP函数数组形式.xlsx

2. 数组形式

LOOKUP函数用于在数组的第一行或第一列查找指定的数值，然后返回数组的最后一行或最后一列中相同位置的数值。

表达式：LOOKUP(lookup_value,array)

参数含义：Lookup_value表示数组中的查找值或单元格，如果指定值小于数组中的最小值，则返回#N/A错误值；Array表示查找的范围。

LOOKUP函数数组形式示例，如图8-26所示。

C7 | 85

	A	B	C
1	跳远（米）	成绩	
2	7.5	85	
3	8	90	
4	8.5	95	
5	9	100	
6	距离（米）	公式	结果
7	7.5	=LOOKUP(A7,$A$2:$B$5)	85
8	7.8	=LOOKUP(A8,$A$2:$B$5)	85
9	8.5	=LOOKUP(A9,$A$2:$B$5)	95
10	9.5	=LOOKUP(A10,$A$2:$B$5)	100

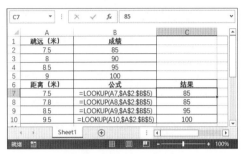

图8-26　数组形式应用示例

➜ EXAMPLE 根据学号查找考试总分

Step 01 输入公式。打开“期中考试成绩表.xlsx”工作簿，在K1:L2单元格区域中完善表格内容，然后选中L2单元格，输入“=LOOKUP(K2,A2:I30)”公式，如图8-27所示。

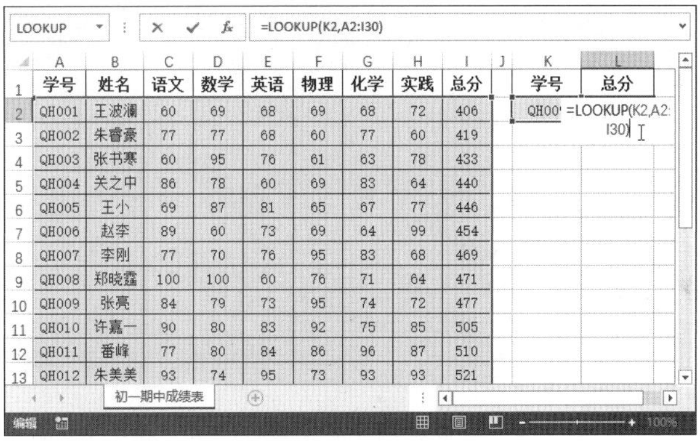

LOOKUP | =LOOKUP(K2,A2:I30)

	A	B	C	D	E	F	G	H	I	J	K	L
1	学号	姓名	语文	数学	英语	物理	化学	实践	总分		学号	总分
2	QH001	王波澜	60	69	68	69	68	72	406		QH00'	=LOOKUP(K2,A2:I30)
3	QH002	朱睿豪	77	77	68	60	77	60	419			
4	QH003	张书寒	60	95	76	61	63	78	433			
5	QH004	关之中	86	78	60	69	83	64	440			
6	QH005	王小	69	87	81	65	67	77	446			
7	QH006	赵李	89	60	73	69	64	99	454			
8	QH007	李刚	77	70	76	95	83	68	469			
9	QH008	郑晓霆	100	100	60	76	71	64	471			
10	QH009	张亮	84	79	73	95	74	72	477			
11	QH010	许嘉一	90	80	83	92	75	85	505			
12	QH011	番峰	77	80	84	86	96	87	510			
13	QH012	朱美美	93	74	95	73	93	93	521			

初一期中成绩表

图8-27　输入公式

Step 02 查看查找的数值。按Enter键执行计算，查找学号为QH009所对应的总分即I10单元格的数值，如图8-28所示。

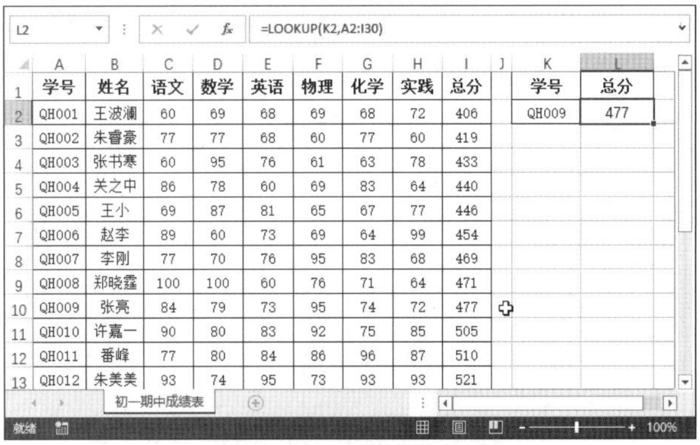

L2 | =LOOKUP(K2,A2:I30)

	A	B	C	D	E	F	G	H	I	J	K	L
1	学号	姓名	语文	数学	英语	物理	化学	实践	总分		学号	总分
2	QH001	王波澜	60	69	68	69	68	72	406		QH009	477
3	QH002	朱睿豪	77	77	68	60	77	60	419			
4	QH003	张书寒	60	95	76	61	63	78	433			
5	QH004	关之中	86	78	60	69	83	64	440			
6	QH005	王小	69	87	81	65	67	77	446			
7	QH006	赵李	89	60	73	69	64	99	454			
8	QH007	李刚	77	70	76	95	83	68	469			
9	QH008	郑晓霆	100	100	60	76	71	64	471			
10	QH009	张亮	84	79	73	95	74	72	477			
11	QH010	许嘉一	90	80	83	92	75	85	505			
12	QH011	番峰	77	80	84	86	96	87	510			
13	QH012	朱美美	93	74	95	73	93	93	521			

初一期中成绩表

图8-28　查看查找的数值

8.1.5 MATCH函数

MATCH函数用于返回指定数值在指定区域中的位置。

表达式： MATCH(lookup_value, lookup_array, match_type)

参数含义： Lookup_value表示需要查找的值，可以为数值或对数字、文本、逻辑值的单元格引用；Lookup_array表示包含所有要查找数值的连续单元格区域；Match_type表示查询的指定方式，为数字-1、0或者1。

下面以表格形式介绍Match_type不同数值和含义，如表8-1所示。

表8-1 Match_type参数介绍

Match_type	含义
1或省略	函数查找的数值小于或等于Lookup_value的最大值，Lookup_array必须按升序排列
0	函数查找的数值等于Lookup_value的第一个数值，Lookup_array可以按任何顺序排列
-1	函数查找的数值大于或等于Lookup_value的最小值，Lookup_array必须按降序排列

→ EXAMPLE 快速检查员工编号是否有重复

Step 01 输入公式。 打开"编排员工编号.xlsx"工作簿，选中C2单元格，然后输入"=IF(MATCH(A2,$A$2:$A$37,0)=ROW(A1),"","重复，请重新编排")"公式，如图8-29所示。

图8-29 输入公式

Step 02 执行计算。 按Enter键执行计算，可以看到C2单元格没有显示"重复，表重新编排"文本，如图8-30所示。

Step 03 填充公式。 然后将C2单元格中的公式向下填充至C37单元格，查看是否有重复的编号，如图8-31所示。

图8-30 执行计算   图8-31 查看结果

8.1.6 INDEX函数

INDEX函数和LOOKUP函数一样包含两种形式,分别为引用形式和数组形式,下面将分别详细介绍其功能和用法。

1. 引用形式

INDEX函数的引用形式可以返回指定行与列交叉处的单元格引用。

表达式: INDEX(reference,row_num,column_num,area_num)

参数含义: Reference表示对一个或多个单元格区域的引用;Row_num表示要从中返回引用的引用中的行编号,如果Reference只有一行则,可以省略该参数,若该参数超过一行,则返回#REF!错误值;Column_num表示要从中返回引用的引用中的列编号;Area_num用于选择要从中返回Row_num和Column_num交叉点的引用区域。

INDEX函数引用形式的示例,如图8-32所示。

图8-32 INDEX函数引用形式的应用示例

2. 数组形式

INDEX函数的数组形式可以返回指定的数值或数值数组。

表达式: INDEX(array,row_num,column_num)

参数含义: Array表示一个单元格区域或数组常量;Row_num表示选择数组中的行,如果省略Row_num参数,则需要使用Column_num参数;Column_num表示选择数组中的列,如果省略Column_num参数,则需要使用Row_num参数。

INDEX函数数组形式的示例,如图8-33所示。

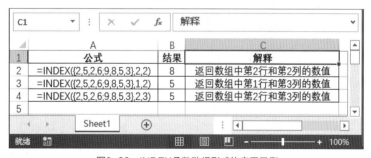

图8-33 INDEX函数数组形式的应用示例

→ **EXAMPLE** 根据姓名和产品快速查找销售额

Step 01 启用定义名称功能。打开"销售统计表.xlsx"工作簿,选中C2:F30单元格区域,切换至"公式"选项卡,单击"定义的名称"选项组中的"定义名称"按钮,如图8-34所示。

Step 02 定义名称。 打开"新建名称"对话框,在"名称"文本框中输入"销售额",单击"确定"按钮,如图8-35所示。

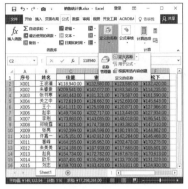

图8-34 单击"定义名称"按钮

图3-35 定义名称

Step 03 定义其他名称。 根据相同的方法,分别将C1:F1单元格区域定义为"产品",将B2:B30单元格区域定义为"姓名",如图8-36所示。

Step 04 设置数据验证。 在H2:I4单元格区域中完善表格,选中I2单元格,单击"数据"选项卡中的"数据验证"按钮,在打开的对话框中设置数据验证条件,单击"确定"按钮,如图8-37所示。

图8-36 定义其他名称

图8-37 设置数据验证

Step 05 设置I3单元格的数据验证。 选中I3单元格,根据相同的方法设置数据验证条件,如图8-38所示。

Step 06 输入公式。 选中I4单元格并输入"=INDEX(销售额,MATCH(I2,姓名,0),MATCH(I3,产品,0))"公式,如图8-39所示。

图8-38 设置数据验证

图8-39输入公式

Step 07 **验证查询结果。** 按Enter键执行计算，查找的数值位于表格中E9单元格，可见数值是一致的，如图8-40所示。

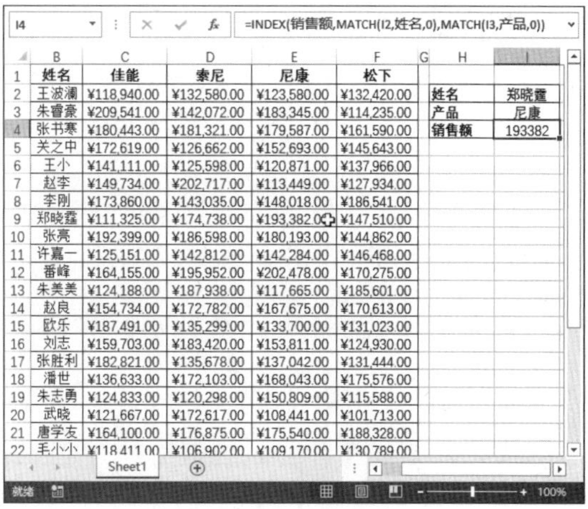

图8-40 查看验证结果

8.2 引用函数

在Excel中用户可以应用引用函数，得到新的引用。常用的引用函数包括ADDRESS、OFFSET、ROW和COLUMN等，本节将对这几款引用函数的功能和具体应用进行介绍。

8.2.1 ADDRESS函数

提示

A1 参数为 TRUE 或省略时，返回 A1 样式的引用，如果为 FALSE，返回 R1C1 样式引用。

ADDRESS函数用于以文本方式实现对某单元格的引用。

表达式： ADDRESS(row_num,column_num,abs_num,a1,sheet_text)

参数含义： Row_num表示在单元格引用中使用的行号；Column_num表示在单元格引用中使用的列标；Abs_num表示返回的引用类型，用1、2、3、4表示；A1表示引用样式的逻辑值；Sheet_text为文本，表示作为外部引用的工作表名称，如果省略，则不使用任何工作表名。

其中，Abs_num参数数值不同时，其单元格的引用类型也不同，1或省略表示绝对引用；2表示绝对行号，相对列标；3表示相对行号，绝对列标；4表示相引用。

ADDRESS函数的应用示例，如图8-41所示。

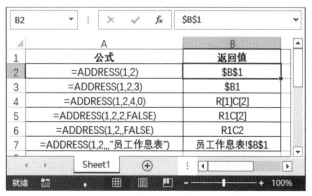

图8-41 ADDRESS函数的应用示例

8.2.2 AREAS函数

AREAS函数用于返回引用中包含的区域个数，区域可以为连续的单元格区域或单个单元格。

表达式： AREAS(reference)

参数含义： Reference表示对单元格或单元格区域的引用，也可以引用多个区域，如果需要将多个引用指定为一个数值，则必须用括号括起来，以免Excel把逗号作为分隔符。

AREAS函数的应用示例，如图8-42所示。

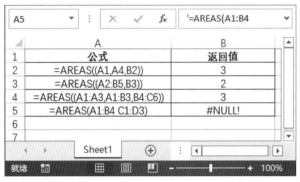

图8-42　AREAS函数的示例

8.2.3 INDIRECT函数

INDIRECT函数用于返回指定单元格引用的内容。

表达式： INDIRECT(ref_text,a1)

参数含义： Ref_text 表示对单元格的引用，可以包含 A1样式的引用、R1C1样式的引用、定义为引用的名称或对文本字符串单元格的引用。如果Ref_text 不是合法的单元格引用，INDIRECT函数返回#REF!或#NAME? 错误值；A1为逻辑值，指明Ref_text的引用类型。

其中，如果Ref_text为对另一个工作簿的引用时，则该工作簿必须打开，否则返回#REF!错误值。

A1为TRUE或省略时，Ref_text为A1样式的引用；A1为FALSE时，Ref_text为R1C1样式的引用。

INDIRECT函数的应用示例，如图8-43所示。

> 📝 **提示**
>
> INDIRECT 函数有两种引用形式，分别为加引号和不加引号。加引号表示引用单元格中的文本；不加引号表示引用单元格的地址。

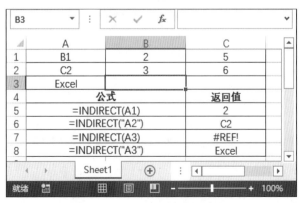

图8-43　INDIRECT函数应用示例

→ **EXAMPLE** 查找不同表格中符合条件的数值

　　财务部门按季度统计各商品的销售数量,现在制作查询表格,查询各品牌在不同季度的销售额,具体操作方法如下。

Step 01 **为表格定义名称**。打开"按季度销售查询表.xlsx"工作簿,选中A2:B5单元格区域,在名称框中输入"第一季度",按Enter键确认,如图8-44所示。然后将其他表格的数据区域定义。

Step 02 **设置数据验证**。选中C7单元格,单击"数据"选项卡中的"数据验证"按钮,在打开的对话框中设置数据验证条件,单击"确定"按钮,如图8-45所示。然后根据相同的方法为C8单元格设置数据验证条件。

图8-44　定义名称

图8-45　设置数据验证

Step 03 **输入查询公式**。选中C9单元格,然后输入"=VLOOKUP(C7,INDIRECT(C8),2,FALSE)"公式,按Enter键执行计算,如图8-46所示。

图8-46　输入公式

Step 04 **验证查询结果**。分别单击C7和C8单元格右侧下三角按钮,在列表中选择相应的选项,查看销售额,如图8-47所示。

图8-47　验证查询结果

8.2.4 OFFSET函数

OFFSET函数用于返回单元格或单元格区域中指定行数和列数区域的引用。

表达式： OFFSET(reference,rows,cols,height,width)

参数含义： Reference作为偏移量参照系的单元格或单元格区域；Rows表示以Reference为准向上或向下偏移的行数；Cols表示以Reference为准向左或向右偏移的列数；Height表示指定偏移进行引用的行数；Width表示指定偏移进行引用的列数。

其中，Rows为正数时，表示向下移动；为负数时，表示向上移动。Cols为正数时，表示向右移动；为负数时，表示向左移动。

如果Height和Width参数的数值超过工作表的边缘，则返回#REF!错误值，如果省略这两个参数，则高度和宽度与Reference相同。

→ EXAMPLE 按店面统计销售总额

统计各分店销售人员的销售情况后，现在需要统计各店面的总的销售额，下面介绍具体操作方法。

Step 01 对"店面"进行排序。 打开"销售统计表1.xlsx"工作簿，因为需要根据店面进行数据汇总，所以首先选中C2单元格，切换至"数据"选项卡，单击"排序和筛选"选项组中的"升序"按钮，如图8-48所示。

Step 02 输入计算公式。 选中J2单元格，然后输入"=SUM(OFFSET($G$1,MATCH(I2,$C$2:$C$25,0),,6))"公式，如图8-49所示。

 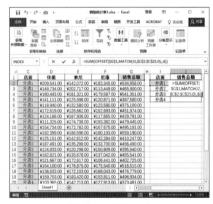

图8-48 单击"升序"按钮   图8-49 输入公式

Step 03 计算结果。 按Enter键执行计算，然后将J2单元格公式向下填充至J5单元格，查看各分店的销售总额，如图8-50所示。

图8-50 查看计算结果

提示

OFFSET 函数实际上并不移动任何单元格，只是返回选定的区域。

实例文件

原始文件：
实例文件\第08章\原始文件\销售统计表1.xlsx
最终文件：
实例文件\第08章\最终文件\OFFSET函数.xlsx

提示

在步骤2的公式中，首先使用 MATCH 函数查找满足条件单元格所在的行数，然后使用OFFSET 函数引用的区域，最后使用 SUM函数进行求和。在使用该方法汇总求和前提满足条件的列数是一致的，否则不能使用该方法。

本案例使用第 7 章介绍的 SUMIF 函数进行求和更为简单。

8.2.5 ROW和ROWS函数

本小节将对ROW和ROWS函数的功能和应用进行介绍，具体如下。

1. ROW函数

ROW函数用于返回数组或单元格区域中的行数。

表达式：ROW(reference)

参数含义：Reference为需要得到其行号的单元格或单元格区域，如果省略该参数，则返回该公式所在单元格的行号。

ROW函数若作为垂直数组输入，则函数以垂直数组的形式返回Reference行号。

→ EXAMPLE 统计总销售额

某企业有4个分店，均有6名销售人员，财务部门统计各店销售人员的业绩，并按店面名称进行汇总。下面介绍如何对店面的汇总数据进行求和。

Step 01 **添加辅助列并输入公式。**打开"销售统计表2.xlsx"工作簿，在H列添加辅助列，选中H2单元格，然后输入"=MOD(ROW(G2:G29),7)"公式，如图8-51所示。

Step 02 **查看计算结果。**按Enter键执行计算，并将公式向下填充至H29单元格，可见各店面的合计金额均是数字1，如图8-52所示。

图8-51 输入公式　　　　　　　　　　　图8-52 查看计算结果

Step 03 **输入计算销售总额的公式。**选中I2单元格，然后输入公式"=SUMIF（H2:H29，"=1",G2:G29)"，如图8-53所示。

Step 04 **查看计算结果。**按Enter键执行计算，即可对各分店汇总的数据进行求和，如图8-54所示。

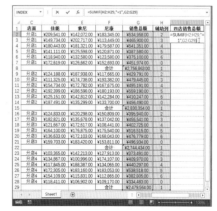

图8-53 输入计算销售总额的公式　　　　图8-54 查看计算各分店销售总额的结果

Step 05 **使用其他方法。**选中I3单元格，输入“=SUM(IF(MOD(ROW(G2:G29),7)=1, G2:G29))”公式，按Ctrl+Shift+Enter组合键执行计算，可见两种方法计算结果都是一样，如图8-55所示。

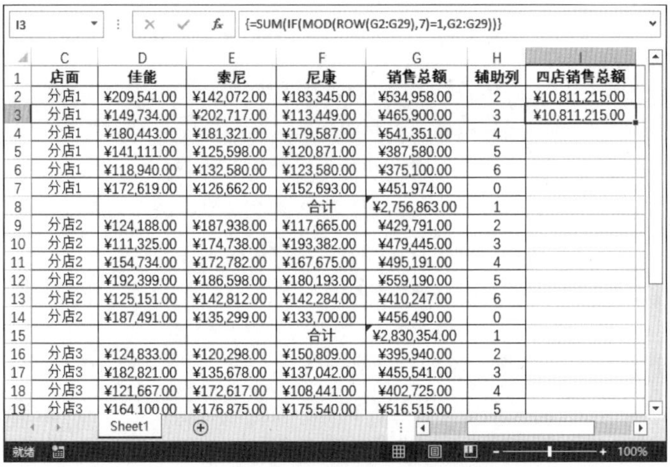

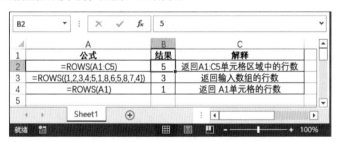

I3 {=SUM(IF(MOD(ROW(G2:G29),7)=1,G2:G29))}

	C	D	E	F	G	H	I
1	店面	佳能	索尼	尼康	销售总额	辅助列	四店销售总额
2	分店1	¥209,541.00	¥142,072.00	¥183,345.00	¥534,958.00	2	¥10,811,215.00
3	分店1	¥149,734.00	¥202,717.00	¥113,449.00	¥465,900.00	3	¥10,811,215.00
4	分店1	¥180,443.00	¥181,321.00	¥179,587.00	¥541,351.00	4	
5	分店1	¥141,111.00	¥125,598.00	¥120,871.00	¥387,580.00	5	
6	分店1	¥118,940.00	¥132,580.00	¥123,580.00	¥375,100.00	6	
7	分店1	¥172,619.00	¥126,662.00	¥152,693.00	¥451,974.00	0	
8				合计	¥2,756,863.00	1	
9	分店2	¥124,188.00	¥187,938.00	¥117,665.00	¥429,791.00	2	
10	分店2	¥111,325.00	¥174,738.00	¥193,382.00	¥479,445.00	3	
11	分店2	¥154,734.00	¥172,782.00	¥167,675.00	¥495,191.00	4	
12	分店2	¥192,399.00	¥186,598.00	¥180,193.00	¥559,190.00	5	
13	分店2	¥125,151.00	¥142,812.00	¥142,284.00	¥410,247.00	6	
14	分店2	¥187,491.00	¥135,299.00	¥133,700.00	¥456,490.00	0	
15				合计	¥2,830,354.00	1	
16	分店3	¥124,833.00	¥120,298.00	¥150,809.00	¥395,940.00	2	
17	分店3	¥182,821.00	¥135,678.00	¥137,042.00	¥455,541.00	3	
18	分店3	¥121,667.00	¥172,617.00	¥108,441.00	¥402,725.00	4	
19	分店3	¥164,100.00	¥176,875.00	¥175,540.00	¥516,515.00	5	

Sheet1 就绪 100%

图8-55 使用其他方法计算结果

2. ROWS函数

ROWS函数用于返回数组或单元格区域中的行数。

表达式：ROWS(array)

参数含义：Array表示要返回行数的数组、数组公式或单元格引用。

ROWS函数的应用示例，如图8-56所示。

> **提示**
> 数据引用函数还包括返回列标COLUMN和COLUMNS函数，用法和ROW及ROWS函数相似，此处不再赘述。

B2 5

	A	B	C
1	公式	结果	解释
2	=ROWS(A1:C5)	5	返回A1:C5单元格区域中的行数
3	=ROWS({1,2,3,4;5,1,8,6;5,8,7,4})	3	返回输入数组的行数
4	=ROWS(A1)	1	返回 A1单元格的行数
5			

Sheet1 就绪 100%

图8-56 ROWS函数应用示例

8.3 其他查找与引用函数

在Excel中，除了上述介绍的查找和引用函数外，还包括在数据透视表中提取数据的GETPIVOTDATA函数以及转置单元格区域的TRANSPOSE函数等。本节主要介绍这些函数的功能和用法。

8.3.1 GETPIVOTDATA函数

GETPIVOTDATA函数可以从数据透视表中提取数据。

表达式：GETPIVOTDATA(data_field,pivot_table,field1,item1,field2,item2,…)

参数含义：Data_field表示包含要提取数据的字段名称，用引号引起；Pivot_table表示在数据透视表中对任何单元格、单元格区域或定义单元格区域的引用；Field表示字

提示

如果 Pivot_table 为包含两个或多个数据透视表，将从区域中最近创建的报表中提取数据。

实例文件

原始文件:
实例文件\第08章\原始文件\销售统计表1.xlsx

最终文件:
实例文件\第08章\最终文件\GETPIVOTDATA函数.xlsx

提示

数据透视表是 Excel 中强大的数据管理工具，它集合了数据排序、筛选和分类汇总等功能，本书不作重点讲解，感兴趣的读者可以查看其他相关书籍。

段名称；Item表示需要提取数据项的名称，必须和Field成对使用，最多为126对。

其中，Pivot_table不位于数据透视表区域内，则返回#REF!错误值；如果参数未描述可见字段，或者参数包含其中未显示筛选数据的报表筛选，则返回#REF!错误值。

→ EXAMPLE 从数据透视表中提取指定数据

Step 01 插入数据透视表。 打开"销售统计表1.xlsx"工作簿，选中表格内任意单元格，切换至"插入"选项卡，单击"表格"选项组中的"数据透视表"按钮，如图8-57所示。

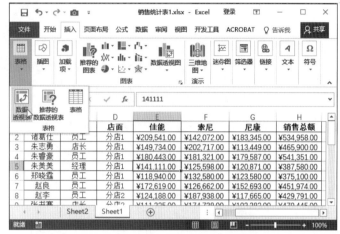

图8-57 单击"数据透视表"按钮

Step 02 创建数据透视表。 打开"创建数据透视表"对话框，保持默认设置，单击"确定"按钮，如图8-58所示。

Step 03 设置数据透视表字段。 创建空白数据透视表，在打开的"数据透视表字段"窗格中将字段拖至不同的文本框中，完成数据透视表的创建，如图8-59所示。

图8-58 单击"确定"按钮

图8-59 设置数据透视表字段

Step 04 输入公式。 在F3:G5单元格区域中完善表格，并输入相关信息，选中G5单元格并输入公式"=GETPIVOTDATA("销售总额",$A$3,"姓名",G3,"职务",G4)"，按Enter键执行计算，提取的数据与C7单元格中的数据是一致的，如图8-60所示。

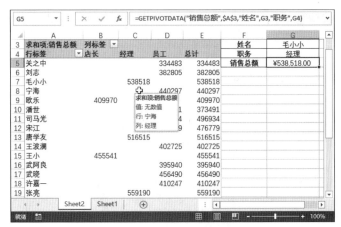

图8-60 输入公式并提取数据

8.3.2 TRANSPOSE函数

实例文件

原始文件：
实例文件\第08章\原
始文件\店面销售统计
表.xlsx
最终文件：
实例文件\第08章\最
终文件\TRANSPOSE
函数.xlsx

TRANSPOSE函数用来将表格中的行列进行转置，例如将行单元格区域转置成列单元格区域，或将列单元格区域转置为行单元格区域。

表达式： TRANSPOSE(array)

参数含义： Array表示需要进行转置的数组或工作表中的单元格区域，数组的转置是将数组的第一行作为新数组的第一列，第二行作为第二列，依此类推。

→ **EXAMPLE** 转置统计店面销售额表格

Step 01 **选择单元格区域。** 打开"店面销售统计表.xlsx"工作簿，选中D1:H2单元格区域，首先计算出原数据区域转置后新数据区域并选中，如图8-61所示。

提示

使用复制和粘贴方法也
可达到表格转置的目
的，选中A1:B5单元格
区域并复制，选中D1
单元格并右击，在快捷
菜单中选择"转置"命
令即可。

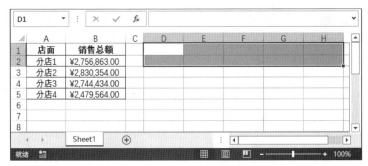

图8-61 选择单元格区域

Step 02 **输入公式并计算结果。** 然后输入"=TRANSPOSE（A1:B5）"公式，按Ctrl+Shift+Enter组合键执行计算，如图8-62所示。

图8-62 查看计算结果

8.3.3

>> 实例文件

原始文件:
实例文件\第08章\原始
文件\FORMULATEXT
函数的应用.xlsx

最终文件:
实例文件\第08章\最终
文件\FORMULATEXT
函数.xlsx

FORMULATEXT函数

FORMULATEXT函数以字符串的形式返回指定单元格或单元格区域内的公式,该函数可以引用自身单元格,而且不会出现循环引用。

表达式: FORMULATEXT (reference)

参数含义: Reference表示对单元格或单元格区域的引用。

其中,Reference参数不包含公式或公式超过8192个字符时,返回#N/A错误值。若输入无效的数值类型,则返回#VALUE!错误值。

→ **EXAMPLE** 只显示计算适应税率的公式

Step 01 **输入公式。**打开"FORMULATEXT函数的应用.xlsx"工作簿,完善表格内容,选中K2单元格,然后输入"=FORMULATEXT(H2)"公式,如图8-63所示。

Step 02 **填充公式。**按Enter键执行计算,然后将K2单元格中的公式向下填充至K13单元格,如图8-64所示。

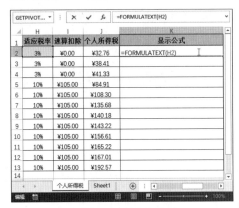

图8-63 输入公式

图8-64 填充公式

统计函数

使用Excel对数据进行统计分析是非常常见的操作。统计函数主要用于对数据区域进行统计分析，在复杂的数据中完成统计计算，返回统计的结果。本章将详细介绍统计函数的功能、表达式以及参数的含义，并以案例形式展示常用统计函数的用法。

9.1 计数函数

当需要对单元格的数量进行统计时，用户可以使用Excel的计数函数，如COUNT、COUNTA、COUNYIF和COUNTIFS等，本节将对常见计数函数的功能和具体应用进行详细介绍。

9.1.1 COUNT、COUNTA和COUNTBLANK函数

本节将主要介绍统计单元格、非空单元格和空白单元格数量的函数，分别为COUNT、COUNTA和COUNTBLANK函数。

1. COUNT函数

COUNT函数用于计算包含数字的单元格的个数以及参数列表中数字的个数。

表达式： COUNT (value1,value2, ...)

参数含义： Value1,value2表示包含或引用各种不同类型的数据，最为255个参数，只对数值型数据进行个数统计。

➡ EXAMPLE 统计已经缴纳学费的人数

Step 01 输入公式。 打开"学费缴纳统计表.xlsx"工作簿，选中E2单元格，输入公式"=COUNT(D2:D30)"，如图9-1所示。

Step 02 计算结果。 按Enter键执行计算，即可计算出已经缴纳学费的人数，如图9-2所示。

> **提示**
>
> 应用COUNT函数计数时，参数为数字、日期、数值型文本和逻辑值，将被统计在内；如果是错误值或不能转换为数字的文本，则不被统计在内。

> **实例文件**
>
> 原始文件：
> 实例文件\第09章\原始文件\学费缴纳统计表.xlsx
> 最终文件：
> 实例文件\第09章\最终文件\COUNT函数.xlsx

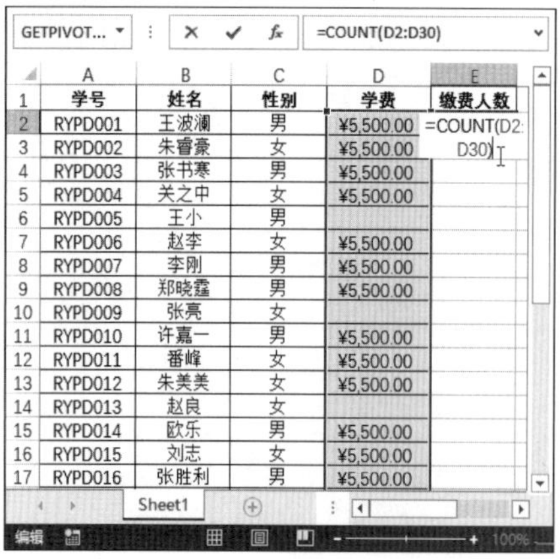

图9-1 输入公式

图9-2 计算结果

在使用COUNT函数统计单元格的数量时，首先要确定工作表没有隐藏0值，否则会得出错误的结果。下面介绍取消隐藏0值的方法，具体步骤如下。

Step 01 打开"Excel选项"对话框。打开工作簿，单击"文件"标签，在列表中选择"选项"选项，如图9-3所示。

Step 02 取消隐藏0值。在打开的"Excel选项"对话框中，切换至"高级"选项面板，在右侧勾选"在具有零值的单元格中显示零"复选框，单击"确定"按钮即可，如图9-4所示。

图9-3　选择"选项"选项

图9-4　勾选相应的复选框

2. COUNTA函数

COUNTA函数用于返回工作表区域中不为空的单元格的个数。

表达式：COUNTA (value1,value2, ...)

参数含义：Value1,value2表示需要统计的值或单元格，最多为255个参数，参数包括任何类型的信息，如文本、逻辑值、空文本等。

COUNTA函数示例，其中B4单元格为空格，如图9-5所示。

图9-5　COUNTA函数应用示例

3. COUNTBLANK函数

COUNTBLANK函数用于返回区域中空白单元格的个数。

表达式：COUNTBLANK (range)

参数含义：Range表示需要计算空白单元格数量的区，该参数只能是1个，否则会出现错误信息。

COUNTBLANK函数示例，其中B4单元格为空格，如图9-6所示。

图9-6　COUNTBLANK函数应用示例

9.1.2 COUNTIF和COUNTIFS函数

本小节将对COUNTIF和COUN函数的功能和具体用法进行介绍，具体如下。

1. COUNTIF函数

COUNTIF函数用于对指定单元格区域中满足指定条件的单元格进行计数。

表达式： COUNTIF (range,criteria)

参数含义： Range表示要进行计数的单元格区域；Criteria表示对某些单元格进行计数的条件，其形式为数字、表达式、单元格的引用或文本字符串，还可以使用通配符。

→ EXAMPLE 快速标记出超过3科不及格的数据

Step 01 启用条件格式功能。 打开"期中考试成绩表.xlsx"工作簿，选中A2:I30单元格区域，切换至"开始"选项卡，单击"样式"选项组中的"条件格式"下三角按钮，在下拉列表中选择"新建规则"选项，如图9-7所示。

Step 02 输入公式。 打开"新建格式规则"对话框，在"选择规则类型"列表框中选择"使用公式确定要设置格式的单元格"选项，在"为符合此公式的值设置格式"文本框中输入公式"=COUNTIF($C2:$H2,"<60")>=3"，如图9-8所示。

提示

在步骤2的公式中，表示使用COUNTIF函数统计出指定区域小于60的数量，然后选中大于或等于3的区域。

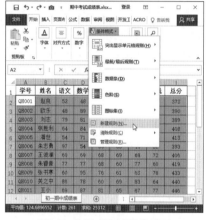

图9-7 选择"新建规则"选项

图9-8 输入公式

Step 03 设置满足条件的格式。 单击"格式"按钮，打开"设置单元格格式"对话框，切换至"填充"选项卡，选择合适的颜色，单击"确定"按钮，如图9-9所示。

Step 04 查看效果。 返回工作表中，查看标记出所有超过3科不及格的数据，此处为了显示全面，隐藏部分信息，如图9-10所示。

提示

如果需要清除条件格式，则再次单击"条件格式"下三角按钮，在列表中选择"清除规则"选项，在子列表中选择相应的选项即可。

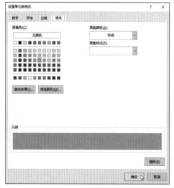

图9-9 设置填充颜色

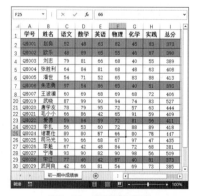

图9-10 查看最终效果

2. COUNTIFS函数

COUNTIFS函数用于返回指定单元格区域满足给定多条件单元格的数量。

表达式： COUNTIFS(criteria_range1,criteria1,criteria_range2,criteria2,…)

参数含义： Criteria_range1表示第一条件的单元格区域；Criteria1表示在第一个区域中需要满足的条件，其形式可以是数字、表达式或文本；Criteria_range2为第二个条件的单元格区域；Criteria2为在第二个条件区域中需要满足的条件，依次类推。

→ **EXAMPLE** 分别统计男生和女生分数小于450或大于等于450的人数

Step 01 **选择函数。** 打开"期中考试成绩表.xlsx"工作簿，在L1:N3单元格区域中完善表格，选中M2单元格，打开"插入函数"对话框，选择COUNTIFS函数，单击"确定"按钮，如图9-11所示。

Step 02 **输入参数。** 打开"函数参数"对话框，在Criteria_range1文本框中输入"$C$2:$C$30"，在Criteria1文本框中输入"$L2"，在Criteria_range2文本框中输入"$J$2:$J$30"，在Criteria1文本框中输入"M$1"，单击"确定"按钮，如图9-12所示。

图9-11 选择函数

图9-12 设置函数参数

Step 03 **查看统计的男生数量。** 返回工作表中，将M2单元格中的公式填充至N2单元格，即统计出男生的考试情况，如图9-13所示。

Step 04 **查看统计的女生数量。** 选中M2:N2单元格区域，然后将公式填充至N3单元格，即可统计出女生的考试情况，如图9-14所示。

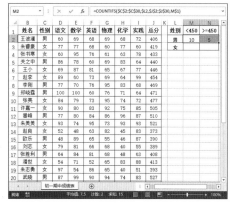

图9-13 查看男生考试情况

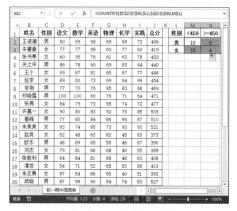

图9-14 查看女生考试情况

9.1.3

FREQUENCY函数

FREQUENCY函数用于计算数值在某区域内的出现频率，并返回一个垂直数组。

表达式： FREQUENCY(data_array,bins_array)

参数含义： Data_array表示一组数组或单元格的引用，若该参数不包含任何数值，则返回零数组；Bins_array 是一个区间数组或引用，用于对Data_array 中的数值进行分组。

➡ **EXAMPLE** **统计总分不同区间的人数**

学生期中考试结束后，班主任计算出学生的总成绩后，需要分别统计各分数段的人数，下面介绍具体操作方法。

Step 01 **选择单元格区域。** 打开"期中考试成绩表.xlsx"工作簿，在K1:L5单元格区域中完善表格，选中L2:L5单元格区域，如图9-15所示。

Step 02 **选择函数。** 打开"插入函数"对话框，选择FREQUENCY函数，单击"确定"按钮，如图9-16所示。

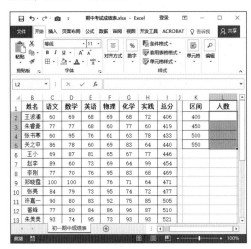

图9-15　选择单元格区域

图9-16　选择函数

Step 03 **输入参数。** 打开"函数参数"对话框，在Data_array文本框中输入I2:I30，在Bins_array文本框中输入K2:K5，单击"确定"按钮，如图9-17所示。

Step 04 **计算结果。** 返回工作表，查看统计出各区间内的人数，如图9-18所示。

图9-17　输入参数

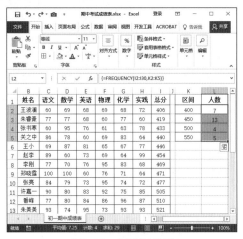

图9-18　查看统计结果

9.2 平均函数

在进行数据分析的时候，经常需要计算一组数据的平均值，因为平均值代表数据的某种特性水平。本节主要对AVERAGE、AVERAGEA、AVERAGEIF和AVERAGEIFS 4个常用的计算平均值函数的功能和用法进行介绍。

9.2.1 AVERAGE函数

AVERAGE函数用于返回一组参数的平均值。

表达式： AVERAGE(number1,number2, ...)

参数含义： Number1,number2, ...表示需要计算平均值的参数，数量最多为255个，该参数可以是数字、数组、单元格的引用或包含数值的名称。

提示

在使用AVERAGE函数时，如果区域或单元格的引用参数包含文本、逻辑值或空单元格，这些值将被忽略，但是包含零值的单元格将被计算。

实例文件

原始文件：

实例文件\第09章\原始文件\销售统计表.xlsx

最终文件：

实例文件\第四章\最终文件\AVERAGE函数.xlsx

→ **EXAMPLE 计算各分店的平均销售额**

Step 01 输入公式计算分店的销售总额。 打开“销售统计表.xlsx”工作簿，完善表格，然后选中H8单元格，输入“=SUM(H2:H7)”公式，如图9-19所示。

Step 02 复制公式。 按Enter键即可计算出分店1的销售总额，按Ctrl+C组合键复制H8单元格，然后按住Ctrl键，选中H15、H22和H29单元格，并按Ctrl+V组合键粘贴公式，计算出各分店的销售总额，如图9-20所示。

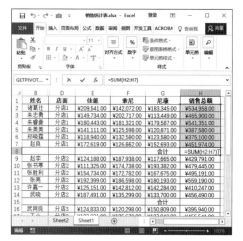

图9-19 输入公式

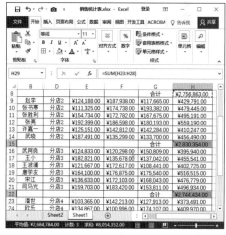

图9-20 复制公式

Step 03 计算各分店的平均销售额。 选H31单元格，然后输入“=AVERAGE(H8,H15,H22,H29)”公式，按Enter键执行计算，即可计算出结果，如图9-21所示。

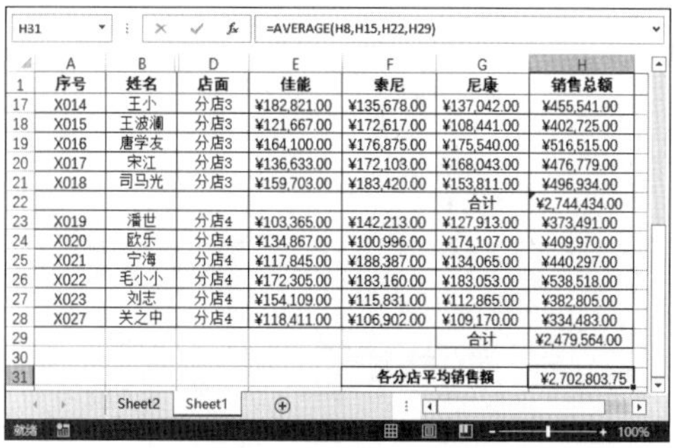

图9-21 查看计算结果

9.2.2 AVERAGEA函数

AVERAGEA函数用于返回参数列表中非空白单元格中数值的平均值。

表达式： AVERAGEA(value1,value2,...)

参数含义： Value1, value2,... 为需要计算平均值的参数、单元格区域或数值，数量为1到30个。

使用AVERAGEA函数计算平均值时，会将数值以外字符串或逻辑值数值化并计算在内，这也是与AVERAGE函数的不同之处。

➡ EXAMPLE 使用AVERAGE和AVERAGEA函数计算平均值

Step 01 输入AVERAGE函数公式。 打开"期中考试成绩表.xlsx"工作簿，完善表格，选中C31单元格，然后输入"=AVERAGE(C2:C30)"公式，按Enter键执行计算，如图9-22所示。

Step 02 输入AVERAGEA函数公式并计算。 选中C32单元格，然后输入"=AVERAGEA(C2:C30)"公式，按Enter键执行计算，如图9-23所示。

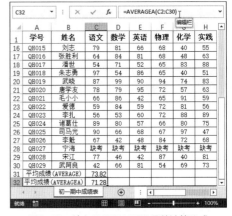

图9-22 输入AVERAGE函数计算公式　　图9-23 输入AVERAGEA函数计算公式

提示

使用AVERAGE和AVERAGEA两种函数计算平均值，结果是不同的，其主要原因是AVERAGEA函数将"缺考"视为0参与计算了，而AVERAGE函数忽略"缺考"，当然也没有参与计算。

Step 03 填充公式。 选中C31:H32单元格区域，切换至"开始"选项卡，单击"编辑"选项组中的"填充"下三角按钮，在列表中选择"向右"选项，如图9-24所示。

Step 04 计算结果。 返回工作表中，可见公式向右填充至H32单元格内，然后比较两个函数的计算结果，如图9-25所示。

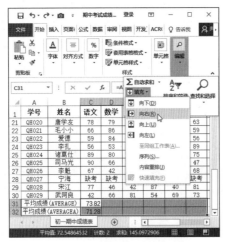
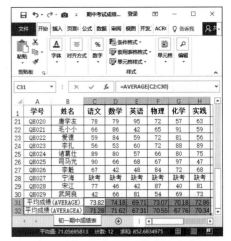

图9-24 选择"向右"选项　　　　　图9-25 比较计算结果

9.2.3 AVERAGEIF和AVERAGEIFS函数

本小节将对AVERAGEIF和AVERAGEIFS函数的功能和具体应用进行详细介绍，具体如下。

1. AVERAGEIF函数

AVERAGEIF函数用于返回某区域内满足指定条件的所有单元格的平均值。

表达式： AVERAGEIF(range, criteria, average_range)

参数含义： Range表示需要计算平均值的单元格或者单元格区域，包含数字或数字的名称、数组或单元格的引用；Ctateria表示计算平均值时指定的条件；Average_range表示计算平均值的实际单元格，如果省略，将使用Range参数。

其中，如果Range为空值、文本值或没有满足条件的单元格，则返回#DIV/0!错误值；如果Average_range中单元格为空单元格，将忽略该参数；在Criteria参数中可使用通配符"?"问号和"*"星号。

→ **EXAMPLE** 使用AVERAGEIF函数计算不同的平均值

Step 01 **选择函数。** 打开"格力销售统计表.xlsx"工作簿，在C16:F18单元格区域内完善表格，选中E16单元格，打开"插入函数"对话框，选择AVERAGEIF函数，单击"确定"按钮，如图9-26所示。

Step 02 **输入参数。** 打开"函数参数"对话框，在Range文本框中输入B2:B15，在Criteria文本框中输入"格力空调"，在Average_range文本框中输入E2:E15，然后单击"确定"按钮，如图9-27所示。

图9-26 选择AVERAGEIF函数　　　　图9-27 设置函数参数

Step 03 **输入公式。** 返回工作表中，选中E17单元格，输入"=AVERAGEIF (B2:B15,"格力烘干机",F2:F15)"公式，按Enter键执行计算，如图9-28所示。

Step 04 **计算高于平均销售金额的平均值。** 选中E18单元格，然后输入公式"=AVERAGEIF(F2:F15,">"&AVERAGE(F2:F15))"，按Enter键确认，如图9-29所示。

图9-28 输入AVERAGEIF函数的公式　　　　图9-29 输入计算高于销售金额的平均值公式

提示

使用 AVERAGEIF 函数计算平均值时，将忽略包含 TRUE 和 FALSE 的单元格。

实例文件

原始文件：
实例文件\第09章\原始文件\格力销售统计表.xlsx
最终文件：
实例文件\第09章\最终文件\AVERAGEIF函数.xlsx

提示

在步骤4的公式中，使用 AVERAGE 函数计算平均值，并作为 AVERAGEIF 函数的条件，计算平均值。

9.2.4 AVERAGEIFS函数

> **提示**
>
> Criteria_range 的结构和 Average_range 相同，否则返回 #VALUE! 错误值。

> **实例文件**
>
> 原始文件：
>
> 实例文件 \ 第 09 章 \ 原始文件 \ 格力销售统计表 .xlsx
>
> 最终文件：
>
> 实例文件 \ 第 09 章 \ 最终文件 \ AVERAGEIFS 函数 .xlsx

AVERAGEIFS()函数用于返回某区域中满足指定多条件所有单元格的平均值。

表达式： AVERAGEIFS (average_range,criteria_range1,criteria1,crileria_range2,criteria2,)

参数含义： Average_range表示计算平均值的区域；Criteria_range1、Crileria_range2表示满足条件的区域；Criteria1、Criteria2表示用于计算平均值的单元格区域。

➔ EXAMPLE 统计男、女生各科不同条件的平均值

Step 01 输入公式。 打开“期中考试成绩表.xlsx”工作簿，在C32:I35单元格区域，输入相关数据和条件信息，然后选中D34单元格并输入公式“=AVERAGEIFS (D$2:D$30,$C$2:$C$30,$C34,D$2:D$30,D33)”，按Enter键执行计算，如图9-30所示。

AVERAGEIF | D33)

	A	B	C	D	E	F	G	H	I	J
1	学号	姓名	性别	语文	数学	英语	物理	化学	实践	总分
22	QH021	毛小小	男	66	86	42	65	91	59	409
23	QH022	爱德	男	59	84	59	72	81	56	411
24	QH023	李扎	女	56	53	60	72	88	89	418
25	QH024	诸葛仕	女	89	80	57	66	80	75	447
26	QH025	司马光	男	90	66	68	67	97	47	435
27	QH026	李魁	女	67	42	48	84	72	68	381
28	QH027	宁海	男	80	69	78	87	30	52	396
29	QH028	宋江	女	77	46	42	87	40	81	373
30	QH029	武阿良	男	42	66	81	54	69	73	385
31										
32			性别	语文	数学	英语	物理	化学	实践	
33				>80	>80	>80	>70	>70	>70	
34	=AVERAGEIFS(D$2:D$30,$C$2:$C$30,$C34,D$2:D$30,D33)									
35			女							

初一期中成绩表

编辑

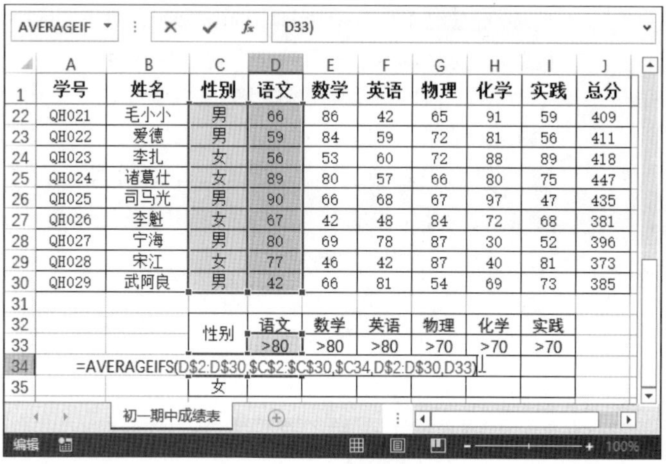

图9-30　输入计算公式

Step 02 填充并修改公式。 将D34单元格中的公式填充至D35单元格，然后修改公式为“=AVERAGEIFS(D$2:D$30,$C$2:$C$30,$C35,D$2:D$30,D33)”，按Enter键执行计算，如图9-31所示。

Step 03 填充公式并查看结果。 选中D34:D35单元格区域，拖曳右下角填充柄向右至I35单元格，即可完成公式填充，查看计算平均值的结果，如图9-32所示。

D35 | =AVERAGEIFS(D$2:D$30,$C$2:$C$30,$C35,

	B	C	D	E	F	G	H	I	J
1	姓名	性别	语文	数学	英语	物理	化学	实践	总分
17	张胜利	女	64	84	81	68	48	63	408
18	潘世	男	54	71	52	65	83	88	413
19	朱志勇	女	97	54	86	65	40	51	393
20	武晓	女	87	99	90	94	74	83	527
21	唐学友	男	78	79	95	72	57	63	444
22	毛小小	男	66	86	42	65	91	59	409
23	爱德	男	59	84	59	72	81	56	411
24	李扎	女	56	53	60	72	88	89	418
25	诸葛仕	女	89	80	57	66	80	75	447
26	司马光	男	90	66	68	67	97	47	435
27	李魁	女	67	42	48	84	72	68	381
28	宁海	男	80	69	78	87	30	52	396
29	宋江	女	77	46	42	87	40	81	373
30	武阿良	男	42	66	81	54	69	73	385
31									
32		性别	语文	数学	英语	物理	化学	实践	
33			>80	>80	>80	>70	>70	>70	
34		男	87.67						
35		女	91.71						

初一期中成绩表

就绪

图9-31　输入公式

I35 | =AVERAGEIFS(I$2:I$30,$C$2:$C$30,$C35,

	B	C	D	E	F	G	H	I	J
1	姓名	性别	语文	数学	英语	物理	化学	实践	总分
17	张胜利	女	64	84	81	68	48	63	408
18	潘世	男	54	71	52	65	83	88	413
19	朱志勇	女	97	54	86	65	40	51	393
20	武晓	女	87	99	90	94	74	83	527
21	唐学友	男	78	79	95	72	57	63	444
22	毛小小	男	66	86	42	65	91	59	409
23	爱德	男	59	84	59	72	81	56	411
24	李扎	女	56	53	60	72	88	89	418
25	诸葛仕	女	89	80	57	66	80	75	447
26	司马光	男	90	66	68	67	97	47	435
27	李魁	女	67	42	48	84	72	68	381
28	宁海	男	80	69	78	87	30	52	396
29	宋江	女	77	46	42	87	40	81	373
30	武阿良	男	42	66	81	54	69	73	385
31									
32		性别	语文	数学	英语	物理	化学	实践	
33			>80	>80	>80	>70	>70	>70	
34		男	87.67	85.67	85.25	82.33	85.57	81.38	
35		女	91.71	91.33	87	84.13	79.89	83.88	

初一期中成绩表

就绪

图9-32　查看计算结果

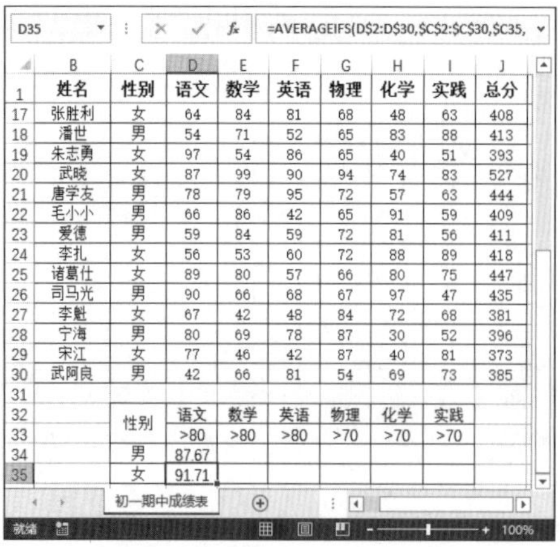

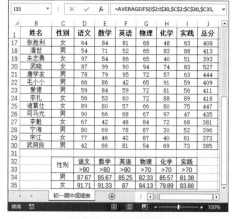

9.3 最值函数

使用Excel处理数据时，经常需要统计最值，如最大值和最小值等。本节主要介绍几种常见的最值函数的应用，如MAX、MIN、MEDIAN和SMALL等函数。

9.3.1 MAX和MAXA函数

本小节将对MAX和MAXA函数的功能和具体应用进行介绍，具体如下。

1. MAX函数

MAX函数用于返回一组数值中的最大值，忽略逻辑值和文本。

表达式： MAX（number1,number2,…）

参数含义： Number1,number2表示查找最大值的数值参数，数量最多为255个，参数可以是数字或包含数字的名称、数组和引用。

MAX函数的应用示例，如图9-33所示。

图9-33　MAX函数应用示例

> **提示**
> 应用 MAX 函数时，如果参数中不包含数字，则返回 0；如果参数为错误值中不能转换为数字的文本，将导致错误。

2. MAXA函数

MAXA函数用于返回非空的单元格区域中的最大值。

表达式： MAXA(value1,value2,…)

参数含义： Value1,value2表示需要计算最大值的参数，数量最多为255，可以是数值、空单元格、逻辑值或文本型数值，其参数的取值意义和MAX函数大致相同，不同的是MAXA函数对数组或引用中的文本将视作0，逻辑值TRUE视作1，FALSE视作0处理。

MAXA函数的应用示例，如图9-34所示。

> **提示**
> MAXA 和 MAX 函数在数值大于 1 的情况下结果一致的，当小 1 时，结果不同。

图9-34　MAXA函数的应用示例

在计算最值函数时，MIN与MINA函数的使用方法和MAX与MAX函数是一样的，此处不再赘述。下面以案例形式介绍具体使用方法。

→ EXAMPLE 标记学生各科成绩的最大值和最小值

Step 01 **启用条件格式功能。** 打开"期中考试成绩表.xlsx"工作簿，选中C2:I30单元格

179

区域，切换至"开始"选项卡，单击"样式"选项组中的"条件格式"下三角按钮，在列表中选择"新建规则"选项，如图9-35所示。

Step 02 **输入条件公式**。打开"新建格式规则"对话框，选择"使用公式确定要设置格式的单元格"选项，在文本框中输入"=C2=MAX(C\$2:C\$30)"公式，如图9-36所示。

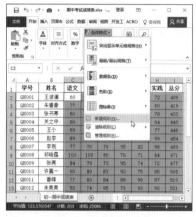

图9-35 选择"新建规则"选项

图9-36 输入公式

Step 03 **设置满足条件的格式**。单击"格式"按钮，打开"设置单元格格式"对话框，在"填充"和"字体"选项卡中设置满足条件单元格的格式，如图9-37所示。

Step 04 **查看标记最大值的效果**。依次单击"确定"按钮返回工作表中，查看标记各科成绩最大值的效果，如图9-38所示。

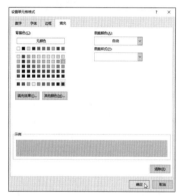

图9-37 设置满足条件单元格的格式

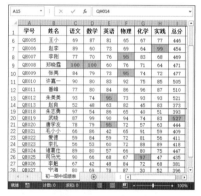

图9-38 查看效果

Step 05 **设置最小值的格式**。按照相同的方法标记各科最小值，为效果更加全面，隐藏了部分数据信息，最终效果如图9-39所示。

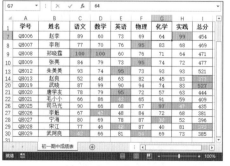

图9-39 查看效果

9.3.2 LARGE和SMALL函数

本小节将对LARGE和SMALL函数的功能和具体应用进行介绍，具体如下。

1. LARGE函数

LARGE函数用于返回数据集中第k个最大值。

表达式： LARGE(array,k)

参数含义： Array表示需要查找最大值的数组或数据区域；k表示返回值的位置，从大到小排列，如果k等于数据点的数量，则返回的是最小值。

LARGE函数的应用示例，如图9-40所示。

图9-40　LARGE函数的应用示例

2. SMALL函数

SMALL函数用于返回数据集中第k个最小值。

表达式： SMALL(array,k)

参数含义： Array表示需要计算第k个最小数值的数值区域或数组；k表示返回数值的位置。

→ **EXAMPLE** 统计各种污染物两个最少的数据

Step 01 选择函数。打开"各检测站数据统计表.xlsx"工作簿，选中B13单元格，然后打开"插入函数"对话框，选择SMALL函数，单击"确定"按钮，如图9-41所示。

Step 02 输入参数。打开"函数参数"对话框，在Array文本框中输入B2:B11，在K文本框中输入1，单击"确定"按钮，如图9-42所示。

图9-41　选择函数

图9-42　输入参数

Step 03 输入公式。然后选择B14单元格并输入"=SMALL(B2:B11,2)"公式，按Enter键执行计算，如图9-43所示。

Step 04 **填充公式。**选中B13:B14单元格区域，并将公式向右填充至F14单元格，查看计算的数据，如图9-44所示。

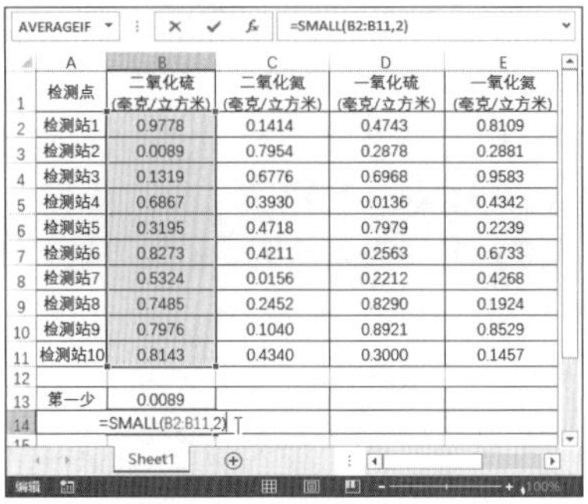

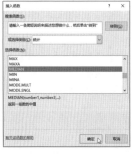

	A	B	C	D	E
1	检测点	二氧化硫(毫克/立方米)	二氧化氮(毫克/立方米)	一氧化硫(毫克/立方米)	一氧化氮(毫克/立方米)
2	检测站1	0.9778	0.1414	0.4743	0.8109
3	检测站2	0.0089	0.7954	0.2878	0.2881
4	检测站3	0.1319	0.6776	0.6968	0.9583
5	检测站4	0.6867	0.3930	0.0136	0.4342
6	检测站5	0.3195	0.4718	0.7979	0.2239
7	检测站6	0.8273	0.4211	0.2563	0.6733
8	检测站7	0.5324	0.0156	0.2212	0.4268
9	检测站8	0.7485	0.2452	0.8290	0.1924
10	检测站9	0.7976	0.1040	0.8921	0.8529
11	检测站10	0.8143	0.4340	0.3000	0.1457
12					
13	第一少	0.0089			
14		=SMALL(B2:B11,2)			

图9-43　输入公式

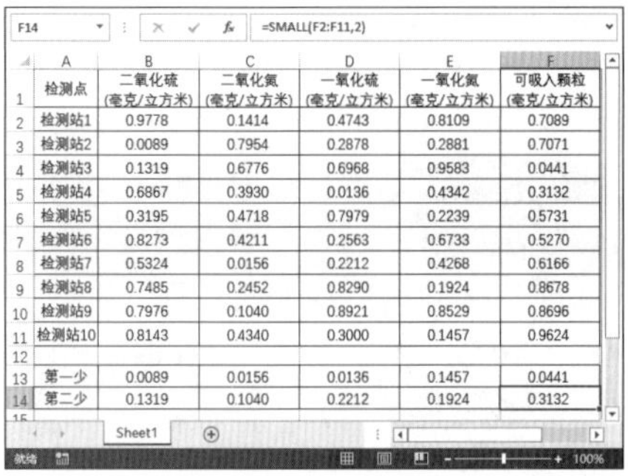

	A	B	C	D	E	F
1	检测点	二氧化硫(毫克/立方米)	二氧化氮(毫克/立方米)	一氧化硫(毫克/立方米)	一氧化氮(毫克/立方米)	可吸入颗粒(毫克/立方米)
2	检测站1	0.9778	0.1414	0.4743	0.8109	0.7089
3	检测站2	0.0089	0.7954	0.2878	0.2881	0.7071
4	检测站3	0.1319	0.6776	0.6968	0.9583	0.0441
5	检测站4	0.6867	0.3930	0.0136	0.4342	0.3132
6	检测站5	0.3195	0.4718	0.7979	0.2239	0.5731
7	检测站6	0.8273	0.4211	0.2563	0.6733	0.5270
8	检测站7	0.5324	0.0156	0.2212	0.4268	0.6166
9	检测站8	0.7485	0.2452	0.8290	0.1924	0.8678
10	检测站9	0.7976	0.1040	0.8921	0.8529	0.8696
11	检测站10	0.8143	0.4340	0.3000	0.1457	0.9624
12						
13	第一少	0.0089	0.0156	0.0136	0.1457	0.0441
14	第二少	0.1319	0.1040	0.2212	0.1924	0.3132

图9-44　填充公式

9.3.3 MEDIAN函数

MEDIAN函数用于返回指定数值的中值，当数值为奇数时，返回中间的数值；当数值为偶数时，则返回中间两个数值的平均值。

表达式：MEDIAN(number1,number2,...)

参数含义：Number1, number2, ... 表示参于计算中值的数值，该参数可以为数字、数组或单元格的引用，若参数包含文本、逻辑值或空白单元格时，将被忽略。

提示

使用MEDIAN函数计算中值时，该函数会对数据进行排序，即从小至大或从大至小，然后取中值。

实例文件

原始文件：

实例文件\第09章\原始文件\某楼房价格表.xlsx

最终文件：

实例文件\第09章\最终文件\MEDIAN函数.xlsx

➜ **EXAMPLE 统计某楼房价的中间价格**

Step 01 **选择函数。**打开“某楼房价格表.xlsx”工作簿，选中F15单元格，然后打开“插入函数”对话框，选择MEDIAN函数，单击“确定”按钮，如图9-45所示。

Step 02 **输入参数。**打开“函数参数”对话框，在Number1文本框中输入F3:F14，单击“确定”按钮，如图9-46所示。

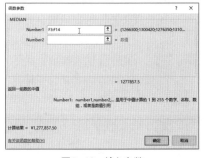

图9-45　选择MEDIAN函数

图9-46　输入参数

Step 03 **查看计算结果。**返回工作表中，查看计算中值的结果，如图9-47所示。

	A	B	C	D	E	F
1	36号楼1单元价格表					
2	序号	楼层	房间号	面积	单价	总价
3	L001	1层	101	100.5	¥12,600.00	¥1,266,300.00
4	L002	1层	102	102.8	¥12,650.00	¥1,300,420.00
5	L003	2层	201	100.5	¥12,700.00	¥1,276,350.00
6	L004	2层	202	102.8	¥12,750.00	¥1,310,700.00
7	L005	3层	301	100.5	¥13,850.00	¥1,391,925.00
8	L006	3层	302	102.8	¥13,800.00	¥1,418,640.00
9	L007	4层	401	100.5	¥12,730.00	¥1,279,365.00
10	L008	4层	402	102.8	¥12,780.00	¥1,313,784.00
11	L009	5层	501	100.5	¥12,100.00	¥1,216,050.00
12	L010	5层	502	102.8	¥12,150.00	¥1,249,020.00
13	L011	6层	601	89.5	¥11,530.00	¥1,031,935.00
14	L012	6层	602	90.6	¥11,590.00	¥1,050,054.00
15					中间价格	¥1,277,857.50

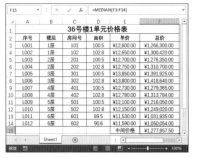

图9-47　查看计算结果

9.4 排名函数

在工作中，用户经常会遇到需要对工作表中的数据进行排名的情况，使用Excel的排序功能会更改原数据的顺序，此时可以使用排名的相关函数。下面介绍Excel中几个常用的排名函数的功能和用法。

9.4.1 RANK函数

提示

Ref 参数中若包含非数值型的参数，将会被忽略。

实例文件

原始文件：
实例文件\第09章\原始文件\销售统计表.xlsx

最终文件：
实例文件\第09章\最终文件\RANK函数.xlsx

RANK函数用于返回一个数字在数字列表中的排位。

表达式： RANK (number,ref,order)

参数含义： Number表示需要计算排名的数值，或者数值所在的单元格；Ref是数字列表数组或引用；Order表示排名的方式，1表示升序，0表示降序。如果省略Order参数，则采用降序排名。如果指定0以外的数值，则采用升序方式；如果指定数值以外的文本，则返回#VALUE! 错误值。

➡ EXAMPLE 对各员工销售总额进行排名

Step 01 输入公式。 打开"销售统计表.xlsx"工作簿，在I列添加"排名"列，选中I2单元格并输入公式"=RANK(H2,$H$2:$H$25)"，如图9-48所示。

Step 02 填充公式。 按Enter键执行计算，I2单元格中的公式向下填充至I25单元格，查看排名情况，如图9-49所示。

图9-48　输入公式　　　　图9-49　填充公式

9.4.2 RANK.AVG函数

RANK.AVG函数用于返回数值在数值列表中的排名，若排名相同则返回平均排名。

表达式： RANK.AVG(number,ref,order)

参数含义： Nunber表示查找排名的数字；Ref表示在其中进行排名的列表；Order表示排名的方法。

RANK.AVG函数的应用示例，如图9-50所示。

图9-50　RANK.AVG函数应用示例

183

9.4.3

PERCENTRANK函数

PERCENTRANK函数用于返回数值在一个数据集中的百分比排位。

表达式： PERCENTRANK(array,x,significance)

参数含义： Array表示用于定义相对位置的数组或包含数值的区域；X表示在数组中需要计算排位的数值；Significance表示返回百分比值的有效位数，如果省略，则保留3位小数。

实例文件

原始文件：
实例文件\第09章\原
始文件\销售统计表.xlsx
最终文件：
实例文件\第09章\最终
文件\PERCEN TRANK
函数.xlsx

→ **EXAMPLE** 制作销售排名

Step 01 **输入公式计算排名百分比**。打开"销售统计表.xlsx"工作簿，在I列添加"战绩"列，选中I2单元格并输入公式"=PERCENTRANK($H$2:$H$25,H2)"，按Enter键执行计算，如图9-51所示。

Step 02 **填充公式**。将公式向下填充至I25单元格，然后将I2:I25单元格区域的单元格格式设置为"百分比"，效果如图9-52所示。

图9-51　输入公式　　　　　图9-52　填充公式并设置单元格格式

Step 03 **修改公式**。选中I2单元格，按F2功能键，在编辑栏中将公式修改为"="战胜"&PERCENTRANK($H$2:$H$25,H2)*100&"%"&"同事""，按Enter键执行计算，如图9-53所示。

Step 04 **填充公式**。将公式向下填充至I25单元格，查看制作各销售人员销售排名情况，效果如图9-54所示。

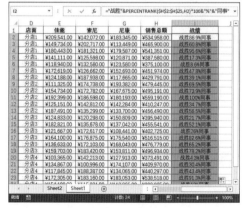

图9-53　修改公式　　　　　图9-54　查看效果

财务函数

财务函数是Excel中比较重要的一类函数，使用该类函数可以很方便地对财务和会计数据进行核算。本章主要从投资、本和利息、折旧等几个方面对财务函数的具体应用进行详细介绍。

10.1 投资函数

对于企业而言，对经营状况进行准确地分析，对于企业发展是至关重要的。本节主要针对企业的投资和收益数据计算，介绍几款常用的投资分析类函数的具体应用，如FV、PV、FVSHEDULE和NPV等函数。

10.1.1 求现值函数

利用现值和净现值可以分析企业各方案的优劣，也可以计算一次性偿还贷款或定存余额时需要支付的金额。Excel中求现值的函数主要有PV、NPV和XNPV等。

1. PV函数

PV函数用于返回投资的现值。

表达式： PV(rate,nper,pmt,fv,type)

参数含义： Rate表示各期的利率；Nper表示投资或贷款期，即该项目投资的付款期总数；Pmt表示各期年应支付的金额，其数值在整个年金期间保持不变，通常情况下，Pmt只包括本金和利息，不包括其他费用以及税款；Fv表示未来值，或者在最后一次支付后希望得到的现金余额，如果省略Fv参数，则假设其值为0，其中Pmt和Fv必须有一个参数存在；Type表示各期付款时间在期初还是期末，用数字0和1表示。

➡ EXAMPLE 判断某投资项目是否可行

某企业现投资一个项目，期初需要投资100万元，回报的年利率为8%，然后在未来的3年内每月可有3.5万的收入。下面介绍使用PV函数判断该项目是否值得投资。

Step 01 输入计算现值的公式。 打开"是否值得投资该项目.xlsx"工作簿，选中B6单元格，然后输入"=PV(B3/12,B4*12,-B5)"公式，如图10-1所示。

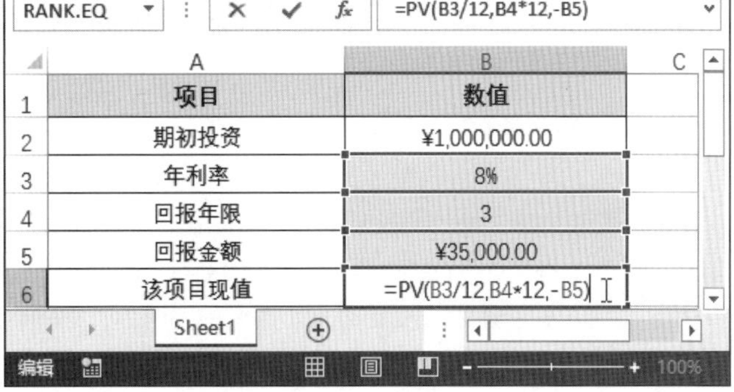

提示

使用 PV 函数时，首先要确认 Rate 和 Nper 两个参数的单位是统一的。在年金函数中，支出的款项为负数，如银行存款；收入的款项为正数，如股息收入。

实例文件

原始文件：
实例文件 \ 第 10 章 \ 原始文件 \ 是否值得投资该项目 .xlsx
最终文件：
实例文件 \ 第 10 章 \ 最终文件 \PV 函数 .xlsx

RANK.EQ	▼	⋮	✕ ✓	f_x	=PV(B3/12,B4*12,-B5)		⌄

▲	A	B	C
1	项目	数值	
2	期初投资	¥1,000,000.00	
3	年利率	8%	
4	回报年限	3	
5	回报金额	¥35,000.00	
6	该项目现值	=PV(B3/12,B4*12,-B5)	

图10-1 输入公式

Step 02 计算结果。 按Enter键执行计算，即可计算出投资该项目的现值，如图10-2所示。

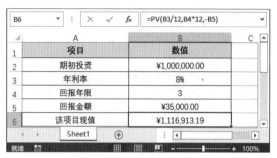

图10-2　查看计算结果

> **提示**
>
> 在步骤1的公式中，因为计算的现值是现金流出，其结果应为负数。为了使结果为正，所以在回报金额前添加负号，用户也可以在函数前面添加负号。

Step 03 输入公式。 选中B7单元格，然后输入“=IF(B6>B2,"该项目值得投资",IF(B6=B2,"该项目需要继续谈判","该项目不值得投资"))”公式，如图10-3所示。

> **交叉参考**
>
> IF函数的应用将在11.1.2小节中进行详细介绍。

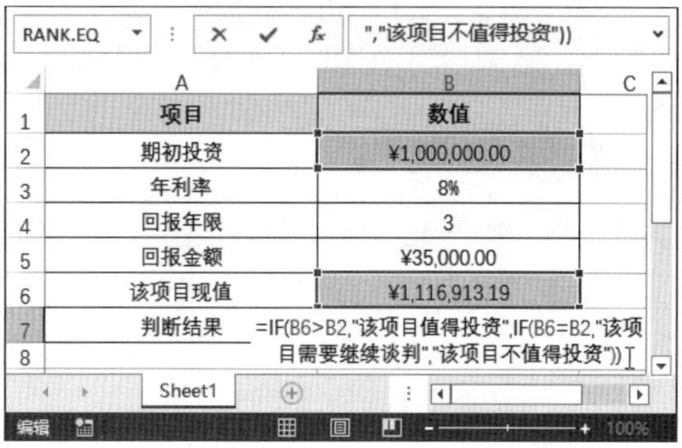

图10-3　输入公式

Step 04 显示判断结果。 按Enter键执行计算，本案例根据现值和投资额进行比较，判断该项目是否值得投资，效果如图10-4所示。

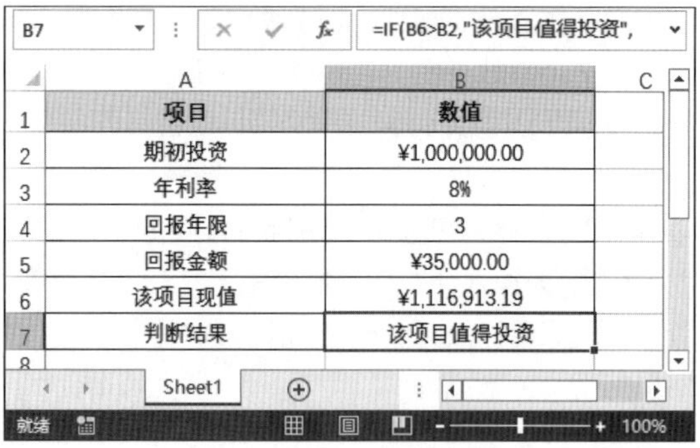

图10-4　显示判断结果

2. NPV函数

NPV函数通过使用贴现率以及一系列未来支出（负值）和收入（正值），返回一项投资的净现值。

表达式： NPV (rate,value1,value2, ...)

参数含义： Rate表示某期间的贴现率，是一个固定的值；Value1,value2表示现金流的金额，支出为负，收入为正，在输入时按正确的顺序输入，而且在时间间隔上必须相等，都发生在期末。

> **提示**
>
> 如果参数为数值、逻辑值或数字的文本，将会计算在内；如果是错误值或不转换为数值的文本，则被忽略。

→ **EXAMPLE** 判断投资项目是否可行

某企业现投资一个项目，期初需要投资20万元，当年的贴现率为6.8%，第一年到第五年均有收益，第六年需要赔付12000元。下面将使用NPV函数计算该项目的净现值，并判断该项目是否值得去投资。

Step 01 **选择函数。** 打开"判断该项目是否需要投资.xlsx"工作簿，选中C2单元格，打开"插入函数"对话框，选择NPV函数，单击"确定"按钮，如图10-5所示。

Step 02 **输入参数。** 打开"函数参数"对话框，在Rate文本框中输入B3，在Value1文本框中输入-B2，在Value2文本框中输入B4:B9，单击"确定"按钮，如图10-6所示。

图10-5　选择函数　　　　　　　　图10-6　输入参数

Step 03 **查看计算净现值并输入判断公式。** 返回工作表中，在C2单元格中显示净现值，然后选择D2单元格，并输入"=IF(C2>0,"可以投资",IF(C2=0,"考虑投资","不可以投资"))"公式，按Enter键执行计算，结果如图10-7所示。

	A	B	C	D
	项目	数值	净现值	判断结果
1				
2	初期投资	¥200,000.00	¥22,149.93	可以投资
3	年贴现率	6.80%		
4	第一年收益	¥15,000.00		
5	第二年收益	¥180,000.00		
6	第三年收益	¥25,000.00		
7	第四年收益	¥25,000.00		
8	第五年收益	¥28,000.00		
9	第六年赔付	(¥12,000.00)		

图10-7　查看判断结果

3. XNPV函数

XNPV函数用于返回一组现金流的净现值，而且这些现金流不一定是定期发生的。如果是定期发生的则使用NPV函数。

表达式： XNPV(rate,values,dates)

参数含义： Rate表示现金流的贴现率。Values与Dates中的支付时间相对应的一系列现金流。首期支付是可选的，并与投资开始时的成本或支付有关。Values参数如果是空的，则返回#VALUE!错误值。Dates表示现金流发生的日期，现金流与日期是对应的话，就不需要指定发生的顺序。如果Dates参数为非法的日期，则返回#VALUE!错误值，如果有日期先于开始日期，则返回#NUM!错误值。

→ **EXAMPLE** 判断某投资项目哪一年可以收益

某企业现投资一个项目，期初需要投资20万元，当年的贴现率为5%，以各期预计收入为准，计算出各期的净现值。

Step 01 **输入公式。** 打开"判断投资项目何时可收益.xlsx"工作簿,选中E2单元格,然后输入"=XNPV($B$3,$D$2:D2,$C$2:C2)"公式,如图10-8所示。

Step 02 **计算第一期净现值。** 按Enter键执行计算,即可计算出投资初期的净现值,因为这一期没有收入,所以和投资金额一致,如图10-9所示。

图10-8 输入公式　　　　　　　图10-9 查看计算结果

Step 03 **填充公式。** 将E2单元格中的公式向下填充至E7单元格,当数值为正数时,表示该项目从该时间开始收益,如图10-10所示。

图10-10 填充公式并查看结果

10.1.2 求未来值函数

使用财务函数计算投资的未来数值,是根据利率计算出存储的最终金额,Excel中常用的求未来值的函数有FV和FVSHEDULE两种。

1. FV函数

FV函数是基于固定利率以及等额分期付款的方式,计算某项投资的未来值。

表达式: FV(rate,nper,pmt,pv,type)

参数含义: Rate表示各期的利率;Nper表示投资或贷款的付款期总数;Pmt表示各期应支付的金额,其数值在整个年金期保持不变;Pv表示现值,或一系列未来付款的当前值的总和,其中Pmt和Pv两个参数必须存在一个;Type表示各项付款时间是期初还是期末,使用数字0和1表示。

→ **EXAMPLE** FV函数的应用

某人每月存款3000元,银行的年利率为3.5%,每月结算一次利息,5年后总共存多少钱?

Step 01 **输入公式。** 打开"存款总额.xlsx"工作簿,选中B5单元格,然后输入"=FV(B3/12,B4*12,-B2)"公式,如图10-11所示。

Step 02 **查看计算结果。** 按Enter键执行计算,即可计算出5年后存款的总金额,如图10-12所示。

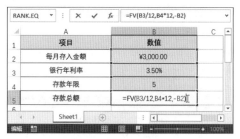

图10-11 输入公式　　　　　　　　　图10-12 查看计算结果

用户也可以使用FV函数根据需要达到的存款金额,计算出在某年限内每月需要存的金额,此时需要使用FV函数和单变量求解功能配合使用。

Step 01 **输入公式。** 打开"每月应存金额.xlsx"工作簿,选中B5单元格,然后输入"=FV(B3,B4,B2,,1)"公式,如图10-13所示。

Step 02 **启用"单变量求解"功能。** 切换至"数据"选项卡,单击"预测"选项组中的"模拟分析"下三角按钮,在列表中选择"单变量求解"选项,如图10-14所示。

图10-13 输入公式　　　　　　　　　图10-14 选择"单变量求解"选项

Step 03 **设置单变量求解。** 打开"单变量求解"对话框,在"目标单元格"文本框中输入"$B$5",设置"目标值"为100000、"可变单元格"为"$B$2",如图10-15所示。

Step 04 **进行运算。** 在打开的"单变量求解状态"对话框中进行运算求解后,单击"确定"按钮,如图10-16所示。

 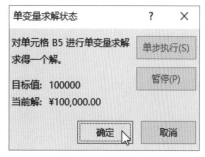

图10-15 输入参数　　　　　　　　　图10-16 进行运算

Step 05 **查看计算结果。**返回工作表中，在B2和B5单元格中显示相对应的数值，如图10-17所示。

图10-17　查看计算结果

2. FVSCHEDULE函数

FVSCHEDULE函数用于返回应用一系列复利率计算的初始本金的未来值。

表达式： FVSCHEDULE(principal, schedule)

参数含义： Principal表示现值；Schedule表示利率组，如果该参数为空，则以0进行计算，该参数可以是数字或空白单元格，若为其他数值，则返回#VALUE!错误值。

→ EXAMPLE **计算变动利率的总存款**

Step 01 **输入公式计算月利率。**打开"计算一年后的总存款.xlsx"工作簿，选中D2单元格，然后输入"=C2/12"公式，如图10-18所示。

Step 02 **填充公式。**按Enter键执行计算，然后将公式向下填充至D13单元格，如图10-19所示。

图10-18　输入公式

图10-19　填充公式

Step 03 **输入计算总存款的公式并计算结果。**选中D14单元格，然后输入"=FVSCHEDULE(A2,D2:D13)"公式，按Enter键执行计算，如图10-20所示。

	A	B	C	D	E
1	存款金额	月份	年利率	月利率	
2	¥50,000.00	1	3.20%	0.27%	
3		2	3.20%	0.27%	
4		3	3.40%	0.28%	
5		4	3.50%	0.29%	
10		9	3.80%	0.32%	
11		10	4.00%	0.33%	
12		11	4.00%	0.33%	
13		12	3.70%	0.31%	
14	一年后总存款额		¥51,829.98		

图10-20　查看计算结果

10.1.3 求利率函数

本节将介绍如何根据贷款或存款的金额计算利率，Excel提供求利率的函数有RATE、EFFECT和NORMINAL等。

1. RATE函数

RATE函数是基于等额分期的方式，计算某投资或贷款的实际利率。

表达式： RATE(nper,pmt,pv,fv,type,guess)

参数含义： Nper表示投资的总期数；Pmt表示各期应付的金额，如果为负数，则返回#NUM!错误值；Pv表示一次支付的金额；Fv表示未来值，或是结束时的余额，如果省略则表示为0；Type表示各期的付款是在期初还是期末，用数字0和1表示；Guess表示预期利率，若省略该参数，默认为10%。

→ EXAMPLE 计算贷款的偿还利率

某人打算贷款买房，需要贷款100万，每月可还款4500元，计算预计25年还清的贷款利率。

`Step 01` **选择函数。** 打开"预计利率.xlsx"工作簿，选中B4单元格，打开"插入函数"对话框，选择RATE函数，单击"确定"按钮，如图10-21所示。

`Step 02` **输入参数。** 打开"函数参数"对话框，在Nper文本框中输入"B2*12"，在Pmt文本框中输入"-B3"，在Pv文本框中输入B1，单击"确定"按钮，如图10-22所示。

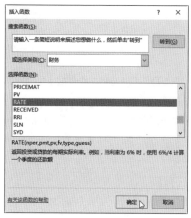

图10-21 选择函数

图10-22 输入参数

`Step 03` **转换为年利率。** 选中B5单元格，输入公式"=B4*12"，按Enter键执行计算，如图10-23所示。

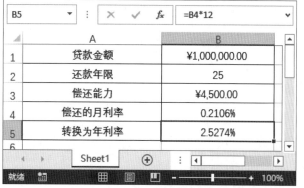

图10-23 查看计算的利率结果

2. EFFECT函数

EFFECT函数是利用给定的名义年利率和每年的得利期数，计算有效的年利率。

表达式： EFFECT(nominal_rate,npery)

参数含义： Nominal_rate表示名义利率；Npery表示每年的复利期数，如果该参数为小数，则只取整数部分进行计算。

EFFECT函数应用示例，如图10-24所示。

图10-24 EFFECT函数应用示例

10.2 本金和利息函数

财务函数也可用于计算贷款或存款的本金和利息。本金是指贷款、存款或投资在计算利息之前的原始金额；利息是资金时间价值的表现形式。本节主要介绍Excel中计算本金和利息的PMT、IPMT、PPMT和CUMPRINC等函数的具体应用。

10.2.1 PMT函数

PMT函数是基于固定利率及等额分期付款方式，计算贷款的每期付款额。

表达式： PMT(rate, nper, pv, fv, type)

参数含义： Rate表示贷款利率；Nper表示该项贷款付款总数；Pv表示现值或本金；Fv表示未来值结束时的余额；Type表示各期的付款时间是期初还是期末，用数字0和1表示。

→ **EXAMPLE** 计算每期应还款额

某人从银行贷款600000元，该银行贷款利率为4.9%，贷款20年，计算每月应该还款多少？

Step 01 选择函数。打开"每月应还金额.xlsx"工作簿，选中B5单元格，切换至"公式"选项卡，单击"财务"下拉按钮，在列表中选择PMT函数选项，如图10-25所示。

Step 02 输入参数。打开"函数参数"对话框，在对应的文本框中输入参数，单击"确定"按钮，如图10-26所示。

图10-25 选择函数

图10-26 输入参数

Step 03 **查看计算结果。** 返回工作表中，查看每期还款金额，用户可以在函数前添加负号，则结果为正数，如图10-27所示。

图10-27　查看计算结果

10.2.2 IPMT和PPMT函数

本小节将对IPMT和PPMT函数的功能和应用进行介绍，具体如下。

1. IPMT函数

IPMT函数是基于固定利率及等额分期付款方式，返回给定期数内对投资的利息偿还额。

表达式： IPMT(rate,per,nper,pv,fv,type)

参数含义： Rate表示各期利率；Per表示用于计算其利息数额的期数，在1至Nper之间；Nper表示年金付款总数；Pv表示现值或本金；Fv表示未来值结束时的余额；Type表示各期的付款时间是期初还是期末，用数字0和1表示。

2. PPMT函数

PPMT函数是基于固定利率及等额分期付款方式，返回投资在给定期间的本金偿还额。

表达式： PPMT(rate,per,nper,pv,fv,type)

参数含义： Rate表示各期利率；Per表示用于计算其利息数额的期数，在1至Nper之间；Nper表示年金付款总数；Pv表示现值或本金；Fv表示未来值结束时的余额；Type表示各期的付款时间是期初还是期末，用数字0和1表示。

→ **EXAMPLE** **制作购房贷款明细表**

售楼人员需要根据购房者条件制作贷款明细表，假设贷款金额为60万，年利率为4.9%，付款25年。

Step 01 **输入公式计算本金。** 打开"购房贷款明细表.xlsx"工作簿，选中E2单元格，然后输入"=-PPMT($B$3/12,D2,$B$4*12,$B$2)"公式，按Enter键执行计算，如图10-28所示。

图10-28　输入公式计算本金

提 示

使用 IPMT 和 PPMT 函数计算的结果是负数，所以在函数前添加负号。

Step 02 **输入公式。** 选中F2单元格，输入"=-IPMT($B$3/12,D2,$B$4*12,$B$2)"公式，按Enter键执行计算，计算利息，如图10-29所示。

图10-29　输入公式计算利息

交叉参考

SUM 函数的具体应用在 7.1.1 小节中有详细介绍。

Step 03 **输入公式计算每期偿还额。** 选中G2单元格，输入"=E2+F2"公式，按Enter键执行计算，如图10-30所示。

Step 04 **输入公式计算剩余的贷款。** 选中H2单元格，输入"=$B$2-SUM($E$2:E2)"公式，按Enter键执行计算，如图10-31所示。

提 示

在本案例中分别计算出每期贷的本金和利息之和，等于使用 PMT 函数计算的每期还款额。

图10-30　输入计算每期偿还额公式　　图10-31　输入计算剩余贷款公式

Step 05 **填充公式并查看效果。** 选中E2:H2单元格区域，向下填充公式至H301单元格，为了查看整体效果，隐藏中间部分单元格，如图10-32所示。

提 示

在图 10-32 的 H301 单元格中，可见剩余贷款为 0，表示还款至第 300 期正好还完贷款。

	A	B	C	D	E	F	G	H
	项目	数值		次数	本金	利息	偿还额	剩余贷款
2	贷款总额	¥600,000.00		1	¥1,022.67	¥2,450.00	¥3,472.67	¥598,977.33
3	年利率	4.90%		2	¥1,026.85	¥2,445.82	¥3,472.67	¥597,950.48
4	贷款年限	25		3	¥1,031.04	¥2,441.63	¥3,472.67	¥596,919.44
281				280	¥3,187.86	¥284.81	¥3,472.67	¥66,562.73
282				281	¥3,200.87	¥271.80	¥3,472.67	¥63,361.86
286				285	¥3,253.48	¥219.20	¥3,472.67	¥50,427.13
292				291	¥3,334.00	¥138.67	¥3,472.67	¥30,625.38
293				292	¥3,347.62	¥125.05	¥3,472.67	¥27,277.76
294				293	¥3,361.29	¥111.38	¥3,472.67	¥23,916.47
295				294	¥3,375.01	¥97.66	¥3,472.67	¥20,541.46
296				295	¥3,388.79	¥83.88	¥3,472.67	¥17,152.67
297				296	¥3,402.63	¥70.04	¥3,472.67	¥13,750.04
298				297	¥3,416.53	¥56.15	¥3,472.67	¥10,333.51
299				298	¥3,430.48	¥42.20	¥3,472.67	¥6,903.03
300				299	¥3,444.48	¥28.19	¥3,472.67	¥3,458.55
301				300	¥3,458.55	¥14.12	¥3,472.67	¥0.00

图10-32　查看计算结果

10.2.3

CUMIPMT和CUMPRINC函数

本小节将对CUMIPMT和CUMPRINC函数的功能和应用进行介绍,具体如下。

1. CUMIPMT函数

CUMIPMT函数用于返回某贷款在给定期间内累计偿还的利息总额。

表达式: CUMIPMT(rate, nper, pv, start_period, end_period, type)

参数含义: Rate表示各期利率;Nper表示付款总数;Pv表示现值或本金;Start_period表示计算中的首期;End_period表示计算中的末期;Type表示各期的付款时间是期初还是期末,用数字0和1表示。

2. CUMPRINC函数

CUMPRINC函数用于返回一笔贷款在给定期间内累计偿还的本金数额。

表达式: CUMPRINC(rate,nper,pv,start_period,end_period,type)

参数含义: Rate表示各期利率;Nper表示付款总数;Pv表示现值或本金;Start_period表示计算中的首期;End_period表示计算中的末期;Type表示各期的付款时间是期初还是期末,用数字0和1表示。

→ **EXAMPLE** 计算提前还款时,需要的本金和节省的利息

某人购房贷款20万,按年利率4.9%、贷20年计算,他打算还款5年后提前还清剩余贷款,那么他5年后需要准备多少本金,节省了多少利息?

Step 01 输入公式计算5年后剩余贷款。打开"提前还款明细表.xlsx"工作簿,选中D2单元格,输入"=-CUMPRINC(B3/12,B4*12,B2,5*12+1,B4*12,0)"公式,按Enter键执行计算,如图10-33所示。

图10-33 计算5年后剩余贷款

Step 02 输入公式计算5年后还款的利息。选中D4单元格,然后输入"=-CUMIPMT(B3/12,B4*12,B2,5*12+1,B4*12,0)"公式,按Enter键执行计算,如图10-34所示。

图10-34 计算5年后还款利息

提示

在步骤1的公式中,Start_period参数是5*12+1=61,表示5年后的第一期;End_period参数为B4*12,表示贷款年限的最后一期。

Step 03 **输入PMT公式验证结果。** 选中D6单元格，输入"=-PMT(B3/12,B4*12,B2)*(B4*12-5*12)"公式，按Enter键执行计算，可见结果等于使用CUMIPMT和CUMPRINC函数计算结果之和，如图10-35所示。

提示

在步骤3的公式中，使用PMT函数计算出每期的还款额，再乘以期间的还款期数量即可。

图10-35　输入PMT公式验证结果

10.3 内部收益率函数

内部收益率函数是用于计算内部资金流量回报率的函数，本节主要对IRR、MIRR和XIRR函数的具体应用进行介绍。

10.3.1 IRR函数

IRR函数用于返回由数值代表的一组现金流的内部收益率。

表达式： IRR(values,guess)

参数含义： Values表示包含用来计算内容收益率的数字，可以为数组或单元格的引用；Guess表示对IRR函数的评估值。

提示

使用IRR函数时，参数Valuese包括至少一个正值和一个负值，用以计算内部收益率。

➜ **EXAMPLE** 使用IRR函数判断项目是否值得投资

某企业投资一项5年项目，投资金额为200万，每年都有不同的收益，据调查该行业的基准收益率为15%，判断该项目是否可投资。

Step 01 **输入计算公式。** 打开"判断该项目是否可行.xlsx"工作簿，选中C4单元格，输入"=IRR(B2:B7)"公式，按Enter键执行计算，如图10-36所示。

Step 02 **输入公式判断结果。** 选中C6单元格，输入"=IF(C4>C2,"可以投资该项目","不可以投资该项目")"公式，如图10-37所示。

实例文件

原始文件：
实例文件\第10章\原始文件\判断该项目是否可行.xlsx
最终文件：
实例文件\第10章\最终文件\IRR函数.xlsx

图10-36　输入计算公式

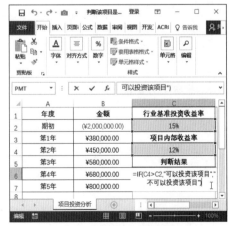

图10-37　输入判断结果的公式

Step 03 查看判断结果。按Enter键执行计算，查看最终结果，如图10-38所示。

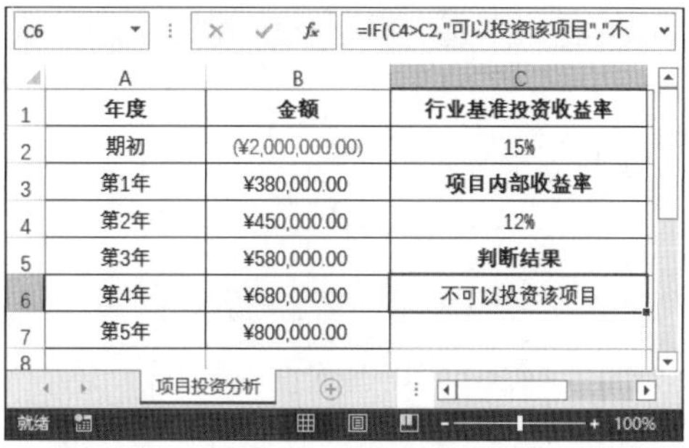
C6 =IF(C4>C2,"可以投资该项目","不

	A	B	C
1	年度	金额	行业基准投资收益率
2	期初	(¥2,000,000.00)	15%
3	第1年	¥380,000.00	项目内部收益率
4	第2年	¥450,000.00	12%
5	第3年	¥580,000.00	判断结果
6	第4年	¥680,000.00	不可以投资该项目
7	第5年	¥800,000.00	

图10-38 查看结果

10.3.2 MIRR函数

MIRR函数用于返回某连续期间内现金流的修正内部收益率，同时也考虑投资的成本和现金再投资收益率。

表达式：MIRR(values, finance_rate, reinvest_rate)

参数含义：Values表示一个数组或对包含数字的单元格的引用；Finance_rate 表示现金流中使用资金支付的利率；Reinvest_rate表示将现金流再投资的收益率。

> **提示**
> 使用MIRR函数时，Values参数必须至少包含一个正值和一个负值，否则返回#DIV/0!错误值。

➔ EXAMPLE 计算内部收益率

Step 01 输入公式。打开“计算内部收益率.xlsx”工作簿，选中B6单元格，然后输入“=MIRR(B2:B7,C2,C4)”公式，如图10-39所示。

Step 02 计算结果。按Enter键执行计算，可见该项目的内部收益率为11%，如图10-40所示。

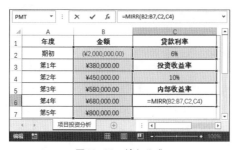

PMT =MIRR(B2:B7,C2,C4)

	A	B	C
1	年度	金额	贷款利率
2	期初	(¥2,000,000.00)	6%
3	第1年	¥380,000.00	投资收益率
4	第2年	¥450,000.00	10%
5	第3年	¥580,000.00	内部收益率
6	第4年	¥680,000.00	=MIRR(B2:B7,C2,C4)
7	第5年	¥800,000.00	

图10-39 输入公式

C6 =MIRR(B2:B7,C2,C4)

	A	B	C
1	年度	金额	贷款利率
2	期初	(¥2,000,000.00)	6%
3	第1年	¥380,000.00	投资收益率
4	第2年	¥450,000.00	10%
5	第3年	¥580,000.00	内部收益率
6	第4年	¥680,000.00	11%
7	第5年	¥800,000.00	

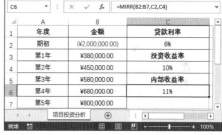

图10-40 查看计算结果

10.3.3 XIRR函数

XIRR函数用于返回一组现金流的内部收益率，这些现金流不一定定期发生。

表达式：XIRR(values, dates, guess)

参数含义：Values表示和Dates的支付时间相对应的一系列现金流；Dates表示与现金流相对应的支付日期表；Guess表示对IRR函数的评估值。

> **提示**
> 使用MEDIAN函数计算中值时，该函数会对数据进行从小至大或从大至小排序，然后取中值。

➔ EXAMPLE 使用XIRR函数计算内部收益率

某企业在2015/1/12投资一项目，投资金额为50万元，不同时期的现金流也不同，计算内部收益率。

Step 01 输入公式。打开“使用XIRR计算内容收益率.xlsx”工作簿，选中B8单元格，然后输入“=XIRR(B2:B6,A2:A6)”公式，如图10-41所示。

Step 02 查看计算结果。按Enter键执行计算，可见内部收益率为7.82%，如图10-42所示。

实例文件

原始文件：
实例文件\第 10 章\原始文件\使用 XIRR 计算内容收益率 .xlsx
最终文件：
实例文件\第 10 章\最终文件\XIRR 函数 .xlsx

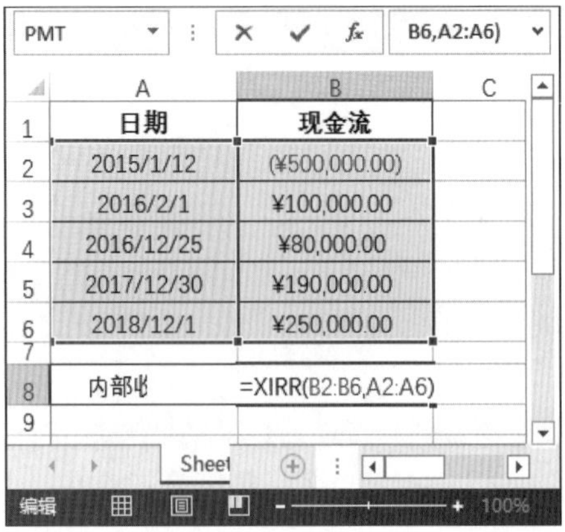

	A	B
1	日期	现金流
2	2015/1/12	(¥500,000.00)
3	2016/2/1	¥100,000.00
4	2016/12/25	¥80,000.00
5	2017/12/30	¥190,000.00
6	2018/12/1	¥250,000.00
8	内部收	=XIRR(B2:B6,A2:A6)

图10-41　输入公式

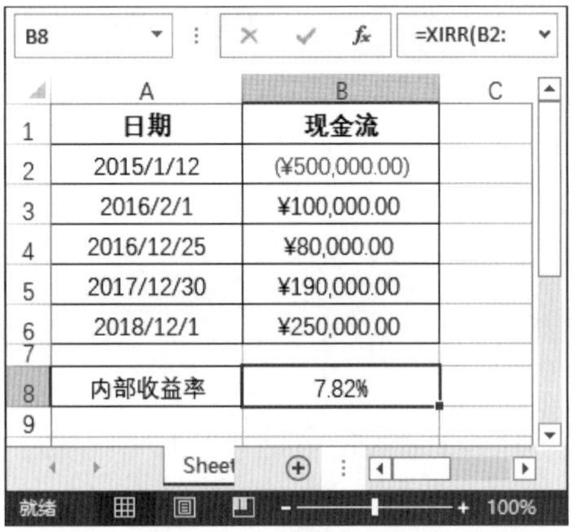

	A	B
1	日期	现金流
2	2015/1/12	(¥500,000.00)
3	2016/2/1	¥100,000.00
4	2016/12/25	¥80,000.00
5	2017/12/30	¥190,000.00
6	2018/12/1	¥250,000.00
8	内部收益率	7.82%

图10-42　查看计算结果

10.4 折旧函数

固定资产折旧是指固定资产在使用过程中损耗而转移到商品或费用中的那部分价值，固定资产折旧是企业主要费用之一。下面介绍几种Excel中常用的折旧函数，如SLN、DB、DDB和SYD等。

10.4.1 SLN函数

SLN函数是基于直线折旧法返回某资产的线性折旧值，也是平均折旧值。

表达式：SLN(cost,salvage,life)

参数含义：Cost表示资产的原值；Salvage表示资产在折旧期末的价值，也是残值；Life表示折旧期限，也是指资产的使用年限。

提示

使用 SLN 函数时，Cost 参数为数值以外的值时，返回 #VALUE! 错误值；若 Life 参数为 0 时，则返回 #DIV/0! 错误值。

→ **EXAMPLE 使用SLN函数折旧固定资产**

Step 01 输入公式。打开“固定资产折旧统计表.xlsx”工作簿，选中I2单元格并输入公式“=SLN(E2,G2,D2*12)”，如图10-43所示。

Step 02 填充公式。按Enter键执行计算，将I2单元格中的公式向下填充至I22单元格，查看使用SLN函数折旧资产的结果，如图10-44所示。

实例文件

原始文件：
实例文件\第 10 章\原始文件\固定资产折旧统计表 .xlsx
最终文件：
实例文件\第 10 章\最终文件\SLN 函数 .xlsx

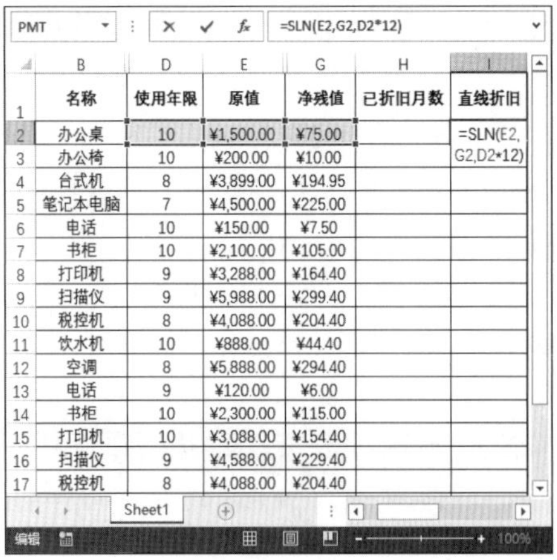

	名称	使用年限	原值	净残值	已折旧月数	直线折旧
2	办公桌	10	¥1,500.00	¥75.00		=SLN(E2,G2,D2*12)
3	办公椅	10	¥200.00	¥10.00		
4	台式机	8	¥3,899.00	¥194.95		
5	笔记本电脑	7	¥4,500.00	¥225.00		
6	电话	10	¥150.00	¥7.50		
7	书柜	10	¥2,100.00	¥105.00		
8	打印机	9	¥3,288.00	¥164.40		
9	扫描仪	9	¥5,988.00	¥299.40		
10	税控机	8	¥4,088.00	¥204.40		
11	饮水机	10	¥888.00	¥44.40		
12	空调	8	¥5,888.00	¥294.40		
13	电话	9	¥120.00	¥6.00		
14	书柜	10	¥2,300.00	¥115.00		
15	打印机	10	¥3,088.00	¥154.40		
16	扫描仪	9	¥4,588.00	¥229.40		
17	税控机	8	¥4,088.00	¥204.40		

图10-43　输入公式

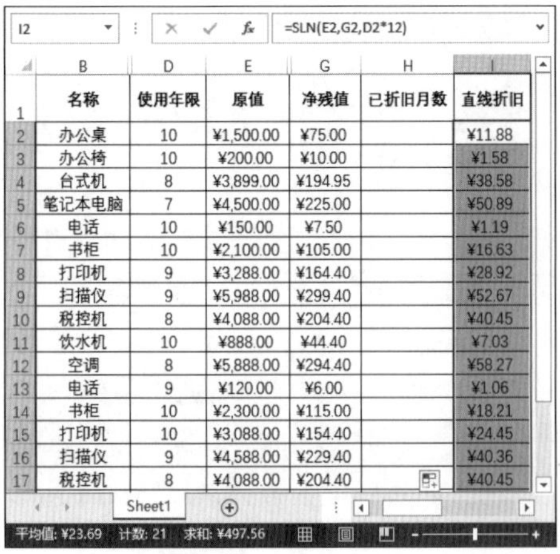

	名称	使用年限	原值	净残值	已折旧月数	直线折旧
2	办公桌	10	¥1,500.00	¥75.00		¥11.88
3	办公椅	10	¥200.00	¥10.00		¥1.58
4	台式机	8	¥3,899.00	¥194.95		¥38.58
5	笔记本电脑	7	¥4,500.00	¥225.00		¥50.89
6	电话	10	¥150.00	¥7.50		¥1.19
7	书柜	10	¥2,100.00	¥105.00		¥16.63
8	打印机	9	¥3,288.00	¥164.40		¥28.92
9	扫描仪	9	¥5,988.00	¥299.40		¥52.67
10	税控机	8	¥4,088.00	¥204.40		¥40.45
11	饮水机	10	¥888.00	¥44.40		¥7.03
12	空调	8	¥5,888.00	¥294.40		¥58.27
13	电话	9	¥120.00	¥6.00		¥1.06
14	书柜	10	¥2,300.00	¥115.00		¥18.21
15	打印机	10	¥3,088.00	¥154.40		¥24.45
16	扫描仪	9	¥4,588.00	¥229.40		¥40.36
17	税控机	8	¥4,088.00	¥204.40		¥40.45

图10-44　填充公式

10.4.2 DB和DDB函数

本小节将对DB和DDB函数的功能和用法进行介绍，具体如下。

1. DB函数

DB函数使用固定余额递减法，计算资产在给定期间内的折旧值。

表达式： DB(cost,salvage,life,period,month)

参数含义： Cost表示资产原值；Salvage表示资产在折旧期末的价值；Life表示折旧的期限；Period表示需要计算折旧值的期间，其单位必须和life相同；Month表示第一年的月份数量，如果省略则表示为12。

➡ **EXAMPLE** 从第一年年中开始计提折旧额

企业花100000元购置一台机器，该机器使用寿命是9年，当年使用4个月，计算该机器未来9年内的折旧额以及其净值。

Step 01 输入公式计算折旧额。打开"计算资产的折旧额.xlsx"工作簿，选中B4单元格并输入公式"=DB($A$2,$C$2,$B$2,A4,$D$2)"，按Enter键执行计算，如图10-45所示。

Step 02 输入公式计算累计折旧额。选中C4单元格，然后输入"=SUM($B$4:B4)"公式，按Enter键执行计算，如图10-46所示。

图10-45 输入计算折旧额的公式　　图10-46 输入计算累计折旧额的公式

Step 03 输入公式计算资产净值。选中D4单元格并输入公式"=$A$2-C4"公式，按Enter键执行计算，如图10-47所示。

Step 04 填充公式。选中B4:D4单元格区域，将公式向下填充至D12单元格，查看该资产折旧情况，如图10-48所示。

图10-47 输入计算资产净值的公式　　图10-48 填充公式

2. DDB函数

DDB函数是使用双倍余额递减法计算资产在给定期间的折旧值。

表达式： DDB(cost,salvage,life,period,factor)

参数含义： Cost表示资产原值；Salvage表示资产在折旧期末的价值；Life表示折旧的期限；Period表示需要计算折旧值的期间，其单位必须和life相同；Factor表示余额递减的速率，如果省略该参数，则表示为2。

➔ **EXAMPLE 使用DDB函数折旧固定资产**

Step 01 输入公式计算折旧。 打开“固定资产折旧统计表.xlsx”工作簿，选中K2单元格并输入公式“=DDB(E2,G2,D2*12,H2)”，按Enter键执行计算，如图10-49所示。

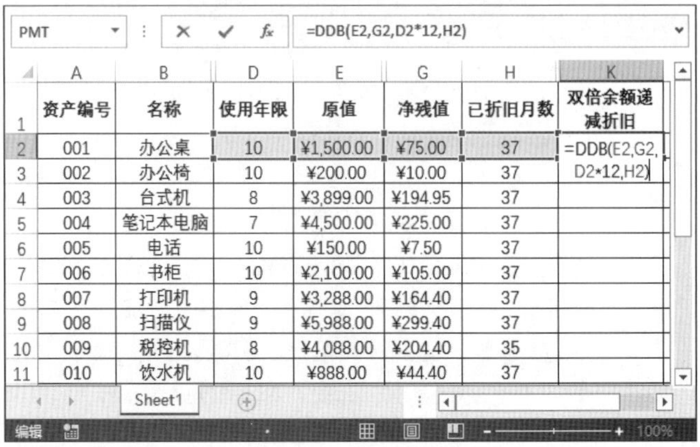

PMT =DDB(E2,G2,D2*12,H2)

	A	B	D	E	G	H	K
1	资产编号	名称	使用年限	原值	净残值	已折旧月数	双倍余额递减折旧
2	001	办公桌	10	¥1,500.00	¥75.00	37	=DDB(E2,G2,D2*12,H2)
3	002	办公椅	10	¥200.00	¥10.00	37	
4	003	台式机	8	¥3,899.00	¥194.95	37	
5	004	笔记本电脑	7	¥4,500.00	¥225.00	37	
6	005	电话	10	¥150.00	¥7.50	37	
7	006	书柜	10	¥2,100.00	¥105.00	37	
8	007	打印机	9	¥3,288.00	¥164.40	37	
9	008	扫描仪	9	¥5,988.00	¥299.40	37	
10	009	税控机	8	¥4,088.00	¥204.40	35	
11	010	饮水机	10	¥888.00	¥44.40	37	

图10-49　输入公式

Step 02 填充公式。 选中K2单元格，然后将公式向下填充至K22单元格，查看各资产的折旧额，如图10-50所示。

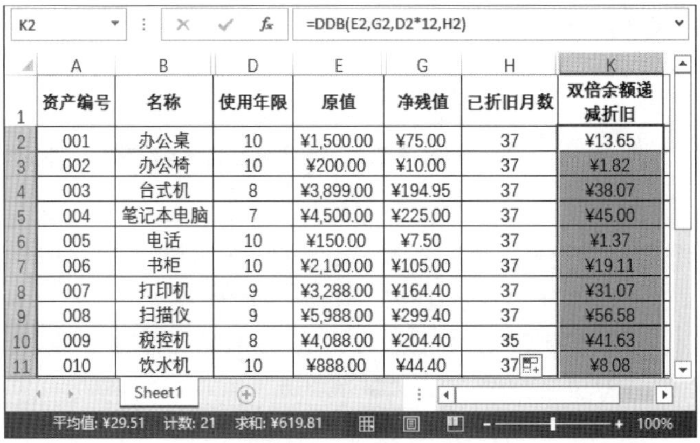

K2 =DDB(E2,G2,D2*12,H2)

	A	B	D	E	G	H	K
1	资产编号	名称	使用年限	原值	净残值	已折旧月数	双倍余额递减折旧
2	001	办公桌	10	¥1,500.00	¥75.00	37	¥13.65
3	002	办公椅	10	¥200.00	¥10.00	37	¥1.82
4	003	台式机	8	¥3,899.00	¥194.95	37	¥38.07
5	004	笔记本电脑	7	¥4,500.00	¥225.00	37	¥45.00
6	005	电话	10	¥150.00	¥7.50	37	¥1.37
7	006	书柜	10	¥2,100.00	¥105.00	37	¥19.11
8	007	打印机	9	¥3,288.00	¥164.40	37	¥31.07
9	008	扫描仪	9	¥5,988.00	¥299.40	37	¥56.58
10	009	税控机	8	¥4,088.00	¥204.40	35	¥41.63
11	010	饮水机	10	¥888.00	¥44.40	37	¥8.08

平均值: ¥29.51　计数: 21　求和: ¥619.81

图10-50　填充公式

10.4.3 SYD函数

实例文件

原始文件：
实例文件\第10章\原始文件\计算固定资产净值.xlsx

最终文件：
实例文件\第10章\最终文件\SYD函数.xlsx

SYD函数按照年限总和折旧法计算某资产指定期间的折旧值。

表达式： SYD(cost, salvage, life, per)

参数含义： Cost表示资产原值；Salvage表示资产在折旧期末的价值；Life表示折旧的期限；Per表示需要计算折旧值的期间，其单位必须和life相同。

➔ **EXAMPLE 使用SYD函数计算资产净值**

Step 01 输入公式计算折旧额。 打开“计算固定资产净值.xlsx”工作簿，选中B4单元格并输入公式“=SYD($A$2,$C$2,$B$2,A4)”，如图10-51所示。

Step 02 输入公式。 选中C4单元格并输入“=SUM($B$4:B4)”公式，在D4单元格中输入“=$A$2-C4”公式，按Enter键执行计算，如图10-52所示。

图10-51　输入计算折旧额的公式　　　　图10-52　输入计算累计折旧额和资产净值公式

Step 03 **填充公式**。选中B4:D4单元格区域，然后将公式向下填充至D12单元格，如图10-53所示。

图10-53　填充公式

Chapter 11

其他函数

Excel中包含了10多种函数，除了以上章节介绍的6种外，还包括逻辑函数、数据库函数、信息函数和工程函数等。本章将对这几类函数中使用频率较高的函数进行详细介绍，如IF、AND、DSUM和TYPE等函数。

11.1 逻辑函数

逻辑函数根据不同的条件而有不同的处理方法，也是判断条件是否成立的函数。逻辑函数的条件是使用比较运算符进行设置的，返回的结果为TRUE或FALSE。本节主要介绍IF、IFNA、AND和OR等函数的功能和用法。

11.1.1 AND和OR函数

本小节将对AND和OR函数的功能和应用进行介绍，具体如下。

1．AND函数

当AND函数的所有参数逻辑值为真时，返回TRUE；只要有一个参数的逻辑值为假，即返回 FALSE。

表达式： AND(logical1,logical2, ...)

参数含义： Logical1, logical2表示待检测的条件，条件的数量范围1~255个，各条件值可为 TRUE 或 FALSE。

→ EXAMPLE 使用AND函数筛选出男生总分大于450的信息

Step 01 选择函数。 打开"期中考试成绩表.xlsx"工作簿，在K列添加"判断结果"列，选中K2单元格，打开"插入函数"对话框，选择AND函数，单击"确定"按钮，如图11-1所示。

Step 02 输入参数。 打开"函数参数"对话框，在logical1文本框中输入"C2="男""，在logical2文本框中输入"J2>450"，单击"确定"按钮，如图11-2所示。

> **提示**
>
> 使用 AND 函数时，参数必须是逻辑值，或包含逻辑值的数组或引用；如果数组或引用中包含文本或空单元格，这些值将被省略；如果单元格内包含非逻辑值，则函数返回 #VALUE! 错误值。

> **实例文件**
>
> 原始文件：
> 实例文件\第 11 章\原始文件\期中考试成绩表.xlsx
> 最终文件：
> 实例文件\第 11 章\最终文件\AND 函数.xlsx

图11-1 选择函数

图11-2 输入参数

Step 03 **查看判断结果**。返回工作表中可见在K2单元格中显示FALSE，表示没有满足所有AND条件，如图11-3所示。

Step 04 **填充公式**。然后将K2单元格中公式向下填充至K30单元格，查看判断结果，如图11-4所示。

	图11-3显示判断结果		图11-4 填充公式

图11-3显示判断结果　　　　　　　　图11-4 填充公式

2. OR函数

OR函数表示参数的逻辑值其中之一为真时，则返回TRUE；所有参数的逻辑值为假时，则返回 FALSE。

表达式： OR(logical1,logical2, ...)

参数含义： Logical1, logical2表示待检测的条件，条件的数量范围1-255个，各条件值可为 TRUE 或 FALSE。

OR函数的应用示例，如图11-5所示。

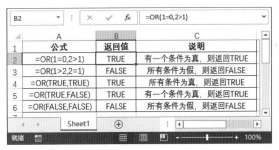

图11-5 OR函数应用示例

11.1.2 IF、IFERROR和IFNA函数

本小节将介绍IF、IFERROR和IFNA函数的功能和用法，具体如下。

1. IF函数

IF函数用于根据指定的条件来结果的判断真（TRUE）或假（FALSE），根据逻辑计算的真假值，从而返回相应的内容。

表达式： IF(logical_test,value_if_true,value_if_false)

参数含义： Logical_test表示公式或表达式，其计算结果为TRUE 或 者FALSE；Value_if_true为任意数据，表示Logical_test求值结果为TRUE时返回的值，该参数若为字符串时，需加上双引号；Value_if_false为任意值，表示Logical_test结果为FALSE时返回的值。

 提示

IF 函数的 logical_test 参数中若为多个条件时，可使用 AND 或 OR 函数。

→ **EXAMPLE** 根据语文和总分为成绩分等级

Step 01 **选择函数。** 打开"期中考试成绩表.xlsx"工作簿，在J列添加辅助列，选中J2单元格，切换至"公式"选项卡，单击"函数库"选项组中"逻辑"下三角按钮，在列表中选择IF函数，如图11-6所示。

Step 02 **输入参数。** 打开"函数参数"对话框，在logical_test文本框中输入"AND(C2>80,I2>450)"，在value_if_true文本框中输入"优秀"，在value_if_false文本框中输入"IF(AND(C2>60,I2>400),"良好","差")"，单击"确定"按钮，如图11-7所示。

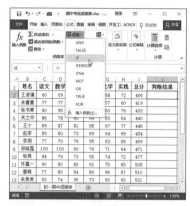 

图11-6　选择函数　　　　　　　　　　　图11-7　输入参数

Step 03 **查看计算结果。** 返回工作表中，在J2单元格中返回"差"，表示该学生语文成绩小于70分，或者总分小于400分，如图11-8所示。

Step 04 **填充公式。** 将J2单元格中公式向下填充至J30单元格，查看判断所有学生的结果，如图11-9所示。

 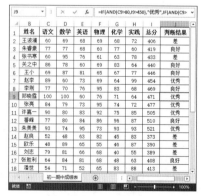

图11-8　查看计算结果　　　　　　　　　图11-9　填充公式

2. IFERROR函数

IFERROR函数表示如果表达式错误，则返回指定的值，否则返回表达式计算的值。

表达式： IFERROR(value,value_if_error)

参数含义： Value表示需要检查是否存在错误的参数；Value_if_error是指当公式计算出现错误时返回的信息，当公式计算正确时，则返回计算的值。

→ **EXAMPLE** 在错误结果中返回相应的信息

Step 01 **输入公式并执行计算。** 打开"IFERROR函数的应用.xlsx"工作簿，选中B4单元格，输入"=RATE(B2*12,B3,B1)"公式，按Enter键执行计算，如图11-10所示。

Step 02 **修改公式并执行计算**。选中B4单元格，将公式修改为"=IFERROR(RATE(B2*12,B3,B1),"请检查公式")"，按Enter键执行计算，如图11-11所示。

图11-10 输入公式

图11-11 修改公式

3. IFNA函数

IFNA函数表示如果公式返回#N/A错误值时，则结果返回指定的值，否则返回公式的结果。

表达式： IFNA(value, value_if_na)

参数含义： Value用于检查#N/A错误值的参数；Value_if_na 表示公式计算结果为#N/A错误值时要返回的值。

➡ EXAMPLE 将#N/A错误值返回指定信息

Step 01 **输入公式查找信息**。打开"销售统计表.xlsx"工作簿，选中J2单元格，然后输入"=VLOOKUP(I2,$B$2:$G$25,6,FALSE)"公式，如图11-12所示。

Step 02 **填充公式**。按Enter键执行计算，然后将公式向下填充至J4单元格，可见J2单元格显示错误值，如图11-13所示。

图11-12 输入公式

图11-13 填充公式

Step 03 **修改公式**，选中J2单元格，按F2功能键，公式为可编辑状态，然后将公式修改为"=IFNA(VLOOKUP(I2,$B$2:$G$25,6,FALSE),"请核实信息")"，按Enter键执行计算，并将公式向下填充，可见J2单元格显示指定的信息，如图11-14所示。

图11-14 修改公式

11.2 信息函数

使用信息函数可以确定存储在单元格中数据的类型以及单元格格式或位置等，本节主要介绍CELL、TYPE和IS类等函数的功能和用法。

11.2.1 CELL函数

CELL函数用于返回引用单元格的格式、位置或内容等信息。

表达式：CELL(info_type，reference)

参数含义：Info_type表示文本值，指定要返回单元格信息的类型；Reference表示要查找信息的单元格。

下面以表格形式介绍Info_type参数的取值和返回结果，如表11-1所示。

> **提示**
> 使用CELL函数时，Info_type参数必须使用半角引号括起来，如果使用全角引号，则返回#VALUE!错误值；若未使用引号，则返回#NAME!错误值。

表11-1 info_type参数的取值和返回结果

Info_type	返回结果
“address”	返回Reference左上角单元格的地址
“col”	返回Reference左上角单元格的列标
“color”	单元格中的负值用颜色显示，则返回1；否则返回0
“contents”	返回Reference中左上角单元格的值，不是公式
“filename”	将查找范围所在的工作表的名称用绝对路径的形式返回，若文件未保存，则返回空值
“format”	返回指定单元格格式的字符串常量
“parentheses”	如果单元格中为正值或全部加括号，则返回1，否则返回0
“prefix”	检查reference左上角单元格文本左对齐，则返回单引号（'）；如果单元格文本右对齐，则返回双引号（"）；如果单元格文本居中，则返回插字号（^）；如果单元格文本两端对齐，则返回反斜线（\）；如果是其他情况，则返回空文本（""）
“protect”	如果单元格未锁定，返回0；如果单元格锁定，则返回1
“row”	返回Reference 中左上角单元格的行号
“type”	与单元格中数据类型对应的文本值。如果单元格为空，则返回b；如果单元格包含文本常量，则返回l；如果单元格包含其他内容，则返回v
“width”	返回取整后的单元格的列宽。列宽以默认字号的一个字符宽度为单位

CELL函数的应用示例，如图11-15所示。

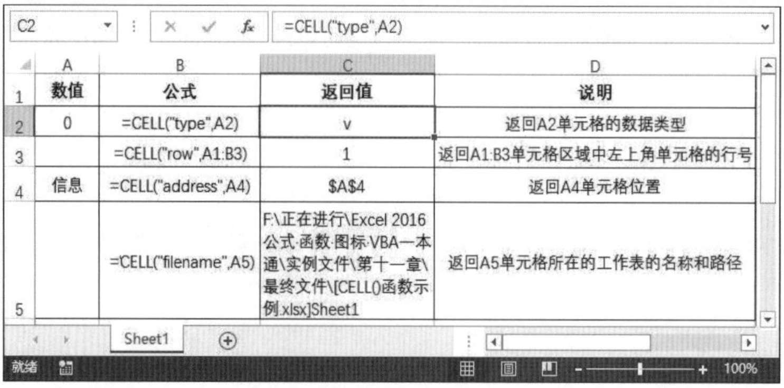
C2 =CELL("type",A2)

	A	B	C	D
1	数值	公式	返回值	说明
2	0	=CELL("type",A2)	v	返回A2单元格的数据类型
3		=CELL("row",A1:B3)	1	返回A1:B3单元格区域中左上角单元格的行号
4	信息	=CELL("address",A4)	$A$4	返回A4单元格位置
5		=CELL("filename",A5)	F:\正在进行\Excel 2016公式·函数·图标·VBA一本通\实例文件\第十一章\最终文件\[CELL()函数示例.xlsx]Sheet1	返回A5单元格所在的工作表的名称和路径

Sheet1　就绪　100%

图11-15 CELL函数应用示例

11.2.2 TYPE函数

TYPE函数用于返回单元格中的数据类型。

表达式： TYPE(value)

参数含义： Value表示需要判断的数据，可以是数字、文本或逻辑值等。

下面以表格形式介绍不同Value参数返回的值，如表11-2所示。

表11-2 TYPE()函数返回值

Value	返回值
数字	1
文本	2
逻辑值	4
错误值	16
数组	64

TYPE函数的应用示例，如图11-16所示。

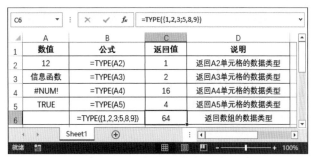

图11-16 TYPE函数应用示例

11.2.3 IS类函数

在Excel的信息函数中包含12种以IS开头的函数，其中有10个函数是检验数值或引用类型，并根据参数取值返回TRUE或FALSE，有两个函数是检验参数的奇偶性的。

下面以表格形式介绍IS类函数的表达式和功能，如表11-3所示。

表11-3 IS类函数介绍

表达式	功能
=ISBLANK(value)	检查是否引用空单元格，返回TRUE或FALSE
=ISERR(value)	检查值是否为除#N/A之外错误值，返回TRUE或FALSE
=ISERROR(value)	检查值是否为错误值，返回TRUE或FALSE
=ISFORMULA(reference)	检查是否指向包含公式的单元格，返回TRUE或FALSE
=ISLOGICAL(value)	检查值是否是逻辑值，返回TRUE或FALSE
=ISNA(value)	检查值是否为#N/A，返回TRUE或FALSE
=ISNONTEXT(value)	检测值是否是文本，返回TRUE或FALSE
=ISNUMBER(value)	检测值是否是数值，返回TRUE或FALSE
=ISREF(value)	检测值是否为引用，返回TRUE或FALSE
=ISTEXT(value)	检测值是否为文本，返回TRUE或FALSE
=ISEVEN(number)	检测数字是否为偶数，返回TRUE或FALSE
=ISODD(number)	检测数字是否为奇数，返回TRUE或FALSE

IS类函数的应用示例，如图11-17所示。

	A	B	C	D
1	数值	公式	返回值	说明
2		=ISBLANK(A2)	TRUE	返回A2单元格是否为空
3	#N/A	=ISERR(A3)	FALSE	返回A3单元格中数值是不是#N/A
4	12	=ISERROR(A4)	FALSE	返回A4单元格中数值是否为错误值
5	12	=ISFORMULA(A5)	TRUE	返回A5单元格中数值是否包含公式
6	FALSE	=ISLOGICAL(A6)	TRUE	返回A6单元格中数值是否为逻辑值
7	#N/A	=ISNA(A7)	TRUE	返回A7单元格中数值是否为#N/A
8	EXCEL	=ISNONTEXT(A8)	FALSE	返回A8单元格中数值是否不是文本
9	EXCEL	=ISTEXT(A9)	TRUE	返回 A9单元格中数值是否为文本
10	12	=ISNUMBER(A10)	TRUE	返回 A10单元格中数值是否为数值
11		=ISREF(A4)	TRUE	返回 A4单元格中数值是否为引用
12	12	=ISEVEN(A12)	TRUE	返回A12单元格中数值是否为偶数
13	12	=ISODD(A13)	FALSE	返回A13单元格中数值是否为奇数

图11-17　IS类函数应用示例

11.3 数据库函数

Excel中还包含一些工作表函数，用于对存储在列表或数据库中的数据进行分析。这些函数都是以D开头，当需要分析数据列表中是否符合特定条件时，可以使用该类函数。本节主要介绍DSUM、DCOUNT和DMIN函数的功能和具体应用。

11.3.1 DSUM函数

DSUM函数用于返回列表或数据库中满足指定条件的字段（列）中的数字之和。

表达式： DSUM(database,field,criteria)

参数含义： Database构成列表或数据库的单元格区域；Field指定函数所使用的数据列；Criteria为一组包含给定条件的单元格区域。

→ EXAMPLE 统计销售部基本工资大于5000的员工个人所得税总和

Step 01 选择函数。 打开"个人所得税统计表.xlsx"工作簿，在C27:E28单元格区域完善表格，选中E28单元格，打开"插入函数"对话框，选择DSUM函数，单击"确定"按钮，如图11-18所示。

Step 02 输入参数。 打开"函数参数"对话框，在database文本框中输入"C1:J25"，在field文本框中输入"J1"，在criteria文本框中输入"C27:D28"，单击"确定"按钮，如图11-19所示。

图11-18　选择函数

11-19 输入参数

Step 03 查看计算结果。 返回工作表中，计算出销售部基本工资大于5000的员工缴纳个人所得税的总和，如图11-20所示。

图11-20 查看计算结果

提示

使用 DSUM 函数比
SUMIFS 函数计算简单
点，如果使用 SUMIFS
函数计算，则公式为
"=SUMIFS(J2:J25,
C2:C25," 销售部 ",D2:
D25,">5000")"

11.3.2 DCOUNT函数

DCOUNT函数用于统计满足指定条件并且包含数字的单元格的个数。

表达式： DCOUNT(database,field,criteria)

参数含义： Database表示需要统计的单元格区域；Field表示函数所使用的数据列；Criteria表示包含条件的单元格区域。

→ EXAMPLE 统计满足条件的数量

Step 01 输入公式。 打开"期中考试成绩表.xlsx"工作簿，在C32:F33单元格区域中完善表格，选中F33单元格，然后输入"=DCOUNT(A1:J30,"语文",C32:E33)"公式，如图11-21所示。

Step 02 计算结果。 按Enter键执行计算，统计出男生的语文成绩大于80，且总分大于450的人数为2，如图11-22所示。

实例文件

原始文件：
实例文件 \ 第 11 章 \ 原
始 文 件 \ 其中考试成
绩 .xlsx
最终文件：
实例文件 \ 第 11 章 \ 最终
文件\DCOUNT 函数.xlsx

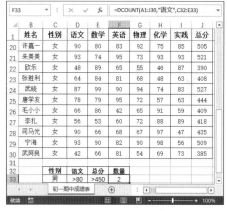

图11-21 输入公式　　　　　　　　　图11-22 查看计算结果

11.3.3 DMAX和DMIN函数

本小节将介绍DMAX和DMIN函数的功能和应用，具体如下。

1. DMAX函数

DMAX函数用于返回列表或数据库中满足指定条件的记录字段中最大的数字。

表达式： DMAX(database, field, criteria)

参数含义： Database表示构成列表或数据库的单元格区域，列表的第一行包含第一列的标签；Field表示指定函数所使用的列，输入两端带双引号的列标签，如"销售总额"或"总分"等，也可是代表列在列表中的位置的数字（不带引号），1表示第一列，

2表示第二列，依此类推；Criteria是包含所指定条件的单元格区域，Criteria 参数可以指定任意区域，只要此区域包含至少一个列标签，并且列标签下方包含至少一个指定列条件的单元格。

2. DMIN函数

DMIN函数用于返回列表或数据库中满足指定条件的记录字段中最小的数字。

表达式： DMIN(database, field, criteria)

参数含义请参照DMAX函数的参数含义。

→ **EXAMPLE** 计算满足条件的最值

Step 01 **输入公式。** 打开"销售统计表.xlsx"工作簿，在D27:G30单元格区域完善表格，选中G27单元格，输入"=DMAX(A1:H25,H1,D27:D28)"公式，如图11-23所示。

Step 02 **输入公式计算除去店长最少销售额。** 按Enter键执行计算，选中G28单元格，输入主"=DMIN(A1:H25,H1,D27:D28)"公式，如图11-24所示。

图11-23 输入公式

图11-24 输入公式

Step 03 **输入公式计算大于45万中销售总额最多的值。** 选中G29单元格，然后输入"=DMAX(A1:H25,H1,D29:D30)"公式，如图11-25所示。

Step 04 **输入公式计算大于45万中销售总额最少的值。** 选中G30单元格，然后输入"=DMIN(A1:H25,H1,D29:D30)"公式，如图11-26所示。

图11-25 输入公式

图11-26 输入公式

Step 05 **查看计算结果。** 返回工作表中，查看使用DMAX和DMIN函数计算满足不同条件的最大值和最小值，如图11-27所示。

图11-27 查看计算结果

PART

02

图表应用篇

本篇主要介绍关于图表的知识，首先介绍图表的基础知识，如图表的概述、基本操作、图表的美化以及图表的打印等。然后介绍图表的设计和分析，如设置图表的颜色、编辑图表的标题、添加坐标轴、添加趋势线以及添加折线等。通过这两章内容的学习，读者对图表有一定的了解，接下来介绍各类图表的应用，包括常规图表的应用和高级应用。最后介绍迷你图的创建和编辑操作。在学习各种图表知识时，将通过实例让读者更明了地理解图表，让读者可以轻松自如地将数值转换为易懂、直观的图表。

图表操作基础

在Excel中，使用图表可以直观地将表格中的数据展示出来。本章主要介绍图表的基础知识，如图表的概述、图表的操作、美化以及打印等。

12.1 图表的概述

图表可以将工作表中的数值以图形的方式表现出来，其功能非常强大。在使用图表之前，必须先了解图表基础知识，如图表的组成、类型和如何插入图表等。

12.1.1 图表的组成

图表中包含很多种元素，默认情况下只包含部分元素，用户可以根据需要添加或删除某元素，在以后章节中将会详细介绍。图表是由图表区、图表标题、坐标轴、图例等元素组成，如图 12-1 所示。

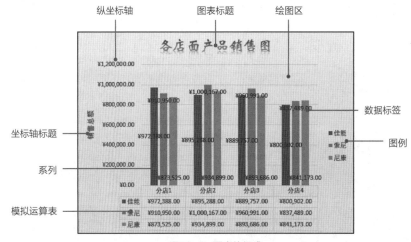

图12-1　图表的组成

1. 图表区

图表区是图表全部范围，将光标移至图表的空白区域，在光标右下角显示"图表区"文字，然后单击即可显示图表的边框和右侧 3 个按钮，分别为"图表元素"按钮、"图表样式"按钮和"图表筛选器"按钮，如图 12-2 所示。

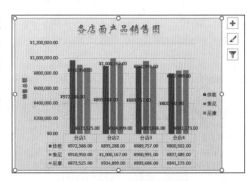

图12-2　选中图表区

单击对应的按钮，可以快速选取和预览图表元素、图表外观或筛选数据。若单击"图表元素"按钮，在右侧列表中勾选相应元素的复选框，在子列表中再勾选对应的复选框即可，如图 12-3 所示。

若单击"图表样式"按钮，在列表中可以设置图表样式和系列的颜色，如图 12-4 所示。

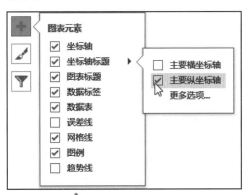

图12-3　图表元素

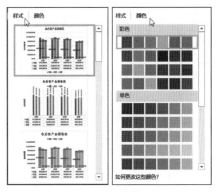

图12-4　图表样式

若单击"图表筛选器"按钮，在列表中可以对图表系列、类别的数值以及名称进行设置，如图 12-5 所示。

2. 绘图区

绘图区是指图表区内的图形表示区域，包括数据系列、刻度线标志和横纵坐标轴等。图表的绘图区主是显示数据表中的数据，将数据转换为图表的区域，其数据可以根据数据表中数据的更新而更新。

图12-5　图表筛选器

3. 图例

图例是由图例项和图例项标志组成，主要是标识图表中数据系列以及分类指定颜色或图案。用户可以根据需要将其放在右侧、左侧、顶部或底部。

交叉参考

图表的三维背景设置，将在 13.6.2 小节中进行详细地介绍。

4. 三维背景

应用三维图表时，可以设置三维背景，包括背景墙、侧面墙和基底 3 部分。浅蓝色为背景墙，浅绿色为侧面墙，橙色为基底，如图 12-6 所示。

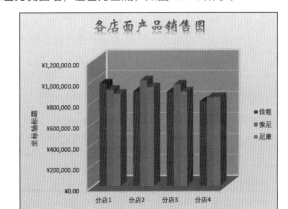

图12-6　三维背景

12.1.2

交叉参考

14 种类型的图表应用将在 12.5 节进行详细介绍。

图表的类型

Excel 提供了 14 种图表类型，分别为柱形图、折线图、饼图、条形图、面积图、股价图、XY 散点图、曲面图、雷达图、树状图、旭日图、直方图、箱形图和瀑布图。每种标准图表类型还包括对应的图表子类型，如三维簇状柱形图、三维折线图和复合饼图等。除此之外，还包括图表中使用多种图表类型创建的复合图。

Excel 中包含的 14 种图表类型，可以在"插入图表"对话框中进行选择，如图 12-7 所示。

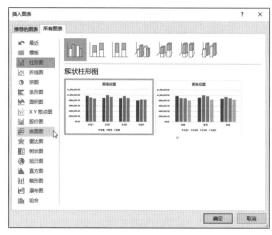

图12-7　图表的标准类型

12.1.3

实例文件

原始文件：
实例文件\第 12 章\原始文件\店面销售统计表 .xlsx
最终文件：
实例文件\第 12 章\最终文件\创建图表 .xlsx

创建图表

选择合适的图表类型才能让数据更好地展示，Excel 中提供的"推荐的图表"功能，可以根据数据类型推荐最合适的图表，下面介绍具体操作方法。

Step 01 启用"推荐的图表"功能。打开"店面销售统计表.xlsx"工作簿，选中表格中任意单元格，切换至"插入"选项卡，单击"图表"选项组中的"推荐的图表"按钮，如图12-8所示。

图12-8　单击"推荐的图表"按钮

提示

用户也可以单击"图表"选项组中的图表类型下三角按钮，如"插入柱形图或条形图"下三角按钮，在列表中选择图表类型即可。

Step 02 选择图表类型。打开"插入图表"对话框，在"推荐的图表"选项卡下，通过拖动滚动条选择满意类型，单击"确定"按钮，如图12-9所示。

Step 03 查看创建的图表。返回工作表中，即可创建选中的类型的图表，如图12-10所示。

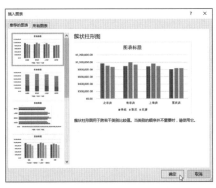

图12-9　选择图表类型

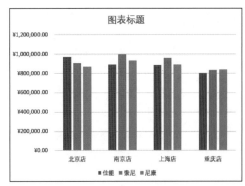

图12-10　查看创建的图表

实例文件

原始文件：
实例文件\第 12 章\原
始文件\店面销售统计
表.xlsx
最终文件：
实例文件\第 12 章\最
终文件\创建不连续数
据区域的图表.xlsx

上述介绍的是为连续的数据区域创建图表的方法，用户也可以根据需要为不连续的数据区域创建图表，下面介绍具体操作方法。

Step 01 **创建饼图。**打开"店面销售统计表.xlsx"工作簿，按住Ctrl键选中不连续的区域，切换至"插入"选项卡，单击"图表"选项组中的"插入饼图或圆环图"下三角按钮，在列表中选择"三维饼图"选项，如图12-11所示。

Step 02 **查看插入饼图的效果。**返回工作表中，可见插入的三维饼图只显示选中区域的数据信息，如图12-12所示。

提示

用户也可以使用快捷键
插入图表，选择数据区
域，按 Alt+F1 组合键
即可创建图表。

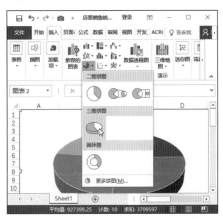

图12-11　选择"三维饼图"选项

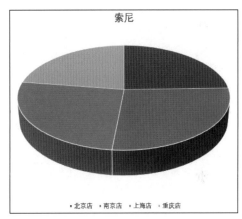

图12-12　查看效果

12.2 图表的基本操作

图表创建完成后，用户可以根据需要对其进行编辑操作，如更改图表大小、移动图表、图表的复制或删除等。

12.2.1 调整图表的大小

用户可以根据效果需要调整图表的大小，即设置图表的长度和宽度。调整图表的大小分为手动调整和精确调整两种方法，下面介绍具体操作方法。

方法1 **手动调整**

Step 01 **拖曳控制点。**打开"员工信息表.xlsx"工作表，选中图表，然后将光标移至控制点，如右下角控制点，然后按住鼠标左键不放进行拖曳，如图12-13所示。

Step 02 **查看调整后的图表**。在拖曳过程中出现预览的边框,符合用户要求大小后,释放左键即可,如图12-14所示。

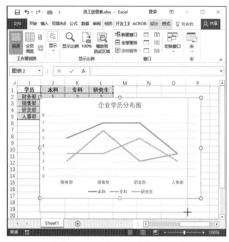 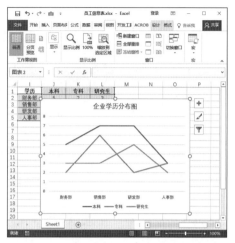

图12-13 拖曳控制点　　　　　　图12-14 查看调整后的图表

方法2 **精确调整**

选中图表,切换至"图表工具-格式"选项卡,在"大小"选项组中分别设置"高度"和"宽度"的数值,如图12-15所示。

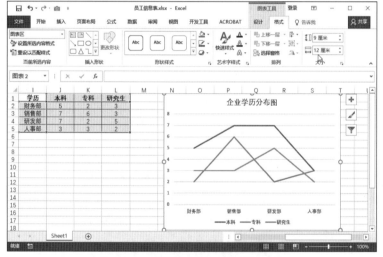

图12-15 设置"高度"和"宽度"的数值

12.2.2 更改图表的类型

创建表格后,用户如果觉得该图表类型不能完全达到展示数据的效果,可以更改图表的类型,下面介绍具体操作方法。

Step 01 **启用"更改图表类型"功能**。打开"员工信息表.xlsx"工作表,选中图表,切换至"图表工具-设计"选项卡,单击"类型"选项组中"更改图表类型"按钮,如图12-16所示。

Step 02 **选择图表类型**。打开"更改图表类型"对话框,在"所有图表"选项卡中选择"柱形图"选项,在右侧选项区域中选择"簇状柱形图"图表类型,单击"确定"按钮,如图12-17所示。

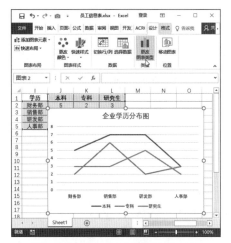

图12-16 单击"更改图表类型"按钮

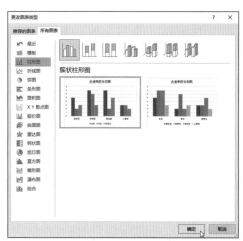

图12-17 选择图表类型v

Step 03 **查看更改图表类型的效果**。返回工作表中,可见将原有的折线图更改为柱形图,其他元素没有变化,如图12-18所示。

Step 04 **启用"更改图表类型"功能的另一方法**。选中图表并右击,在快捷菜单中选择"更改图表类型"命令,即可打开"更改图表类型"对话框,然后根据相同的方法更改类型即可,如图12-19所示。

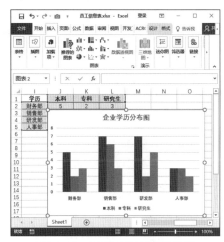

图12-18 查看更改为柱形图的效果

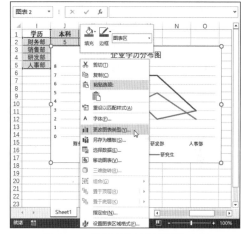

图12-19 选择"更改图表类型"命令

12.2.3 移动图表

在 Excel 中创建图表后,默认情况下图表和数据源在同一工作表中,用户可以根据需要将图表进行移动,下面介绍具体操作方法。

Step 01 **在工作表内移动**。打开"下半年各种酒销售统计.xlsx"工作表,将光标移至图表区,变为十字箭头形状时,按住鼠标左键并拖动至需要的位置,然后释放鼠标即可,如图12-20所示。

Step 02 **移至不同工作表中**。选中图表,切换至"图表工具-设计"选项卡,单击"位置"选项组中的"移动图表"按钮,如图12-21所示。

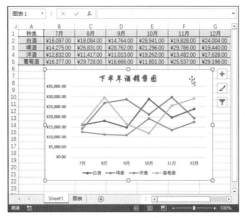

图12-20　在工作表内移动

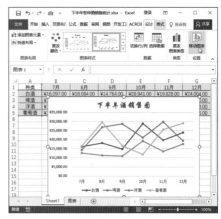

图12-21　单击"移动图表"按钮

在 Excel 中图表有两种显示方式，步骤 4 中移动后的图表为图表工作表，是独立的工作表，只能显示图表，而不能输入数据；步骤 5 中为嵌入式图表，就是图表在数据工作表显示。

Step 03 设置图表移动的位置。打开"移动图表"对话框，选择"新工作表"单选按钮，然后输入名称，单击"确定"按钮，如图12-22所示。

Step 04 查看移动图表后的效果。返回工作表中，创建新工作表，显示移动的图表，而且原图表将不存在，如图12-23所示。

图12-22　设置图表移动的位置

Step 05 嵌入式移动图表。若在步骤3的对话框中，选中"对象位于"单选按钮，单击右侧下三角按钮，在列表中选择工作表名称，如选择Sheet3工作表，单击"确定"按钮后，图表将移至指定工作表，如图12-24所示。

图12-23　查看效果

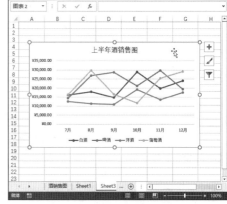

图12-24　嵌入式移动图表

12.2.4 编辑图表中的数据

　　图表中的数据会根据源数据的变化而更新，用户可以根据需要对图表的数据进编辑操作，如删除或添加数据，下面介绍详细操作方法。

1. 添加数据

Step 01 启用"选择数据"功能。打开"下半年各种酒销售统计.xlsx"工作表，选中图表，切换至"图表工具-设计"选项卡，单击"数据"选项组中的"选择数据"按钮，如图12-25所示。

实例文件

原始文件:
实例文件\第 12 章\原
始文件\下半年各种酒
销售统计 .xlsx
最终文件:
实例文件\第 12 章\最
终文件\添加数据 .xlsx

Step 02 选中数据。打开"选择数据源"对话框,单击"图表数据区域"右侧折叠按钮,返回工作表中,选择A1:G5单元格区域,如图12-26所示。

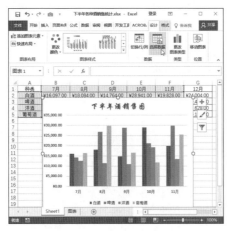
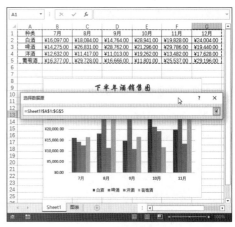

图12-25 单击"选择数据"按钮   图12-26 选择数据区域

提 示

用户也可以右击图表,
在快捷菜单中选择"选
择数据"命令,在打开
的"选择数据源"对话
框中进行设置。

Step 03 确定数据区域。再次单击折叠按钮,返回"选择数据源"对话框,单击"确定"按钮,如图12-27所示。

Step 04 查看添加12月份销售金额的数据效果。返回工作表中,在图表中显示添加的数据信息,如图12-28所示。

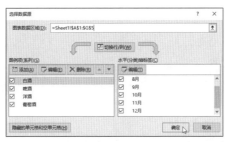
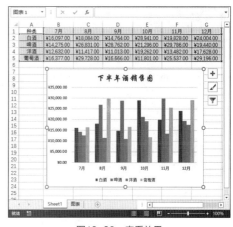

图12-27 确定数据区域   图12-28 查看效果

2. 删除数据

实例文件

原始文件:
实例文件\第 12 章\原
始文件\下半年各种酒
销售统计 .xlsx
最终文件:
实例文件\第 12 章\最
终文件\删除数据 .xlsx

Step 01 选择删除的系列。打开"下半年各种酒销售统计.xlsx"工作表,选中图表,打开"选择数据源"对话框,在"图例项"或"水平轴标签"选项区域中取消勾选需要删除的数据,如"洋酒"、"7月"和"10月"复选框,单击"确定"按钮,如图12-29所示。

Step 02 查看效果。返回工作表中,在图表中删除取消勾选的相关数据信息,如图12-30所示。

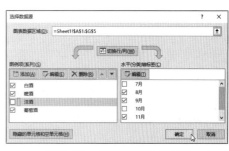

图12-29 "选择数据源"对话框

Step 03 **更改系列的顺序**。打开"选择数据源"对话框，在"图例项（系列）"选项区域中，选中系列，单击"上移"或"下移"按钮，即可调整系列的显示顺序，如图12-31所示。

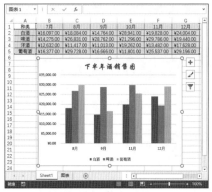 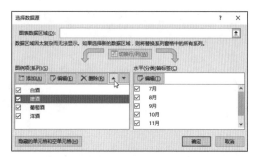

图12-30　查看效果　　　　　　　　　图12-31　更改系列的顺序

12.2.5 将图表转换为图片或图形

创建图表后，用户可以将其转换为图片或图形以备不同情况下使用，下面介绍具体操作方法。

1. 将图表转换为图片

Step 01 **复制图表**。打开"店面销售统计表.xlsx"工作表，选中图表并右击，在快捷菜单中选择"复制"命令，如图12-32所示。

Step 02 **粘贴图表**。选择需要粘贴的位置并右击，在快捷菜单的"粘贴选项"选项区域中选择"图片"命令即可，在功能区中将显示"图片工具"选项卡，如图12-33所示。

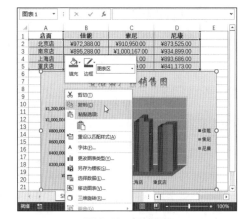 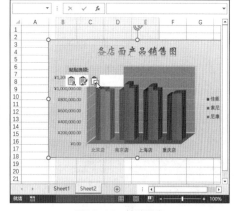

图12-32　复制图表　　　　　　　　　图12-33　粘贴图表

2. 将图表转换为图形

Step 01 **粘贴图表**。选中图表进行复制，然后选择需放置的位置并右击，在快捷菜单中选择"选择性粘贴"命令，如图12-34所示。

Step 02 **选择粘贴方式**。打开"选择性粘贴"对话框，在"方式"列表框中选择"图片（增强型图元文件）"选项，单击"确定"按钮，如图12-35所示。

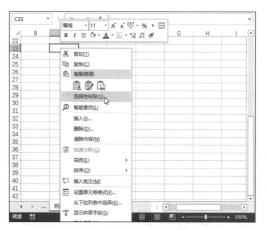

图12-34 选择“选择性粘贴”命令

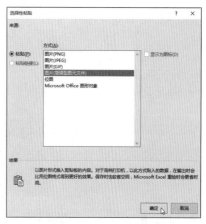

图12-35 选择粘贴方式

Step 03 **确定将图表转换为图形。** 选中粘贴的图表并右击，在快捷菜单中选择“组合>取消组合”命令，在弹出的对话框中单击“是”按钮，如图12-36所示。

图12-36 单击“是”按钮

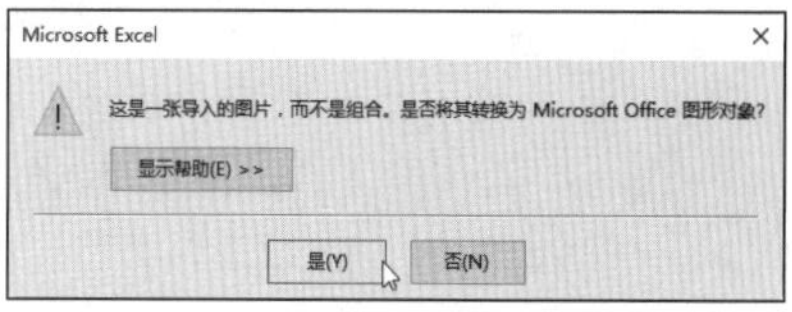

Step 04 **取消组合。** 再次选中图表并右击，在快捷菜单中选择“组合>取消组合”命令，如图12-37所示。

Step 05 **查看转换为图形的效果。** 在功能区中显示“绘图工具”和“图片工具”选项卡，说明得到一个图形与文本框，将图片拖曳出来其余部分为图形，如图12-38所示。

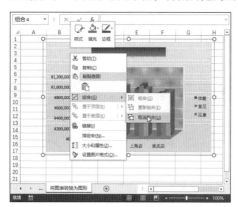

图12-37 取消组合

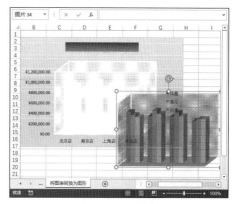

图12-38 查看效果

12.2.6 在图表上显示单元格的内容

实例文件

原始文件：
实例文件\第12章\原始文件\店面销售统计表.xlsx

最终文件：
实例文件\第12章\最终文件\在图表上显示单元格的内容.xlsx

创建图表后，用户可以在图表上显示指定单元格的内容，这需要通文本框来实现，下面介绍具体操作方法。

Step 01 **修改数据。** 打开“店面销售统计表.xlsx”工作表，将表格中的数据修改为以千元为单位，并在E2单元格中输入相关文字，如图12-39所示。

Step 02 **启用“绘制横排文本框”功能。** 切换至“插入”选项卡，单击“文本”选项组中的“文本框”下三角按钮，在下拉列表中选择“绘制横排文本框”选项，如图12-40所示。

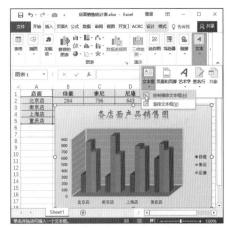

图12-39　修改数据　　　　图12-40　选择"绘制横排文本框"选项

Step 03 **绘制文本框**。光标变为倒着的十字形,在图表的左上角按住鼠标左键进行拖曳,绘制合适大小的文本框,如图12-41所示。

Step 04 **输入公式**。绘制完成后,在编辑栏中输入"="等号,然后选中E2单元格,显示公式为"=Sheet1!$E$2",然后按Enter键执行计算,如图12-42所示。

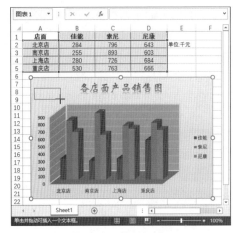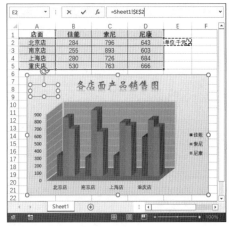

图12-41　绘制文本框　　　　图12-42　输入公式

Step 05 **查看显示效果**。在文本框中显示E2单元格中的内容,效果如图12-43所示。

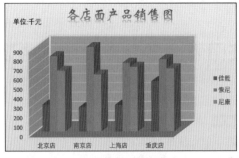

图12-43　查看效果

Step 06 **设置文本框的轮廓**。选中文本框,切换至"绘图工具-格式"选项卡,单击"形状样式"选项组中"形状轮廓"下三角按钮,在列表中设置轮廓宽度为"0.5磅",如图12-44所示。

Step 07 **更改形状。**单击"插入形状"选项组中"编辑形状"下角按钮，在列表中选择"改变形状>对话气泡:矩形"形状，如图12-45所示。

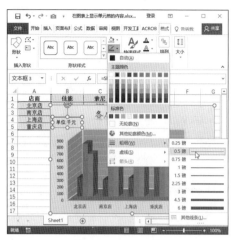

图12-44　设置轮廓　　　　　图12-45　更改形状

Step 08 **调整形状。**选中形状中黄色控制点，向下拖动至合适位置，查看最终效果，如图12-46所示。

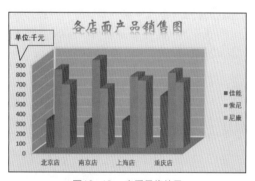

图12-46　查看最终效果

12.3 图表的美化

　　图表默认情况下是白底黑字，为了更好地展示数据，用户可以对图表进行美化。本节主要对图表样式的应用、形状样式的设置以及快速布局的选择等操作进行详细介绍。

12.3.1 快速更改图表布局

　　创建图表后，用户可以为图表添加需要的元素，也可以快速为图表应用预设的布局，下面介绍详细的操作方法。

Step 01 **选择布局。**打开"员工信息表.xlsx"工作表，选中图表，切换至"图表工具-设计"选项卡，单击"图表布局"选项组中的"快速布局"下三角按钮，在列表中选择合适的布局，如图12-47所示。

Step 02 **查看应用布局后的效果。**返回工作表中，在纵坐标标题框中输入标题，查看应用选中布局的效果，如图12-48所示。

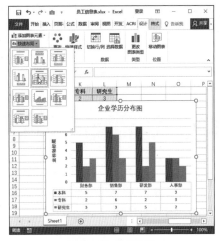

图12-47 选择布局

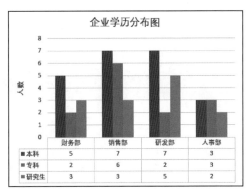

图12-48 查看效果

12.3.2 应用图表样式

在 Excel 中预设了 10 多种图表样式，用户可以直接套用，为图表快速进行美化操作。下面介绍具体操作方法。

Step 01 **打开图表样式列表。** 打开"员工学历统计表.xlsx"工作表，选中图表，切换至"图表工具-设计"选项卡，单击"图表样式"选项组中"其他"下三角按钮，如图12-49所示。

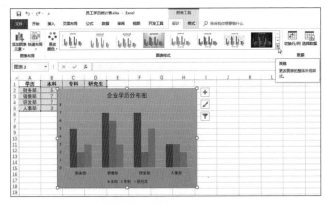

图12-49 单击"其他"按钮

Step 02 **选择样式。** 在打开的图表样式列表中选择合适的样式，此处选择"样式4"，如图12-50所示。

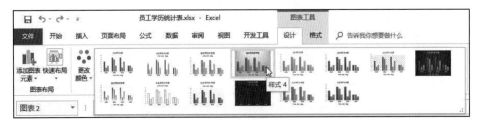

图12-50 选择"样式4"选项

Step 03 **查看应用图表样式后的效果。** 返回工作表中可见图表已经应用"样式4"的效果，如图12-51所示。

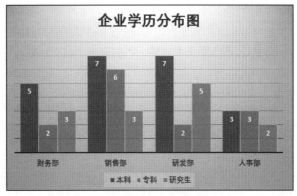

图12-51　查看效果

12.3.3 应用形状样式

Excel提供了70多种形状样式，用户直接套用即可。应用形状样式可以设置填充的颜色、图表的轮廓、轮廓的效果等，下面介绍具体操作方法。

Step 01 打开形状样式列表。打开"员工学历统计表.xlsx"工作表，选中图表，切换至"图表工具-格式"选项卡，单击"形状样式"选项组中的"其他"下三角按钮，如图12-52所示。

Step 02 选择样式。在打开的形状样式列表中选择需要的样式，此处选择"细微效果-橙色，强调颜色2"样式，如图12-53所示。

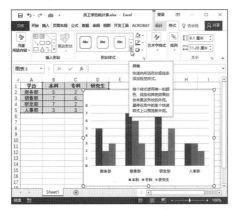

图12-52　单击"其他"按钮

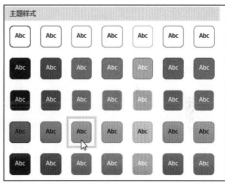

图12-53　选择形状样式

Step 03 查看应用形状样式后的效果。返回工作表中查看效果，如图12-54所示。

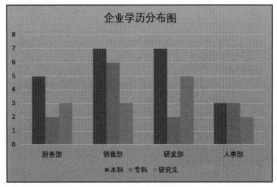

图12-54　查看效果

Step 04 **设置轮廓颜色。** 单击"形状样式"选项组中的"形状轮廓"下三角按钮，在列表中设置轮廓宽度为"1.5磅"，设置颜色为浅蓝色，如图12-55所示。

Step 05 **设置轮廓线型。** 再次单击"形状轮廓"下三角按钮，在列表中选择"虚线>短划线"选项，如图12-56所示。

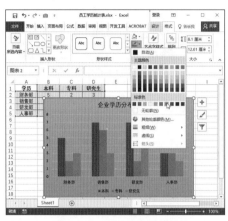

图12-55　设置颜色为浅蓝色

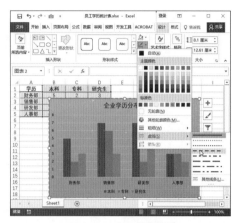

图12-56　设置轮廓线型

Step 06 **设置形状效果。** 单击"形状效果"下三角按钮，在列表中选择"预设>预设7"选项，如图12-57所示。

Step 07 **查看效果。** 返回工作表中，查看图表应用形状样式后的效果，如图12-58所示。

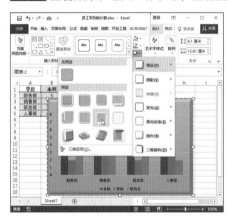

图12-57　选择形状效果

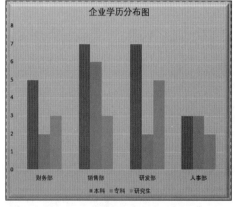

图12-58　查看应用形状样式效果

Step 08 **选择"发光"效果。** 用户也可以自定义效果，在"形状效果"列表中选择"发光"效果，如图12-59所示。

Step 09 **启用"发光选项"功能。** 再次单击"形状效果"下三角按钮，在列表中选择"发光>发光选项"选项，如图12-60所示。

Step 10 **设置发光参数。** 打开"设置图表区格式"导航窗格，设置颜色为浅蓝色，大小为"15磅"，透明度为40%，如图12-61所示。

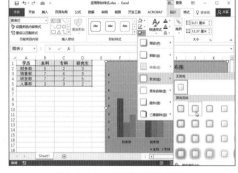

图12-59　选择"发光"效果

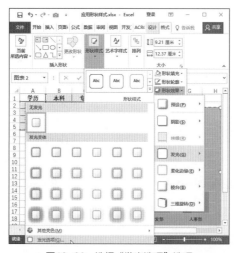

图12-60　选择"发光选项"选项　　　　　　　　图12-61　设置发光参数

Step 11 **查看效果**。返回工作表中，查看自定义的发光效果，如图12-62所示。

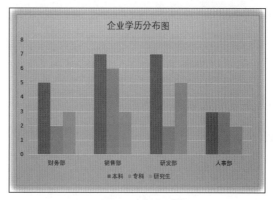

图12-62　查看发光效果

12.3.4　应用主题

用户可以通过应用主题美化图表，首先选中图表，切换至"页面布局"选项卡，单击"主题"选项组中的"主题"下三角按钮，在列表中选择合适的主题即可，如图12-63所示。

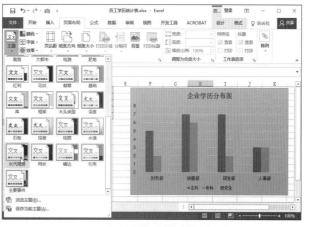

图12-63　应用主题

12.4 图表的打印

编辑完图表后，用户可以将其打印出以供传阅。在打印图表时，可以单独打印图表，也可以和数据一起打印，下面介绍具体的操作方法。

12.4.1 打印数据和图表

当用户需要数据和图表一起打印时，可分为两种情况，第一种是图表和数据打印在同一页面上；第二种是将数据和图表分别打印在不同页面，下面介绍具体的操作方法。

Step 01 **数据和图表打印在同一页面。** 打开"员工学历统计表.xlsx"工作簿，将图表和数据排列好，执行"文件>打印"操作，如图12-64所示。

Step 02 **查看打印效果。** 在右侧打印预览区域可见，数据和图表打印在同一页面，如图12-65所示。

图12-64 选择"打印"选项　　　　图12-65 查看打印效果

Step 03 **将数据和图表打印在不同页面。** 选择E6单元格，切换至"页面布局"选项卡，单击"页面设置"选项组中的"分隔符"下三角按钮，在列表中选择"插入分页符"选项，如图12-66所示。

Step 04 **查看效果。** 执行"文件>打印"操作，在预览区域可见数据和图表分别在不同页面，如图12-67所示。

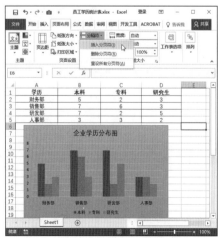

图12-66 选择"插入分页符"选项

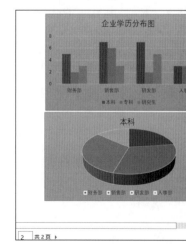

图12-67 查看打印效果

> **提示**
>
> 将图表和数据打印在同一页面时，需要将图表和数据排列在同一页面，否则会根据打印区域的大小，打印在不同页面。

> **提示**
>
> 使用分页符时，需要注意，以设置分页符的单元格左上角将页面分为4个区域，并分别打印出来。

当表格中包含多个图表时，用户也可以只打印某图表和数据区域，下面介绍具体操作方法。

Step 01 **设置打印的区域**。打开工作表，选择打印的区域，包括需要打印的图表和数据，切换至"页面布局"选项卡，单击"页面设置"选项组中的"打印区域"下三角按钮，在列表中选择"设置打印区域"选项，如图12-68所示。

Step 02 **查看打印效果**。进入打印预览界面，可见选中区域被打印，未选中的区域不会打印，如图12-69所示。

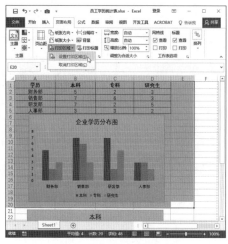
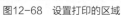

图12-68 设置打印的区域

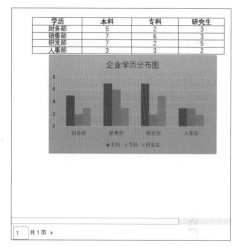

图12-69 查看打印效果

12.4.2 只打印图表

如果用户只需要打印图表，不打印工作表中的数据时，可以通过以下操作方法实现。

Step 01 **选择图表**。打开"员工学历统计表.xlsx"工作簿，选择需要打印的图表，然后单击"文件"标签，如图12-70所示。

Step 02 **查看打印效果**。选择"打印"选项，在右侧预览区域可见只打印选中的图表，如图12-71所示。

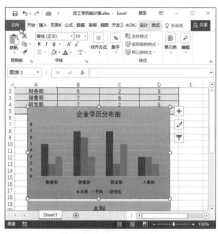

图12-70 选择图表

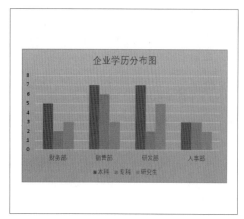

图12-71 查看打印效果

下面介绍只打印多张图表的操作方法，具体如下。

Step 01 查看打印效果。按住Shift键选中需要打印的图表，然后进入打印预览界面，可见工作表中数据和图表都被打印了，如图12-72所示。

Step 02 设置打印区域。选择需要打印图表所在的单元格区域，单击"打印区域"下三角按钮，在列表中选择"设置打印区域"选项，如图12-73所示。

提示

打印多张图表时，还需要设置打印的区域，本案例介绍两种设置打印区域的方法。

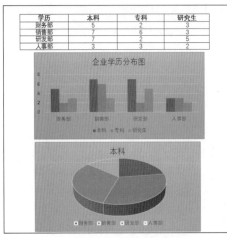

图12-72 查看打印效果

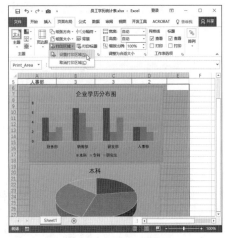

图12-73 设置打印区域

Step 03 查看打印多张图表的效果。返回工作表中，进入打印预览界面，可见只打印选中的图表，如图12-74所示。

Step 04 查看打印效果。在工作表中选中图表所在的单元格区域，执行"文件>打印"操作，可见全部信息被打印，如图12-75所示。

提示

在"打印"区域中，还可以设置打印方向、缩放以及页边距等参数。

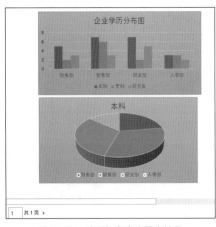

图12-74 查看打印多张图表效果

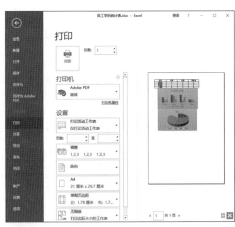

图12-75 查看打印效果

Step 05 设置打印选定的区域。在"设置"选项区域中，单击"打印活动工作表"下三角按钮，选择"打印选定区域"选项，查看打印效果，如图12-76所示。

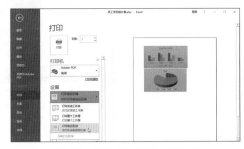

图12-76 选择"打印选定区域"选项

12.5 了解各类图表

创建图表是为了更好地展示数据，使浏览者更容易理解数据之间的关系。Excel 2016 提供了 10 多种图表的类型，用户根据数据的特征选择合适的图表。下面详细介绍图表的类型以及应用范围。

12.5.1 柱形图

柱形图是最常用的图表类型之一，用于显示一段时间内的数据变化或说明各项数据之间的比较情况，通常情况下沿横坐标轴组织类别，沿纵坐标轴组织数值。

柱形图包括 7 个子类型，分别为"簇状柱形图"、"堆积柱形图"、"百分比堆积柱形图"、"三维簇状柱形图"、"三维堆积柱形图"、"三维百分比堆积柱形图"和"三维柱形图"。

例如，某公司统计 4 个分店不同品牌相机的销售数据，使用柱形图展示各数据的分布情况，横坐标轴为各分店名称，纵坐标轴是各品牌相机的销售金额。下面使用簇状柱形图显示数据，描述各分店销售各品牌相机总金额的比较情况，如图 12-77 所示。

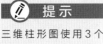

提示

二维柱形图包括"簇状柱形图"、"堆积柱形图"和"百分比堆积柱形图"。

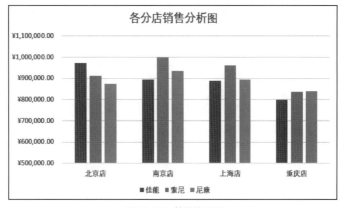

图12-77　簇状柱形图

下面我们将其转换为"三维柱形图"，效果如图 12-78 所示。三维柱形图可以很好地比较各店面不同品牌的销售金额情况。纵着比较是同店面各品牌的销售比较情况，横着比较是同一品牌，不同店面之间的数据比较情况，可见"三维柱形图"可以同时跨类别和系列比较数据。但是三维柱形图很容易产生一些错觉，很难进行精确比较。

提示

三维柱形图使用 3 个坐标轴，分别为"横坐标轴"、"纵坐标轴"和"竖坐标轴"。

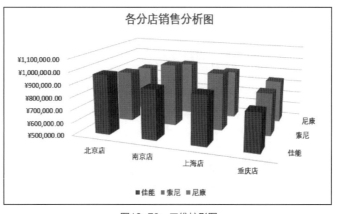

图12-78　三维柱形图

12.5.2 折线图

折线图用于显示在相等时间间隔下数据的变化情况。在折线图中，类别数据沿横坐标均匀分布，所有数值沿垂直轴均匀分布。

折线图也包括 7 个子类型，分别为"折线图"、"堆积折线图"、"百分比堆积折线图"、"带数据标记的折线图"、"带数据标记的堆积折线图"、"带数据标记的百分比堆积折线图"和"三维折线图"。

图 12-79 为下半年各种酒的销售图，其中横坐标轴显示月份，纵坐标轴显示各种酒的销售金额。

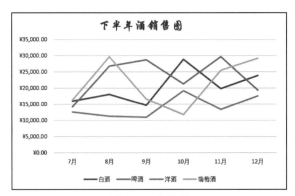

图12-79　折线图

将其转换为"三维折线图"，效果如图 12-80 所示。展示数据的效果与三维柱形图相似。

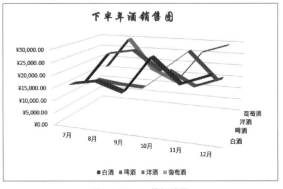

图12-80　三维折线图

12.5.3 饼图和圆环图

饼图用于只有一个数据系列的数据，反映各项的数值与总和的比例，在饼图中各数据点的大小表示占整个饼图的百分比。

饼图包括 5 个子类型，分别为"饼图"、"三维饼图"、"复合饼图"、"复合条饼图"和"圆环图"。

使用饼图时，需要满足以下几个条件：数据区域仅包含一列数据系列；绘制的数值没有负值；需要绘制的数值几乎没有零值等。

图 12-81 为各部门费用分布图。各系列的大小表示占整个饼图的百分比，其中各系列中的数值是可以根据需要进行设置。

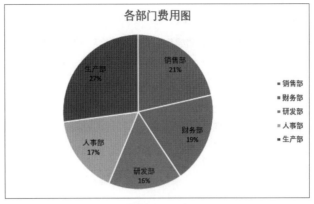

图12-81　饼图

圆环图包含在饼图内，但是圆环图可以显示多个数据系列，其中每个圆环代表一个数据系列，每个圆环的百分比总计为100%，图13-82为圆环图。

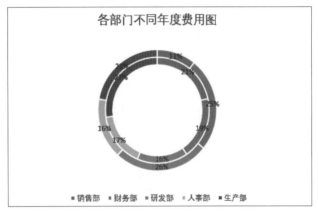

图12-82　圆环图

12.5.4 条形图

条形图用于多个项目之间的比较情况。条形图相当于柱形图顺时针旋转90度，它强调的是特定时间点上分类轴和数值的比较。

条形图包括6个子类型，分别为"族状条形图"、"堆积条形图"、"百分比堆积条形图"、"三维簇状条形图"、"三维堆积条形图"和"三维百分比堆积条形图"。

将上述介绍的折线图转换为簇状条形图，效果如图12-83所示。

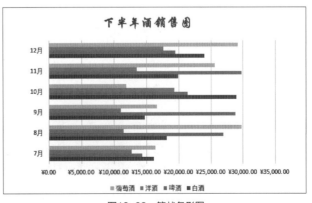

图12-83　簇状条形图

12.5.5 XY散点图

XY 散点图显示若干数据系列中各数值之间的关系。XY 散点图有两个数值轴，分别为水平数值轴和垂直数值轴。散点图将 X 值 和 Y 值合并到单一的数据点，按不均匀的间隔显示数据点。

XY 散点图包括 7 个子类型，分别为"散点图"、"带平滑线和数据标记的散点图"、"带平滑线的散点图"、"带直线和数据标记的散点图"、"带直线的散点图"、"气泡图"和"三维气泡图"。

图 12-84 以 XY 散点图显示各种酒每个月的销售额。

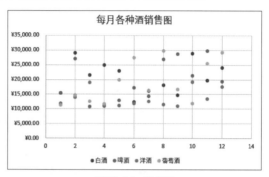

图12-84　散点图

图 12-85 以气泡图显示白酒每月的销售情况。

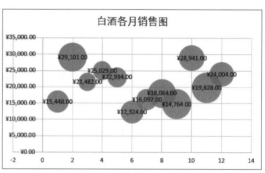

图12-85　气泡图

12.5.6 面积图

面积图用于显示各数值随时间变化的情况，通过显示数值总和，直观地表现出部分与整体的关系。

图 12-86 以堆积面积图显示下半年各种酒的销售情况。

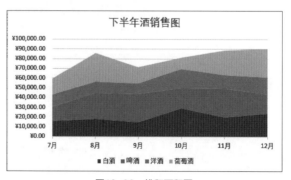

图12-86　堆积面积图

面积图包括 6 个子类型，分别为"面积图"、"堆积面积图"、"百分比堆积面积图"、"三维面积图"、"三维堆积面积图"和"三维百分比堆积面积图"。

12.5.7 股价图

股价图用于描述股票的波动趋势，当然也可以显示其他数据。创建股价图时数据区域必须按照正确的顺序排列。

股价图包括 4 个子类型，分别为"盘高－盘低－收盘图"、"开盘－盘高－盘低－收盘图"、"成交量－盘高－盘低－收盘图"和"成交量－开盘－盘高－盘低－收盘图"。

图 12-87 以开盘－盘高－盘低－收盘图显示股票的情况。

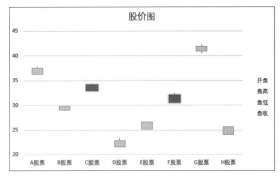

图12-87　开盘－盘高－盘低－收盘图

12.5.8 曲面图

曲面图是以平面来显示数据的变化趋势，像在地形图中一样，颜色和图案表示处于相同数值范围内的区域。

曲面图包括 4 个子类型，分别为"三维曲面图"、"三维线框曲面图"、"曲面图"和"曲面图（俯视框架图）"。

将下半年各种酒的销售数据以曲面图的形式显示，如图 12-88 所示。

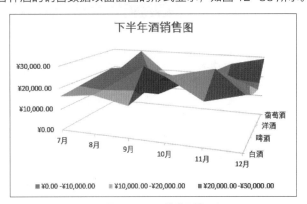

图12-88　三维曲面图

12.5.9 雷达图

雷达图用于显示数据系列相对于中心点以及相对于彼此数据类别间的变化。雷达图的每个分类都有自己的数字坐标轴，由中心向外辐射，并由折线将同一系列中的数值连接起来。

雷达图包括 3 个子类型，分别为"雷达图"、"带数据标记的雷达图"和"填充雷达"。将下半年各种酒的销售数据以雷达图的形式显示，如图 12-89 所示。

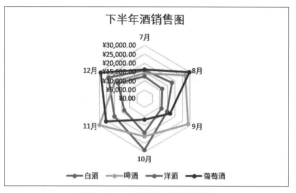

图12-89　带数据标记的雷达图

12.5.10 树状图

树状图用于展示数据之间的层级和占比关系，其中矩形的面积表示数据的大小。树状图可以显示大量数据，它不包含子类型图表。树状图中各矩形的排列是随着图表的大小变化而变化的。

将下半年各种酒的销售数据以树状图的形式显示，如图 12-90 所示。

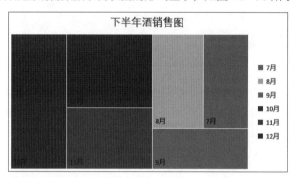

图12-90　树状图

12.5.11 旭日图

旭日图可以表达清晰的层级和归属关系，以父子层次结构来显示数据的构成情况。在旭日图中每个圆环代表同一级别的数据，离原点越近级别越高。

某婴幼儿卖场，按季度、月和周统计销售额，下面以旭日图的形式展示数据，如图 12-91 所示。

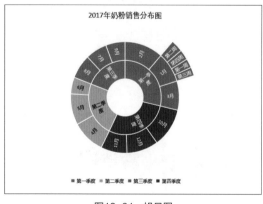

图12-91　旭日图

12.5.12 直方图

直方图用于展示数据的分组分布状态，常用于分析数据在各个区间分部比例，用矩形的高度表示频数的分布。

期中考试结束后，班主任使用直方图显示不同分数段的人数，效果如图12-92所示。

提 示

创建直方图之前必须添加"分析工具库"加载项，具体操作可参照14.5节相关知识。

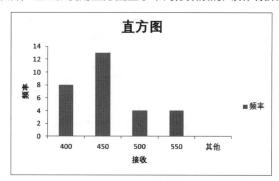

图12-92 直方图

12.5.13 箱型图

箱型图是 Excel 2016 新增的图表类型，其优势在于很方便地查看一批数据的四分值、平均值以及离散值。

统计各班级的各科成绩，使用箱型图展示数据的效果如图12-93所示。

提 示

箱型图的数据系列中从上至下的数据分别表示最高值、75% 四分值、平均值、50% 四分值、25% 四分值和最低值。

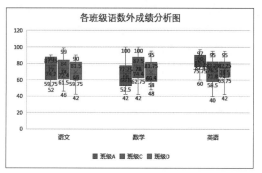

图12-93 箱型图

12.5.14 瀑布图

瀑布图是由麦肯锡顾问公司所独创的图表类型，该图表采用绝对值与相对值结合的方式，适用于表达数个特定数值之间的数量变化关系。

某员工统计 1 月份工资表，以瀑布图展示相关数据，如图 12-94 所示。

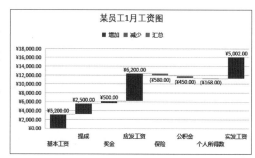

图12-94 瀑布图

Chapter 13

图表的设计和分析

上一章介绍了图表的创建、图表的基本操作、图表的整体美化以及图表的打印等知识，用户如果想将图表制作得更吸引浏览者，还需要对图表的各元素进行设计，如图表区、标题、数据标签以及三维显示等。通过本章的学习读者可以制作出更加美观、个性的图表。

13.1 图表的颜色和边框

用户可以通过设置图表的颜色和边框，对图表进行美化。本节将介绍图表的渐变填充、图案填充、图片和纹理填充等，并对图表的边框颜色和宽度进行设置。

13.1.1 设置图表的颜色

上一章介绍使用"形状样式"功能为图表填充纯色，本小节主要介绍图表的填充渐变、图案以及背景图片的应用等，下面介绍具体的操作方法。

1. 填充渐变颜色

Step 01 启用"设置图表区格式"导航窗格。打开"店面销售统计表.xlsx"工作簿，选中图表，切换至"图表工具-格式"选项卡，单击"形状样式"选项组中的对话框启动器按钮，如图13-1所示。

Step 02 设置渐变颜色。打开"设置图表区格式"导航窗格，在"填充"选项区域选中"渐变填充"单选按钮，设置类型为"矩形"，分别设置各渐变光圈的颜色、亮度和透明度的值，如图13-2所示。

✏️ 提示

设置渐变光圈，首先选中某一光圈，在下方设置填充颜色，透明度和亮度。如果需要添加渐变光圈，在线条上单击即可，或者选中某光圈，单击"添加渐变光圈"按钮，即可在右侧添加渐变光圈。

图13-1　单击对话框启动器按钮　　　　图13-2　设置渐变颜色

Step 03 **查看设置渐变填充的效果**。返回工作表中，可见选中的图表应用渐变颜色，如图13-3所示。

2. 填充图案

Step 01 **启用"设置图表区格式"导航窗格。**打开"店面销售统计表.xlsx"工作表，选中图表并右击，在快捷菜单中选择"设置图表区域格式"命令，如图13-4所示。

Step 02 **设置图案**。打开"设置图表区格式"导航窗格，在"填充"选项区域中选中"图案

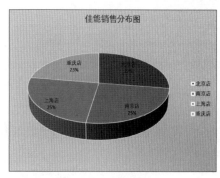

图13-3　查看效果

≫ 实例文件

原始文件：
实例文件\第13章\原始文件\店面销售统计表.xlsx
最终文件：
实例文件\第13章\最终文件\为图表填充图案.xlsx

填充"单选按钮，然后在"图案"选项区域选择合适的图案，并设置前景和背景的颜色，如图13-5所示。

图13-4　选择"设置图表区域格式"命令

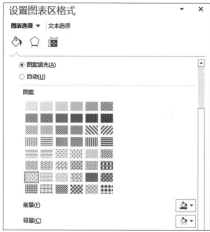

图13-5　选择图案

Step 03 **查看图案填充效果**。关闭导航窗格，可见选中的图表应用图案填充，效果如图13-6所示。

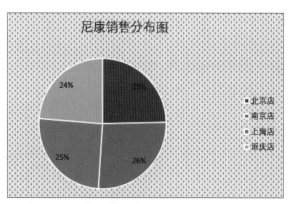

图13-6　查看效果

3. 填充纹理或图片

Step 01 **填充纹理**。打开"店面销售统计表.xlsx"工作表，选中图表，打开"设置图表区格式"导航窗格，在"填充"选项区域选中"图片或纹理填充"单选按钮，单击"纹理"下三角按钮，选择纹理，并设置纹理的参数，效果如图13-7所示。

实例文件

原始文件:

实例文件\第13章\原始文件\店面销售统计表.xlsx

最终文件:

实例文件\第13章\最终文件\为图表填充纹理或图片.xlsx

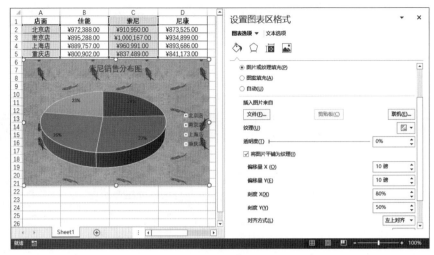

图13-7　填充纹理效果

Step 02 **填充图片**。选中其他图表，在打开的"设置图表区格式"导航窗格中选中"图片或纹理填充"单选按钮，然后单击"文件"按钮，如图13-8所示。

Step 03 **选择图片**。打开"插入图片"对话框，选择合适的图片，单击"插入"按钮，返回导航窗格中，设置透明度的值，如图13-9所示。

图13-8　单击"文件"按钮

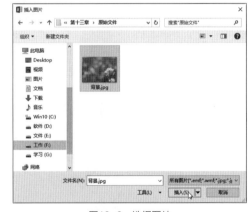

图13-9　选择图片

提示

用户可以提前准备好需要插入的图片，如果没有合适图片，在"设置图表区格式"导航窗格中单击"联机"按钮，在打开对话框输入关键字，自动联机搜索相关图片，选择满意的图片即可。

Step 04 **查看图片填充效果**。返回工作表中，可见选中的图表填充了图片，效果如图13-10所示。

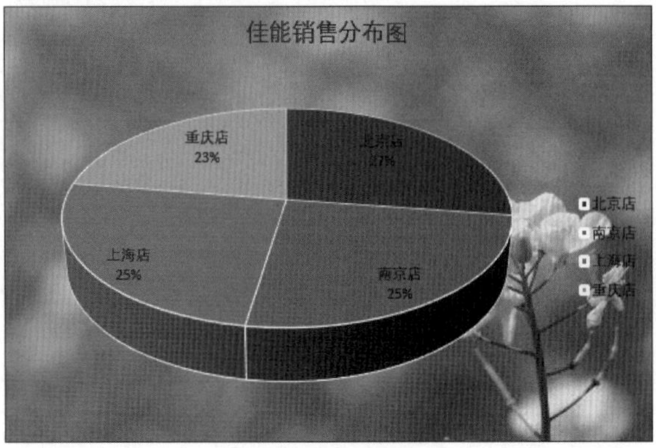

图13-10　查看效果

13.1.2 设置图表的边框

实例文件

原始文件:
实例文件\第 13 章\原
始文件\年度费用统计
表 .xlsx
最终文件:
实例文件\第 13 章\最
终文件\设置图表的边
框 .xlsx

用户也可以为图表设置边框,使图表更美观,下面介绍具体操作方法。

选中图表,然后打开"设置图表区格式"导航窗格,在"边框"选项区域中选择"实线"单选按钮,再设置图表边框的颜色、宽度等参数,效果如图 13-11 所示。

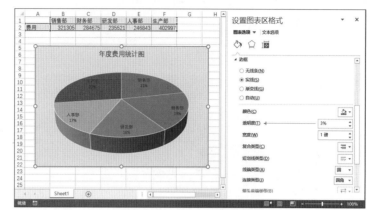

图13-11　设置图表边框效果

13.2 图表标题的编辑

图表标题用于明确图表的主题,正常情况下图表包括 3 个标题,分别为图表标题、横坐标轴标题和纵坐标轴标题。本节介绍图表标题的添加、个性标题的设置以及标题的链接等操作。

13.2.1 添加图表的标题

在 Excel 中创建图表后,默认情况下是没有标题的,用户可以根据需要进行添加。添加 3 种标题的方法都相同,下面介绍具体的操作方法。

Step 01 添加图表标题。打开"店面销售统计表.xlsx"工作簿,选中图表,然后切换至"图表工具–设计"选项卡,单击"图表布局"选项组中的"添加图表元素"下三角按钮,在列表中选择"图表标题>图表上方"选项,如图13-12所示。

Step 02 输入标题。在添加标题框中输入标题即可,此处输入"各分店销售统计图",效果如图13-13所示。

实例文件

原始文件:
实例文件\第 13 章\原
始文件\店面销售统计
表 .xlsx
最终文件:
实例文件\第 13 章\最
终文件\添加图表标
题 .xlsx

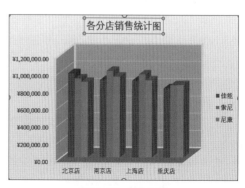

图13-12　添加图表标题　　　　图13-13　输入标题

Step 03 添加横坐标轴标题。单击"添加图表元素"下三角按钮，在列表中选择"坐标轴标题>主要横坐标轴"选项，如图13-14所示。然后输入标题名称。

Step 04 添加纵坐标轴标题。按照相同的方法添加纵坐标轴标题，并输入标题，查看最终效果，如图13-15所示。

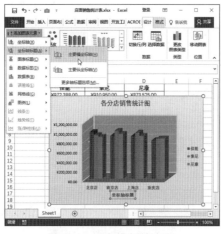

图13-14 添加横坐标轴标题

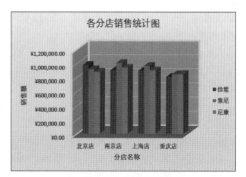

图13-15 查看最终效果

13.2.2 设置个性图表标题

图表标题是图表的重要组成部分，具有画龙点睛的作用，下面介绍设置个性图表标题的具体操作方法。

Step 01 设置字体和字号。打开"年度费用统计表.xlsx"工作表，选中图表标题，切换至"开始"选项卡，在"字体"选项组中设置字体和字号，如图13-16所示。

Step 02 添加艺术字样式。然后切换至"图表工具-格式"选项卡，单击"艺术字样式"选项组中"其他"下三角按钮，在列表中选择合适的艺术字样式，如图13-17所示。

图13-16 设置字体和字号

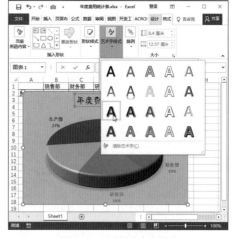

图13-17 选择艺术字样式

Step 03 设置文本填充。单击"艺术字样式"选项组中"文本填充"下三角按钮，在列表中选择合适的颜色，如浅蓝色，如图13-18所示。

Step 04 设置文本的轮廓颜色。单击"文本轮廓"下三角按钮，在列表中选择合适的颜色，如黄色，如图13-19所示。在下拉列表中用户也可以根据需要设置文本轮廓的宽度和轮廓的形状。

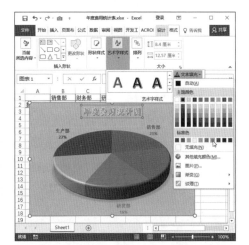

图13-18 设置文本填充颜色

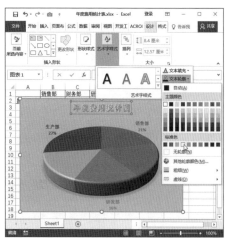

图13-19 设置文本轮廓颜色

Step 05 **设置文本的效果。** 单击"文本效果"下三角按钮，在列表中选择"映像>半映像：4磅偏移量"选项，如图13-20所示。

Step 06 **查看设置个性标题的效果。** 设置完成后，查看设置图表标题的效果，如图13-21所示。

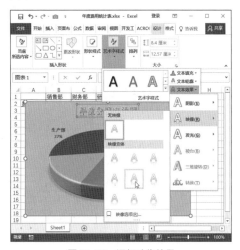

图13-20 添加映像效果

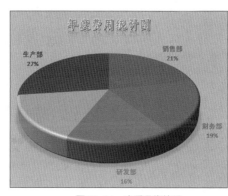

图13-21 查看最终效果

13.2.3 链接图表标题

在设置图表标题时，用户可以将图表标题链接至数据区域某单元格，当单元格内容变化时，图表标题也会随之改变，下面介绍具体操作方法。

Step 01 **在编辑栏中输入等号。** 打开"年度费用统计表.xlsx"工作表，选中图表的标题，然后在编辑栏中输入"="等号，如图13-22所示。

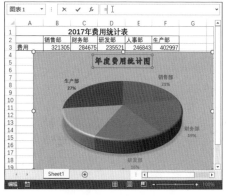

图13-22 输入等号

Step 02 **选择链接的单元格**。在表格中选择A1单元格，此时在编辑栏中显示"=Sheet1!$A$1"公式，如图13-23所示。

交叉参考

设置链接图表标题，与12.2.6中为文本框设置链接的方法一样，可以相互参考。

Step 03 **查看设置链接效果**。按Enter键确认链接，可见图表标题内容与A1单元格内容是一样，如图13-24所示。

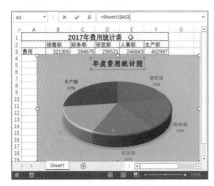

图13-23 选择A1单元格

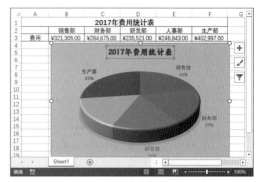

图13-24 查看链接效果

13.3 坐标轴的编辑

在Excel提供的10多种图表类型中，只有饼图和圆环图没有坐标轴，其他类型的图表都至少有两个坐标轴，如横坐标轴和纵坐标轴。本节主要介绍关于坐标轴的操作，如设置坐标轴的单位、文字的方向、分行显示横坐标等。

13.3.1 设置纵坐标轴以"千"为单位显示

如果图表的纵坐标轴数据很大，用户可以设置以"千"或"万"等单位计数，下面以"千"为单位介绍详细操作步骤。

Step 01 **设置所选内容格式**。打开"店面销售统计表.xlsx"工作表，选中图表中纵坐标轴，切换至"图表工具-格式"选项卡，单击"当前所选内容"选项组中的"设置所选内容格式"按钮，如图13-25所示。

Step 02 **设置显示单位**。打开"设置坐标轴格式"导航窗格，在"坐标轴选项"选项区域中单击"显示单位"下三角按钮，在列表中选择"千"选项，如图13-26所示。

实例文件

原始文件：
实例文件\第13章\原始文件\店面销售统计表.xlsx
最终文件：
实例文件\第13章\最终文件\设置纵坐标轴以"千"为单位显示.xlsx

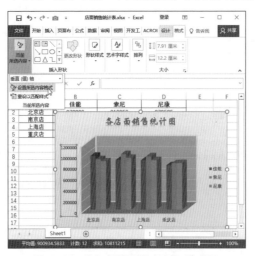

图13-25 单击"设置所选内容格式"按钮

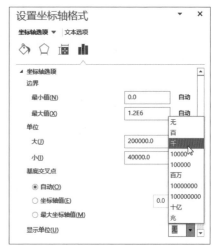

图13-26 设置显示单位

提示

在设置显示单位时，用户可以在列表中选择相应的单位，如"百"、"百万"或10000、100000等。

Step 03 绘制文本框。返回工作表中，可见纵坐标轴发生变化。切换至"插入"选项卡，单击"文本"选项组中"文本框"下三角按钮，在列表中选择"绘制横排文本框"选项，如图13-27所示。

Step 04 输入文字。在纵坐标轴上方绘制文本框，并输入相关文字"单位:千"，然后设置文字的大小，效果如13-28所示。

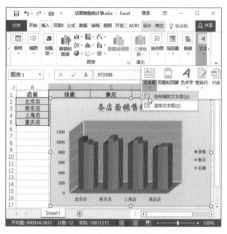

图13-27 选择"绘制横排文本框"选项

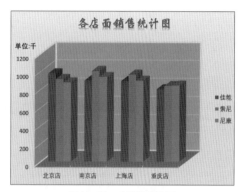

图13-28 查看最终效果

13.3.2 修改纵坐标数值

如果表格中的数据相差不是很大时，图表不能很明显地展示数据的差异，此时，用户可以修改纵坐标的数值，使其效果更显示，下面介绍具体的操作方法。

实例文件

原始文件:
实例文件\第13章\原始文件\个人所得税统计表.xlsx
最终文件:
实例文件\第13章\最终文件\修改纵坐标数值.xlsx

Step 01 启用"设置坐标轴格式"功能。打开"个人所得税统计表.xlsx"工作表，选中图表中的纵坐标轴并右击，在快捷菜单中选择"设置坐标轴格式"命令，如图13-29所示。

Step 02 设置最小值。在打开的"设置坐标轴格式"导航窗格的"坐标轴选项"选项区域中设置最小值为290，如图13-30所示。

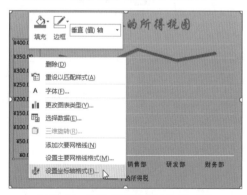

图13-29 选择"设置坐标轴格式"命令

图13-30 设置最小值

Step 03 查看修改坐标轴数值后的效果。返回工作表中可见图表的纵坐标轴的数值最小值被修改了，折线图的变化幅度更大了，如图13-31所示。

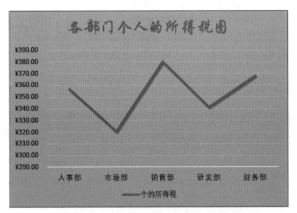

图13-31　查看设置坐标轴数值后的效果

13.3.3 设置横坐标轴的文字方向

创建图表后，横坐标轴默认的文字方向是横排，用户可以根据需要设置文字的方向，下面介绍具体的操作方法。

Step 01 启用"设置坐标轴格式"功能。打开"店面销售统计表.xlsx"工作簿，选中横坐标轴并右击，在快捷菜单中选择"设置坐标轴格式"命令，如图13-32所示。

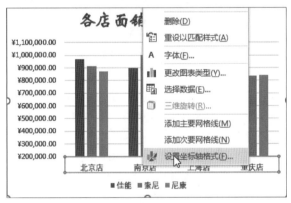

图13-32　选择"设置坐标轴格式"命令

Step 02 设置文字方向。打开"设置坐标轴格式"导航窗格，切换至"大小与属性"选项卡，单击"文字方向"下三角按钮，选择"竖排"选项，如图13-33所示。

Step 03 查看效果。返回工作表中，可见横坐标轴的文字为竖排显示，效果如图13-34所示。

图13-33　选择"竖排"选择

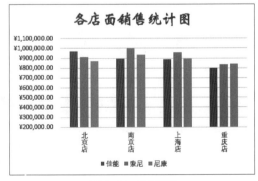

图13-34　查看效果

Step 04 **设置文字角度**。将文字方向设置为"横排",然后设置"自定义角度"为-45°,如图13-35所示。

Step 05 **查看效果**。可见横坐标轴的文字向左下角旋转指定的角度,如图13-36所示。

图13-35 设置角度

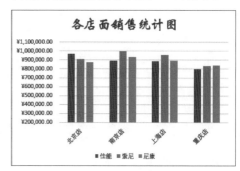

图13-36 查看效果

13.3.4 将横坐标分两行显示

当横坐标轴文字比较多时,挤在一起很难充分展示数据,用户可以将横坐标分两行显示,下面介绍具体的操作方法。

Step 01 **查看原始效果**。打开"各种酒年度销售统计.xlsx"工作簿,创建柱形图表,查看效果,如图13-37所示。

Step 02 **设置两行显示**。返回工作表中,选中C1单元格,将光标定位在开头,按Alt+Enter组合键,将其换行,根据相同的方法每隔一列就设置换行,如图13-38所示。

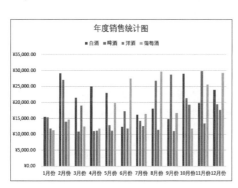

图13-37 查看原始效果

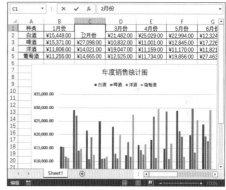

图13-38 进行换行操作

Step 03 **查看效果**。换行完成后,可见横坐标轴分两行显示,比较清晰明了,如图13-39所示。

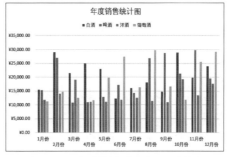

图13-39 查看横坐标分两行显示的效果

13.4 网格线的编辑

在图表中添加网格线，有助于查看各系列所在标志的值。用户可以根据需要添加或删除网格线，还可以设置网格线的格式。

13.4.1 添加网格线

图表中包括 4 种网格线，分别为主轴主要水平网格线、主轴主要垂直网格线、主轴次要水平网格线和主轴次要垂直网格线。下面介绍添加网格线的具体操作方法。

Step 01 添加主轴主要水平网格线。 打开"员工学历统计表.xlsx"工作簿，选中图表，切换至"图表工具-设计"选项卡，单击"图表布局"选项组中"添加图表元素"下拉按钮，在列表中选择"网格线>主轴主要水平网格线"选项，如图13-40所示。

Step 02 添加主轴主要垂直网格线。 根据相同的方法添加主轴主要垂直网格线，效果如图13-41所示。

实例文件

原始文件：
实例文件\第 13 章\原始文件\员工学历统计表.xlsx
最终文件：
实例文件\第 13 章\最终文件\添加网格线.xlsx

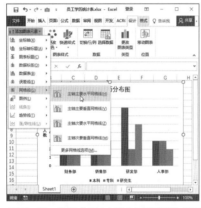

图13-40 选择"主轴主要水平网格线"选项

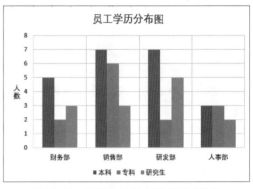

图13-41 查看添加主轴主要网格线的效果

Step 03 添加主轴次要水平网格线。 选中图表，单击"图表元素"下三角按钮，在列表中勾选"网格线"复选框，单击右侧下三角按钮，在子列表中勾选"主轴次要水平网格线"复选框，如图13-42所示。

Step 04 查看效果。 可见在图表中出现很多比主轴主要水平网格线细点的水平线条，如图13-43所示。

提示

若需要删除网格线，则单击"添加图表元素"下三角按钮，在"网格线"的子列表中选择需要删除的网格线即可。

图13-42 勾选相应的复选框

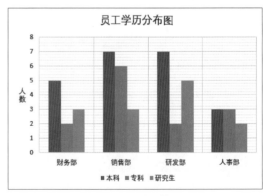

图13-43 查看效果

13.4.2 设置网格线的格式

在图表中添加的网格线，默认为浅灰色的实线，用户可以根据需要设置网格线的格式，如网格线的颜色、宽度和线型，下面介绍具体的操作方法。

实例文件

原始文件：
实例文件\第13章\原始文件\员工学历统计表.xlsx
最终文件：
实例文件\第13章\最终文件\设置网格线格式.xlsx

Step 01 启用"**设置网格线格式**"功能。打开"员工学历统计表.xlsx"工作簿，选择主要水平网格线并右击，在快捷菜单中选择"设置网格线格式"命令，如图13-44所示。

Step 02 设置格式。打开"设置主要网格线格式"导航窗格，选择"实线"单选按钮，设置颜色为红色，宽度为"1磅"，如图13-45所示。

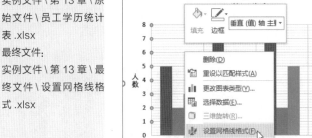

图13-44　右击网格线　　　　　　　　　图13-45　设置相关参数

Step 03 设置次要网格线格式。选中次要水平网格线，在"设置次要网格线格式"导航窗格中，设置颜色为橙色，宽度为"0.75磅"，短划线类型为"方点"，如图13-46所示。

Step 04 查看效果。根据相同的方法设置主要垂直网格线的格式，查看最终效果，如图13-47所示。

提示

在本案例的导航窗格中，用户还可以设置带箭头的网格线。

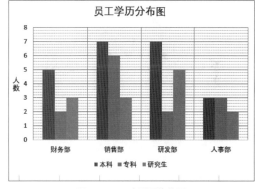

图13-46　设置次要网格线格式　　　　　图13-47　查看最终效果

13.5 数据标签的编辑

数据标签主要是标注各系列的相关数据信息，使浏览者一目了然。默认情况下数据标签是链接工作表中对应的值，并且会随着数据更新而更新的。本节将介绍数据标签的添加和编辑操作。

13.5.1

添加数据标签

添加数据标签可以通过"添加图表元素"按钮或者"图表元素"按钮实现，下面介绍具体的操作方法。

Step 01 **添加数据标签。** 打开"店面销售统计表.xlsx"工作簿，选中图表，切换至"图表工具–设计"选项卡，单击"图表布局"选项组中"添加图表元素"下三角按钮，在列表中选择"数据标签>数据标签内"选项，如图13-48所示。

Step 02 **查看效果。** 可见在数据系列上标注数据，数据标签比较挤，有的数据重合了，如图13-49所示。

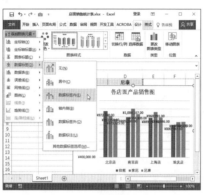

图13-48　选择"数据标签内"选项

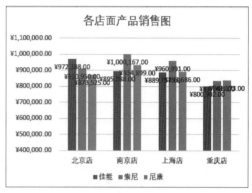

图13-49　查看效果

Step 03 **为"佳能"系列添加数据标签。** 删除数据标签，选择"佳能"系列，再次单击"添加图表元素"下三角按钮，在列表中选择"数据标签>居中"选项，如图13-50所示。

Step 04 **为"索尼"系列添加数据标签。** 选择"索尼"系列，再次单击"添加图表元素"下三角按钮，在列表中选择"数据标签>数据标签内"选项，如图13-51所示。

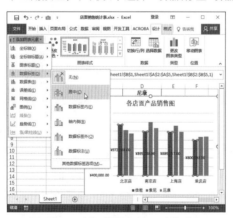

图13-50　选择"数据标签>居中"选项

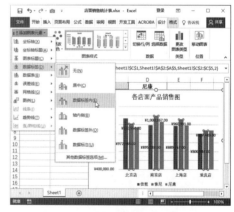

图13-51　选择"数据标签内"选项

Step 05 **查看效果。** 根据相同的方法为"尼康"系列添加数据系列，然后用户为不同的数据标签设置字体颜色，方便查看和区分，如图13-52所示。

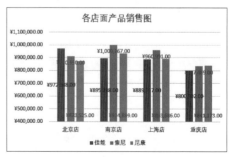

图13-52　查看最终结果

13.5.2 更改数据标签的形状

在图表中添加的数据标签默认是无边框的矩形，用户可以更改其形状，并对填充颜色和边框效果等进行设置，下面介绍具体的操作方法。

Step 01 **更改形状**。打开"年度费用统计表.xlsx"工作簿，选中数据标签，切换至"图表工具-格式"选项卡，单击"插入形状"选项组中的"更改形状"下三角按钮，在列表中选择合适的形状，如图13-53所示。

Step 02 **调整形状**。选中需要调整形状的数据标签，拖曳黄色控制柄，达到满意的形状后释放鼠标即可，如图13-54所示。

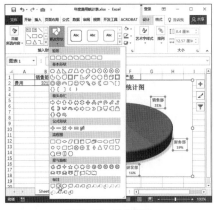

图13-53　选择形状

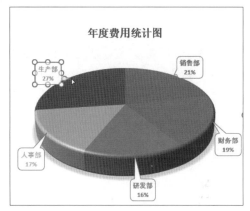

图13-54　调整形状

Step 03 **为数据标签填充颜色**。选中数据标签，单击"形状样式"选项组中"形状填充"下三角按钮，在列表中选择合适的颜色，如图13-55所示。

Step 04 **查看效果**。选择不同的数据标签在"字体"选项组中设置字体和颜色，最终效果如图13-56所示。

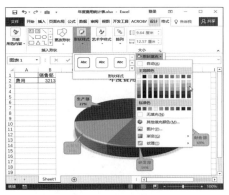

图13-55　设置填充颜色

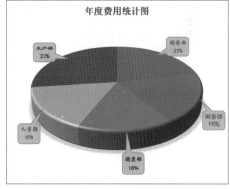

图13-56　查看数据标签的效果

13.5.3 设置数据标签的显示内容

用户可以根据需要设置数据标签的显示内容，如数值、百分比、系列名称、类别名称等，下面介绍具体的操作方法。

Step 01 **启用"设置数据标签格式"功能**。打开"年度费用统计表.xlsx"工作簿，选中任意数据标签并右击，在快捷菜单中选择"设置数据标签格式"命令，如图13-57所示。

Step 02 **选择显示的内容**。在打开的导航窗格的"标签选项"选项区域中取消勾选"百分比"复选框，勾选"单元格中的值"复选框，如图13-58所示。

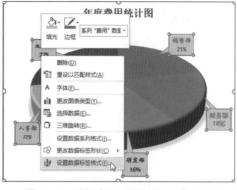

图13-57 选择"设置数据标签格式"命令

图13-58 勾选相应复选框

Step 03 **设置数据标签区域**。打开"数据标签区域"对话框，单击"选择数据标签区域"折叠按钮，如图13-59所示。

Step 04 **选择数据区域**。返回工作表中，选择B2:F2单元格区域，单击折叠按钮，如图13-60所示。

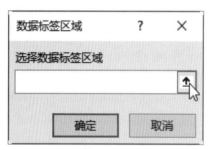

图13-59 单击折叠按钮

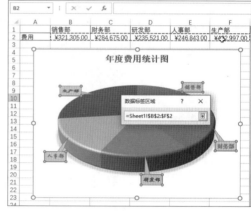

图13-60 选择单元格区域

Step 05 **查看效果**，返回上级对话框，单击"确定"按钮，效果如图13-61所示。

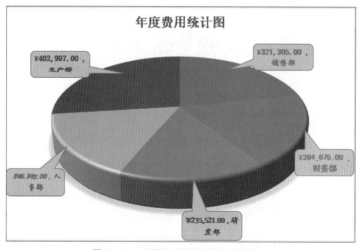

图13-61 查看修改数据标签内容的效果

13.6 三维图表的编辑

三维图表是以立体的方式展示数据，用户可以根据不同类型图表的需要，对其进行编辑操作。本节以三维柱形图为例，介绍三维图表的旋转和填充的方法。

13.6.1 设置三维旋转

创建三维图表后，用户可以调整 X 旋转、Y 旋转或深度的值，对其进行旋转操作，下面介绍具体的操作方法。

Step 01 **转换为三维图表**。打开"员工学历统计表.xlsx"工作簿，选中图表，根据之前学的知识将其转换为三维柱形图，效果如图13-62所示。

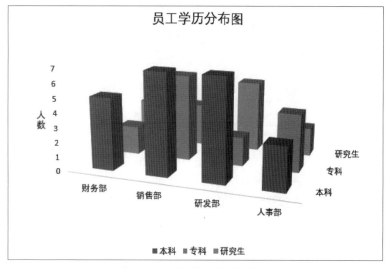

图13-62　转换为三维图表的效果

Step 02 **启用"设置图表区域格式"功能**。选中图表区并右击，在快捷菜单中选择"设置图表区域格式"命令，如图13-63所示。

Step 03 **设置旋转参数**。打开"设置图表区格式"导航窗格，分别设置"X旋转"、"Y旋转"和"深度"参数的值，如图13-64所示。

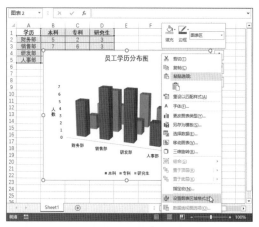

图13-63　选择"设置图表区域格式"命令　　　图13-64　设置参数

Step 04 **查看效果。**通过对各参数设置，查看三维柱形图旋转的效果，可以和图13-62进行比较，如图13-65所示。

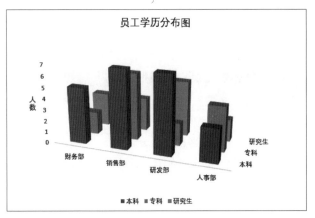

图13-65　查看最终效果

13.6.2 填充三维图表

　　三维图表的背景包括背景墙、侧面墙和基底3部分，用户可以分别为这3部分填充纯色、渐变色、纹理图案和图片。下面介绍三维图表填充的操作方法。

Step 01 **设置背景墙填充。**打开"员工学历统计表.xlsx"工作簿，选中三维图表背景墙并右击，在快捷菜单中选择"设置背景墙格式"命令，如图13-66所示。

Step 02 **设置填充颜色。**打开"设置背景墙格式"导航窗格，在"填充"选项区域中选中"纯色填充"单选按钮，设置颜色和透明度，如图13-67所示。

Step 03 **设置侧面墙填充。**选中三维图表的侧面墙，在导航窗格中设置渐变填充颜色，参数设置如图13-68所示。

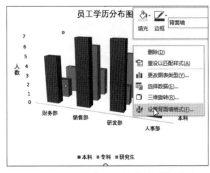

图13-66　选择"设置背景墙格式"命令

图13-67　填充颜色

图13-68　渐变填充颜色

Step 04 **设置基底填充。**选中基底，在"设置基底格式"导航窗格中设置图案填充，各参数设置如图13-69所示。

Step 05 **查看效果。**设置完成后，查看设置三维背景的效果，如图13-70所示。

图13-69　填充图案

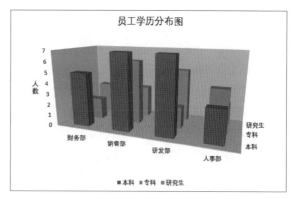

图13-70　查看最终效果

13.7 饼图和圆环图的编辑

饼图、圆环图和其他图表有所不同，它们没有坐标轴、数据表、线条以及趋势线等元素。饼图仅有一个数据系列而且所有值都是正值；圆环图可以有多个数据系列，每个圆环代表一个数据系列，通过圆环图显示各数据系列之间的关系。

13.7.1 分离饼图和圆环图

创建饼图和圆环图后，各数据系列是结合在一起的，用户可以为了突出某系列，将其分离，或将所有数据系列分离。分离饼图和圆环图的方法一样，下面分别以饼图和圆环图为例介绍两种分离的方法。

1.手动分离

Step 01 **分离所有数据系列。**打开"年度费用统计表.xlsx"工作簿，选中饼图中任意系列，然后向外拖动，如图13-71所示。

Step 02 **查看分离效果。**拖至合适位置释放鼠标左键，可见所有数据系列都等比例分离，如图13-72所示。

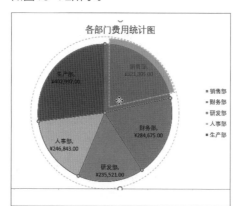

图13-71　拖动数据系列

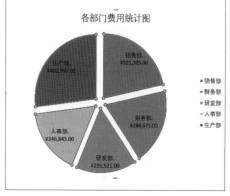

图13-72　查看分离效果

Step 03 **分离单个数据系列**。在需要分离的数据系列上单击两次，选中该系列按住鼠标左键向外拖动，如图13-73所示。

Step 04 **查看分离效果**。拖至合适位置后释放鼠标左键，可见选中的数据系列已经分离，如图13-74所示。

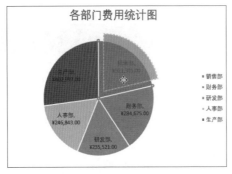

图13-73 拖动某个数据系列

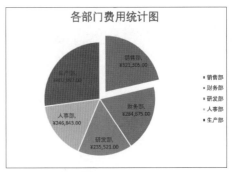

图13-74 查看分离单个数据系列的效果

2. 精确分离

Step 01 **启用"设置数据系列格式"功能**。选中圆环图中任意数据系列并右击，在快捷菜单中选择"设置数据系列格式"命令，如图13-75所示。

Step 02 **设置分离程度**。打开"设置数据系列格式"导航窗格，在"系列选项"选项区域中设置"圆环图分离程度"的值为15%，如图13-76所示。

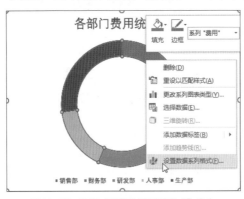

图13-75 选择"设置数据系列格式"命令

图13-76 设置分离程度

Step 03 **查看分离圆环图效果**。可见圆环图的数据系列均分离，效果如图13-77所示。

Step 04 **分离单个数据系列**。选中需要分离的单个数据系列，然后在"设置数据点格式"导航窗格中设置"点分离"的值为15%，效果如图13-78所示。

图13-77 查看分离效果

图13-78 查看分离单个数据系列的效果

13.7.2 旋转饼图和圆环图

在 Excel 中，对二维饼图、三维饼图和圆环图的旋转操作方法都相同，三维饼图也可以通过 13.6.1 节中介绍的方法进行旋转。下面以二维饼图为例介绍旋转操作的具体步骤。

Step 01 **设置旋转角度。** 打开"个人所得税统计表.xlsx"工作簿，双击饼图中任意数据系列，打开"设置数据系列格式"导航窗格，在"系列选项"选项区域中设置"第一扇区起始角度"为90度，如图13-79所示。

Step 02 **查看旋转效果。** 关闭导航窗格，可见数据系列进行旋转了，用户可以和图13-79进行比较，如图13-80所示。

图13-79 设置旋转角度

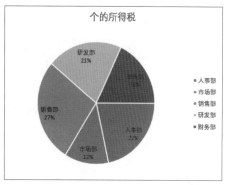

图13-80 查看旋转效果

13.8 图表的分析

图表不仅可以直观地展示数据，用户还可以从图表中分析数据所要传达的信息，以便利用这些数据总结或安排工作。本节主要介绍通过添加趋势线、误差线、涨/跌柱线和线条进行数据分析的操作方法。

13.8.1 添加趋势线

在图表中添加趋势线，不仅可以直观地展现数据的变化趋势，还可以根据现有的数据预测将来的数据。本节将介绍图表趋势线的添加和编辑的方法。

1. 添加线性趋势线

Step 01 **选择线性趋势线。** 打开"前3季度各店面销售统计表.xlsx"工作簿，选中图表，切换至"图表工具-设计"选项卡，单击"图表布局"选项组中的"添加图表元素"下三角按钮，在列表中选择"趋势线>线性"选项，如图13-81所示。

Step 02 **选择添加趋势线的系列。** 打开"添加趋势线"对话框，在"添加基于系列的趋势线"列表框中选择"南京店"选项，单击"确定"按钮，如图13-82所示。

图13-81 选择"线性"选项

提示

线性趋势线主要用于为简单线性数据集创建最佳拟合直线，通常表示事物是以恒定速率增加或减少。

Step 03 **查看添加线性趋势线的效果**。返回工作表中，可见在图表中出现上升的虚线，在图例中显示"线性（南京店）"，如图13-83所示。

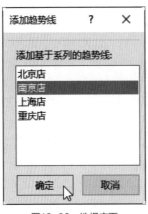

图13-82 选择店面

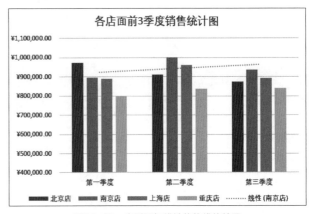

图13-83 查看添加线性趋势线的效果

2. 添加线性预测趋势线

Step 01 **选择趋势线的类型**。选中图表，单击"图表元素"按钮，在列表中单击"趋势线"右侧下三角按钮，选择"线性预测"选项，如图13-84所示。

Step 02 **选择添加趋势线的系列**。打开"添加趋势线"对话框，在"添加基于系列的趋势线"列表框中选择"重庆店"选项，单击"确定"按钮，如图13-85所示。

实例文件

原始文件：
实例文件\第13章\原始文件\前3季度各店面销售统计表.xlsx
最终文件：
实例文件\第13章\最终文件\添加线性预测趋势线.xlsx

图13-84 选择"线性预测"选项

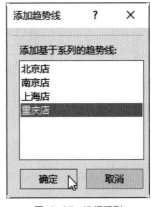

图13-85 选择系列

Step 03 **查看效果**。返回工作表中，可见在图表上显示上升的虚线，说明根据现有数据预测重庆店第四季度的销售额会上升，如图13-86所示。

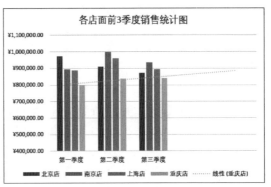

图13-86 查看添加线性预测趋势线的效果

提示

在 Excel 2016 中，趋势线主要包括线性、指数、线性预测、移动平均、多项式和乘幂等。

3. 设置趋势线的格式

Step 01 **启用"设置趋势线格式"功能**。选中趋势线并右击，在快捷菜单中选择"设置趋势线格式"命令，如图13-87所示。

Step 02 **设置显示公式和R平方值**。打开"设置趋势线格式"导航窗格，在"趋势线选项"选项区域中设置趋势线的类型，然后勾选"显示公式"和"显示R平方值"复选框，如图13-88所示。

实例文件

原始文件:
实例文件\第13章\原始文件\前3季度各店面销售统计表.xlsx
最终文件:
实例文件\第13章\最终文件\设置趋势线的格式.xlsx

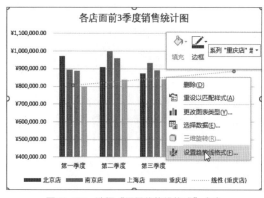

图13-87 选择"设置趋势线格式"命令 　　图13-88 勾选相应复选框

Step 03 **设置线条格式**。切换至"填充与线条"选项卡，选择"实线"单选按钮，设置颜色为红色，透明度为33%，宽度为2磅，短划线类型为方点，箭头末端类型为箭头，如图13-89所示。

Step 04 **设置发光效果**。切换至"效果"选项卡，在"发光"选项区域设置发光的相关参数，如图13-90所示。

提示

添加趋势线的图表类型主要为非堆积二维图表，如面积图、柱形图、条形图、折线图以及散点图等。

图13-89 设置线条格式 　　图13-90 设置发光效果

Step 05 **查看效果**。关闭导航窗格，可见线性预测趋势线应用了设置的格式，如图13-91所示。

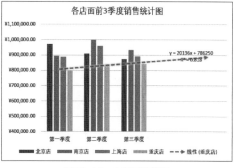

图13-91 查看最终效果

13.8.2 添加误差线

在图表中添加误差线可以快速查看误差幅度和标准偏差。误差线主要用在二维面积图、条形图、折线图、柱形图和散点图等图表中，其中在散点图上可以显示 X、Y 值的误差线。本节以散点图为例介绍添加误差线的方法。

Step 01 创建散点图。 打开"各种酒年度销售统计表.xlsx"工作簿，选中数据区域，创建散点图，效果如图13-92所示。

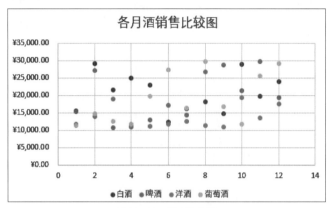

图13-92 创建散点图

Step 02 选择添加误差线的类型。 选中图表，切换至"图表工具-设计"选项卡，单击"图表布局"选项组中"添加图表元素"下三角按钮，在列表中选择"误差线>百分比"选项，如图13-93所示。

Step 03 启用"设置错误栏格式"功能。 选中"葡萄酒"纵向误差线并右击，在快捷菜单中选择"设置错误栏格式"命令，如图13-94所示。

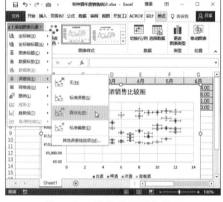

图13-93 选择"百分比"选项

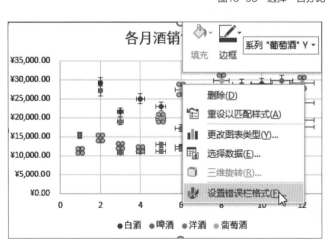

图13-94 选择"设置错误栏格式"命令

Step 04 **设置误差量。**打开"设置误差线格式"导航窗格，在"垂直误差线"选项区域中设置方向，选中"百分比"单选按钮，在右侧数值框中输入10%，如图13-95所示。

Step 05 **设置线条格式。**切换至"填充与线条"选项卡，在"线条"选项区域设置颜色等参数，如图13-96所示。

图13-95　设置垂直误差线

图13-96　设置线条格式

提示

如果需要删除部分误差线，则直接选中误差线，然后按 Delete 键即可删除。如果需要删除所有误差线，则单击"添加图表元素"下三角按钮，在列表中选择"误差线＞无"选项即可。

Step 06 **设置发光效果。**切换至"效果"选项卡，在"发光"选项区域中设置发光的颜色、大小等参数，如图13-97所示。

Step 07 **查看设置最终效果。**用户根据相同的方法为其他误差线设置格式，效果如图13-98所示。

图13-97　设置发光效果

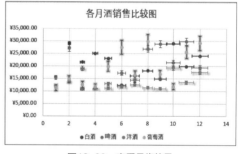

图13-98　查看最终效果

13.8.3 添加涨/跌柱线

实例文件

原始文件：
实例文件\第13章\原始文件\股价分析表.xlsx
最终文件：
实例文件\第13章\最终文件\添加涨跌柱线.xlsx

　　涨/跌柱线通常用在股价图中，展示开盘价和收盘价之间的关系。收盘价高于开盘价时，柱线为浅色，相反则为深色，用户也可以自定义颜色。下面介绍添加涨/跌柱线的方法。

Step 01 **添加涨/跌柱线。**打开"股价分析表.xlsx"工作簿，选中图表，单击"添加图表元素"下三角按钮，在列表中选择"涨/跌柱线＞涨/跌柱线"选项，如图13-99所示。

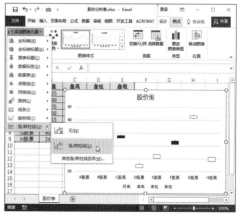

图13-99　选择"涨/跌柱线"选项

提 示

若需要删除涨 / 跌柱线，则选中柱线，按 Delete 键即可。

Step 02 **查看效果**。在股价图中查看添加涨/跌柱线的效果，如图13-100所示。

Step 03 **启用"设置涨柱线格式"功能**。选中涨柱线并右击，在快捷菜单中选择"设置涨柱线格式"命令，如图13-101所示。

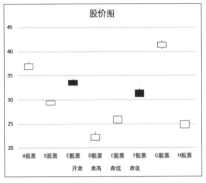

图13-100　查看效果

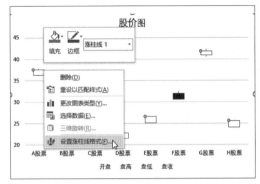

图13-101　选择"设置涨柱线格式"命令

Step 04 **设置涨柱线格式**。打开"设置涨柱线格式"导航窗格，在"填充与线条"选项卡中设置涨柱线的填充颜色和边框，如图13-102所示。

Step 05 **设置跌柱线格式**。选中跌柱线，在"设置跌柱线格式"导航窗格中设置填充颜色和边框，然后在"效果"选项卡中设置发光效果，如图13-103所示。

图13-102　设置涨柱线格式

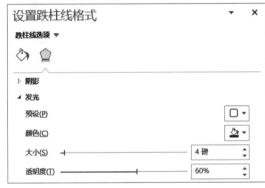

图13-103　设置跌柱线格式

Step 06 **查看效果**。设置完成后查看添加涨/跌柱线的效果，可见股价是涨是跌就一目了然，如图13-104所示。

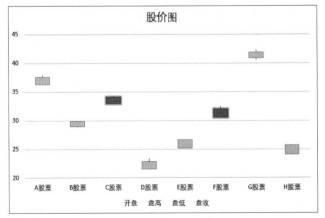

图13-104　查看最终效果

13.8.4 添加线条

在 Excel 2016 中线条包含垂直线和高低点连线两种，其操作方法都相同，下面介绍添加图表线条的具体步骤。

实例文件

原始文件：
实例文件\第 13 章\原始文件\下半年酒销售统计表 .xlsx
最终文件：
实例文件\第 13 章\最终文件\添加线条 .xlsx

Step 01 **添加垂直线。** 打开"下半年酒销售统计表.xlsx"工作簿，选中图表，单击"添加图表元素"下三角按钮，在列表中选择"线条>垂直线"选项，如图13-105所示。

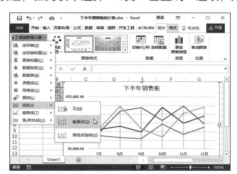

图13-105　选择"垂直线"选项

Step 02 **启用"设置垂直线格式"功能。** 选中添加的垂直线并右击，在快捷菜单中选择"设置垂直线格式"命令，如图13-106所示。

Step 03 **设置线条格式。** 打开"设置垂直线格式"导航窗格，设置线条的颜色、宽度、线型等参数，如图13-107所示。

提示

为图表添加线条时，单击"图表元素"按钮是无法实现的。

图13-106　选择"设置垂直线格式"命令　　　图13-107　设置线条格式

Step 04 **设置阴影效果。** 切换至"效果"选项卡，在"阴影"选项区域中设置颜色、大小、透明度等参数，如图13-108所示。

Step 05 **查看效果。** 设置完成后查看设置垂直线的效果，如图13-109所示。

提示

删除线条的方法和删除趋势线、误差线、涨/跌柱线的方法一样。

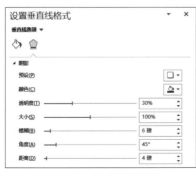

图13-108　设置阴影效果

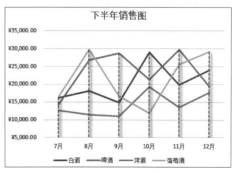

图13-109　查看添加垂直线的效果

Step 06 **添加高低点连线。**复制一份图表，并删除垂直线，然后单击"添加图表元素"下三角按钮，选择"线条>高低点连线"选项，效果如图13-110所示。

Step 07 **设置高低点连线的格式。**选中高低点连线并右击，选择"设置高低点连线格式"命令，在打开的导航窗格中设置线条填充颜色和宽度，然后在"效果"选项卡中设置发光效果，最终效果如图13-111所示。

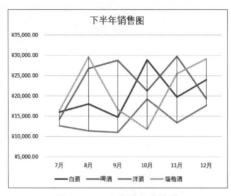

图13-110 添加高低点连线

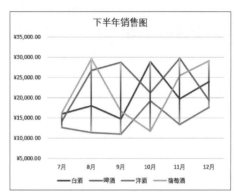

图13-111 查看最终效果

常规类型图表的应用

根据前几章基础知识的学习，读者应该对图表的应用有了基础的了解，已经可以独立制作出常规的图表。本章将介绍Excel图表的高级应用，如利用柱形图展示项目的进度，利用条形图制作企业文化阶梯图，以及利用直方图统计考试成绩中各分数段的人数等。

14.1 柱形图的高级应用

柱形图是比较常见的图表，很多用户了解图表都是从柱形图开始的，本节将对柱形图高级应用的相关操作进行介绍。

14.1.1 标注最高系列

创建柱形图后，用户可以将数值最大或最小的数据系列标注出来，有利于分析数据。下面以标注最高系列为例介绍具体的操作方法。

Step 01 启用"推荐的图表"功能。 打开"期中考试成绩表.xlsx"工作簿，按住Ctrl键选中姓名和总分列，切换至"插入"选项卡，单击"图表"选项组中"推荐的图表"按钮，如图14-1所示。

Step 02 选择柱形图。 打开"插入图表"对话框，在"所有图表"选项卡中选择"簇状柱形图"图表类型，单击"确定"按钮，如图14-2所示。

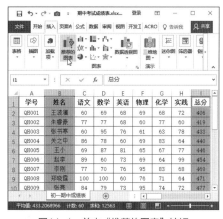

图14-1 单击"推荐的图表"按钮

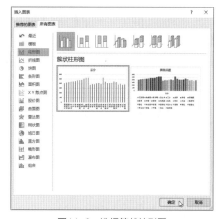

图14-2 选择簇状柱形图

Step 03 输入图表标题。 柱形图创建完成后，修改图表的标题，效果如图14-3所示。

Step 04 启用"设置图表区格式"导航窗格。 选中纵坐标轴并右击，在快捷菜单中选择"设置坐标轴格式"命令，如图14-4所示。

提示

当数据系列比较多，而且最大值比较接近时，用肉眼很难看出哪个数值是最大值。

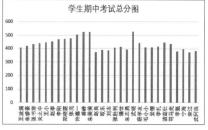

图14-3 输入图表标题

Step 05 **设置最小值。**打开"设置坐标轴格式"导航窗格，在"坐标轴选项"选项区域中设置边界最小值为300，可以让柱形图的变化更明显，如图14-5所示。

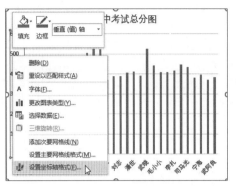

图14-4 选择"设置坐标轴格式"命令　　　　　图14-5 设置最小值

Step 06 **启用"设置数据系列格式"导航窗格。**选中任意数据系列并右击，在快捷菜单中选择"设置数据系列格式"命令，如图14-6所示。

Step 07 **设置数据系列格式。**打开"设置数据系列格式"导航窗格，在"填充"选项区域设置填充颜色为浅绿色，在"边框"选项区域中设置颜色和宽度，如图14-7所示。

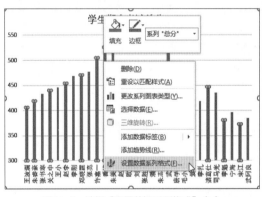 

图14-6 选择"设置数据系列格式"命令　　　　图14-7 设置填充和边框

Step 08 **查看设置的效果。**查看柱形图设置格式后的效果，如图14-8所示。

Step 09 **添加辅助列并选择函数。**在J列添加"辅助列"，选中J2单元格，在打开的"插入函数"对话框中选择IF函数，如图14-9所示。

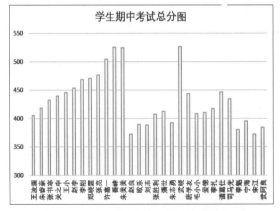 

图14-8 查看设置数据系列格式后的效果　　　　图14-9 选择函数

Step 10 输入参数。打开"函数参数"对话框，然后输入相关参数，单击"确定"按钮，如图14-10所示。返回工作表中将公式向下填充至J30单元格。

Step 11 启用"选择数据"功能。选中图表区并右击，在快捷菜单中选择"选择函数"命令，如图14-11所示。

提示

用户如果需要标注最小值，可使用 MIIN 函数，参考本案例自行制作，此处不再叙述。

图14-10 输入函数参数

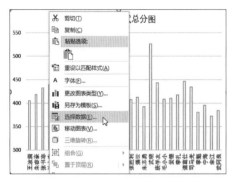

图14-11 选择"选择函数"命令

Step 12 添加系列。打开"选择数据源"对话框，单击"图例项（系列）"选项区域中"添加"按钮，如图14-12所示。

Step 13 选择系列值。打开"编辑数据系列"对话框，单击"系列值"折叠按钮，返回工作表中选择J2:J30单元格区域，如图14-13所示。

提示

在步骤 13 中需要注意，在选择系列值时，一定不能选择 J1 单元格，否则最高值的系列在图表中显示错误位置。

图14-12 单击"添加"按钮

图14-13 选择系列值

Step 14 查看效果。返回至图表中可见在总分最多的系列右侧添加橙色的系列，如图14-14所示。

Step 15 添加数据标签。为图表添加标题，然后选中添加的数据系列并右击，在快捷菜单中选择"添加数据标签>添加数据标签"命令，如图14-15所示。

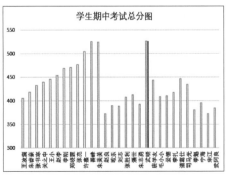

图14-14 查看添加数据系列的效果

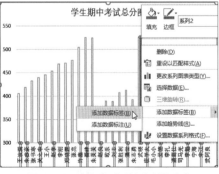

图14-15 选择"添加数据标签"命令

Step 16 **设置添加系列的坐标轴**。选中添加的系列并右击，打开"设置数据系列格式"导航窗格，在"系列选项"选项区域中选择"次坐标轴"单选按钮，如图14-16所示。

Step 17 **查看突显最大的数据系列**。在图表中显示两个纵坐标轴，选中右侧纵坐标轴，并将其删除，最终效果如图14-17所示。

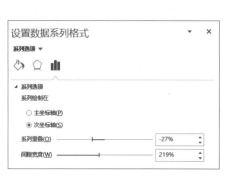

图14-16　设置次坐标轴

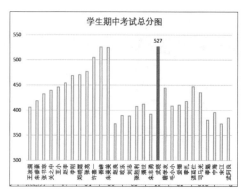

图14-17　查看最终效果

14.1.2 目标进度图

使用柱形图制作目标进度图，可以很直观地比较完成的任务和目标任务之间的关系，下面介绍具体操作方法。

Step 01 **创建柱形图**。打开"年销售完成情况.xlsx"工作簿，选中A1:C5单元格区域，然后插入簇状柱形图，效果如图14-18所示。

Step 02 **设置"销售额"系列填充**。双击"销售额"系列，打开"设置数据系列格式"导航窗格，设置纯色填充和无边框，如图14-19所示。

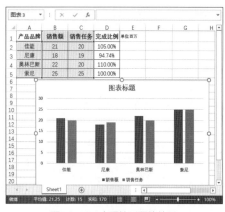

图14-18　查看柱形图的效果

图14-19　设置系列格式

Step 03 **设置"销售任务"系列**。选中"销售任务"系列，在导航窗格中的"系列选项"选项区域设置"系列重叠"值为100%，如图14-20所示。

Step 04 **设置填充和边框**。切换至"填充与线条"选项卡，设置无填充，边框颜色为红色，宽度为1.5磅，如图14-21所示。

Step 05 **查看设置效果**。设置完成后，关闭导航窗格，查看设置的效果，其中红色边框若高于底部系列则说明该品牌任务没有完成，如图14-22所示。

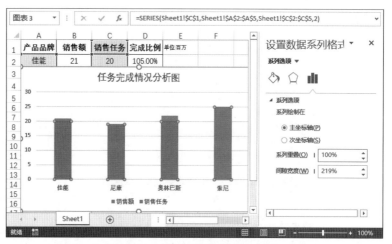

图14-20　设置"系列重叠"值为100%

图14-21　设置填充和边框

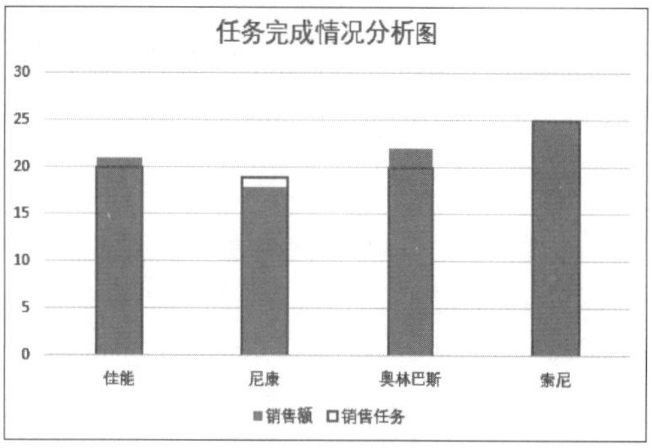

图14-22　查看效果

Step 06 启用"选择数据"功能。 选中图表并右击，在快捷菜单中选择"选择数据"命令，如图14-23所示。

Step 07 添加数据系列。 打开"选择数据源"对话框，单击"图例项（系列）"选项区域中"添加"按钮，如图14-24所示。

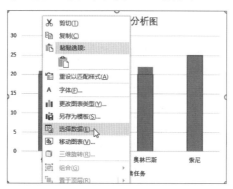

图14-23　选择"选择数据"命令

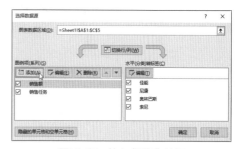

图14-24　单击"添加"按钮

Step 08 选择数据。 打开"编辑数据系列"对话框，单击"系列值"折叠按钮，在工作表中选择D2:D5单元格区域，单击折叠按钮，然后依次单击"确定"按钮，如图14-25所示。

Step 09 启用"设置数据系列格式"功能。 在系列底部新添加系列并右击，在快捷菜单中选择"设置数据系列格式"命令，如图14-26所示。

图14-25 选择数据

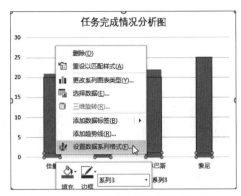

图14-26 选择"设置数据系列格式"命令

Step 10 **设置为次坐标轴。**打开"设置数据系列格式"导航窗格，在"系列选项"选项区域中选中"次坐标轴"单选按钮，然后在"填充与线条"选项卡中设置无填充和无边框，如图14-27所示。

Step 11 **添加数据标签。**选中添加的系列，单击"图表布局"选项组中"添加图表元素"下三角按钮，选择"数据标签>数据标签外"选项，如图14-28所示。

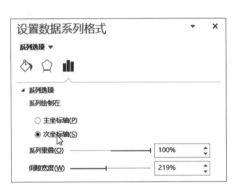

图14-27 设置坐标轴

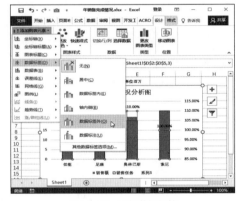

图14-28 添加数据标签

Step 12 **设置渐变背景。**选中图表区，打开"设置图表区格式"导航窗格，设置渐变颜色，如图14-29所示。

Step 13 **设置图表标题。**选中图表的标题，切换至"图表工具-格式"选项卡，在"艺术字样式"选项组中设置艺术字样式，如图14-30所示。

图14-29 设置渐变背景

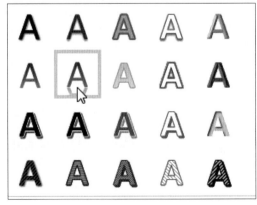

图14-30 设置标题格式

提示

百分比大于等于100%时，表示完成任务，小于100%时，表示未完成任务。

交叉参考

为图表添加背景和设置标题格式可参考13.1和13.2节中相关知识。

Step 14 **查看最终效果。** 返回工作表中，查看设置的最终效果，如图14-31所示。

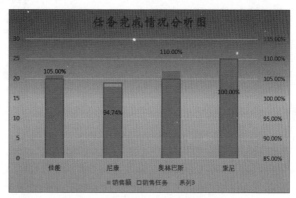

图14-31　查看目标进度图的效果

14.2 条形图的高级应用

条形图和柱形图相似，可以看成是柱形图顺时针旋转 90 度，使用条形图可以显示各项目之间差别。在工作和生活中条形图使用也很频繁，下面介绍几种条形图的高级应用。

14.2.1 制作旋风图

▶ **实例文件**

原始文件：
实例文件 \ 第 14 章 \ 原始文件 \ 各产品上下半年销售对比 .xlsx
最终文件：
实例文件 \ 第 14 章 \ 最终文件 \ 旋风图 .xlsx

利用条形图制作旋风图，可以很好地对两组数据进行比较，下面介绍具体的操作方法。

Step 01 **插入条形图。** 打开"各产品上下半年销售对比.xlsx"工作表，选中数据区域任意单元格，切换至"插入"选项卡，单击"图表"选项组中的"插入柱形图或条形图"下三角按钮，在列表中选择"簇状条形图"选项，如图14-32所示。

图14-32　插入簇状条形图

Step 02 **启用"设置数据系列格式"功能。** 选中上半年数据系列并右击，在快捷菜单中选择"设置数据系列格式"命令，如图14-33所示。

Step 03 **设置为次坐标轴。** 打开"设置数据系列格式"导航窗格，在"系列选项"选项区域选中"次坐标轴"单选按钮，如图14-34所示。

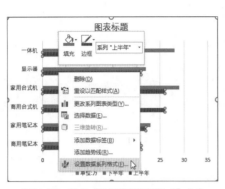

图14-33　选择"设置数据系列格式"命令

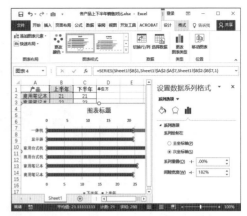

图14-34　选中"次坐标轴"单选按钮

Step 04 启用 **"设置坐标轴格式"** 功能。选中底部坐标轴并右击，在快捷菜单中选择"设置坐标轴格式"命令，如图14-35所示。

Step 05 设置边界数值。打开"设置坐标轴格式"导航窗格，设置边界最小值为-35，最大值为35，图14-36所示。

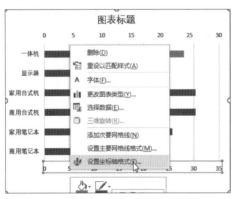

图14-35　选择"设置坐标轴格式"命令

图14-36　设置边界数值

Step 06 设置顶部坐标轴。按照相同的方法，设置顶部坐标轴最大值为35，最小值为-35，查看效果，如图14-37所示。

Step 07 设置逆序刻度值。保持顶部坐标为选中状态，勾选"逆序刻度值"复选框，如图14-38所示。

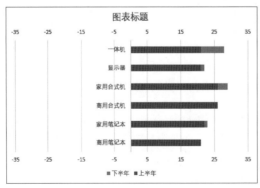

图14-37　查看设置横坐标轴的效果

图14-38　勾选"逆序刻度值"复选框

Step 08 **删除纵坐标轴**。选中图表中间纵坐标轴，按Delete键删除，按照相同的方法删除上下两个坐标轴，如图14-39所示。

Step 09 **添加主轴次要垂直网格线**。选中图表，切换至"图表工具-设计"选项卡，单击"图表布局"选项组中"添加图表元素"下三角按钮，在列表中选择"网格线>主轴次要垂直网格线"选项，如图14-40所示。

交叉参考

网格线的设置可参考13.4.2节中的相关知识。

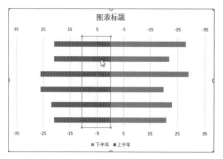

图14-39　删除坐标轴

Step 10 **设置网格线格式**。双击添加的网格线，在打开的"设置次要网格线格式"导航窗格中设置颜色和宽度，如图14-41所示。

图14-40　添加网格线

图14-41　设置网格线格式

Step 11 **应用形状样式**。选中图表，单击"形状样式"选项组中"其他"按钮，在列表中选择合适的形状样式，如图14-42所示。

Step 12 **添加数据标签**。单击"添加图表元素"下三角按钮，在列表中选择"数据标签>数据标注"选项，如图14-43所示。

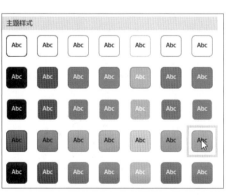

图14-42　应用形状样式

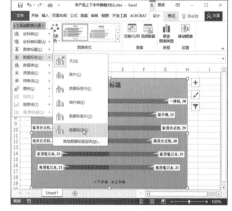

图14-43　添加数据标注

交叉参考

设置数据标签格式可参考13.5.2节中相关知识。

Step 13 **设置数据标签格式**。双击上半年数据标注，打开"设置数据标签格式"导航窗格，设置无填充，边框为红色，宽度为0.75磅，并设置只显示数值，如图14-44所示。根据相同方法设置下半年数据标注格式。

Step 14 **查看最终效果**。设置图表标题的格式，查看旋风图的最终效果,如图14-45所示。

图14-44 设置数据标签格式

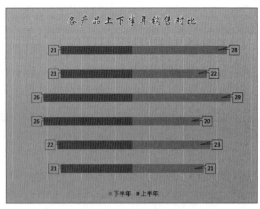

图14-45 查看最终效果

14.2.2 制作甘特图

甘特图也称为横道图或条状图，是通过条形图来显示项目的进度，展示各阶段随着时间进行的情况，下面介绍制作甘特图的具体操作方法。

Step 01 **选中数据区域。** 打开"某项目跟进表.xlsx"工作表，选择A2:B7单元格区域，如图14-46所示。

Step 02 **创建堆积条形图。** 切换至"插入"选项卡，单击"图表"选项组中"插入柱形图和条形图"下三角按钮，在列表中选择"堆积条形图"选项，并输入标题，效果如图14-47所示。

> **>>> 实例文件**
>
> 原始文件:
> 实例文件\第14章\原始文件\某项目跟进表.xlsx
> 最终文件:
> 实例文件\第14章\最终文件\甘特图.xlsx

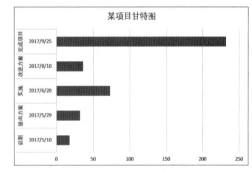

图14-46 选择数据区域　　　　图14-47 创建堆积条形图

Step 03 **打开"选择数据源"对话框。** 右击图表，在快捷菜单中选择"选择数据"命令，在"选择数据源"对话框中单击"水平（分类）轴标签"选项区域中的"编辑"按钮，如图14-48所示。

Step 04 **设置轴标题。** 在打开的"轴标签"对话框中，单击"轴标签区域"折叠按钮，在工作表中选择A3:A7单元格区域，如图14-49所示。

> **(i) 提示**
>
> 步骤3至步骤5的作用是从纵坐标轴中将"开始时间"转为数值轴。

图14-48 单击"编辑"按钮

图14-49 设置轴标签区域

Step 05 **设置系列轴。** 返回"选择数据源"对话框，单击"图例项（系列）"选项区域中"添加"按钮，在打开的对话框中设置各参数，如图14-50所示。

Step 06 **调整添加数据系列的顺序。** 返回"选择数据源"对话框，选中添加"开始时间"系列，单击"上移"按钮，如图14-51所示。

图14-50　添加数据系列

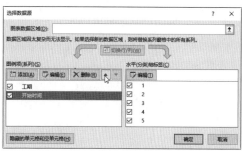

图14-51　调整数据系列顺序

Step 07 **设置纵坐标轴逆序类别。** 双击纵坐标轴，在打开的"设置坐标轴格式"导航窗格中勾选"逆序类别"复选框，如图14-52所示。

提示

步骤7中勾选"逆序类别"复选框，可以颠倒分类的次序。

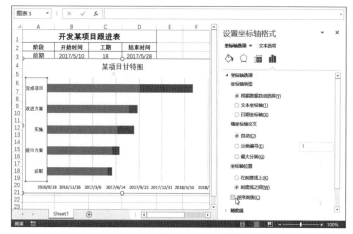

图14-52　勾选"逆序类别"复选框

Step 08 **确定最小、最大时间的序号。** 返回工作表中，将开始时间和结束时间中最小值和最大值通过"设置单元格格式"对话框记录其序号，如图14-53所示。

Step 09 **设置横坐标轴的最值。** 双击横坐标轴，打开"设置坐标轴格式"导航窗格，在"坐标轴选项"选项区域中设置最小值为42865，最大值为43235，如图14-54所示。

图14-53　确定时间序号

图14-54　设置最值

Step 10 **设置"开始时间"系列格式。** 选中"开始时间"系列,在打开的"设置数据系列格式"导航窗格中设置无填充和无边框,如图14-55所示。

Step 11 **添加网格线。** 选中图表,单击"添加图表元素"下三角按钮,在列表中选择"网格线>主轴主要水平网格线"选项,如图14-56所示。

图14-55　设置系列格式　　　　　图14-56　添加网格线

Step 12 **设置网格线的格式。** 选中主轴主要水平网格线,在打开的"设置主要网格线格式"导航窗格中设置格式,按照同样的方法设置垂直网格线,效果如图14-57所示。

Step 13 **添加直线。** 切换至"插入"选项卡,单击"插图"选项组中"形状"下三角按钮,在列表中选择"直线"选项,并在图表的左侧和顶部绘制,然后设置直线的格式,效果如图14-58所示。

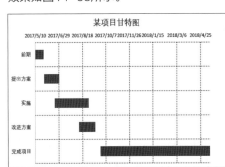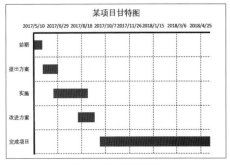

图14-57　设置网格线的格式　　　　　图14-58　添加直线

Step 14 **填充数据系列。** 选中数据系列,在打开的"设置数据系列格式"导航窗格中设置图案填充,并设置前景和背景的颜色,效果如图14-59所示。

Step 15 **添加数据标注。** 选中图表,单击"图表元素"按钮,在列表中选择"数据标签>数据标注"选项,删除"开始时间"的标注,然后更改标注的形状,适当调整位置,并设置字体格式,效果如图14-60所示。

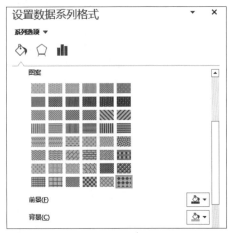

图14-59　填充数据系列

Step 16 **查看效果**，然后选中图表标题，设置字体，然后应用艺术字效果，甘特图的最终效果如图14-61所示。

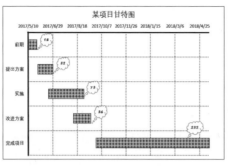 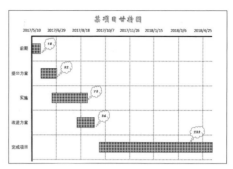

图14-60 添加数据标注　　　　　　　　　图14-61 查看甘特图的效果

14.2.3 制作企业文化阶梯图

在工作或生活中随处可见使用图表的形式介绍不同阶段的工作，下面介绍利用三维百分比堆积条形图制作阶梯图的操作方法。

Step 01 **创建三维条形图表**。新建工作表，在A1:B4单元格区域中输入相关数据，数据的大小根据需要在条形图上输入文字多少而定，然后选中数据区域，单击"图表"选项组中"插入柱形图或条形图"下三角按钮，在列表中选择"三维百分比堆积条形图"选项，如图14-62所示。

Step 02 **切换行/列**。选中图表，切换至"图表工具-设计"选项卡，单击"数据"选项组中的"切换行/列"按钮，如图14-63所示。

 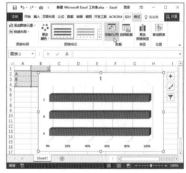

图14-62 创建三维条形图　　　　　　　　图14-63 单击"切换行/列"按钮

Step 03 **打开"设置数据点格式"导航窗格**。选中任意数据系列并右击，在快捷菜单中选择"设置数据点格式"命令，如图14-64所示。

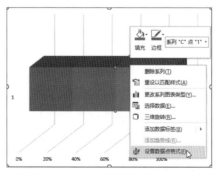

图14-64 选择"设置数据点格式"命令

提示

为了体现出图表的立体感，所以设置数据系列的透明度和边框值。

Step 04 设置填充和边框格式。打开“设置数据点格式”导航窗格，切换至“填充与线条”选项卡，设置纯色填充，并设置透明度为30%，设置边框颜色为红色，如图14-65所示。

Step 05 设置其他数据系列格式。根据相同的方法设置其他两个数据系列的格式，并填充不同的颜色，效果如图14-66所示。

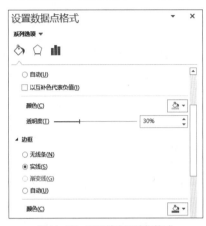

图14-65 设置填充和边框格式

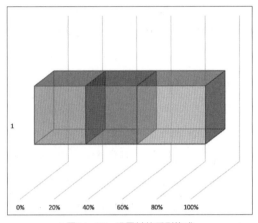

图14-66 设置其他系列格式

提示

在步骤 6 中设置三维旋转，主要是为了将 3 个图表组合后形成阶梯的形状。

Step 06 设置三维旋转。打开“设置绘图区格式”导航窗格，在“三维旋转”选项区域中设置“X旋转”和“Y旋转”的数值，如图14-67所示。

Step 07 删除网格线。选中图表，切换至“图表工具-设计”选项卡，单击“图表布局”选项组中“添加图表元素”下三角按钮，在列表中选择“网格线>主轴主要垂直网格线”选项，如图14-68所示。

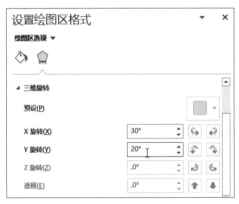

图14-67 设置三维旋转

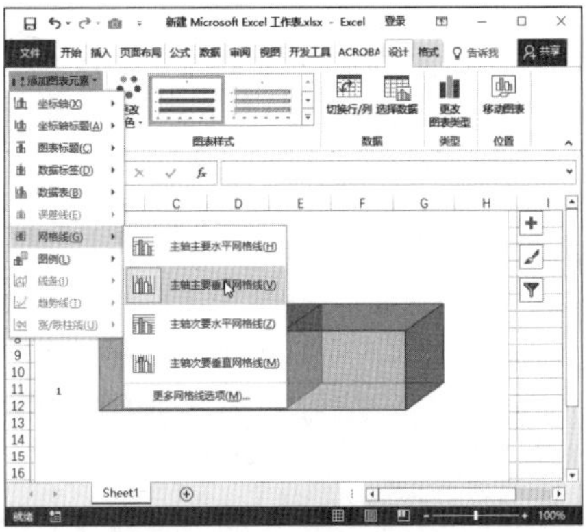

图14-68 删除网格线

提示

删除图表网格线、坐标轴和图例，可以更好地查看图表效果。

Step 08 添加数据标注。然后将图表的横坐标轴和图例删除，并添加数据标注，效果如图14-69所示。

Step 09 修改数据标注形状。选中数据标注，切换至“图表工具-格式”选项卡，单击“插入形状”选项组中“更改形状”下三角按钮，在列表中选择合适的形状，根据相同方法修改所有数据标注形状，效果如图14-70所示。

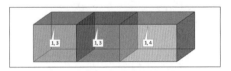

图14-69 添加数据标注

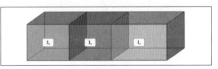

图14-70 修改数据标注的形状

Step 10 添加文字。 在A7:B15单元格区域中输入相关文字，然后单击两次左侧系列上的数据标注，选中数字在编辑栏中输入"="，然后选中A7单元格，按Enter键确认，效果如图14-71所示。

Step 11 添加其他文字。 根据相同的方法，添加其他两个数据标注所对应的文字，效果如图14-72所示。

> **提示**
>
> 用户可以直接在数据标签内输入文字，然后再设置文字的格式。

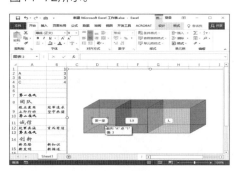

图14-71 添加文字

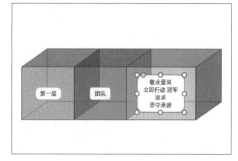

图14-72 添加其他文字

Step 12 设置文字和数据标注格式。 分别设置数据标注中文字格式，并设置数据标注为无填充和无边框，效果如图14-73所示。

Step 13 将图表截取。 使用截图软件或QQ截图，将图表截取并放在新工表中备用，如图14-74所示。

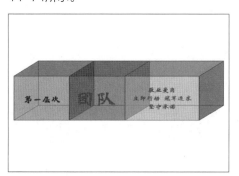

图14-73 设置文字格式

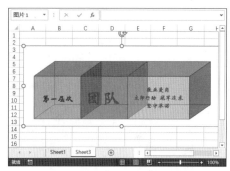

图14-74 裁剪图表

> **提示**
>
> 在设置其他图表时，如果调整图表的大小，会影响制作阶梯图的效果。

Step 14 设置第2个图表。 根据之前的方法修改图表中的文字以及数据系列的填充颜色，注意不要调整图表的大小，修改后将其裁剪并和第1个图表放在一起，如图14-75所示。

Step 15 设置第3个图表。 然后在图表上修改文字，并设置数据系列的颜色，然后截取图表，如图14-76所示。

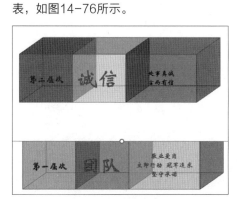

图14-75 设置第2个图表

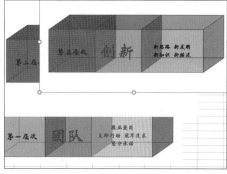

图14-76 设置第3个图表

Step 16 设置透明色。 按住Ctrl键选中截取的图表，切换至"图片工具－格式"选项卡，单击"调整"选项组中"颜色"下三角按钮，在列表中选择"设置透明色"选项，如图14-77所示。

Step 17 设置背景为透明色。 当光标变为小刻刀形状时，单击图片的白色背景，即可设置背景为透明色，如图14-78所示。

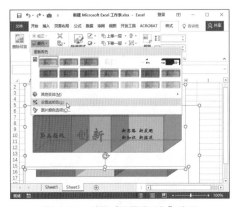
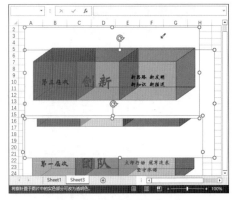

图14-77 选择"设置透明色"选项　　　　图14-78 设置背景为透明色

Step 18 排列3个图表。 在"视图"选项卡的"显示"选项组中取消勾选"网格线"复选框，然后将3个图表排列成阶梯的形状，效果如图14-79所示。

Step 19 插入形状。 切换至"插入"选项卡，单击"插图"选项组中"形状"下三角按钮，在列表中选择"箭头：上弧形"形状，并填充不同的颜色，如图14-80所示。

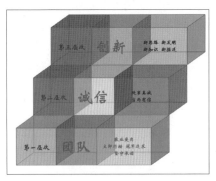
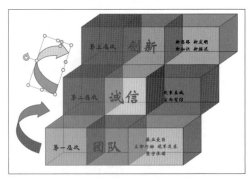

图14-79 排列图表　　　　图14-80 插入形状

Step 20 添加标题和背景。 在合适的单元格中输入标题并设置标题格式，为工作表填充合适的颜色，最终效果如图14-81所示。

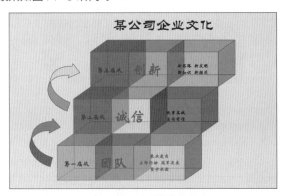

图14-81 查看最终效果

14.3 利用折线图绘制四分位点图

四分位点图可以分析数据的最大值、最小值、25% 的值、平均值以及 75% 的值，下面介绍利用折线图绘制四分位点图的操作方法。

Step 01 创建四分位表格。打开“员工培训成绩表.xlsx”工作簿，在A15:G20单元格区域完善表格，如图14-82所示。

Step 02 计算最小值。在B16单元格内输入“=QUARTILE(B2:B13,0)”公式，计算出B2:B13区域的最小值，如图14-83所示。

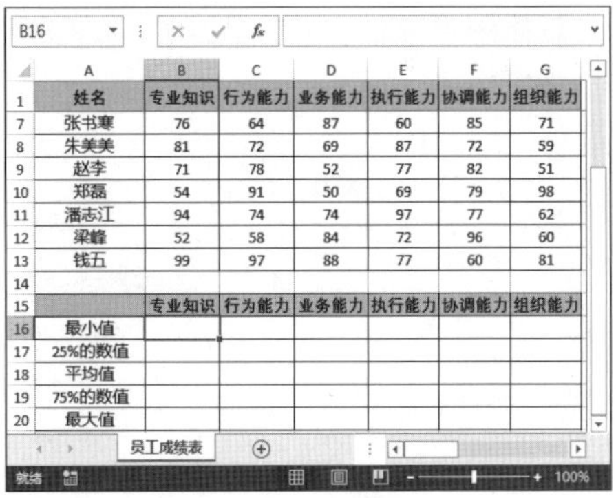

图14-82 完善表格

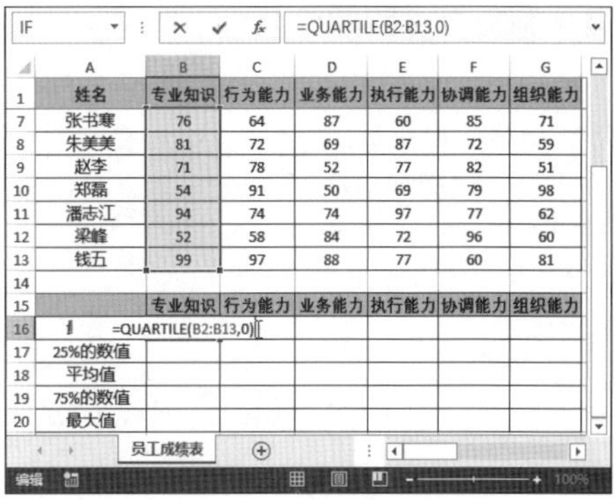

图14-83 计算最小值

Step 03 计算其他数值。在B17:B20单元格区域中分别输入“=QUARTILE(B2:B13,1)”、“=QUARTILE(B2:B13,2)”、“=QUARTILE(B2:B13,3)”和“=QUARTILE(B2:B13,4)”公式分别计算出四分位的各个数值，如图14-84所示。

Step 04 填充数值。选中B16:B20单元格区域，然后将公式向右填充，计算出员工各项目的考试成绩，如图14-85所示。

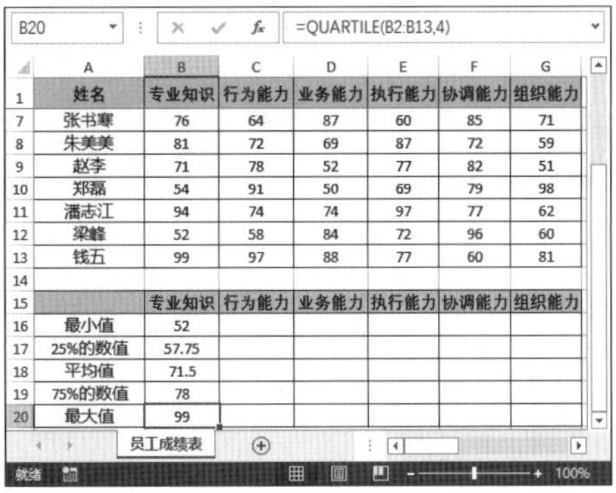

图14-84 计算其他数值

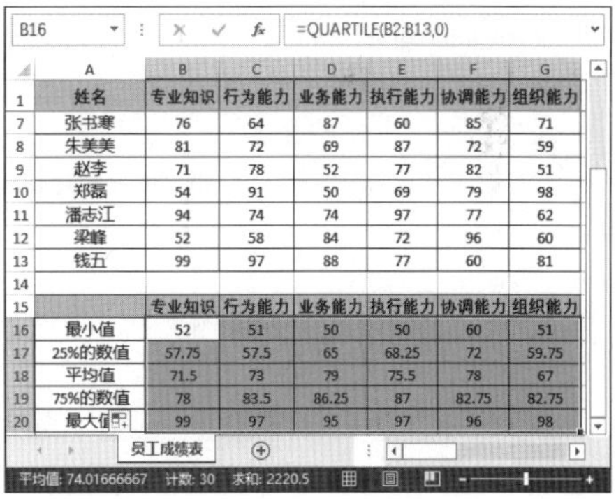

图14-85 填充公式

Step 05 插入图表。选中A15:G20单元格区域，单击“插入”选项卡的“插入折线图或面积图”下三角按钮，选择“带数据标记的折线图”选项，如图14-86所示。

图14-86 插入图表

> **实例文件**
> 原始文件：
> 实例文件 \ 第 14 章 \ 原始文件 \ 员工培训成绩表 .xlsx
> 最终文件：
> 实例文件 \ 第 14 章 \ 最终文件 \ 利用折线图绘制四分位点图 .xlsx

> **提示**
> 在步骤3中，QUARTILE函数用于返回一组数据中的四分位点。

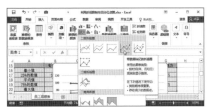

Step 06 **查看插入图表的效果**。在标题框中输入图表的标题，查看插入折线图的效果，如图14-87所示。

Step 07 **添加涨/跌柱线**。选中图表，切换至"图表工具-设计"选项卡，单击"图表布局"选项组中"添加图表元素"下三角按钮，在列表中选择"涨/跌柱线>涨/跌柱线"选项，如图14-88所示。

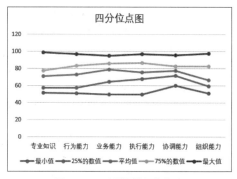

图14-87 查看折线图的效果　　　　　图14-88 添加涨/跌柱线

> **提示**
>
> 添加涨/跌柱线后，为了突出最小值和最大值，然后按照步骤9设置系列的顺序。设置完成后，最大值和最小值被分离出来。

Step 08 **打开"选择数据源"对话框**。单击"数据"选项组中"选择数据"按钮，如图14-89所示。

Step 09 **设置系列的顺序**。打开"选择数据源"对话框，在"图例项（系列）"选项区域中设置系列的顺序为"25%的数值"、"最小值"、"平均值"、"最大值"和"75%的数值"，如图14-90所示。

> **提示**
>
> 在步骤9中，要调整数据系列的顺序，则选中某系列，单击"上移"或"下移"按钮即可。

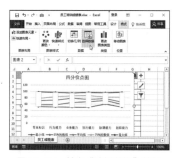

图14-89 单击"选择数据"按钮　　　　图14-90 设置系列的顺序

Step 10 **添加线条**。单击"添加图表元素"下三角按钮，在列表中选择"线条>高低点连线"选项，如图14-91所示。

Step 11 **设置"最大值"系列格式**。双击"最大值"数据系列，打开"设置数据系列格式"导航窗格，切换至"填充与线条"选项卡，在"线条"区域中选中"无线条"单选按钮，如图14-92所示。

图14-91 添加高低点连线　　　　　图14-92 选择"无线条"单选按钮

Step 12 设置标记类型。单击"标记"按钮，在选项区域中选中"内置"单选按钮，设置类型和大小，如图14-93所示。

Step 13 设置标记的边框。在"边框"选项区域，选中"实线"单选按钮，设置边框的颜色和宽度，如图14-94所示。

> **提示**
>
> 步骤12中，在"数据标记选项"选项区域中，只有选中"内置"单选按钮才能激活"类型"和"大小"选项。

图14-93　设置标记类型

图14-94　设置标记的边框

Step 14 设置"最小值"系列的格式。根据相同的方法，设置"最小值"的数据系列格式，效果如图14-95所示。

Step 15 启用"设置涨柱线格式"导航窗格。在图表中右击涨/跌柱线，在快捷菜单中选择"设置涨柱线格式"命令，如图14-96所示。

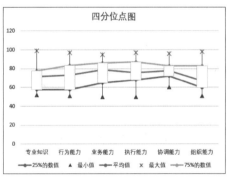

图14-95　设置"最小值"系列格式

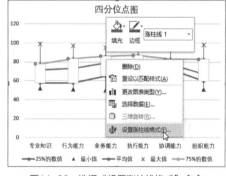

图14-96　选择"设置涨柱线格式"命令

Step 16 设置涨柱线填充。打开"设置涨柱线格式"导航窗格，在"填充"选项区域中设置渐变填充，如图14-97所示。

Step 17 美化图表。删除图表的图例，然后设置图表标题和背景，效果如图14-98所示。

图14-97　设置渐变填充

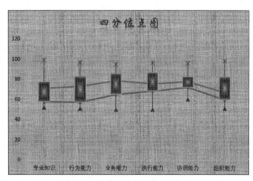

图14-98　查看最终效果

14.4 应用四象限散点图

四象限图对在不同阶段的数据分析是比较实用的，它利用水平和垂直分割线分成 4 个象限，每个象限中的数据表现是不同的。本节将介绍利用散点图结合四象限图分析数据的方法。

Step 01 插入散点图。打开"超市各月销售表.xlsx"工作簿，选中表格内任意单元格，单击"插入"选项卡中"推荐的图表"按钮，在打开的对话框中选择散点图，单击"确定"按钮，如图14-99所示。

Step 02 设置四象限图的颜色。在任意4个相邻的单元格中填充不同的颜色，单击"开始"选项卡中"剪切"按钮，如图14-100所示。

实例文件

原始文件：
实例文件\原始文件\第14章\超市各月销售表.xlsx

最终文件：
实例文件\第14章\最终文件\四象限散点图.xlsx

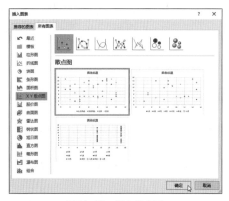

图14-99　插入散点图

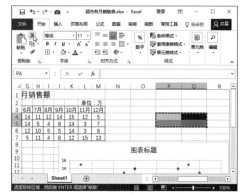

图14-100　设置四象限图的颜色

Step 03 选择编辑区域。选中图表，切换至"图表工具-格式"选项卡，单击"当前所选内容"选项组中"图表元素"下三角按钮，在列表中选择"绘图区"选项，然后单击"设置所选内容格式"按钮，如图14-101所示。

Step 04 设置编辑区域。打开"设置绘图区格式"导航窗格，在"填充"选项区域选中"图片或纹理填充"单选按钮，然后单击"剪贴板"按钮，如图14-102所示。

提示

在步骤3中要设置编辑区域为绘图区，否则执行步骤4后将填充整个表格，也就无法制作四象限图。

图14-101　选择编辑区域

图14-102　设置填充

Step 05 查看效果。返回工作表中，可见在绘图区填充颜色，颜色的分界在横坐标轴并未与中间月份对齐，如图14-103所示。

Step 06 打开"设置坐标轴格式"导航窗格。选择横坐标并右击，在快捷菜单中选择"设置坐标轴格式"命令，如图14-104所示。

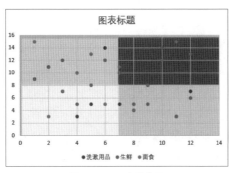

图14-103　查看效果

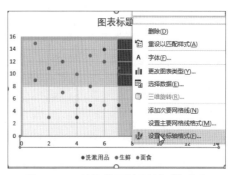

图14-104　选择"设置坐标轴格式"命令

Step 07 **设置坐标轴最大值。** 打开"设置坐标轴格式"导航窗格，在"坐标轴选项"选项区域中设置最大值为12，如图14-105所示。

图14-105　设置坐标轴最大值

Step 08 **删除网格线。** 选中图表，切换至"图表工具-设计"选项卡，单击"图表布局"选项组中的"添加图表元素"下三角按钮，在列表中选择"网格线>主轴主要水平网格线"选项，删除网格线，根据相同方法删除垂直网格线，如图14-106所示。

Step 09 **添加数据标签。** 选中图表，单击右侧"图表元素"按钮，在列表中选择"数据标签>左"选项，如图14-107所示。

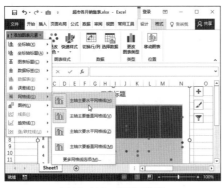

图14-106　删除网格线

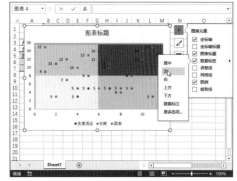

图14-107　添加数据标签

Step 10 **删除纵横坐标轴。** 然后在"图表工具-设计"选项卡中，根据删除网格线的方法删除纵横坐标轴，如图14-108所示。

Step 11 **设置图表标题格式。** 在标题框中输入图表的标题，在"字体"选项组中设置标题的格式，然后在"图表工具-格式"选项卡的"艺术字样式"选项组中设置标题效果，如图14-109所示。

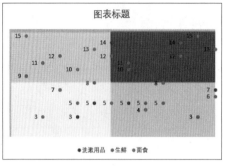

图14-108　删除纵横坐标轴

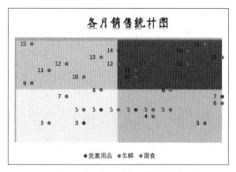

图14-109　查看四象限散点图效果

14.5 使用直方图统计各分数段人数

直方图是对大量数据的总结性概括和图示。例如期中考试结束后，老师需要统计各学生的总成绩都分布在哪些分数段，此时使用直方图是最好的选择，下面介绍具体的操作方法。

Step 01 打开"Excel选项"对话框。打开"初一（三班）成绩表.xlsx"工作簿，单击"文件"标签，在列表中选择"选项"选项，如图14-110所示。

Step 02 设置加载项。打开"Excel选项"对话框，选择"加载项"选项，单击右侧面板中"转到"按钮，如图14-111所示。

图14-110　选择"选项"选项

图14-111　单击"转到"按钮

Step 03 加载"分析工具库"。打开"加载宏"对话框，在"可用加载宏"列表框中勾选"分析工具库"复选框，单击"确定"按钮，如图14-112所示。

Step 04 设置总分的等级。在G1:G5单元格区域中输入总分的等级，切换至"数据"选项卡，单击"分析"选项组中"数据分析"按钮，如图14-113所示。

图14-112　勾选"分析工具库"复选框

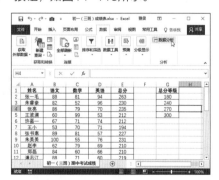

图14-113　单击"数据分析"按钮

Step 05 **选择"直方图"。** 打开"数据分析"对话框,在"分析工具"列表框中选择"直方图"选项,单击"确定"按钮,如图14-114所示。

Step 06 **设置区域。** 打开"直方图"对话框,单击"输入区域"折叠按钮,在工作表中选择E2:E31单元格区域,同样的方法设置"接收区域"为G2:G5单元格区域,然后勾选"图表输出"复选框,单击"确定"按钮,如图14-115所示。

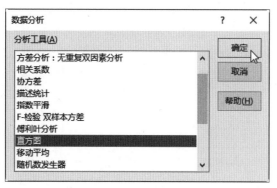

图14-114 选择"直方图"选项
图14-115 设置区域 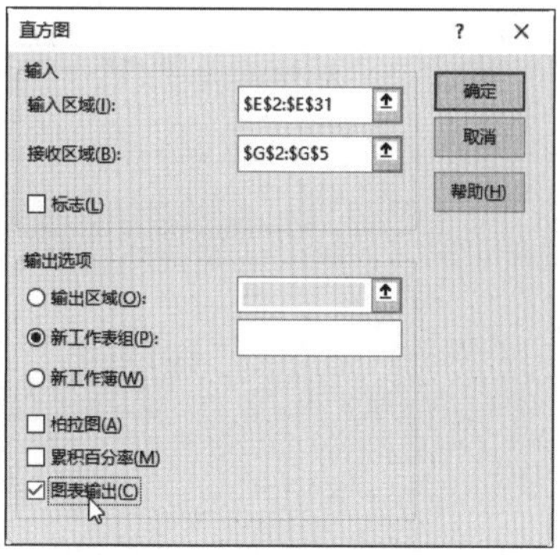

> **提示**
>
> 在"直方图"对话框中,设置完成输入区域和接收区域后,若勾选"累积百分率"复选框,根据接收区域的等级统计累积百分比。

Step 07 **创建直方图。** 在新工作表中创建直方图,并且创建数据区域,显示各分数段的人数,如图14-116所示。

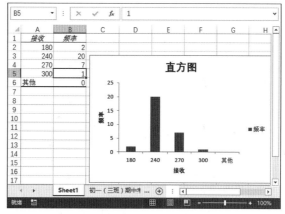

图14-116 创建直方图

> **提示**
>
> 步骤8和步骤9操作后,可以删除直方图中"其他"数据系列。

Step 08 **启用"选择数据"功能。** 右击直方图,在快捷菜单中选择"选择数据"命令,如图14-117所示。

Step 09 **选择数据区域。** 打开"选择数据源"对话框,单击"图表数据区域"折叠按钮,在工作表中选择A2:B5单元格区域,如图14-118所示。

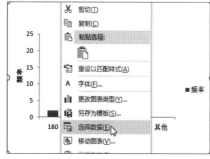

图14-117 选择"选择数据"命令

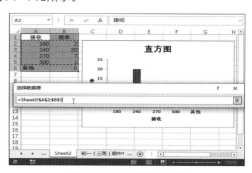

图14-118 选择数据区域

Step 10 确定数据区域。然后单击折叠按钮，返回“选择数据源”对话框，单击“确定”按钮，如图14-119所示。

Step 11 启用“设置数据系列格式”功能。右击“系列2”数据系列，在快捷菜单中选择“设置数据系列格式”命令，如图14-120所示。

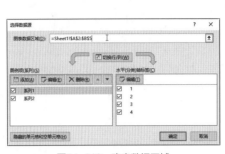

图14-119 确定数据区域

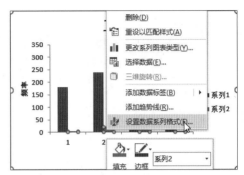

图14-120 选择“设置数据条列格式”命令

Step 12 设置坐标轴。打开“设置数据系列格式”导航窗格，在“系列选项”选项区域中选中“次坐标轴”单选按钮，如图14-121所示。

Step 13 启用“更改图表类型”对话框。选中图表，切换至“图表工具-设计”选项卡，单击“类型”选项组中“更改图表类型”按钮，如图14-122所示。

提 示

将“系列2”设置为次坐标轴后，可以让该系列在直方图中显示更明显。

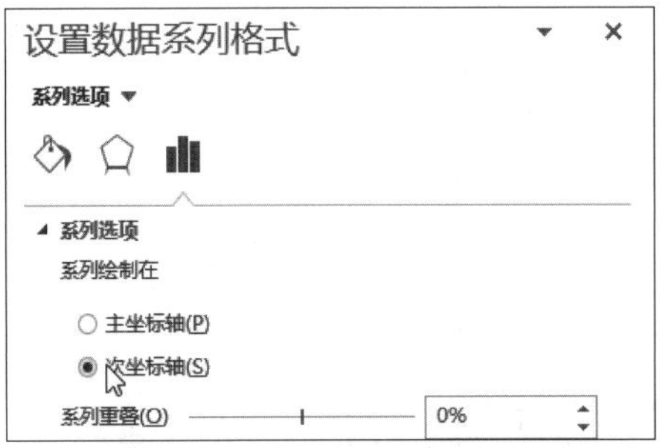

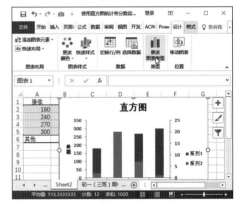

图14-121 选中“次坐标轴”单选按钮

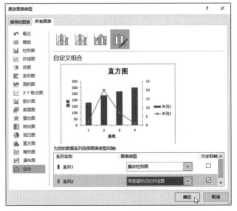

图14-122 单击“更改图表类型”按钮

Step 14 打开“更改图表类型”对话框，设置“系列2”为带数据标记的折线图，单击“确定”按钮，如图14-123所示。

图14-123 更改“系列2”的图表类型

Step 15 **查看更改图表类型后的效果。** 返回工作表可见"系列2"的柱形图更改为折线图，如图14-124所示。

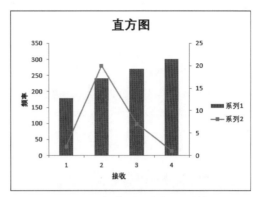

图14-124　查看更改图表类型后的效果

Step 16 **添加数据标签。** 选择折线图，切换至"图表工具-设计"选项卡，单击"添加图表元素"下三角按钮，在列表中选择"数据标签>上方"命令，再设置柱形图的数据标签，如图14-125所示。

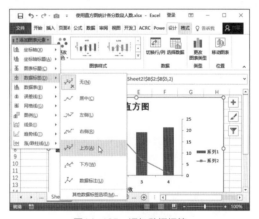

图14-125　添加数据标签

Step 17 **美化图表。** 删除多余的图表元素，添加标题并设置格式，为图表添加背景颜色，为绘图区添加图片，并添加"柔化边缘"效果，最终效果如图14-126所示。

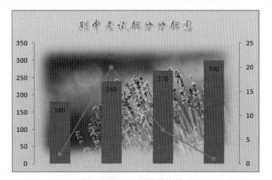

图14-126　查看最终效果

复合图表和高级图表应用

学习了Excel常规图表的基础操作和实际应用后，相信用户已经可以很容易地对各种常规数据进行展示，让图表充分展现数据。但是，工作中经常会遇到各种复杂异常的数据，简单的图表不能满足实际的需求，不能准确地展现数据，此时，用户可以将不同的数据系列绘制为不同的图表类型或者将图表与函数或控件相结合。

15.1 复合图表的应用

复合图表是指由不同图表类型的系列组成的图表。创建复合数据图表时最少需要两组数据系列，下面介绍各种复合图表的应用。

15.1.1 利用复合饼图创建销售分析结构图

当用户需要分析各类别数据的占比情况时，将所有类别放在同一饼图中很难比较出占比，此时可以使用复合饼图展示数据。下面介绍利用复合饼图创建销售分析结构图的操作方法。

Step 01 启用"推荐的图表"功能。 打开"2017年某出版社销售分析表.xlsx"工作薄，选择表格中任意单元格，切换至"插入"选项卡，单击"图表"选项组中的"推荐的图表"按钮，如图15-1所示。

Step 02 选择复合饼图。 打开"插入图表"对话框，在"所有图表"选项卡中选择"复合饼图"图表类型，单击"确定"按钮，如图15-2所示。

>> 实例文件

原始文件：
实例文件\第15章\原始文件\2017年某出版社销售分析表.xlsx
最终文件：
实例文件\第15章\最终文件\利用复合饼图创建销售分析结构图.xlsx

图15-1　单击"推荐的图表"按钮

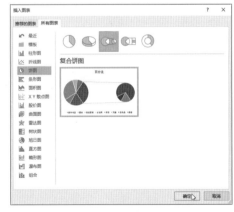

图15-2　选择复合饼图

Step 03 查看复合饼的效果。 在工作表中查看创建复合饼图的效果，如图15-3所示。

Step 04 启用"设置数据系列格式"导航窗格。 在任意饼图的数据系列上右击，在快捷菜单中选择"设置数据系列格式"命令，如图15-4所示。

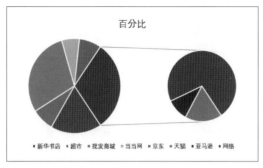

图15-3　查看效果

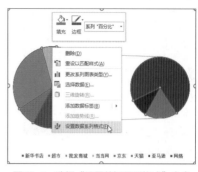

图15-4　选择"设置数据系列格式"命令

提 示

在步骤5的导航窗格
中设置"间隙宽度"的
值，可以设置两饼图之
间的距离。

Step 05 **设置第二绘图区的系列。**打开"设置数据系列格式"导航窗格，在"系列选项"选项区域中设置"第二绘图区中的值"为4，"第二绘图区大小"为60%，如图15-5所示。

Step 06 **查看设置后的效果。**选择图例按Delete键将其删除，可见第二绘图区的系列为4个，效果如图15-6所示。

图15-5　设置第二绘图区的系列

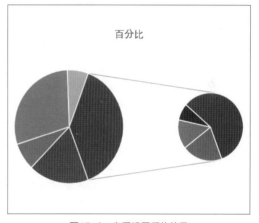

图15-6　查看设置后的效果

提 示

经过步骤7设置后，在
第二绘图区则显示网络
销售的比例。

Step 07 **修改公式。**选中图表中任意系列，在编辑栏中将"=SERIES('2017年销售分析表'!$B$1,'2017年销售分析表'!$A$2:$A$9,'2017年销售分析表'!$B$2:$B$9,1)"公式中"$B$2:$B$9"修改为"$B$2:$B$8"，查看复合饼图的效果，如图15-7所示。

Step 08 **设置绘图区的格式。**在图表的标题框中输入标题，双击图表的绘图区，打开"设置绘图区格式"导航窗格，设置渐变填充效果，如图15-8所示。

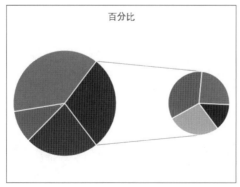

图15-7　查看修改公式后的效果

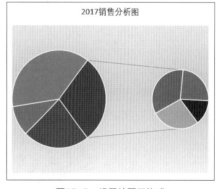

图15-8　设置绘图区格式

Step 09 切换设置图表区。在"设置绘图区格式"导航窗格中单击"绘图区选项"下三角按钮,在列表中选择"图表区"选项,如图15-9所示。

Step 10 设置图表区填充颜色。切换至"设置图表区格式"导航窗格,在"填充与线条"选项卡下设置填充颜色为洋红色,透明度为30%,如图15-10所示。

图15-9　选择"图表区"选项

图15-10　设置图表区填充颜色

Step 11 设置效果。切换至"效果"选项卡,在"柔化边缘"选项区域设置柔化大小为2.5磅,如图15-11所示。

Step 12 查看设置效果。切换至"视图"选项卡,在"显示"选项组中取消勾选"网格线"复选框,图表效果如图15-12所示。

图15-11　设置"柔化边缘"效果

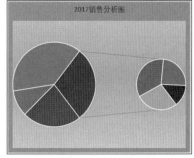

图15-12　查看图表效果

Step 13 设置图表区文本格式。在导航窗格中切换至"文本选项"选项卡,设置文本填充为白色、边框为无线条,并添加图例,效果如图15-13所示。

Step14 查看效果。为图表区文本设置发光效果,然后为图表系列添加数据标签,最终效果如图15-14所示。

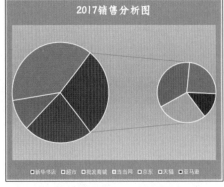

图15-13　设置图表区文本格式

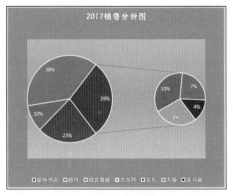

图15-14　查看最终效果

15.1.2 柱形图和折线图组合的应用

当创建图表的数值的差值比较大时，用户可以通过设置次坐标轴的方法，对数值较小的数据系列更改图表类型，以便将各种数据展示地更清楚。下面介绍将柱形图和折线图组合的操作方法。

Step 01 计算同期增长率。打开"2017年各季度销售额.xlsx"工作簿，选中D3单元格然后输入公式"=(B3/C3-1)*100%"，计算出2017年和2016年相比第一季度的增长率，如图15-15所示。

Step 02 填充公式。然后将D3单元格中的公式向下填充，计算出各季度的同期增长率，可见增长率和销售额之间差值很大，如图15-16所示。

图15-15 输入公式　　　　　　　　　图15-16 填充公式

Step 03 插入图表。按住Ctrl键选中A2:B6和D2:D6单元格区域，切换至"插入"选项卡，选择"簇状柱形图"选项，如图15-17所示。

Step 04 查看插入柱形图的效果。可见在柱形图中同期增长率系列很小无法比较数值，如图15-18所示。

图15-17 插入图表

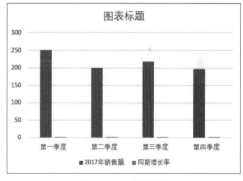

图15-18 查看效果

Step 05 执行"设置数据系列格式"命令。在图表中很难使用光标选中"同期增长率"的系列，先选择"2017年销售额"系列并右击，选择"设置数据系列格式"命令，如图15-19所示。

Step 06 选择"同期增长率"系列。打开"设置数据系列格式"导航窗格，单击"系列选项"下三角按钮，在列表中选择相应的选项，如图15-20所示。

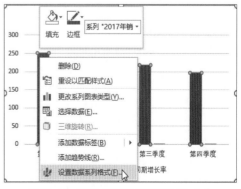

图15-19 选择"设置数据系列格式"命令

Step 07 **设置次坐标轴。** 在导航窗格的"系列选项"选项区域中选择"次坐标轴"单选按钮，如图15-21所示。

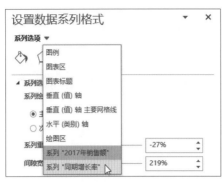

图15-20 选择"同期增长率"系列

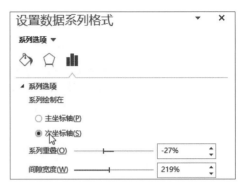

图15-21 选择"次坐标轴"单选按钮

Step 08 **查看设置次坐标轴的效果。** 在图表中可见"同期增长率"的数据系列变大了，在图表右侧出现纵坐标轴，如图15-22所示。

Step 09 **更改系列的图表类型。** 选择任意数据系列并右击，在快捷菜单中选择"更改系列图表类型"命令，如图15-23所示。

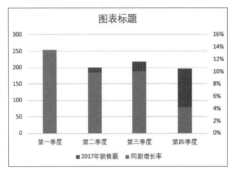

图15-22 查看设置次坐标轴的效果

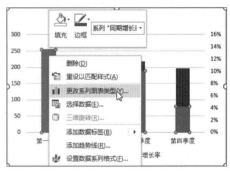

图15-23 更改系列的图表类型

Step 10 **选择图表类型。** 打开"更改图表类型"对话框，在"所有图表"选项卡下单击"同期增长率"右侧下三角按钮，在列表中选择"折线图"选项，单击"确定"按钮，如图15-24所示。

Step 11 **查看更改图表类型的效果。** 返回工作表中，可见"同期增长率"的数据系列更改为折线图，柱形图展示2017年销售额，折线图展示增长率的数值，如图15-25所示。

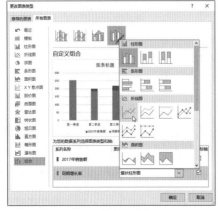

图15-24 选择图表的类型

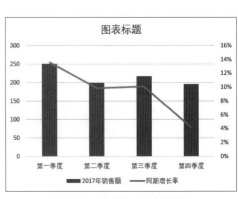

图15-25 查看组合图表的效果

Step 12 **插入椭圆形状**。切换至"插入"选项卡，单击"插图"选项组中"形状"下三角按钮，在列表中选择椭圆形状，如图15-26所示。

Step 13 **设置形状的填充颜色**。在"绘图工具－格式"选项卡的"形状样式"选项组中，单击"形状填充"下三角按钮，在列表中选择白色，如图15-27所示。

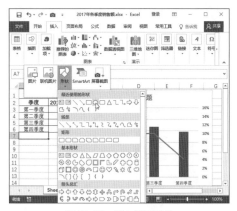

图15-26 插入椭圆形状 　　　　图15-27 设置形状填充颜色

Step 14 **设置形状的其他格式**。根据相同的方法，设置椭圆形状的边框和发光效果，如图15-28所示。

Step 15 **复制形状**。选中形状按Ctrl+C组合键进行复制，然后选中折线图中的拐点按Ctrl+V组合键进行粘贴，则拐点被椭圆形状代替，如图15-29所示。

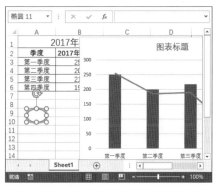
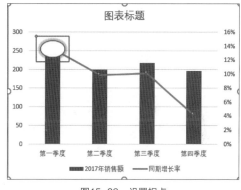

图15-28 设置形状格式 　　　　图15-29 设置拐点

Step 16 **设置所有拐点**。根据相同方法设置其他拐点为椭圆形状，如图15-30所示。

Step 17 **添加数据标签**。选择折线图，切换至"图表工具－设计"选项卡，在"图表布局"选项组中添加数据标签，效果如图15-31所示。

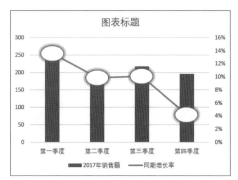
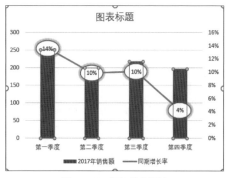

图15-30 设置所有拐点 　　　　图15-31 添加数据标签

Step 18 **为柱形图添加数据标签**。根据相同的方法为柱形图添加数据标签，可见两种类型的图表的数据标签有重合，如图15-32所示。

Step 19 **设置次坐标轴的数值**。双击次坐标轴，打开"设置坐标轴格式"导航窗格，在"坐标轴选项"选项区域中设置最大值为0.2，如图15-33所示。

图15-32 为柱形图添加数据标签　　图15-33 设置次坐标轴的最大值

提示

如果需要将折线图向下移动，只需在"设置坐标轴格式"导航窗格中，将最大值设置比系列数据的最大值还要大即可。

Step 20 **设置图表中的字体格式**。为图表添加标题，然后选择图表中文字，切换至"开始"选项卡，在"字体"选项组中设置字体格式，效果如图15-34所示。

Step 21 **添加网格线**。选中图表，单击"图表布局"选项组中"添加图表元素"下三角按钮，在列表中选择"网格线>主要次要水平网格线"选项，如图15-35所示。

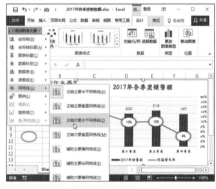

图15-34 设置图表中的字体格式　　图15-35 添加网格线

Step 22 **设置主要网格的格式**。右击主要水平网格线，在快捷菜单中选择"设置网格线格式"命令，在"设置主要网格线格式"导航窗格中设置网格线的颜色，如图15-36所示。

Step 23 **设置绘图区颜色**。切换至"设置绘图区格式"导航窗格，设置填充颜色为浅绿色，最终效果如图15-37所示。

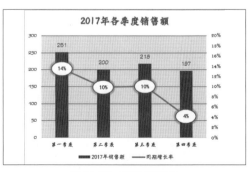

图15-36 设置主要网格的格式　　图15-37 查看最终效果

15.2 高级图表的应用

本节将向用户介绍 Excel 高级图表的应用，如在图表中设置各种控件，并通过控件调整图表的显示效果，或者将图表和函数公式相结合。下面介绍在图表中添加组合框和复选框以及制作动态组合图的方法。

15.2.1 利用组合框控制图表

用户如果需要根据不同的数据类别在图表中展示数据，可以通过添加组合框来控制图表，本案例将使用组合框控制饼图根据不同的月分显示各分店的销售额的比例，下面介绍具体操作方法。

实例文件

原始文件：
实例文件\第 15 章\原始文件\2017 年各分店销售统计表 .xlsx
最终文件：
实例文件\第 15 章\最终文件\组合框控制图表 .xlsx

Step 01 创建辅助数据。打开“2017年各分店销售统计表.xlsx”工作簿，在A16单元格中输入数字1，然后在B16单元格输入“=INDEX(B3:B14,$A$16)”公式，如图15-38所示。

Step 02 填充公式。选择B16单元格区域，将该公式向右填充至F16单元格，并计算出结果，如图15-39所示。

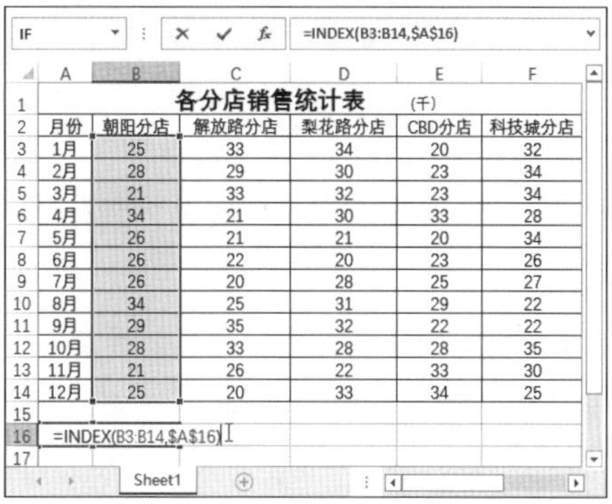

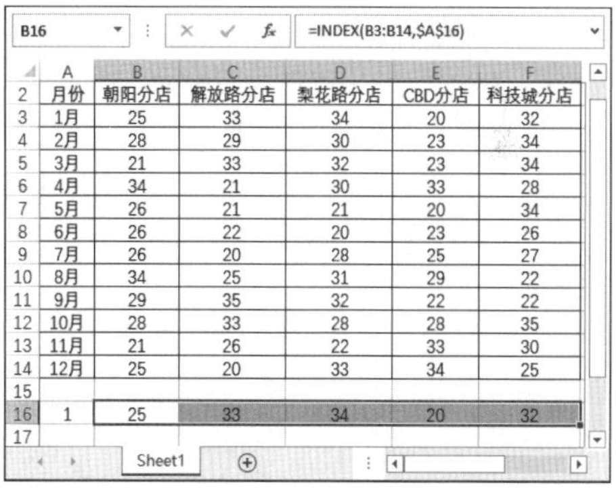

月份	朝阳分店	解放路分店	梨花路分店	CBD分店	科技城分店
1月	25	33	34	20	32
2月	28	29	30	23	34
3月	21	33	32	23	34
4月	34	21	30	33	28
5月	26	21	21	20	34
6月	26	22	20	23	26
7月	26	20	28	25	27
8月	34	25	31	29	22
9月	29	35	32	22	22
10月	28	33	28	28	35
11月	21	26	22	33	30
12月	25	20	33	34	25
	=INDEX(B3:B14,$A$16)				

图15-38 输入公式

月份	朝阳分店	解放路分店	梨花路分店	CBD分店	科技城分店
1月	25	33	34	20	32
2月	28	29	30	23	34
3月	21	33	32	23	34
4月	34	21	30	33	28
5月	26	21	21	20	34
6月	26	22	20	23	26
7月	26	20	28	25	27
8月	34	25	31	29	22
9月	29	35	32	22	22
10月	28	33	28	28	35
11月	21	26	22	33	30
12月	25	20	33	34	25
1	25	33	34	20	32

图15-39 计算结果

Step 03 创建饼图。选中B16:F16单元格区域，切换至“插入”选项卡，单击“图表”选项组中的“插入饼图和圆环图”下三角按钮，在列表中选择“三维饼图”选项，如图15-40所示。

Step 04 启用“选择数据”功能。选择创建的图表，切换至“图表工具-设计”选项卡，单击“数据”选项组中的“选择数据”按钮，如图15-41所示。

交叉参考

INDEX 函数的应用请参考 8.1.6 节中的相关知识。

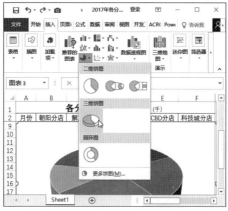

图15-40 创建饼图

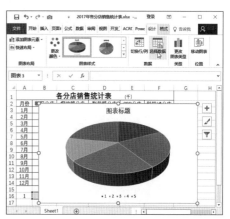

图15-41 单击“选择数据”按钮

Step 05 编辑水平轴标签。打开"选择数据源"对话框，单击"水平(分类)轴标签"区域中"编辑"按钮，如图15-42所示。

Step 06 选择轴标签区域。打开"轴标签"对话框，单击"轴标签区域"折叠按钮，在工作表中选择B2:F2单元格区域，再次单击折叠按钮，然后单击"确定"按钮，如图15-43所示。

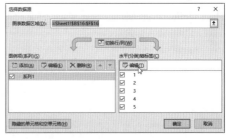

图15-42 单击"编辑"按钮

图15-43 选择轴标签区域

Step 07 查看效果。返回"选择数据源"对话框，单击"确定"按钮，可见图表的图例显示各分店的名称，如图15-44所示。

Step 08 应用样式。切换至"图表工具-设计"选项卡，在"图表样式"选项组中应用"样式10"样式，效果如图15-45所示。

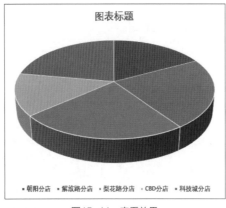

图15-44 查看效果

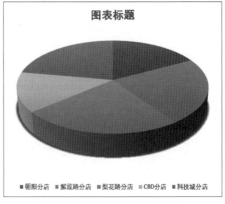

图15-45 应用样式后的效果

Step 09 添加数据标签。单击"图表元素"按钮，在列表中选择"数据标签>数据标签内"选项，效果如图15-46所示。

Step 10 设置数据标签。双击数据标签，打开"设置数据标签格式"导航窗格，在"标签选项"选项区域中勾选"类别名称"和"百分比"复选框，取消勾选"值"复选框，如图15-47所示。

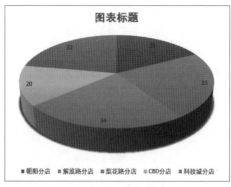

图15-46 添加数据标签

图15-47 设置数据标签

Step 11 **设置字体**。为图表添加标题，在"字体"选项组分别设置图表标题、标签和图例的字体格式，效果如图15-48所示。

Step 12 **插入组合框**。切换至"开发工具"选项卡，单击"控件"选项组中的"插入"下三角按钮，在列表中选择"组合框（窗体控件）"控件，如图15-49所示。

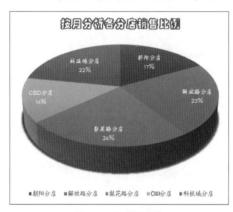

图15-48 设置字体

图15-49 插入组合框

Step 13 **绘制组合框**。光标变为黑色十字形状时，在图表的右上角绘制组合框，然后根据需要调整组合框的大小和位置，如图15-50所示。

Step 14 **启用"设置控件格式"功能**。右击绘制的组合框，在快捷菜单中选择"设置控件格式"命令，如图15-51所示。

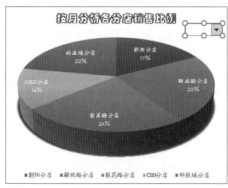

图15-50 绘制组合框

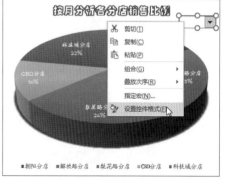

图15-51 选择"设置控件格式"命令

Step 15 设置控件格式。打开"设置对象格式"对话框，在"控制"选项卡中设置"数据源区域"和"单元格链接"参数，勾选"三维阴影"复选框，如图15-52所示。

Step 16 查看效果。单击"确定"按钮，单击组合框下三角按钮，在列表中选择相应的月份，饼图会显示该月份各分店的销售比例，如图15-53所示。

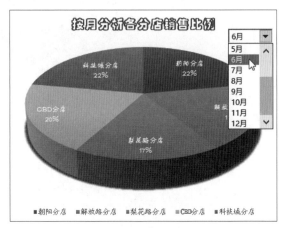

图15-52　设置控件格式　　　　　图15-53　查看最终效果

15.2.2 利用复选框控制图表

本节将介绍使用复选框控件控制图表中需要显示的数据系列的操作方法。其中，插入复选框的方法和组合框一样，但是设置内容有所区别。

Step 01 创建辅助数据。打开"各分店产品销售表.xlsx"工作簿，在B9:E9单元格区域中输入TRUE，如图15-54所示。

Step 02 插入"复选框"控件。切换至"开发工具"选项卡，在"控件"选项组中选择"复选框（窗体控件）"选项，如图15-55所示。

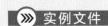
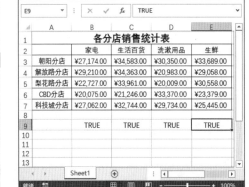

图15-54　创建辅助数据　　　　　图15-55　插入控件

Step 03 绘制复选框。此时光标变为十字形状，在A10单元格中按住鼠标左键进行拖曳，绘制复选框，通过控制点调整复选框的大小，如图15-56所示。

Step 04 启用"设置控件格式"功能。将复选框命名为"家电"，然后右击，在快捷菜单中选择"设置控件格式"命令，如图15-57所示。

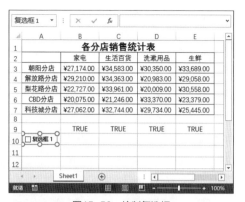

图15-56　绘制复选框

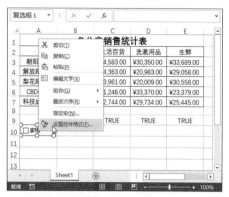

图15-57　选择"设置控件格式"命令

Step 05 **设置控件链接的单元格**。打开"设置控件格式"对话框，切换至"控制"选项卡，单击"单元格链接"折叠按钮，在工作表中选择B9单元格，再次单击折叠按钮，如图15-58所示。

Step 06 **设置填充和线条**。切换至"颜色与线条"选项卡，在"填充"选项区域中设置填充颜色和透明度，在"线条"选项区域设置线条的颜色、样式和粗细，单击"确定"按钮，如图15-59所示。

Step 07 **输入公式**。选中B10单元格并输入"=IF($B$9=TRUE,B3,"")"公式，如图15-60所示。

图15-58　选择链接单元格

> 💡 **提示**
>
> 本案例是按照产品添加复选框的，在设置复选框时，单元格链接应选择产品对应的辅助数据所在的单元格。

图15-59　设置填充和线条格式

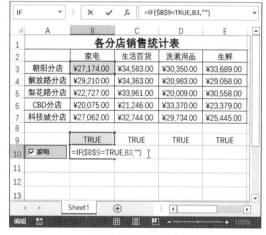

图15-60　输入公式

Step 08 **填充公式**。按Enter键执行计算，选中B10单元格将公式向下填充至B14单元格，如图15-61所示。

Step 09 **绘制并设置其他控件**。按照相同的方法创建其他控件，并设置控件的格式，并在相应的单元格中输入公式，勾选相应的复选框，在右侧显示对应的数据，效果如图15-62所示。

图15-61　填充公式　　　　　　　　　　　图15-62　设置其他控件

Step 10 **插入柱形图**。选中B10:E14单元格区域，切换至"插入"选项卡，插入簇状柱形图，如图15-63所示。

Step 11 **启用"选择数据"功能**。右击插入的图表，在快捷菜单中选择"选择数据"命令，如图15-64所示。

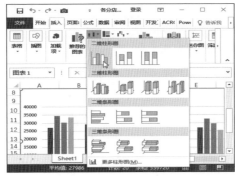

图15-63　插入柱形图

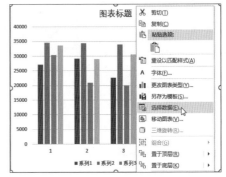

图15-64　选择"选择数据"命令

Step 12 **设置水平轴标签**。打开"选择数据源"对话框，单击"水平（分类）轴标签"选项区域中"编辑"按钮，打开"轴标签"对话框，单击折叠按钮，在工作表中选择A3:A7单元格区域，然后依次单击"确定"按钮，如图15-65所示。

Step 13 **调整绘图区的大小**。首先调整图表的大小，然后选中绘图区，向左拖曳右侧边上的控制点，调整绘图区的大小，效果如图15-66所示。

图15-65　设置水平轴标签

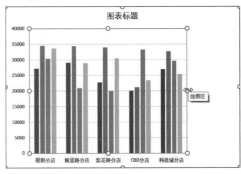

图15-66　调整绘图区的大小

Step 14 **调整图表的顺序。** 右击图表，在快捷菜单中选择"置于底层>置于底层"命令，如图15-67所示。

Step 15 **移动复选框。** 将复选框移至图表的右侧空白区域，然后按住Ctrl键选择所有复选框，在"绘图工具-格式"选项卡的"排列"选项组中设置对齐方式，效果如图15-68所示。

Step 16 **美化图表。** 设置图表标题的字体颜色，为图表添加填充颜色，设置绘图区为图案填充，效果如图15-69所示。

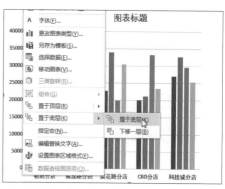

图15-67 调整图表顺序

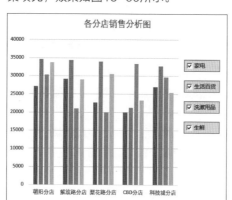

图15-68 移动复选框

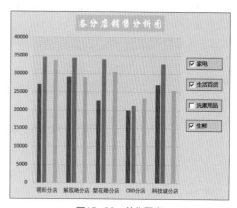

图15-69 美化图表

15.2.3 分析最近半年PM2.5的变化趋势

前面介绍通过控件使图表显示指定的数据的操作，本节将介绍使用函数控制图表的显示，主要使用 OFFSET 函数和定义名称功能，下面介绍具体操作方法。

Step 01 **启用"新建名称"对话框。** 打开"某城市空气质量检测统计表.xlsx"工作簿，选中表格内任意单元格，切换至"公式"选项卡，单击"定义的名称"选项组中的"定义名称"按钮，如图15-70所示。

Step 02 **定义名称。** 打开"新建名称"对话框，在"名称"文本框中输入"月份"，在"引用位置"文本框中输入"=OFFSET（检测点1数据!$E$2,COUNT（检测点1数据!$E:$E）-6,,6）"公式，单击"确定"按钮，如图15-71所示。

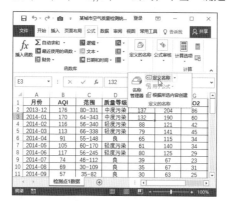

图15-70 单击"定义名称"按钮

图15-71 定义名称

交叉参考

定义名称的功能在 4.4.1 小节中有详细地介绍。

Step 03 **定义名称**。根据相同的方法，定义名称为PM2.5，在"引用位置"文本框中输入"=OFFSET(月份,,-4)"公式，单击"确定"按钮，如图15-72所示。

Step 04 **插入柱形图**。按住Ctrl键选中A1:A7和E1:E7单元格区域，然后插入簇状柱形图，如图15-73所示。

交叉参考

OFFSET 函数的应用在 8.2.4 小节中有详细地介绍。

图15-72　定义名称

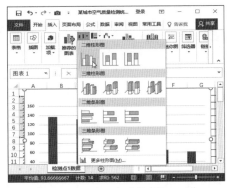

图15-73　插入柱形图

Step 05 **查看柱形图的效果**。返回工作表中，可见在柱形图表中只显示选中日期的相关数据，如图15-74所示。

Step 06 **打开"选择数据源"对话框**。选中图表并右击，在快捷菜单中选择"选择数据"命令，打开"选择数据源"对话框，单击"图例项（系列）"选项区域中"编辑"按钮，如图15-75所示。

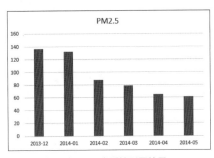

图15-74　查看柱形图效果

图15-75　单击"编辑"按钮

Step 07 **设置数据系列**。打开"编辑数据系列"对话框，在"系列名称"文本框中输入"=检测点1数据!$E$1"，在"系列值"文本框中输入"=检测点1数据!月份"，单击"确定"按钮，如图15-76所示。

Step 08 **设置轴标签**。返回"选择数据源"对话框，单击"水平(分类)轴标签"选项区域中"编辑"按钮，在打开的

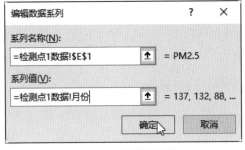

图15-76　设置数据系列

提示

在设置数据系列和轴标签时，一定要正确输入引用的名称。

"轴标签"对话框中设置轴标签区域为"=检测点1数据!PM2.5"，依次单击"确定"按钮，如图15-77所示。

Step 09 **查看设置后的效果**。返回工作表中，可见图表显示最近半年内的PM2.5的数值，如图15-78所示。

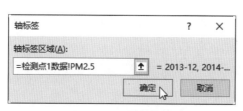

图15-77 设置轴标签

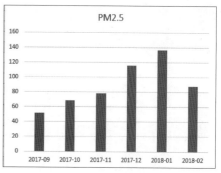

图15-78 查看设置后的效果

Step 10 **添加数据并查看效果。** 然后在工作表的最后一行输入2018年3月份的检测数据，可见图表自动更新数据，显示最近半年PM2.5数据，如图15-79所示。

Step 11 **美化图表。** 为图表添加标题，并设置字体格式，然后添加数据表，最后再设置填充颜色，最终效果如图15-80所示。

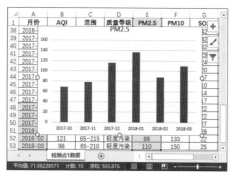

图15-79 添加数据并查看效果

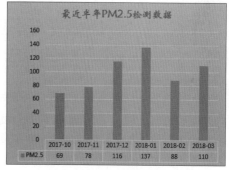

图15-80 美化图表

Chapter 16

迷你图的应用

迷你图是在单元格中直观展示一组数据变化趋势的微型图表，Excel提供了折线图、柱形图和盈亏图3种类型的迷你图。本章主要介绍创建和编辑迷你图的相关知识。

16.1 迷你图的创建

创建迷你图和创建图表的方法一样，都可以在功能区中或利用快速分析功能创建。本节将详细介绍创建单个和一组迷你图的操作方法。

16.1.1 创建单个迷你图

迷你图可以把一组数据以图形的形式清晰地展示出来，下面介绍创建单个迷你图的操作方法。

方法1 功能区创建迷你图

Step 01 **选择柱形迷你图。** 打开"某地产上半年售房面积统计表.xlsx"工作簿，选中H3单元格，切换至"插入"选项卡，单击"迷你图"选项组中"柱形"按钮，如图16-1所示。

Step 02 **设置数据范围。** 打开"创建迷你图"对话框，单击"数据范围"折叠按钮，选择B3:G3单元格区域，单击"确定"按钮，如图16-2所示。

图16-1 单击"柱形"按钮

图16-2 选择数据范围

Step 03 **查看迷你图的效果。** 返回工作表中，在H3单元格中以柱形显示各数据的大小，如图16-3所示。

方法2 利用"快速分析"功能创建迷你图

Step 01 **选择迷你图的类型。** 选择B4:G4单元格区域，单击右侧"快速分析"按钮，在打开的面板中切换至"迷你图"选项卡，选择"折线图"选项，如图16-4所示。

图16-3　查看创建的柱形迷你图　　　　图16-4　选择"折线图"选项

Step 02 **查看创建迷你图**。返回工作表中，在选择单元格区域的右侧单元格中创建折线迷你图，如图16-5所示。

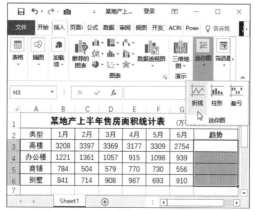

图16-5　查看创建折线迷你图

16.1.2 创建一组迷你图

创建一组迷你图时，可以使用创建单个迷你图的方法，只是选择数据和位置时有所区别，除此之外还可以使用填充法创建，下面介绍具体操作方法。

方法1 **插入一组迷你图**

Step 01 **打开"创建迷你图"对话框**。打开"某地产上半年售房面积统计表.xlsx"工作簿，选中H3:H6单元格区域，切换至"插入"选项卡，单击"迷你图"选项组中的"折线"按钮，如图16-6所示。

Step 02 **选择数据范围**。打开"创建迷你图"对话框，单击"数据范围"折叠按钮，在工作表中选择B3:G6单元格区域，单击"确定"按钮，如图16-7所示。

图16-6　单击"折线"按钮　　　　图16-7　选择数据区域

Step 03 **查看效果。**返回工作表中，在选中的单元格中创建一组折线迷你图，效果如图16-8所示。

图16-8 查看创建的迷你图效果

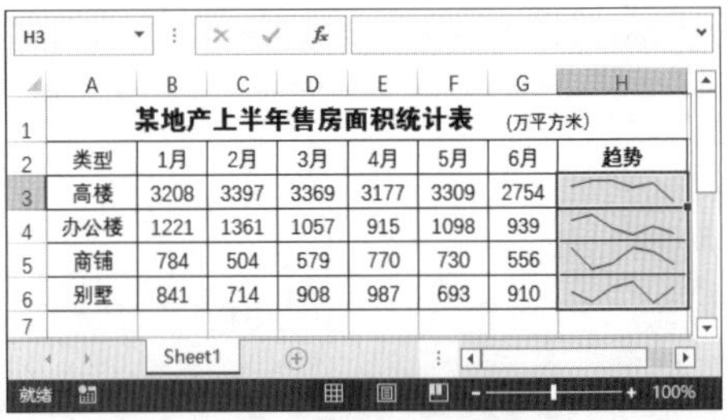

方法2 **填充迷你图**

Step 01 **创建单个迷你图。**打开“某地产上半年售房面积统计表.xlsx”工作簿，在H3单元格中创建柱形迷你图，如图16-9所示。

> **提示**
>
> 填充迷你图的方法和填充公式的方法一样。

Step 02 **填充迷你图。**选中H3单元格，将光标移至右下角变为黑色十字形状时，按住鼠标左键向下拖曳，然后释放鼠标左键即可完成填充迷你图操作，如图16-10所示。

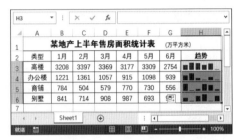

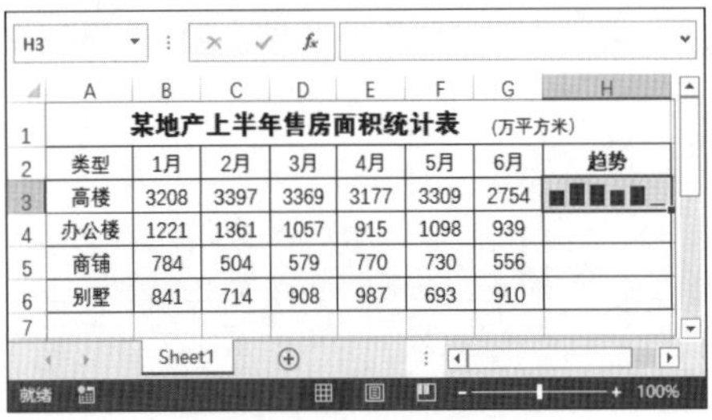

图16-9 创建单个迷你图

图16-10 填充迷你图

16.2 自定义迷你图

迷你图创建完成后，用户可以根据需要对迷你图进行编辑操作，如更改迷你图的类型、添加标记点或设置坐标轴等。下面详细介绍对迷你图进行编辑操作的方法。

16.2.1 更改迷你图的类型

迷你图创建完成后，用户可以根据需要对迷你图的类型进行修改。下面分别介绍更改一组迷你图和更改单个迷你图的方法。

1. 更改一组迷你图类型

下面介绍将折线迷你图更改为柱形迷你图的两种方法，具体如下。

方法1 **插入法**

Step 01 **创建折线迷你图。**打开“某工厂各车间同期增长率统计表.xlsx”工作表，在N3:N7单元格区域中创建折线迷你图，效果如图16-11所示。

> **实例文件**
>
> 原始文件：
> 实例文件\第16章\原始文件\某工厂各车间同期增长率统计表.xlsx
> 最终文件：
> 实例文件\第16章\最终文件\插入法更改一组迷你图.xlsx

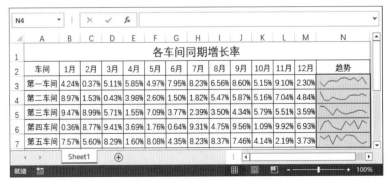

图16-11 创建折线迷你图

Step 02 **更改迷你图类型**。选中任意一个迷你图所在的单元格，切换至"迷你图工具-设计"选项卡，单击"类型"选项组中的"柱形"按钮，如图16-12所示。

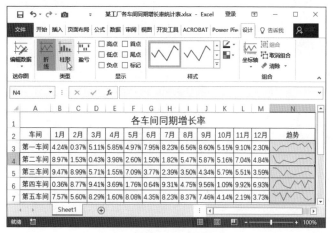

图16-12　单击"柱形"按钮

Step 03 **查看效果**。返回工作表中，可见所有的折线迷你图全部更改为柱形迷你图，如图16-13所示。

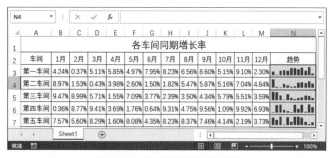

图16-13　查看更改迷你图的效果

方法2 组合法

Step 01 **创建你迷图**。打开"某工厂各车间同期增长率统计表.xlsx"工作簿，在N3:N7单元格区域中创建折线迷你图，在B8:M8单元格区域中创建柱形迷你图，效果如图16-14所示。

图16-14　创建迷你图

Step 02 **执行组合操作**。选中N3:N7单元格区域，按住Ctrl键选择B8:M8单元格区域，切换至"迷你图工具-设计"选项卡，单击"组合"选项组中的"组合"按钮，如图16-15所示。

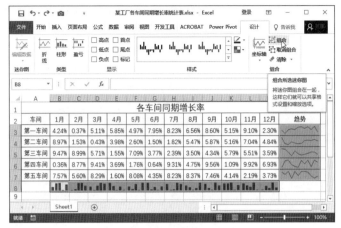

图16-15 单击“组合”按钮

提示

使用组合法更改迷你图类型时，按住 Ctrl 键选择迷你图所在的单元格区域，迷你图的类型取决于最后选中的迷你图类型。

Step 03 **查看效果。**在工作表中，可见N3:N7单元格区域中的折线迷你图更改为柱形迷你图，效果如图16-16所示。

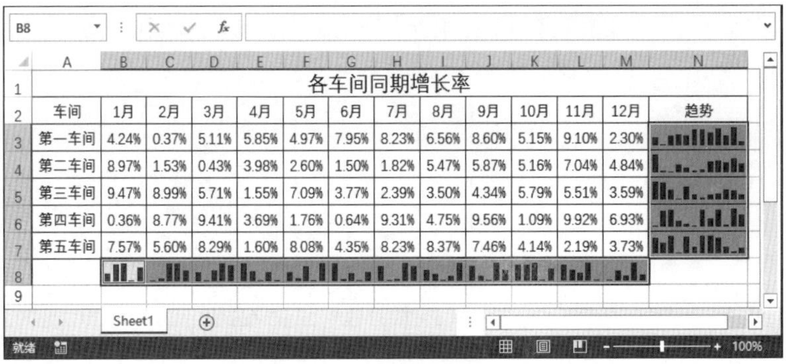

图16-16 查看最终效果

2. 更改单个迷你图类型

如果需要更改一组迷你图中某一个或部分迷你图的类型，可以先将其取消组合，然后再更改类型，下面介绍具体操作方法。

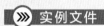

Step 01 **创建柱形迷你图。**打开“某工厂各车间同期增长率统计表.xlsx”工作簿，在N3:N7单元格区域中创建柱形迷你图，效果如图16-17所示。

实例文件

最终文件：实例文件\第 16 章\最终文件\更改单个迷你图 .xlsx

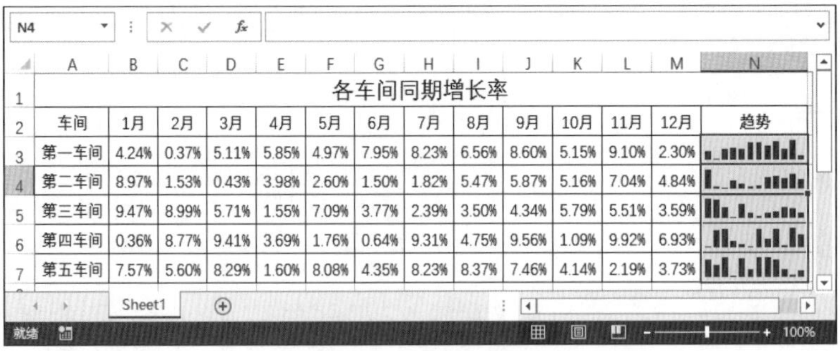

图16-17 创建柱形迷你图

Step 02 **取消组合。**选中N4单元格，切换至“迷你图工具-设计”选项卡，单击“组合”选项组中的“取消组合”按钮，如图16-18所示。

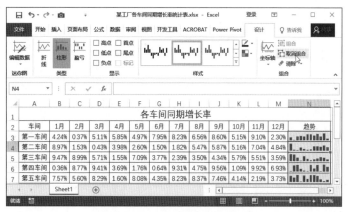

图16-18 单击“取消组合”按钮

Step 03 **更改迷你图类型。**此时N4单元格和其他柱形迷你图分离了，单击“类型”选项组中的“折线”按钮，可见只有N4单元格中的柱形迷你图更改为折线迷你图，效果如图16-19所示。

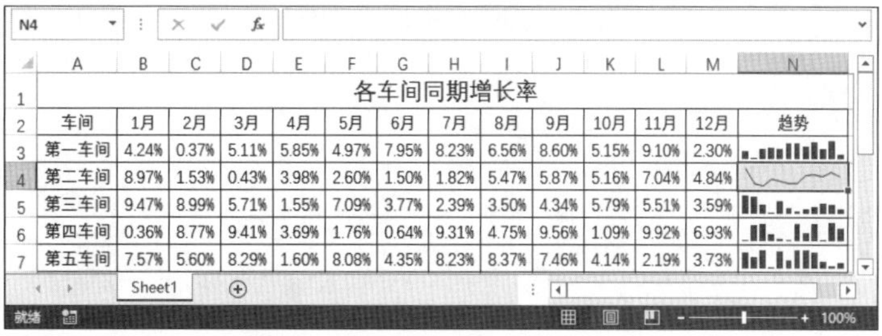

图16-19 查看更改单个迷你图的效果

16.2.2 设置迷你图的坐标轴

创建迷你图后，用户可以根据需要设置坐标轴的最小值和最大值并显示横坐标轴，下面介绍具体操作方法。

Step 01 **创建盈亏迷你图。**打开“2017年酒店客房同期入住率分析表.xlsx”工作簿，在F3:F6单元格区域中创建盈亏迷你图，效果如图16-20所示。

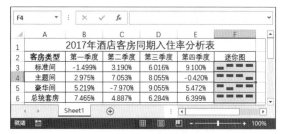

图16-20 创建盈亏迷你图

实例文件

原始文件：

实例文件\第16章\原始文件\2017年酒店客房同期入住率分析表.xlsx

最终文件：

实例文件\第16章\最终文件\显示横坐标轴.xlsx

Step 02 **显示横坐标轴。**切换至“迷你图工具-设计”选项卡，单击“组合”选项组中的“坐标轴”下三角按钮，在列表的“横坐标轴选项”选项区域中选择“显示坐标轴”选项，如图16-21所示。

Step 03 **查看效果。**在盈亏迷你图中间出现一条 横坐标轴，在横坐标轴上方表示正值，在下方表示负值，效果如图16-22所示。

提示

为折线迷你图创建坐标
轴时,只有包括0或负
值数据点时才显示横
标轴;盈亏迷你图不受
数据点限制,均能显示
横坐标轴。

图16-21　选择"显示坐标轴"选项　　　　图16-22　显示坐标轴的效果

Step 04　更改迷你图的类型。 切换至"迷你图工具-设计"选项卡,单击"类型"选项组
中的"折线"按钮,可见折线迷你图中数据点没有0或负值的不显示横坐标轴,如F6单
元格中迷你图,如图16-23所示。

Step 05　设置纵坐标轴最小值。 选中任意迷你图,切换至"迷你图工具-设计"选项卡,
单击"组合"选项组中的"坐标轴"下三角按钮,在列表的"纵坐标轴的最小值选项"
选项区域中选择"自定义值"选项,如图16-24所示。

实例文件

最终文件:
实例文件\第16章\最
终文件\设置纵坐标轴
最小值.xlsx

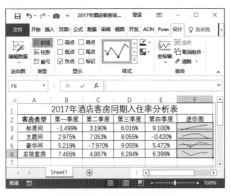

图16-23　更改迷你图类型　　　　图16-24　选择"自定义值"选项

Step 06　设置最小值为0。 打开"迷你图垂直轴设置"对话框,在"输入垂直轴的最小
值"数值框中输入0,单击"确定"按钮,如图16-25所示。

Step 07　查看效果。 返回工作表中,可见所有小于0的数据点在迷你图中均不显示,如图
16-26所示。

提示

如果设置纵坐标轴的最
大值,则大于最大值的
数据点在迷你图将不
显示。

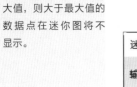

图16-25　设置最小值　　　　图16-26　查看效果

16.2.3

添加迷你图的值点

用户可以在迷你图中标记特殊的数据点，如高点、低点、负点、首点或尾点等。下面以折线迷你图为例，介绍添加值点的方法。

Step 01 **创建折线迷你图**。打开"2017年酒店客房同期入住率分析表.xlsx"工作簿，在F3:F6单元格区域中创建折线迷你图，效果如图16-27所示。

Step 02 **添加标记**。切换至"迷你图工具-设计"选项卡，在"显示"选项组中勾选"标记"复选框，如图16-28所示。

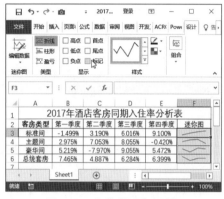

图16-27　创建折线迷你图　　　　　图16-28　勾选"标记"复选框

Step 03 **查看效果**。在折线迷你图中的各个数据点均添加标记，以红色正方形表示，效果如图16-29所示。

Step 04 **显示低点和高点**。按照相同的方法，在"显示"选项组中勾选"低点"和"高点"复选框即可，效果如图16-30所示。

图16-29　添加标记的效果　　　　　图16-30　显示低点和高点的效果

16.2.4

清除迷你图

用户如果不需要创建的迷你图，可以将其清除。下面介绍两种清除选中的迷你图的方法，具体如下。

方法1 功能区清除法

Step 01 **清除选中的迷你图**。打开"清除迷你图.xlsx"工作表，选中N4单元格，切换至"迷你图工具-设计"选项卡，单击"组合"选项组中的"清除"下三角按钮，在列表中选择"清除所选的迷你图"选项，如图16-31所示。

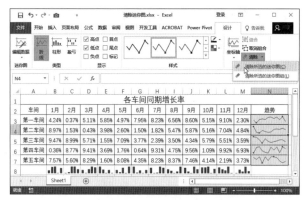

图16-31 选择"清除所选的迷你图"选项

Step 02 **查看清除效果。** 可见工作表中N4单元格的折线迷你图被清除，效果如图16-32所示。

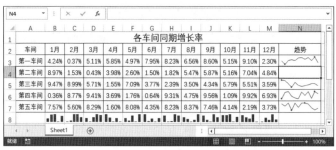

图16-32 查看清除后的效果

方法2 **快捷菜单清除法**

>> 实例文件

最终文件:
实例文件 \ 第 16 章 \ 最
终文件 \ 清除选中的迷
你图组 .xlsx

Step 01 **清除迷你图组。** 选择任意柱形迷你图并右击，在快捷菜单中选择"迷你图>清除所选的迷你图组"命令，如图16-33所示。

图16-33 选择"清除所选的迷你图组"命令

Step 02 **查看效果。** 操作完成后，可见柱形迷你图组被清除，如图16-34所示。

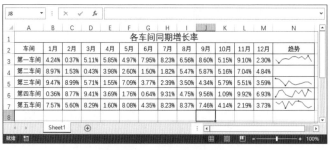

图16-34 查看清除后的效果

16.3 美化迷你图

创建迷你图后，用户可以对其执行美化操作。本节以折线迷你图为例，介绍对折线和值点进行美化的操作方法。

Step 01 **打开迷你图样式库。** 打开"某地产上半年售房面积统计表.xlsx"工作簿，在H3:H6单元格区域中创建折线迷你图，切换至"迷你图工具-设计"选项卡，单击"样式"选项组中的"其他"按钮，如图16-35所示。

Step 02 **选择迷你图样式。** 打开迷你图样式库，选择"橙色 迷你图样式着色2"样式，如图16-36所示。

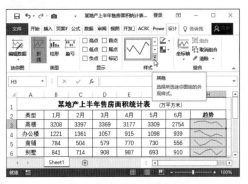

图16-35 打开迷你图样式库

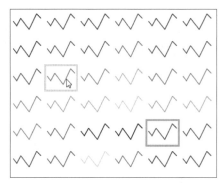

图16-36 选择迷你图样式

Step 03 **查看应用样式后的效果。** 返回工作表中，可见折线迷你图应用选中的样式，效果如图16-37所示。

图16-37 查看应用样式的效果

Step 04 **设置迷你图折线的宽度。** 单击"样式"选项组中"迷你图颜色"下三角按钮，在列表中选择"粗细>1.5磅"选项，如图16-38所示。

Step 05 **设置高点的颜色。** 单击"样式"选项组中"标记颜色"下三角按钮，在列表中选择"高点"选项，在打开的颜色面板中选择高点的颜色，此处选择紫色，如图16-39所示。

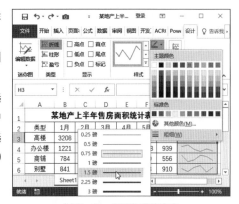

图16-38 设置折线的宽度

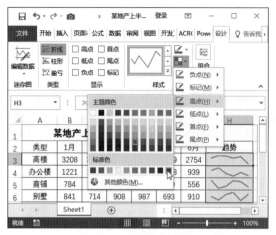

图16-39 设置高点的颜色

Step 06 **查看美化的效果**。按照相同的方法设置其他需要显示值点的颜色，查看美化迷你图的最终效果，如图16-40所示。

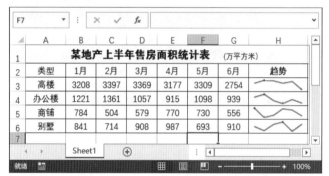

图16-40 查看最终效果

提示

在"标记颜色"列表中设置各值点的颜色后，Excel 将自动在折线迷你图上添加对应的值点，并应用设置的值点颜色。

PART

03

VBA 应用篇

VBA是Office软件中功能非常强大的工具，可以将日常繁琐的工作转换成可重复和自动执行的代码程序，从而大大提高工作效率。本篇将首先介绍宏和VBA的基础知识，带领读者初步了解VBA的应用方法；之后，将介绍VBA的基本语法，让读者能写出简单代码；最后，结合Excel办公应用需要，介绍在Excel中应用VBA的方法。

Chapter 17

宏与VBA

在开始学习VBA之前，需要先对VBA与宏的概念进行了解。宏是能够执行的一系列VBA语句，可以看作是指令集合，能够自动完成用户指定的各项操作。宏本身就是一种VBA应用程序，但是宏是通过录制出来的，而VBA需要手动编译程序。也就是说，二者本质上都是VBA程序命令，但是制作方法不同，录制宏得到的程序，其实是软件自动编译的VBA语言。

17.1 何为VBA

VBA是Visual Basic for Application的缩写，是附属于Office软件中用于执行自动化任务的编程语言，能够扩展Office软件功能。根据在Office不同软件中应用开发，可以分为Excel VBA、Word VBA、Access VBA和PowerPoint VBA等，本书主要讲解Excel VBA。

1. VBA的特点

VBA最大的功能是自动执行任务，将大量的重复性操作变成可自动重复执行的编程语言，从而大大简化工作，其主要特点如下。

- 适用于重复性操作。有些操作可能会非常繁杂，尤其是重复性的操作，比如在Excel表格中插入图片并调整图片大小，如果仅插入少量图片，则无法体现出VBA的便捷性，但若插入上千张图片，则使用VBA可以在数秒内快速完成。
- 在Office软件中直接应用。VBA是微软公司专门为Office软件开发的编程语言，制作的VBA集成在Office软件中，用户在需要时可以直接在软件中调用。
- 简单、可视化。与其他程序语言相比，VBA属于比较简单的编程工具，大部分代码可通过录制宏产生，并且具有可视化特点，大大降低了编写程序的难度。
- 不具有独立性。VBA的编制和运行需要以Office软件为载体，不能成为独立的可编译可执行的文件。

2. VBA的适用范围

随着VBA自身的不断完善，其适用范围也在不断扩大，目前已经应用到各行各业。总体来看，主要适用于以下工作。

- 复杂、重复性工作。如前所述，VBA最大的功能即是将复杂、重复性的工作转换成可执行的代码，从而在需要时调用代码完成大量重复性工作。
- 自定义函数。由于Office软件中内置函数有限，因此在必要时候可以使用VBA创建自定义函数，便于数据处理分析。
- 自定义界面环境。
- Office组件间交互。通过OLE（对象连接与嵌入）技术在Office组件之间进行数据交互。

提示

VBA和VB（Visual Basic）既有联系又有区别，VBA可以看作是VB和Office的结合体，是VB的一种。其区别在于：VB有独立的开发环境，而VBA要以Office软件为载体；VB可制作成为可执行文件，而VBA不能制作出独立的可执行文件；VB运行在自己的进程中，而VBA只能运行于其父进程中，运行空间受其父进程控制。

17.2 VBA开发环境

初步了解VBA后，下面介绍VBA的开发环境和基础操作。VBA的编写和调试，是在VBE窗口中完成的，用户首先要熟悉VBE窗口的布局，熟练掌握各项基本操作，这样才能更高效地学习和使用VBA。

17.2.1 调出宏和VBA选项

在打开Excel软件后，用户常常会发现，功能区中并没有VBA的相关选项，那么我们如何进入VBA的开发环境VBE进行编制呢？需要先把功能区中VBA选项调出，下面介绍具体操作方法。

💡 提示

在安装Office软件的同时，VBA的开发环境VBE即已同时安装完毕，不需要单独安装VBE。

Step 01 打开"选项"对话框。打开Excel软件后，单击"文件"标签，选择"选项"选项，即可打开"Excel选项"对话框，如图17-1所示。

Step 02 添加"开发工具"选项卡。在弹出的"Excel选项"对话框中，选择左侧"自定义功能区"选项，选择"自定义功能区"下拉列表中的"主选项卡"选项，然后在下方列表框中勾选"开发工具"复选框，单击"确定"按钮，如图17-2所示。

图17-1　选择"选项"选项

图17-2　勾选"开发工具"复选框

Step 03 查看宏和VBA选项。此时功能区中出现"开发工具"选项卡，其中包含了VBA和宏的相关选项，如图17-3所示。

图17-3　"开发工具"选项卡

17.2.2 打开VBA开发环境——VBE

调出"开发工具"选项卡后，用户即可打开VBE，并了解VBE的结构布局。打开VBE可采用如下两种方法。

方法1 单击按钮打开VBE

打开Excel工作表，切换至"开发工具"选项卡，单击Visual Basic按钮，如图17-4所示，即可弹出VBA开发环境——VBE窗口。

图17-4　单击Visual Basic按钮

方法2 组合键打开。

打开Excel工作表后，按下Alt+F11组合键，同样可以打开VBE窗口。

采用上述两种方法，均可打开如图17-5所示的Microsoft Visual Basic for Application窗口。

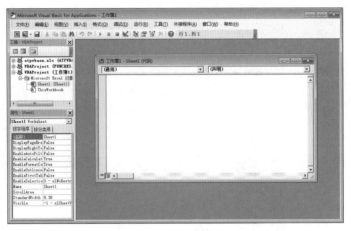

图17-5　VBE窗口

17.2.3 VBE窗口布局

按照上述方法打开VBA开发环境后，即可在VBE窗口中进行编程。VBE窗口分为不同的组件，便于读者查找和应用各项功能，下面分别介绍各组件的功能。

VBE窗口中的组件布局如图17-6所示。

这里展示的是默认的窗口布局，可以在"视图"菜单中打开或隐藏各类窗口组件。

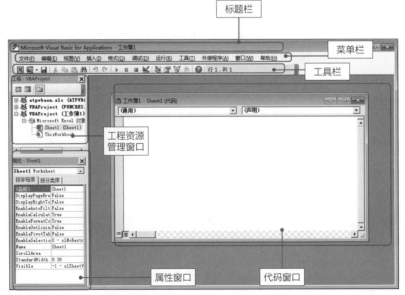

图17-6　VBE窗口中的组件

下面详细介绍各组件的功能。

1. 菜单栏

VBE的菜单栏与Windows系统其他应用程序的菜单栏类似，包括"文件"、"编辑"、"视图"、"插入"、"格式"等菜单命令，选择相应的菜单，可以执行VBE中的绝大部分命令，如图17-7所示。

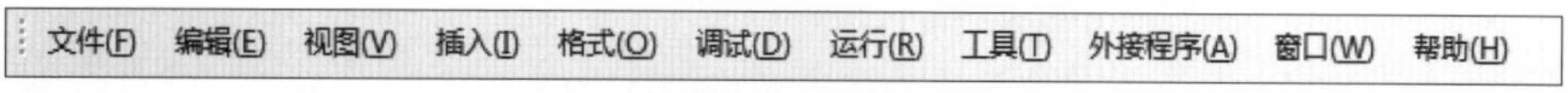

文件(F)　编辑(E)　视图(V)　插入(I)　格式(O)　调试(D)　运行(R)　工具(T)　外接程序(A)　窗口(W)　帮助(H)

图17-7　菜单栏

2. 工具栏

默认情况下，VBE中显示"标准"工具栏，如图17-8所示。

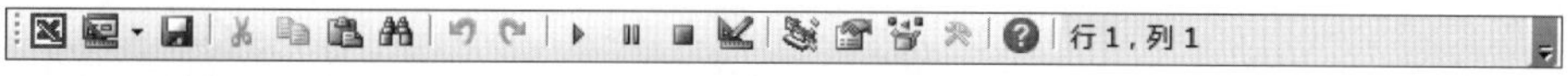

图17-8　工具栏

如果需要显示其他的工具栏，可以选择菜单栏中"视图>工具栏"命令，在子菜单中选择需要的工具栏，包括"编辑"、"标准"、"调试"、"用户窗体"共4种，如图17-9所示。如果要自定义工具栏，则可选择子菜单中的"自定义"命令，弹出"自定义"对话框，在此可添加或删除工具栏中的工具，如图17-10所示。

图17-9　选择工具栏　　　　　图17-10　自定义工具栏

3. 工程资源管理窗口

在工程资源管理窗口中，可以查看所有打开和加载的Excel文件及其宏，如图17-11所示。在VBE中，每个Excel文件即为一个工程，工程名为VBAProject（文件名），例如"VBAProject（工作簿1）"。每个工程中，可以包含4类对象，分别为Microsoft Excel对象、窗体对象、模块对象和类模块对象。

双击这些对象，可打开对应的代码窗口，在代码窗口中可以输入或修改代码。右击这些对象，可以在弹出的快捷菜单中选择移除或隐藏这些对象，如图17-12所示。

图17-11　工程资源管理窗口　　图17-12　右键快捷菜单

提示

属性窗口有两种排序方式，分别为"按字母序"和"按分类序"，便于读者查找属性。

4. 属性窗口

VBE窗口左下角，即为属性窗口，主要用于对象属性的交互式设计和定义，如图17-13所示。根据在工程资源管理窗口中所选择的对象不同，属性窗口中显示的内容也有所不同。

在属性窗口中，左栏为各项属性的名称，右栏为属性的参数值，单击右栏可以更改各项属性的值，如图17-14所示。

属性 - Sheet1	✕
Sheet1 Worksheet	▾
按字母序	按分类序

(名称)	Sheet1
DisplayPageBre	False
DisplayRightTo	False
EnableAutoFilt	False
EnableCalculat	True
EnableFormatCo	True
EnableOutlinin	False
EnablePivotTab	False
EnableSelectio	0 - xlNoRestr
Name	Sheet1
ScrollArea	
StandardWidth	8.38
Visible	-1 - xlSheetV

属性 - Sheet1	✕
Sheet1 Worksheet	▾
按字母序	按分类序

⊟ 杂项	
(名称)	Sheet1
DisplayPageBr	False
DisplayRightT	False
EnableAutoFil	False
EnableCalcula	True
EnableFormatC	True
EnableOutlini	False
EnablePivotTa	False
EnableSelecti	▾
Name	1 - xlUnlock
ScrollArea	-4142 - xlNo
StandardWidth	0.38
Visible	-1 - xlSheet

图17-13 属性窗口　　　　图17-14 更改属性

提示

选择的对象不同，代码窗口上方"对象"和"过程"下拉列表中的选项也有所不同。

5. 代码窗口

在工程资源管理窗口中，双击不同的对象，会出现不同的代码窗口，在代码窗口中可以输入或者修改该对象的代码，如图17-15所示。

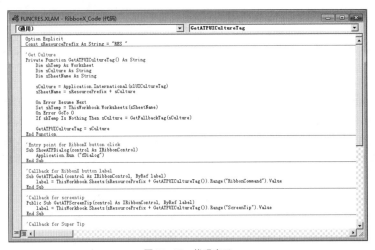

图17-15 代码窗口

在代码窗口顶部为"对象"下拉列表和"过程"下拉列表，分别用于选择当前模块中包含的对象和指定Sub过程、Function过程或事件过程。

6. 立即窗口

在应用VBA时，有时会用到"立即窗口"，比如在调试程序时，可以使用"立即窗口"显示计算结果。在VBE窗口中选择菜单栏中"视图>立即窗口"命令，即可打开或关闭立即窗口，如图17-16所示。立即窗口显示于VBE窗口的底部，如图17-17所示。

图17-16　打开立即窗口　　　　　　　　　图17-17　立即窗口

17.2.4 根据个人习惯自定义VBE环境

上一节介绍了VBE窗口的布局，为了便于读者更高效地应用VBA，VBE提供了自定义功能，可以对窗口布局、字体字号、自动处理等进行设置。

在VBE窗口中选择菜单栏中"工具>选项"命令，打开"选项"对话框，如图17-18所示。对话框中包含4个选项卡，用于对VBE进行自定义。

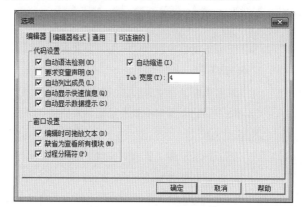

图17-18　"选项"对话框

1."编辑器"选项卡

在"编辑器"选项卡中，可以自定义代码窗口的一些选项，比如自动语法检测、自动显示快速信息、自动显示数据提示、自动缩进设置Tab宽度，并可设置在代码窗口中编辑代码时是否可拖放文本，是否显示过程分隔符等，如图17-19所示。

2."编辑器格式"选项卡

在"编辑器格式"选项卡中，可以设置代码的显示格式，包括颜色、字体、大小，以及前景色、背景色、标识色等，在"示例"选项区域中显示预览效果，如图17-20所示。

图17-19　"编辑器"选项卡　　　　　　　图17-20　"编辑器格式"选项卡

3. "通用"选项卡

在"通用"选项卡中，可以设置窗体网格、错误捕获方式、编译处理方式等，如图17-21所示。

4. "可连接的"选项卡

在"可连接的"选项卡中，可以设置VBE中各个窗口的行为方式，如图17-22所示。

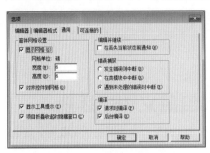

图17-21　"通用"选项卡　　　　　　图17-22　"可连接的"选项卡

17.3 VBA的保存与退出

在VBE窗口中编辑代码后，需要退出VBE，并保存VBA程序。

1. 保存VBE

如果需要保存VBE，而不退出VBE窗口，则选择VBE窗口菜单栏中"文件>保存（Excel文件名）"命令或者单击工具栏中"保存"按钮，如图17-23所示。

2. 退出VBE

在VBE窗口中，选择"文件>关闭并返回到Microsoft Excel"命令即可退出VBE窗口，如图17-24所示。

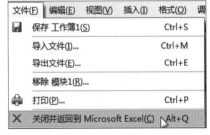

图17-23　保存VBE　　　　　　　　图17-24　退出VBE

3. 保存含有VBA程序的Excel文档

在Excel中添加了VBA或者宏之后，在保存时会出现提示对话框，要求确认是否保存VBA程序或宏，如图17-25所示。

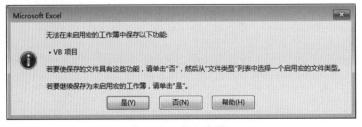

图17-25　提示对话框

📝 提示
直接单击VBE窗口右上角的关闭按钮，同样可以退出VBE。

若单击"是"按钮,则将不保存VBA程序和宏;若单击"否"按钮,则将保存所包含的VBA和宏,并弹出"另存为"对话框。在对话框中选择"保存类型"下拉列表中的"Excel启用宏的工作簿"选项,单击"保存"按钮即可,如图17-26所示。

图17-26 选择保存类型

17.4 宏的应用

在Excel中,用户可以通过创建宏进一步完成常用的或重复性的操作,从而大大提高工作效率。创建宏后,我们可对宏进行运行、修改、删除,若宏出现了问题,还可以对宏进行调试。本节主要介绍宏的应用方法。

17.4.1 创建宏

宏实际上是VBA的一种,其创建方法比较直观,可以直接录制宏,而无需编写代码,对于没有编程基础的读者来说比较适合,当然,也可以创建宏之后,不通过录制的方法,而是通过编写代码的方法完成宏。下面介绍创建宏的操作方法。

Step 01 单击"宏"按钮。打开Excel工作簿后,切换至"开发工具"选项卡,单击"代码"选项组中的"宏"按钮,如图17-27所示。

Step 02 设置宏名称。弹出"宏"对话框,在"宏名"文本框中输入宏的名称。在"位置"下拉列表中选择宏的存储文档,单击"创建"按钮,如图17-28所示。

> **提示**
>
> 单击"开发工具"选项卡"代码"选项组中"宏安全性"按钮,将打开"信任中心"对话框,在此可设置启用或禁用宏。

图17-27 单击"宏"按钮

图17-28 命名宏

Step 03 输入宏代码。自动打开VBE窗口,在代码窗口中输入代码,创建新宏。完成操作后选择菜单栏中"文件>关闭并返回到Microsoft Excel"命令。

17.4.2 录制宏

采用录制的方法来制作宏，不仅省去编写代码的麻烦，而且还可以避免错误，非常直观简单。下面介绍把常见操作录制为宏的方法。

实例文件

原始文件：
实例文件\第17章\原始文件\期中考试成绩表.xlsx
最终文件：
实例文件\第17章\最终文件\表头格式化.xlsm

Step 01 明确要通过宏实现的操作。打开“期中考试成绩表.xlsx”工作簿，首先要明确需要宏实现何种操作。在本例中，我们想通过宏将Sheet 1、Sheet 2和Sheet 3这3个表格的表头格式化，统一字体、字号、填充颜色和行高，如图17-29所示。

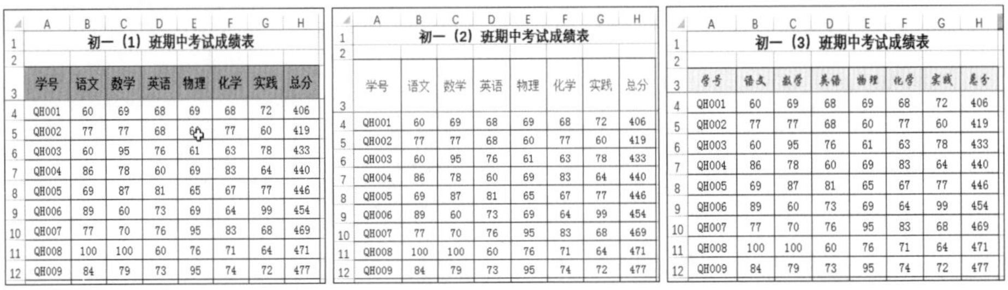

初一（1）班期中考试成绩表

学号	语文	数学	英语	物理	化学	实践	总分
QH001	60	69	68	69	68	72	406
QH002	77	77	68	60	77	60	419
QH003	60	95	76	61	63	78	433
QH004	86	78	60	69	83	64	440
QH005	69	87	81	65	67	77	446
QH006	89	60	73	69	64	99	454
QH007	77	70	76	95	83	68	469
QH008	100	100	60	76	71	64	471
QH009	84	79	73	95	74	72	477

初一（2）班期中考试成绩表

学号	语文	数学	英语	物理	化学	实践	总分
QH001	60	69	68	69	68	72	406
QH002	77	77	68	60	77	60	419
QH003	60	95	76	61	63	78	433
QH004	86	78	60	69	83	64	440
QH005	69	87	81	65	67	77	446
QH006	89	60	73	69	64	99	454
QH007	77	70	76	95	83	68	469
QH008	100	100	60	76	71	64	471
QH009	84	79	73	95	74	72	477

初一（3）班期中考试成绩表

学号	语文	数学	英语	物理	化学	实践	总分
QH001	60	69	68	69	68	72	406
QH002	77	77	68	60	77	60	419
QH003	60	95	76	61	63	78	433
QH004	86	78	60	69	83	64	440
QH005	69	87	81	65	67	77	446
QH006	89	60	73	69	64	99	454
QH007	77	70	76	95	83	68	469
QH008	100	100	60	76	71	64	471
QH009	84	79	73	95	74	72	477

图17-29 表头格式不一致

提示

注意，这里是先选中了单元格区域，然后再录制宏，所以选中表头区域操作并未录制在宏中。在后面应用宏时，要先选择好单元格区域，再应用宏。

Step 02 选中需要统一格式的表头区域。本例中，首先选中Sheet 1工作表中A3:H3单元格区域，如图17-30所示。

Step 03 录制宏。切换至“开发工具”选项卡，单击“代码”选项组中的“录制宏”按钮，如图17-31所示。

初一（1）班期中考试成绩表

学号	语文	数学	英语	物理	化学	实践	总分
QH001	60	69	68	69	68	72	406
QH002	77	77	68	60	77	60	419

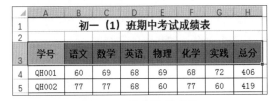

图17-30 选中单元格区域

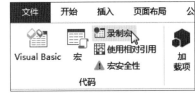

图17-31 单击“录制宏”按钮

Step 04 设置宏。在打开的“录制宏”对话框中设置“宏名”、“快捷键”和保存位置，还可以在“说明”文本框中对录制的宏进行相应的说明，如图17-32所示。

Step 05 录制操作。完成上述操作后，单击“确定”按钮，即开始录制宏。此时设置表头文字字体为“黑体”，字号为12，并设置填充颜色，调整行高，效果如图17-33所示。

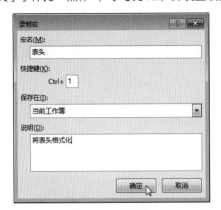

图17-32 设置宏

初一（1）班期中考试成绩表

学号	语文	数学	英语	物理	化学	实践	总分
QH001	60	69	68	69	68	72	406
QH002	77	77	68	60	77	60	419
QH003	60	95	76	61	63	78	433
QH004	86	78	60	69	83	64	440
QH005	69	87	81	65	67	77	446
QH006	89	60	73	69	64	99	454
QH007	77	70	76	95	83	68	469
QH008	100	100	60	76	71	64	471
QH009	84	79	73	95	74	72	477

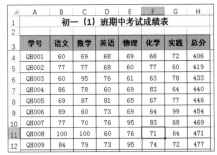

图17-33 录制操作

Step 06 停止录制宏。操作完成后，切换至“开发工具”选项卡，单击“代码”选项组中的“停止录制”按钮，如图17-34所示。

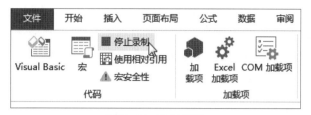

图17-34 停止录制宏

> **提示**
>
> 创建宏后，除了步骤7中使用快捷键执行宏外，还可以在“宏”对话框中，选中需要执行的宏，单击“执行”按钮，即可执行相应的宏命令。

Step 07 执行宏操作。 这时可以将录制的宏应用到其他表头上。切换至Sheet 2工作表，选中表头部分，按下步骤4中设置的宏的快捷键Ctrl+I，即可将宏格式应用到新的表头上，同样的方法，将宏应用到Sheet 3工作表中，效果如图17-35所示。

初一（1）班期中考试成绩表

学号	语文	数学	英语	物理	化学	实践	总分
QH001	60	69	68	69	68	72	406
QH002	77	77	68	60	77	60	419
QH003	60	95	76	61	63	78	433
QH004	86	78	60	69	83	64	440
QH005	69	87	81	65	67	77	446
QH006	89	60	73	69	64	99	454
QH007	77	70	76	95	83	68	469
QH008	100	100	60	76	71	64	471
QH009	84	79	73	95	74	72	477

初一（2）班期中考试成绩表

学号	语文	数学	英语	物理	化学	实践	总分
QH001	60	69	68	69	68	72	406
QH002	77	77	68	60	77	60	419
QH003	60	95	76	61	63	78	433
QH004	86	78	60	69	83	64	440
QH005	69	87	81	65	67	77	446
QH006	89	60	73	69	64	99	454
QH007	77	70	76	95	83	68	469
QH008	100	100	60	76	71	64	471
QH009	84	79	73	95	74	72	477
QH010	90	80	83	92	75	85	505
QH011	77	80	84	86	96	87	526

初一（3）班期中考试成绩表

学号	语文	数学	英语	物理	化学	实践	总分
QH001	60	69	68	69	68	72	406
QH002	77	77	68	60	77	60	419
QH003	60	95	76	61	63	78	433
QH004	86	78	60	69	83	64	440
QH005	69	87	81	65	67	77	446
QH006	89	60	73	69	64	99	454
QH007	77	70	76	95	83	68	469
QH008	100	100	60	76	71	64	471
QH009	84	79	73	95	74	72	477

图17-35 应用宏

17.4.3 编辑宏

> **实例文件**
>
> 原始文件：
> 实例文件\第17章\原始文件\表头格式化.xlsm
> 最终文件：
> 实例文件\第17章\最终文件\编辑宏.xlsm

在创建宏后，用户可以对创建的宏进行编辑。本节沿用上一节的实例文件，对宏进行编辑，使表头中的文字具有倾斜的效果。下面介绍具体操作方法。

Step 01 打开“宏”对话框。 打开“表头格式化.xlsm”工作簿，切换至“开发工具”选项卡，单击“代码”选项组中的“宏”按钮，如图17-36所示。

Step 02 单击“编辑”按钮。 在打开的“宏”对话框中，选择需要编辑的“表头”宏后，单击“编辑”按钮，打开Microsoft Visual Basic 窗口，自动显示该宏对应的代码窗口，如图17-37所示。

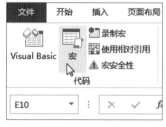

图17-36 单击“宏”按钮

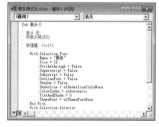

图17-37 代码窗口

Step 03 修改代码。 在代码窗口中With Selection.Font代码组中添加设置文字倾斜效果的脚本代码“.Italic = True”，如图17-38所示。

```
With Selection.Font
    .Name = "黑体"
    .Italic = True
    .Size = 12
    .Strikethrough = False
    .Superscript = False
    .Subscript = False
    .OutlineFont = False
    .Shadow = False
```

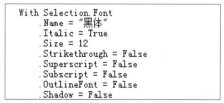

图17-38 修改代码

提示

创建宏后，可以将宏添加到快速访问工具栏中，便于之后随时调用。在"Excel选项"对话框的"快速访问工具栏"面板中，选择宏命令，单击"添加"按钮即可。

Step 04 返回工作表。 编辑完成后，选择"文件"菜单下的"关闭并返回Microsoft Excel"命令，返回工作表中，如图17-39所示。

Step 05 再次应用宏。 返回工作表后，选中表头区域，按下宏快捷键Ctrl+Z，应用修改后的宏，可以看到已经有了倾斜效果，如图17-40所示。

图17-39 返回工作表　　　　　　图17-40 再次应用宏

Step 06 为各工作表应用宏。 为其他工作表均应用宏，并保存文档。

17.4.4 删除宏

用户可以根据需要在Excel中创建各种功能的宏，也可以将创建的宏删除。下面介绍具体操作方法。

实例文件

原始文件：
实例文件\第17章\原始文件\表头格式化.xlsm
最终文件：
实例文件\第17章\最终文件\删除宏.xlsm

Step 01 打开"宏"对话框。 打开"表头格式化.xlsm"工作簿，切换至"开发工具"选项卡，单击"代码"选项组中的"宏"按钮，如图17-41所示。

Step 02 单击"删除"按钮。 在打开的"宏"对话框中，选择需要删除的"表头"宏后，单击"删除"按钮，如图17-42所示。

图17-41 单击"宏"按钮　　　　　　图17-42 单击"删除"按钮

Step 03 确认删除。 弹出提示对话框，要求确认是否删除宏，单击"是"按钮，如图17-43所示。

Step 04 查看宏。 删除后，再次单击"开发工具"选项卡 "代码"选项组中的"宏"按钮，可以看到已经将宏删除，如图17-44所示。

图17-43 确认删除　　　　　　图17-44 查看宏

17.4.5 调试宏

>> 实例文件

原始文件:
实例文件\第17章\原始
文件\表头格式化.xlsm
最终文件:
实例文件\第17章\最终
文件\调试宏.xlsm

如果Excel中的宏未能准确地完成需要的操作,用户可使用VBA来修复问题,在修复之前,需要先调试宏,确定宏是否能正确运行。下面介绍具体操作方法。

Step 01 打开"宏"对话框。打开"表头格式化.xlsm"工作簿,切换至"开发工具"选项卡,单击"代码"选项组的"宏"按钮,打开"宏"对话框,如图17-45所示。

Step 02 单步执行宏命令。在"宏"对话框中,选中要调试的宏,单击"单步执行"按钮,如图17-46所示。

图17-45 单击"宏"按钮　　图17-46 单步执行

Step 03 逐语句调试命令。在打开的VBE窗口中选择菜单栏中"调试>逐语句"命令,可按步逐条语句执行调试操作。或者按下F8功能键进行逐语句调试,每按下一次即执行一条语句,如图17-47所示。

> **提示**
> 在逐语句调试宏时,可以同时观察工作表中的执行情况。

图17-47 逐语句调试

Step 04 返回工作表。编辑完成后,选择"文件"菜单下的"关闭并返回Microsoft Excel"命令,返回工作表中,如图17-48所示。

Step 05 终止调试。弹出Microsoft Visual Basic for Applications提示对话框,单击"确定"按钮,终止调试,如图17-49所示。

> **提示**
> 在VBE窗口中,选择菜单栏中"视图>工具栏>调试"命令即可显示调试工具栏。

图17-48 返回工作表　　图17-49 终止调试

17.4.6 导入和导出宏

实例文件

原始文件：
实例文件\第17章\原始文件\表头格式化.xlsm

最终文件：
实例文件\第17章\最终文件\导入宏.xlsm、表头.bas

如果在其他文档中制作了宏，那么可以将其导出，再导入到需要的Excel文档中，这样就不需要重复录制宏了。下面介绍具体操作方法。

Step 01 **打开VBE窗口。** 打开"表头格式化.xlsm"工作簿，切换至"开发工具"选项卡，单击"代码"选项组中的Visual Basic按钮，如图17-50所示。

Step 02 **导出文件。** 打开VBE窗口后，在编辑宏窗口中右击宏代码模块，在弹出的快捷菜单中选择"导出文件"命令，如图17-51所示。

图17-50 "宏"对话框　　　　　图17-51　导出文件

提示

保存的宏代码为.bas格式文件。

Step 03 **保存宏代码。** 打开"导出文件"对话框，在对话框中设置宏的保存位置和名称，然后单击"保存"按钮，如图17-52所示。

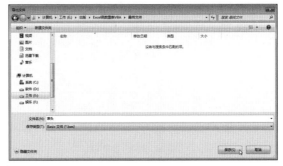

图17-52　保存代码

Step 04 **导入文件。** 新建Excel文件，我们将在此文档中导入刚才导出的宏，采用同样的方法，打开VBE窗口，在工程资源管理窗口中选择目标文件并右击，在弹出的快捷菜单中选择"导入文件"命令，如图17-53所示。

Step 05 **选择导入的文件。** 在打开的"导入文件"对话框中，选择刚才导出的文件，单击"打开"按钮，如图17-54所示。

图17-53　选择"导入文件"命令　　　　　图17-54　导入宏

Step 06 查看结果。此时文档中已经插入了新模块，如图17-55所示。双击该模块，即显示导入的宏代码，如图17-56所示。之后，按下宏的快捷键，即可在新工作簿中应用导入的宏。

图17-55 新增模块

图17-56 导入的宏代码

17.4.7 保护宏

创建宏之后，用户可以对宏代码进行加密保护，以避免其他用户对宏代码进行编辑。设置宏密码后，只有拥有密码权限的用户才能查看或编辑宏代码。

Step 01 打开VBE窗口。打开"表头格式化.xlsm"工作簿，切换至"开发工具"选项卡，单击"代码"选项组中的Visual Basic按钮，如图17-57所示。

Step 02 打开工程属性对话框。打开VBE窗口后，选择菜单栏中"工具>VBAProject属性"命令，如图17-58所示。

图17-57 打开VBE窗口

图17-58 选择菜单命令

Step 03 设置保护密码。在弹出的对话框中，切换至"保护"选项卡，设置密码为1111，并再次输入以确认密码，之后单击"确定"按钮即可，如图17-59所示。

图17-59 保存代码

17.4.8 宏安全的设置

Excel默认为禁用宏，如果工作簿中包含宏，将弹出提示信息。用户可以在"Excel选项"对话框中设置宏安全选项，启用工作簿中的宏。下面介绍具体操作方法。

Step 01 打开"Excel选项"对话框。打开Excel 2016工作簿，单击"文件"标签，选择"选项"命令，如图17-60所示。

图17-60 选择"选项"命令

提示
在"信任中心"对话框中还可以设置受保护视图、加载项、隐私选项和外部内容等。

Step 02 打开"信任中心"对话框。打开"Excel选项"对话框，切换至"信任中心"选项面板，单击"信任中心设置"按钮，打开"信任中心"对话框，如图17-61所示。

图17-61 单击"信任中心设置"按钮

Step 03 设置宏安全选项。切换至"宏设置"选项面板，根据需要选择"宏设置"选项区域中"启用所有宏"单选按钮，完成后单击"确定"按钮，如图17-62所示。

图17-62 设置宏案例选项

Chapter 18

VBA语言基础

上一章介绍了VBA和宏的基本知识，本章将为读者介绍VBA的语言基础，包括基本的数据类型、数组、运算符、基本语句等内容。掌握这些语言基础知识后，读者将能够编写简单的代码。当然，对于有一定语言基础的读者来说，这部分内容会比较简单，可以简略学习。

18.1 数据类型

数据是程序处理的基本对象，在学习VBA语言之前，用户需要先了解数据的相关知识。当前，在各类编程语言中，普遍采用"数据类型"概念，把数据按照用途、特点区分为不同的类型，比如数值型数据、字符串型数据等。下面介绍几种最常用的数据类型。

1. 数值型数据

数值型数据显然表示的是数值大小，主要包括以下几种。

- 整型数据（Integer）：表示整数，存储为两个字节（16位），数据范围为-32678~32767。整型数据的运算速度较快，比其他数据类型占用的内容更少。
- 长整型数据（Long）：通常用于定义大型数据，存储为4个字节（32位），数据范围为-2147483648~2147483647。
- 单精度型浮点数据（Single）：用于定义单精度浮点值，存储为4个字节（32位），通常以指数形式表示。其表示的负数范围为-3.402823E38~-1.401298E-45，正数范围为1.401298E-45~3.402823E38。
- 双精度型浮点数据（Double）：用于定义双精度浮点值，存储为8个字节（64位），其表示的负数范围为-1.797693134862E368~-4.94065645841247E-324，正数范围为4.94065645841247E-324~1.797693134862E308。
- 字节型数据（Byte）：用于存放较少的整数值，存储为1字节（8位），其数值范围为0~255。

2. 字符串型数据

字符串型数据在VBA中也很常见，主要有以下两种。

- 固定长度的字符串：字符串的长度是固定的，可以为1~64000个字符长度。对于不符合长度要求的字符串，采用"短补长截"的方法进行修改。例如，定义一个长度为4的字符串，输入字符"the"，则结果为"the"，后补1个空格，若输入字符"window"，则结果为"wind"。
- 可变长度的字符串：字符串的长度不固定，最多可存储2亿个字符。

3. 其他数据类型

其他常见数据类型包括以下几种。

- 日期型数据（Date）：主要用于表示日期，存储为8字节（64位）浮点数值形式，表示范围为100年1月1日~9999年12月31日。时间范围为00:00:00~

提示

VBA中，字符串要放在双引号内，且为半角状态的双引号，不是全角双引号。

23:59:59。日期数据要用"#"符号括起来，比如：#11/11/2018#。

- 货币型数据（Currency）：用于表示货币，存储为8字节（64位）整数数值形式。
- 布尔型数据（Boolean）：用于表示返回结果的布尔值，有两种形式，即真（True）和假（False）。
- 变量型数据（Variant）：一种可变的数据类型。

4. 枚举类型数据

枚举类型数据是指将变量的所有可能值逐一列举，适用于变量有有限个可能值的情况。

5. 自定义数据类型

用户还可以根据需要，使用Type语句自定义数据类型，其格式为：

```
Type 数据类型名
数据类型元素名 As 数据类型
数据类型元素名 As 数据类型
……
End Type
```

18.2 常量与变量

在各类语言中，常量与变量的概念都是必须掌握的基本内容。常量是指在程序执行过程中不会发生改变的数据，而变量则是在程序执行过程中会发生改变的数据。

18.2.1 常量

VBA中包括3种常量，下面分别进行介绍。

1. 直接常量

顾名思义，直接常量是直接给出数值的常量，包括数值常量（比如120）、字符串常量（比如"Happy Birthday"）、日期常量（比如#11/11/2018#）、布尔常量（比如True）等。

2. 符号常量

对于在程序中要经常用到的常量，为了便于编写代码，可以将常量命名。在需要引用该常量时，直接输入常量名称即可，从而提高代码的可读性，且降低错误率。定义的语法格式为：

```
Const <符号常量名>=<常量>
```

例如：

```
Const PI=3.1415926
Const company="未蓝文化"
```

3. 系统常量

系统常量是系统内置的一系列符号常量，可以在VBA的对象浏览器中查询某个系统常量的具体名称和值。下面介绍具体操作方法。

Step 01 打开VBE窗口。打开Excel 2016工作簿，单击"开发工具"选项卡"代码"选项组中Visual Basic按钮，打开VBE窗口，如图18-1所示。

Step 02 **打开对象浏览器**。在VBE窗口中，选择菜单栏中"视图>对象浏览器"命令，或者按下F2功能键，如图18-2所示。

图18-1　打开VBE　　图18-2　打开对象浏览器

Step 03 **查看系统常量**。此时弹出"对象浏览器"对话框，用户可以选择对象库，选择需要查看的系统常量，在对话框下方即显示常量简介，如图18-3所示。

图18-3　查看系统常量

18.2.2 变量

变量用于保存程序执行过程中的临时值，变量包含名称和数据类型两部分，通过变量名称即可引用变量。变量的声明分为显式声明和隐式声明两种。

1.显式声明变量

显式声明是指在开始处进行变量声明，此时系统即为该变量分配好内存空间，其语法格式为：

```
Dim 变量名【As 数据类型】
```

其中，Dim和As是声明变量的关键字，数据类型包括前面介绍的字符串型、数值型等。

例如：

```
Dim SClass As String,
Dim SHeight As Integer;
```

以上语法表示定义SClass和SHeight两个变量，分别为字符串型和整数型。

2. 隐式声明变量

隐式声明是指在开始处不声明变量，在程序中首次使用变量时，由系统自动声明变量，并指定该变量为Variant数据类型。需要注意的是，程序中隐式声明变量过多时，会占用较多内存，影响系统运行速度。因此，在编写代码时，尽量对所有变量进行声明，避免过多的Variant数据类型。

VBE为用户提供了检查变量声明的功能，开启这项功能后，系统会自动检查是否声明了变量，并强制要求声明变量。下面介绍启用该功能的方法。

`Step 01` **打开VBE窗口。** 打开Excel 2016工作簿，单击"开发工具"选项卡"代码"选项组中Visual Basic按钮，打开VBE窗口，如图18-4所示。

`Step 02` **打开"选项"对话框。** 在VBE窗口中，选择菜单栏中"工具>选项"命令，如图18-5所示。

图18-4　打开VBE窗口　　　　图18-5　选择"选项"命令

> **（i）提示**
>
> 启用"要求变量声明"后，系统在提示有未声明的变量时，会自动将该变量以其他颜色显示。

`Step 03` **启用"要求变量声明"功能。** 在弹出的"选项"对话框中，勾选"编辑器"选项卡"代码设置"选项区域中"要求变量声明"复选框，单击"确定"按钮，如图18-6所示。

图18-6　"选项"对话框

18.2.3　变量的作用域与赋值

> **（i）提示**
>
> 变量的作用域主要由声明关键字和声明位置决定。

前面介绍的变量声明方法，是采用了Dim关键字，在定义公共变量时，还可以采用Public、Private、Static等关键字，其语法格式分别如下。

公共变量：

```
Public 变量名 As 数据类型
```

私有变量：

```
Private 变量名 As 数据类型
```

静态变量：

```
Static 变量名 As 数据类型
```

不同关键字声明的变量区别在于作用域不同，即适用范围不同。按照作用域的不同，可以将变量分为如下3种。

- 本地变量：作用域最小，在一个过程中使用Dim或Static关键字声明的变量，作用域为本过程，仅在声明变量的语句所在的过程中可用。
- 模块变量：在模块的第一个过程之前使用Dim或Private关键字声明的变量，可在该声明变量的语句所在模块中的所有过程使用。
- 公共变量：在一个模块的第一个过程之前使用Public关键字定义的变量，其作用域为所有模块，也就是在所有模块中均可使用，其作用域最大。

变量的赋值就是把数据变量之中，其语法格式为：

```
【Let】变量名称=数据
```

例如：

```
Dim SClass As String, SHeight As Integer
SClass="Short"
SHeight=150
```

声明SClass和SHeight两个变量，分别为字符串型和整数型，之后为两个变量赋值，SClass为字符串Short，SHeight为整数150。

18.3 VBA运算符与表达式

运算符是运算的操作符号，比如常见的 "+"、"-"、"*"、"/" 等。不同的运算符表示不同的运算关系，在VBA中，主要包括算术运算符、赋值运算符、比较运算符、连接运算符和逻辑运算符5种。

用户首先了解一下表达式，之后再深入学习运算符的知识。表达式由操作数和运算符组成，作为运算对象的数据即为操作数，包括常数、函数等，也可以是另一个表达式，形成表达式的嵌套。

1. 算术运算符

算术运算符是用于进行数值运算的符号，包括下表中所列的运算符。

表18-1　算术运算符

算术运算符	名称	作用	示例	运算结果
+	加法	相加	2+3	5
-	减法	相减	3-2	1
*	乘法	相乘	2*3	6
/	除法	相除	6/2	3
\	整除	取商	7/3	2
^	指数	乘幂	2^3	8
Mod	求余	取余	7 Mod 3	1

2. 赋值运算符

赋值运算符即为等号（=），用于为变量或对象的属性赋值，例如：

> **提示**
>
> "\" 在运算时，只取商的整数部分；"/"在运算时取商的全部，包括小数部分。

```
SHeight=150
```

将150赋值给变量SHeight。

3. 比较运算符

比较运算符用于表示两个或多个数值或表达式之间的关系，用比较运算符连接起来的表达式称为关系表达式，其结果为布尔型数据。若关系表达式成立，则结果为真（True），否则结果为假（False）。

提示

Is和Like分别用于对象和字符串的比较，若对象相同，则结果为True，否则返回False；若字符串相匹配，则结果为True，否则返回False。Is和Like也可以看作特殊的比较运算符。

表18-2　比较运算符

比较运算符	名称	示例	运算结果
<	小于	3<2	False
>	大于	3>2	True
=	等于	3=2	False
<=	小于等于	3<=2	False
>=	大于等于	3>=2	True
<>	不等于	3<>2	True

在进行比较运算的时候，通常会用到一些通配符，下面列出几种通配符的含义。

表18-3　通配符

通配符	作用	示例
?	表示任意一个字符	"abcd?" 可表示 "abcd2"
*	表示任意多个字符	"ab*" 可表示 "abcd2"
#	表示任意一个数字	"abcd#" 可表示 "abcd5"

4. 连接运算符

连接运算符用于连接两个字符串，VBA中只有两个连接运算符，即&和+。

表18-4　连接运算符

连接运算符	作用	示例	运算结果	说明
&	直接将两个字符串连接起来	SClass="级别"&2	"级别2"	将两个数据全部视作字符串进行连接
+	连接两个字符串或执行加法运算	SNum="220"+"330"	220330	只有在连接的两个数据均为字符串时执行连接运算，否则执行加法运算

5. 逻辑运算符

逻辑运算符用于执行表达式之间的逻辑操作，判断运算时的真假，其结果为布尔型数据，常见的逻辑运算符有如下几种。

表18-5　逻辑运算符

逻辑运算符	名称	作用	示例	运算结果
And	逻辑与	前后两个表达式同为True时，结果为True，否则为False	4>3 and 4>5	False
Not	逻辑非	表达式为True时，返回False；表达式为False时，返回True	Not 4>3	False
Or	逻辑或	前后两个表达式同为False时，返回False；有一个为True，则返回True	4>3 or 4>5	True

（续表）

逻辑运算符	名称	作用	示例	运算结果
Xor	逻辑异或	两个表达式结果相同时，返回False，否则返回True	4>3 xor 4>5	True
Eqv	逻辑等价	两个表达式结果相同时，返回True，否则返回False	4<3 eqv 4>5	True

6. 运算符的优先级

对于比较复杂的表达式，VBA将采用优先级进行运算，不同的运算符优先级有所不同，掌握优先级，便于我们正确编写表达式。

表18-6　运算符的优先级

优先级（由高到低）	运算符	名称
1	()	括号
2	^	指数
3	–	取负
4	*、/	乘除
5	\	整除
6	Mod	取余
7	+、–	加减
8	&	连接
9	=、<、>、<=、>=、<>	比较运算符
10	And、Or、Not、Xor、Eqv	逻辑运算符

例如：

```
2^3<=3*（2+3）And 9 mod 4 < 3
=8<=3*5 And 1<3
=8<=15 And 1<3
=True And True
=True
```

18.4 VBA常用控制语句

前面已经介绍了VBA的数据类型、运算符、表达式等内容，接下来我们学习VBA中常用的语句。语句是程序的基本组成部分，是通过一定的规则进行数据的运算、处理，掌握常用控制语句是编写VBA代码的关键一步。

18.4.1 顺序结构语句

顺序结构是最简单的一种程序结构，顺序结构的执行就是程序的各语句按出现的先后顺序依次执行。常见的顺序结构语句有如下几种。

1. 赋值语句和声明语句

前面已经介绍了变量声明和赋值的语法，此处不再重复介绍。

交叉参考

参见"18.2.2变量"和"18.2.3变量的作用域与赋值"内容。

2. 输入语句

输入语句是用户向程序提供数据的主要途径，一般采用InputBox函数，其语法格式为：

```
InputBox(prompt[,title][,default][,xpos][,ypos][,helpfile,context])
```

提示

InputBox和MsgBox
均只有一个必选参数，
即对话框中的提示信息
字符串。

该函数可以调出对话框，由用户输入数据或通过单击按钮输入数据，其中各项参数含义如下。

- Prompt：对话框中出现的字符串表达式，为必选参数。
- Title：对话框标题栏中的字符串表达式，为可选参数。若省略此参数，则标题栏中显示应用程序名称。
- Default：在文本框中默认显示的字符串表达式，为可选参数。若省略此参数，则文本框中默认为空。
- Xpos和Ypos：用于设定对话框的位置，为可选参数。
- Helpfile和Context：用于提供帮助，为可选参数。

例如：

```
Private Sub Command1_Click()
    SWidth=InputBox("输入长方形的宽：")
    SHeight=InputBox("输入长方形的高：")
    S=SWidth*SHeight
    Print
    Print"长方形的宽为";SWidth
    Print"长方形的高为";SHeight
    Print"长方形的面积为";S
End Sub
```

程序将以对话框形式，由用户输入长方形的宽和高，并将显示宽和高，以及运算的面积值。

3. 输出语句

在VBA中，最常用的输出函数为Print和MsgBox两个函数。Print函数的语法格式为：

```
Print<表达式>
```

输出多个数据时，中间以半角逗号隔开，例如：

```
Print 1,2,3,4,5+6
```

提示

Helpfile和Context参
数为可选参数，但是若
提供二者中的一个参
数，则另一个参数也必
须提供。

表示输出1、2、3、4、11这5个数。

MsgBox函数用于弹出对话框，由用户单击对话框中的按钮，此时函数即返回一个整数型数值，以表示用户单击了哪个按钮。其语法格式为：

```
MsgBox(prompt[,buttons][,title][,helpfile,context]
```

其中的参数与InputBox函数类似，具体含义介绍如下。

- Prompt：对话框中出现的字符串表达式，为必选参数。
- Buttons：用于确定显示按钮的数目、形式、图标样式等，为可选参数。若省略此参数，则默认值为0，对话框中将只显示"确定"按钮。

- Title：对话框标题栏中的字符串表达式，为可选参数。若省略此参数，则标题栏中显示应用程序名称。
- Helpfile和Context：用于提供帮助，为可选参数。

4. End语句和Stop语句

End语句用于终止程序的运行，可以放在任何事件过程中。其语法格式为：

```
End
```

在VBA中，过程、函数等的结束部分一般都会用到End语句，用于结束某个过程或语句组，例如End Sub、End Select等。

Stop语句用于让程序运行到该处时自动暂停，在程序代码的任何地方都可以放置Stop语句，以便于对程序进行调试。其语法格式和End语法格式一样。

18.4.2 分支选择结构语句

顺序结构程序比较简单，其执行顺序为语句的先后顺序，但是这种结构主要用于处理简单的运算。对于复杂的问题，采用顺序结构往往无法满足要求，需要根据条件来判断和选择程序的流向。在VBA中，主要通过条件语句来实现分支选择结构。下面介绍几种常用的条件语句。

1. 单分支结构IF语句

在分支选择结构中，可以根据程序分支数量分为单分支、双分支和多分支结构。单分支有一个程序分支，只有满足指定的条件才能执行该分支的语句。

IF-Then语句是最常用的单分支结构语句，其语句执行流程如图18-7所示。

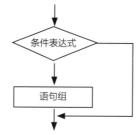

图18-7　IF-Then语句执行流程

IF-Then语句有如下两种格式。

行IF语句：

```
IF 〈条件表达式〉 Then 〈语句组〉
```

块IF语句：

```
IF 〈条件表达式〉 Then
〈语句1〉
〈语句2〉
……
End IF
```

提示

块IF语句中，Then后面可以有多条语句，也可以只有一条语句。

行IF语句和块IF语句的主要区别在于Then后面语句组的数量，其中，行IF语句中Then后面的语句组一般为一个。

例如：

```
IF SHeight>=180 Then SClass="Tall"
```

程序将根据表达式SHeight>=180的值，来决定是否执行Then后面的语句，即决定是否将变量SClass赋值为Tall。如果表达式成立，则将执行Then后面的语句，否则将跳过此句执行下一行语句。

块IF语句适合于Then后面有多条需要执行的语句情况。

例如：

```
IF SHeight>=180 Then
SClass="Tall"
SClothes= "Large"
End IF
```

程序将首先判断表达式是否成立，若成立，则执行Then后面的两个赋值语句，否则将跳过此段执行下一行语句。

2. 双分支结构IF语句

双分支结构程序中有两个分支，根据表达式的值，来决定执行哪一条分支。VBA中双分支结构IF语句为IF-Then-Else语句，其执行流程如图18-8所示。

> **提示**
>
> 无论是单分支结构还是双分支结构，都可以在语句组中再次使用IF语句进行判断，构成IF语句的嵌套。

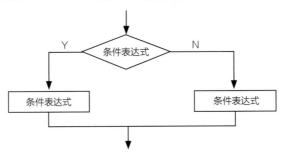

图18-8　IF-Then-Else语句执行流程

根据执行语句的数量，IF-Then-Else语句同样有两种格式。

行IF语句：

```
IF <条件表达式> Then <语句组1> Else <语句组2>
```

块IF语句：

```
IF <条件表达式> Then
<语句组1>
Else
<语句组2>
End IF
```

条件表达式的结果为True时，将执行Then后面的<语句组1>；若条件表达式的结果为False，则执行Else后面的<语句组2>。

提示

注意ElseIF不能写成
Else IF。

3. 多分支结构IF语句

应用IF-Then-ElseIF-Else语句，可以实现更多分支结构，其语法格式为：

```
IF <条件表达式1> Then
<语句组1>
[ElseIF <条件表达式2> Then
<语句组2>]
……
[ElseIF <条件表达式n> Then
<语句组n>]
[Else
<语句组n+1>]
End IF
```

程序首先判断条件表达式1的值，若条件表达式1为True，则执行语句组1；否则，将判断条件表达式2的值，若条件表达式2为True，则执行语句组2……如果条件表达式1至条件表达式n均为False，则程序将执行Else后面的语句组n+1。其执行流程如图18-9所示。

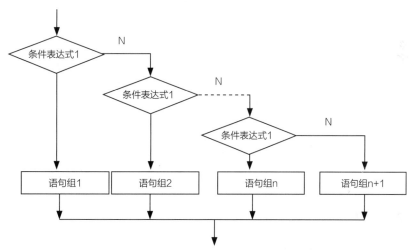

图18-9　IF-Then-ElseIF-Else语句执行流程

下面以评定成绩等级为例，采用分支结构语句来实现分支结构。等级区分如下。

序号	分数区间	等组
1	[0,60)	不合格
2	[60,80)	合格
3	[80,90)	良
4	[90,100]	优

Step 01 **插入按钮**。打开"期中考试成绩表.xlsx"工作簿，切换至"开发工具"选项卡，单击"控件"选项组中"插入"下拉按钮，选择"按钮"选项，如图18-10所示。

Step 02 **绘制按钮**。在工作表中按住鼠标左键拖动，即绘制出按钮图标，释放鼠标时自动弹出"指定宏"对话框，如图18-11所示。

图18-10 选择"按钮"选项　　　图18-11 "指定宏"对话框

Step 03 **输入代码**。单击"指定宏"对话框中的"新建"按钮,即自动打开VBE窗口,且按钮对应的代码窗口已激活,在代码窗口中输入如下代码。

```
Sub 按钮1_Click()
    Dim Score As Integer        '定义变量Score为整型
    Dim Class As String         '定义变量Classic为字符串型
    Score = InputBox("请输入成绩", "输入成绩")     '以对话框形式输入成绩
    If Score < 60 Then
        Class = "不合格"          '若成绩低于60,则Class为"不合格"
    ElseIf Score < 80 Then
        Class = "合格"           '若成绩高于60低于80,则Class为"合格"
    ElseIf Score < 90 Then
        Class = "良"            '若成绩高于80低于90,则Class为"良"
    Else
        Class = "优"            '否则,Class为"优"
    End If
    MsgBox "您的成绩等级是 "" & Class & """", vbOKOnly, "成绩等级" '以对话框形式显示成绩等级
End Sub
```

Step 04 **保存代码并关闭VBE**。单击工具栏中"保存"按钮,并关闭VBE窗口,返回工作表中,如图18-12所示。

Step 05 **更改按钮名称**。在工作表中右击插入的按钮,选择快捷菜单中"编辑文字"命令,将按钮重新命名为"评级",如图18-13所示。

图18-12 保存代码　　　图18-13 更改按钮名称

Step 06 **输入成绩分数**。此时按钮已重命名为"评级",单击此按钮,弹出"输入成绩"对话框,提示用户输入成绩分数,在此,输入92,单击"确定"按钮,如图18-14所示。

Step 07 **查看等级**。弹出"成绩等级"对话框,显示等级为"优",单击"确定"按钮关闭对话框,如图18-15所示。

提示

“成绩等级”对话框中只有“确定”按钮，是因为代码中应用了vbOKOnly参数，即对话框中只显示一个按钮，即“确定”按钮。

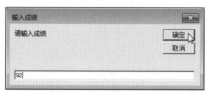

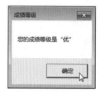

图18-14 “输入成绩”对话框

图18-15 “成绩等级”对话框

4. Select Case语句

IF语句是分支结构常用语句，但并非唯一分支结构语句，VBA还提供了处理分支选择结构的专用语句Select Case，具有更高的可读性。其语法格式如下：

```
Select Case 测试表达式
    Case 表达式1
        语句组1
    [Case 表达式2
        语句组2]
    ……
    [Case 表达式n
        语句组n]
    [Case Else
        语句组n+1]
End Select
```

提示

语法格式中[]中括号内的内容均为可选内容。

提示

测试表达式和Case表达式的数值类型必须相同。

程序将首先计算“测试表达式”的值，并与后面的Case表达式逐一匹配，匹配成功后，即执行该Case下的语句组，若所有Case均不匹配，则执行Case Else下的语句。当然，Case Else是可选的，如果没有Case Else语句，则程序在所有Case均匹配不成功的情况下，自动结束，执行End Select后面的语句。

Select Case语句执行流程如图18-16所示。

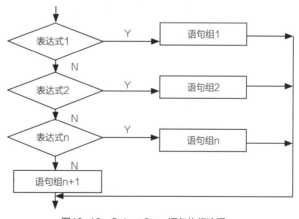

图18-16 Select Case语句执行流程

实例文件

原始文件：实例文件\第18章\原始文件\期中考试成绩表.xlsx

最终文件：实例文件\第18章\最终文件\Select-Case语句.xlsm

以前面评定成绩等级为例，如果要采用Select Case语句实现评定等级，则应将代码改为如下代码，其效果是相同的，但是更易于理解。

```
Sub 按钮1_Click()
    Dim Score As Integer    '定义变量Score为整型
    Dim Class As String     '定义变量Classic为字符串型
```

提 示

在编写代码时，半角单引号后的内容为注释文字，不视作代码。

```
    Score = InputBox("请输入成绩", "输入成绩")      '以对话框形式输入成绩
    Select Case Score
    Case Is < 60              '程序根据输入的成绩匹配是否小于60
        MsgBox "您的成绩等级是"不合格"", vbOKOnly, "成绩等级"
    Case Is < 80              '在上一Case不匹配的情况下，程序判断是否小于80
        MsgBox "您的成绩等级是"合格"", vbOKOnly, "成绩等级"
    Case Is < 90              '在上一Case不匹配的情况下，程序判断是否小于90
        MsgBox "您的成绩等级是"良"", vbOKOnly, "成绩等级"
    Case Else                 '在所有Case都不匹配的情况下，程序执行下列语句
        MsgBox "您的成绩等级是"优"", vbOKOnly, "成绩等级"
    End Select
End Sub
```

18.4.3 循环结构语句

在实际应用VBA的过程中，经常会遇到需要反复多次处理的问题，如果每次处理都要使用独立的语句，会大大增加程序的复杂程度，造成内存的浪费，影响工作效率。VBA的循环结构可以有效解决这些重复性的问题，大大简化代码。这里介绍几种最常用的循环结构语句。

1. For-Next语句

For-Next语句一般用于循环次数已知的情况，以指定次数来重复执行循环体。其语法格式为：

```
For <循环变量>=<初值> To <终值> [Step<步长>]
    <语句组1>
    [Exit For]
    <语句组2>
Next [循环变量]
```

其中，以下代码为此循环的循环体：

提 示

循环次数=Int（终值－初值）/步长+1。

```
    <语句组1>
    [Exit For]
    <语句组2>
Next [循环变量]
```

需要注意以下几点。

- 循环变量是数值型变量，用于控制循环的次数，该参数不能是布尔型数据或数组元素。
- 初值和终值表示循环变量的初值和终值，可以是数值型常量或者表达式。
- 步长是循环变量的增量，可以是数值型常量或数值表达式，若省略，则采用默认值1。

For-Next语句执行流程如图18-17所示。

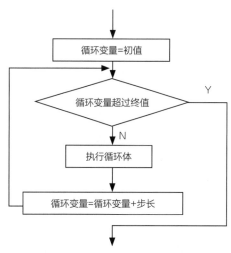

图18-17 For-Next语句执行流程

例如：通过For-Next语句，可以由用户输入一个整数，程序自动计算从1到该数的所有整数的和，比如输入10时，将计算1+2+3+4+……10。下面介绍具体操作方法。

Step 01 插入按钮。 打开"期中考试成绩表.xlsx"工作簿，切换至"开发工具"选项卡，单击"控件"选项组中"插入"下拉按钮，选择"按钮"选项，如图18-18所示。

Step 02 绘制按钮。 在工作表中按住鼠标左键拖动，即可绘制出按钮图标，释放鼠标时自动弹出"指定宏"对话框，如图8-19所示。

实例文件

原始文件：
实例文件\第18章\原始文件\期中考试成绩表.xlsx
最终文件：
实例文件\第18章\最终文件\求和.xlsm

图18-18 选择"按钮"选项

图18-19 "指定宏"对话框

Step 03 输入代码。 在代码窗口中，输入完成以下代码。

提示

当定义多个变量时，可以写在一句中，中间用半角逗号隔开。即：
Dim I As Integer, sum As Integer

```
Sub 按钮1_Click()
Dim i As Integer
Dim sum As Integer
Dim last As Integer    '定义3个变量均为整型
last = InputBox("您想计算从1到多少的和", "输入整数")
sum = 0                '和的初值为0
For i = 1 To last Step 1  'i变量用于计算循环次数
    sum = sum + i
Next i
MsgBox "和是" & sum, vbOKOnly, "求和结果"
End Sub
```

Step 04 **保存代码并关闭VBE。**单击工具栏中"保存"按钮，并关闭VBE窗口，返回工作表中，如图18-20所示。

Step 05 **更改按钮标题。**在工作表中右击插入的按钮，选择快捷菜单中"编辑文字"命令，将按钮上文本更改为"求和"，如图18-21所示。

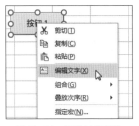

图18-20　保存代码　　　　图18-21　更改按钮名称

Step 06 **输入整数。**此时按钮已重命名为"求和"，单击此按钮，弹出"输入整数"对话框，在此，输入100，计算从1加到100的和，单击"确定"按钮，如图18-22所示。

Step 07 **查看结果。**弹出"求和结果"对话框，显示和为5050，单击"确定"按钮关闭对话框，如图18-23所示。

图18-22　"输入整数"对话框　　　　图18-23　"求和结果"对话框

2. Do-Loop语句

前面提到，For-Next语句适用于已知循环次数的循环结构，但是很多情况下无法提前预知循环次数，因此，还需要使用其他语句来解决这些问题。Do-Loop语句正是用于循环次数不确定的循环结构。其语法结构有如下几种。

提 示

Do-Loop语句的循环体为Do和Loop中间的部分。

序号	格式	说明
1	Do While[循环条件] 　[语句组1] 　[Exit Do] 　[语句组2] Loop	先判断循环条件是否成立，成立则执行语句组1；不成立则跳出循环
2	Do Until[循环条件] 　[语句组1] 　[Exit Do] 　[语句组2] Loop	先判断循环条件是否成立，若不成立则执行语句组1；若成立则跳出循环
3	Do 　[语句组1] 　[Exit Do] 　[语句组2] Loop While[循环条件]	先执行语句组1，然后再判断循环条件是否成立，成立则继续执行语句组1；不成立则跳出循环
4	Do 　[语句组1] 　[Exit Do] 　[语句组2] Loop Until[循环条件]	先执行语句组1，然后再判断循环条件是否成立，不成立则继续执行语句组1；成立则跳出循环

这4种格式的Do-Loop语句执行流程分别如图18-24、图18-25、图18-26、图18-27所示。

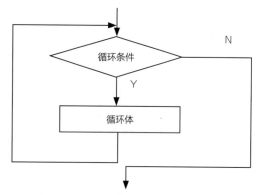

图18-24　Do-While-Loop语句执行流程

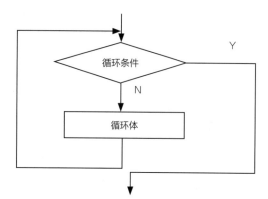

图18-25　Do-Until-Loop语句执行流程

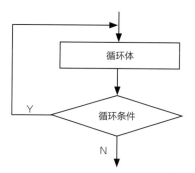

图18-26　Do-Loop-While语句执行流程

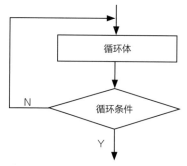

图18-27　Do-Loop-Until语句执行流程

实例文件

最终文件:
实例文件\第18章\最终
文件\Do-While-Loop
语句.xlsm

如果采用Do-While-Loop语句计算1到某个整数的和时，输入以下代码：

```
Sub 按钮1_Click()
Dim i As Integer
Dim sum As Integer
Dim last As Integer    '定义3个变量均为整型
last = InputBox("您想计算从1到多少的和", "输入整数")
sum = 0                     '和的初值为0
i = 1
Do While i <= last
    sum = sum + i
    i = i + 1
Loop
MsgBox "和是" & sum, vbOKOnly, "求和结果"
End Sub
```

与前面采用For-Next效果相同，弹出对话框，由用户输入整数，程序自动判断i小于等于用户输入的整数是否成立，若成立，则自动求和，直至条件不再成立，跳出循环，并弹出对话框，显示求和结果。

采用Do-Until-Loop语句计算1到某个整数的和时，输入以下代码：

实例文件

最终文件:
实例文件\第18章\最终
文件\Do-Until-Loop
语句.xlsm

```
Sub 按钮1_Click()
Dim i As Integer
Dim sum As Integer
Dim last As Integer    '定义3个变量均为整型
last = InputBox("您想计算从1到多少的和", "输入整数")
sum = 0                     '和的初值为0
i = 1
Do Until i > last
    sum = sum + i
    i = i + 1
Loop
MsgBox "和是" & sum, vbOKOnly, "求和结果"
End Sub
```

提示

注意循环条件的变化。

采用Do -Loop-While语句计算1到某个整数的和时，输入以下代码：

实例文件

最终文件:
实例文件\第18章\最终
文件\Do-Loop-While
语句.xlsm

```
Sub 按钮1_Click()
Dim i As Integer
Dim sum As Integer
Dim last As Integer    '定义3个变量均为整型
last = InputBox("您想计算从1到多少的和", "输入整数")
sum = 0                     '和的初值为0
i = 0
Do
    sum = sum + i
    i = i + 1
Loop While i <= last
```

提示

注意，由于这种语句要先执行循环体，因此初始赋值也要更改为0。

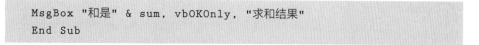 **实例文件**

最终文件：
实例文件\第18章\最终
文件\Do-Loop-Until
语句.xlsm

```
MsgBox "和是" & sum, vbOKOnly, "求和结果"
End Sub
```

采用Do -Loop-Until语句计算1到某个整数的和时，输入以下代码：

```
Sub 按钮1_Click()
Dim i As Integer
Dim sum As Integer
Dim last As Integer    '定义3个变量均为整型
last = InputBox("您想计算从1到多少的和", "输入整数")
sum = 0                 '和的初值为0
i = 0
Do
    sum = sum + i
    i = i + 1
Loop Until i > last
MsgBox "和是" & sum, vbOKOnly, "求和结果"
End Sub
```

3. While-Wend语句

While-Wend语句同样用于循环次数未知的循环结构，和Do-Loop比较类似，其语法结构为：

```
While <循环条件>
     [循环体]
Wend
```

其中，循环条件可以是关系表达式，也可以是逻辑表达式，或值表达式。其执行流程与前面介绍的Do-While-Loop一致。

同样以计算1到某个整数的和为例，输入以下代码：

```
Sub 按钮1_Click()
Dim i As Integer
Dim sum As Integer
Dim last As Integer    '定义3个变量均为整型
last = InputBox("您想计算从1到多少的和", "输入整数")
sum = 0                 '和的初值为0
i = 1
While i <= last
    sum = sum + i
    i = i + 1
Wend
MsgBox "和是" & sum, vbOKOnly, "求和结果"
End Sub
```

实例文件

最终文件：
实例文件\第18章\最终
文件\While-Wend语
句.xlsm

VBA的过程、对象和事件

前面介绍了VBA的基本操作、基本语法，相信读者已经能够编写简单的代码。为了更清晰地掌握VBA应用方法，用户还需要了解VBA的过程、对象和事件等概念。

19.1 VBA的过程

VBA的过程是用于执行某个特定任务的一段程序代码。利用过程，可以将复杂的VBA程序区分为不同的功能模块，从而使程序代码更加条理化，也便于用户编写和阅读，避免出现混乱。在VBA中，用户可自定义的通用过程主要有子过程（Sub）、函数过程（Function）和属性过程（Property）这几种。

1. 子过程

一般情况下，子过程以关键字Sub开头，以关键字End Sub结束，且过程不返回值。子程序可以通过录制宏或在VBE窗口中编写代码完成。

Sub过程的定义方法如下：

```
Static/Private/Public Sub过程名（形式参数表）
    变量、常量说明
        语句组1
    Exit Sub
        语句组2
End Sub
```

提示

注意两种调用方法中Call调用需要有括号。

其调用方法有如下两种。

Call调用：

```
Call 过程名（实参表）
```

直接调用：

```
过程名实参表
```

2. 函数过程

函数过程返回一个函数值，以关键字Function开头，以End Function结束。

Function过程定义方法如下：

```
Static/Private/Public Function函数名（形式参数）As 数据类型
    语句组
    函数名=表达式
Exit Function
    语句组
```

```
        函数名=表达式
End Function
```

函数过程调用方法如下：

```
变量名=函数名（实参表）
```

3. 属性过程

属性过程用于自定义对象，可以设置和获取对象属性的值，或者设置另一个对象的引用。

19.2 VBA的对象

Excel VBA中的对象，主要是指Excel应用程序对象（Application对象）、工作簿对象（Workbook对象）、工作表对象（Worksheet对象）、区域对象（Range对象）、单元格对象（Cell对象）和图表对象（Chart对象）等。在进行VBA编程中，难免会遇到需要引用或设置这些对象的情况，因此，有必要先了解VBA中常用对象的概念和操作方法。

19.2.1 Workbook对象

Workbook对象即工作簿对象，表示某个Excel文档。其具体的属性主要用于描述工作簿的各种信息；其方法主要用于操作工作簿对象；其事件函数主要用于响应工作簿的各种操作。

1. Workbook对象常用属性

Workbook对象含有丰富的属性，这些属性无需逐一记忆，如果有一定的英文基础，看到属性名称即可知道其含义。下面介绍几种常用属性。

- ActiveSheet属性：此属性用于返回一个WorkSheet对象，表示当前工作簿中处于激活状态的工作表。如果没有激活的工作表，则返回Nothing。代码为：ActiveSheet.Name。
- Colors属性：用于返回或设置工作簿调色板中的颜色。

2. Workbook对象常用操作方法

在VBA中，操作工作簿对象的方法主要有以下几种。

创建工作簿：

```
Workbooks.Add 参数/模板参数
```

打开工作簿：

```
Workbooks.Open 参数
```

其中，参数为要打开的文件名称字符串。

保存工作簿：

```
ThisWorkbook.save
```

另存工作簿：

```
ThisWorkbook.saveAs 参数
```

其中，参数为文件保存的路径和名称。

关闭所有工作簿：

```
Workbooks.Close
```

关闭指定工作簿：

```
Workbooks("工作簿名称").Close
```

激活工作簿：

```
Workbooks("工作簿名称").Active
```

19.2.2 WorkSheet对象

WorkSheet对象位于Workbook对象之下，一个工作簿中可以包含多个工作表，即Excel中的Sheet1、Sheet2、Sheet3等。

1. WorkSheet对象常用属性

- Cells属性返回一个Range对象，表示工作表中的所有单元格，包括空白单元格。
- Range属性用于返回一个Range对象，表示一个单元格区域，或者一个单独的单元格。

2. WorkSheet对象常用操作方法

WorkSheet对象的常用操作方法有以下几种。

新建工作表：

```
Worksheets.Add(Before, After, Count, Type)
```

参数含义如下：

- Before：确定新建的工作表位于哪个工作表前。
- After：确定新建的工作表位于哪个工作表后。
- Count：确定新建的工作表数量，默认为1个。
- Type：确定新建的工作表类型。

删除工作表：

```
WorkSheet.Delete
```

复制工作表：

```
WorkSheet.Copy(Before, after)
```

其中的参数含义与新建工作表代码中的参数含义相同。

移动工作表：

```
WorkSheet.Move(Before, after)
```

> **提示**
>
> 引用工作表中某一单元格区域时，采用如下方法：
>
> 工作表名.Range("单元格区域")
>
> 例如：
> Sheet1.Range("A3:B5")

19.2.3 Range对象

Range对象位于WorkSheet对象之下，在Excel VBA中，Range对象可以是某一选定区域，也可以是某一行、某一列，甚至是某一个单元格。

1. Range对象常用属性

Range对象同样含有丰富的属性，主要用于描述Range对象本身，下面介绍几种常用属性。

- Cells属性：此属性用于返回一个Range对象，表示指定单元格区域中的单元格。
- Font属性：用于返回一个Font对象，表示Range对象的字体。主要用来设置单元格区域中文字的字体、大小、粗斜体等。

2. Range对象常用操作方法

在VBA中，操作Range对象的方法主要有以下几种。

复制单元格区域：

```
Range("A3:B5").Copy        '复制A3:B5单元格区域到剪贴板
```

引用单元格：

```
Range("C2")        '引用C2单元格
```

引用单元格区域：

```
Range("A3:B5")        '引用A3:B5单元格区域
```

引用单行、单列：

```
Range("2:2")        '引用第2行
Range("F:F")        '引用F列
```

引用多行、多列：

```
Range("2:5")        '引用2至5行
Range("A:F")        '引用A至F列
```

19.3 VBA的事件

VBA的事件，可以理解为激发对象的某些操作，比如单击鼠标、打开工作簿、切换工作表等。用户可以编写代码响应对应的事件，从而在这些事件发生后会自动进行处理。针对事件所编写的代码，即这引起事件发生后所进行的自动处理，即为行为。

常见的事件包括Workbook（工作簿）事件、WorkSheet（工作表）事件、OnTime事件、窗体和控件事件等。

1. Workbook事件

Workbook事件只能发生于Workbook对象上，包括打开工作簿、更改工作簿内容、激活工作簿等，都将触发工作簿事件。

在VBE窗口中，双击工程资源管理窗口中ThisWorkbook对象，打开当前工作簿对象的代码窗口，在此可对Workbook事件进行编码。

例如，需要在新建工作表时，弹出对话框提示对新工作表重新命名，则可采用如下方法。

Step 01 **打开代码窗口**。在Excel 2016中，单击"开发工具"选项卡中Visual Basic按钮，打开VBE窗口，然后双击工程资源管理窗口中ThisWorkbook对象，如图19-1所示。

Step 02 **选择对象和过程**。在代码窗口中，选择"对象"下拉列表中的Workbook对象，选择"过程"下拉列表中的NewSheet（新建工作表）选项，如图19-2所示。

图19-1　双击ThisWorkbook对象　　　图19-2　选择对象和过程

Step 03 **输入代码**。代码窗口中自动生成事件过程的名称及结构，输入完成下列代码：

```
Private Sub Workbook_NewSheet(ByVal Sh As Object)
MsgBox "新建工作表后请重新命名", vbOKOnly, "提醒重命名"
End Sub
```

Step 04 **新建工作表**。保存代码，并返回工作表中，单击左下角"新工作表"按钮，如图19-3所示。

Step 05 **单击"确定"按钮**。此时弹出"提醒重命名"对话框，提醒在新建工作表后要将工作表重命名，单击"确定"按钮，如图19-4所示。

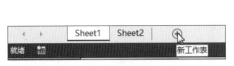 

图19-3　单击"新工作表"按钮　　　图19-4　"提醒重命名"对话框

除了NewSheet（新建工作表）事件外，Workbook还包括很多其他事件，比如Open（打开）事件、Active（激活）事件等，这里不再一一介绍，编写响应行为代码的方法与刚才介绍的NewSheet事件类似。

2. WorkSheet事件

WorkSheet事件只能发生于WorkSheet对象中，包括Change（更改）、Active（激活）、Calculate（计算）等。需要注意的是，要先在工程资源管理窗口中双击工作表对象，才能激活该工作表对应的代码窗口，然后在代码窗口中选择对象为WorkSheet，再选择过程，并输入代码。

3. 窗体和控件事件

窗体打开或对窗体上的控件进行操作，也可以触发很多事件，例如单击按钮。

4. OnTime和OnKey事件

这两类事件不与任何对象关联，分别由时间和用户按键来触发。

Chapter 20

VBA窗体和控件

在VBA中，用户还可以设计窗体和控件，以便于更直观地实现交互。用户可以根据需要设置窗体或者添加控件，这样在需要进行相应操作时，直接通过窗体或单击控件来完成。

20.1 窗体

可以将窗体理解为一个交互的窗口，对话框是窗体的一种，对于绝大部分用户来说，更习惯于在窗体中进行相应操作，而不是通过代码完成操作。这里，我们介绍在VBA中创建窗体和应用窗体的方法。

20.1.1 创建窗体

在VBA中新建窗体操作步骤如下。

Step 01 打开VBE窗口。打开需要创建窗体的Excel文件后，单击"开发工具"选项卡中Visual Basic按钮，打开VBE窗口，如图20-1所示。

Step 02 插入用户窗体。选择菜单栏中"插入>用户窗体"命令，如图20-2所示。

实例文件

最终文件：
实例文件\第20章\最终
文件\创建窗体.xlsm

提示

若未显示工具箱，则选择"视图>工具箱"命令，将其打开。

图20-1　单击Visual Basic按钮　　图20-2　选择"用户窗体"命令

Step 03 查看新建的窗体。此时自动创建新的窗体，且显示工具箱。创建的新窗体为空白状态，如图20-3所示。工具箱中包含各项窗体控件，如图20-4所示。

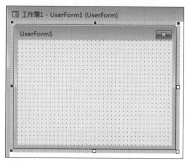

图20-3　空白窗体

图20-4　工具箱

Step 04 添加控件。单击工具箱中需要的控件，本例中单击"命令按钮"控件，如图20-5所示。然后在窗体中拖动绘制指定大小的控件，如图20-6所示。若单击工具箱中的控件，然后在窗体中单击，将自动按默认尺寸绘制控件。

357

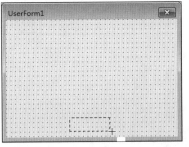

图20-5 选择控件　　　　图20-6 绘制控件

Step 05 **调整控件**。绘制控件后，可以在窗体中调整控件的大小、位置。单击控件，控件
四周即出现控制点，将光标置于控制点上，光标变为箭头形状时，拖动即可调整控件大
小，如图20-7所示。光标变为十字箭头时，拖动可调整位置，如图20-8所示。

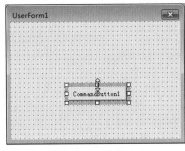

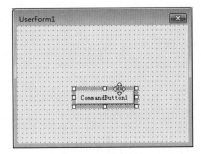

图20-7 调整控件大小　　　　图20-8 移动控件

20.1.2 窗体属性

前面介绍创建窗体的方法，要完成一个窗体，不仅要在窗体中添加控件，还需要调
整窗体属性、控件属性、编写各控件代码等。本节介绍常用的窗体属性。

Step 01 **打开窗体**。打开"创建窗体.xlsm"工作簿，单击"开发工具"选项卡中Visual
Basic按钮，进入VBE窗口，双击工程资源管理窗口中的"窗体"下方的UserForm1对
象，如图20-9所示。

Step 02 **查看窗体属性**。此时属性窗口中自动显示该窗体的各项属性参数，如图20-10
所示。

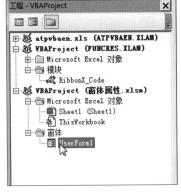

图20-9 双击UserForm1对象　　　　图20-10 查看属性

Step 03 **更改背景颜色**。单击BackColor属性右栏，即出现下拉按钮，单击下拉按钮，选
择需要的背景颜色，如图20-11所示。更改后的效果如图20-12所示。

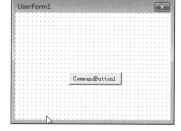

图20-11 选择背景颜色   图20-12 更改效果

Step 04 **更改窗体标题。**单击Caption属性右栏，此时右栏变为可编辑状态，输入窗体标题"提示"，如图20-13所示。更改后的效果如图20-14所示。

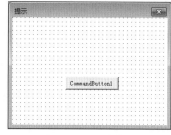

图20-13 更改名称   图20-14 更改效果

Step 05 **更改窗体的显示模式。**单击ShowModal属性右栏，单击出现的下拉按钮，选择True或False。此属性默认为True，如图20-15所示。

图20-15 更改显示模式

提示

ShowModal属性为
True时，显示此对话框
时，无法对其他对象进
行操作；反之，该属性
为False时，显示此对
话框不影响对其他对象
的操作。

属性窗口中还有很多其他的窗体属性，在此不一一列举。读者可自行尝试修改，观察窗体的变化，来了解各属性的功能。

20.1.3 窗体的运行与调用

制作完成窗体后，可以运行该窗体，以查看是否有误。在VBE窗口中，选择菜单栏中"运行>运行子程序/用户窗体"命令，或者按下F5功能键即可，如图20-16所示。

提示

调用窗体的方法可以与
Workbook事件结合，
比如在打开工作簿时，
自动调用窗体。

图20-16 运行用户窗体

在编写代码过程中，需要调用窗体时，采用如下方法：

```
Load 窗体名
窗体名.Show
```

需要先通过Load关键字加载窗体，然后通过Show命令显示窗体。

20.2 控件

在前面介绍窗体的时候，已经接触到了控件。我们平时在使用计算机时也时常接触各类控件，比如命令按钮、单选按钮、复选框、标签、文本框等。VBA提供了很多可用的控件，基本能够满足用户的需求。

可在工作表中插入的控件位于"开发工具"选项卡"控件"选项组的"插入"列表中，如图20-17所示。可在窗体中插入的控件位于VBE窗口的工具箱中，如图20-18所示。

图20-17 工作表控件   图20-18 窗体控件

下面介绍几种最常用的控件。

1. 命令按钮

命令按钮的属性如图20-19所示。

图20-19 命令按钮的属性

其中，常用的属性有如下几种。

- Name（名称）属性：对象的名称，要求名称要具有唯一性，如不更改，则采用VBA默认的名称。建议将名称更改为便于记忆和识别的文字。
- Caption属性：对象的标题，更改Caption，就是更改对象上的标题文字，比如将按钮Caption改为"确定"，则该按钮上显示"确定"文字，便于用户理解该按钮的作用。

💡 提示

Name（名称）跟Caption不同，Name是对象的名称，并不是显示于对象上的标题文字。

- Enable属性：确定按钮是否可用。值为True时，为可用状态；值为False时，为不可用状态。
- Visible属性：设置按钮是否可见。值为True时，按钮可见；值为False时，按钮不可见。

图20-20中，第2个按钮更改了Caption属性，第3个按钮Enable属性为False，第4个按钮Visible属性为False（不可见）。

图20-20　命令按钮属性

2. 文本框

文本框（TextBox）通常用于输入或输出文本，是程序和用户交互的控件。其属性如图20-21所示。

图20-21　文本框属性

其中，常用的属性有如下几种。

- Font（字体）属性：用于设置文本框中的字体，单击右栏，出现浏览按钮，如图20-22所示。单击浏览按钮，弹出"字体"对话框，设置字体即可，如图20-23所示。

图20-22　更改Font（字体）

图20-23　"字体"对话框

- MaxLength（最大长度）属性：设置文本框中可输入文本的最大长度，为整数型，取值范围为0~65535。
- MultiLine（多行）属性：设置文本是否多行显示。若设为True，则可以多行显示；若设为False，则只能一行显示。
- ScrollBars（滚动条）属性：用于添加滚动条，为整数型。
- PasswordChar属性：用于设置密码文本框。例如将该属性设为"*"，则在输入密码时，将显示"*"，而不是显示输入的内容。

3. 单选按钮

单选按钮用于两种或多种选项中只能选择一种的情况，例如在选择性别时，只可能选择"男"或"女"，在选择月份的时候，只可能选择1-12月份中的一个。其属性如图20-24所示。

单选按钮常用属性有如下几种。

- Value属性：表示选中状态，值为True时，表示选中了该按钮；值为False时，表示没有选中该按钮。
- Alignment属性：设置单选按钮和标题的对齐方式，为整数型。0表示单选按钮在左，标题在右，此为默认设置；1表示单选按钮在右，标题在左。

4. 复选框

复选框，与单选按钮不同，可以选择多个项目。其属性如图20-25所示。

复选框常用属性有如下几种。

- Value属性：表示选中状态，为整数型。0（或Unchecked）表示未选中；1（或Checked）表示选中。
- Alignment属性：设置复选框和标题的对齐方式，为整数型。0表示复选框在左，标题在右，此为默认设置；1表示复选框在右，标题在左。

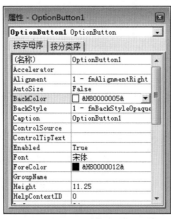

图20-24　单选按钮属性

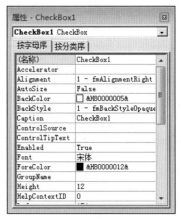

图20-25　复选框属性

设计制作成绩管理系统

前面几章用户学习了VBA应用的各项基础知识，本章将综合应用前面所学的知识，设计制作一款成绩管理系统。

21.1 成绩管理系统需求分析

我们计划设计的成绩管理系统，要求能够实现以下功能。

- 计算学生成绩总分。
- 计算学生总分排名、各科成绩排名。
- 计算各科及格率。
- 退出系统。
- 打开工作簿时自动启动主界面。

21.2 界面设计

本系统通过窗口实现各项操作，在主界面中完成大部分操作，但是单科排名操作需要用到子界面，在子界面中选择要排名的科目。

21.2.1 主界面设计

在主界面中要通过命令按钮实现大部分计算操作，并要提供退出系统的按钮。下面介绍具体设计方法。

Step 01 **打开VBE窗口**。打开"考试成绩表.xlsx"工作簿，单击"开发工具"选项卡中Visual Basic按钮，打开VBE窗口，如图21-1所示。

Step 02 **新建窗体**。选择菜单栏中"插入>用户窗体"命令，此时弹出空白窗体，如图21-2所示。将窗体Caption属性更改为"成绩管理"。

实例文件

原始文件：
实例文件\第21章\原始文件\考试成绩表.xlsx
最终文件：
实例文件\第21章\最终文件\成绩管理.xlsm

图21-1　打开VBE窗口

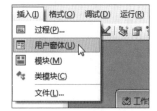

图21-2　插入窗体

Step 03 **添加控件并修改Caption属性**。双击工具箱中"命令按钮"控件，然后在窗体中添加5个命令按钮，并将Caption属性分别更改为如图21-3所示的按钮标题。

Step 04 **调整窗体和控件**。调整窗体大小和控件在窗体中的位置，使其更加整齐，如图21-4所示。

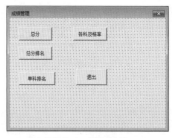
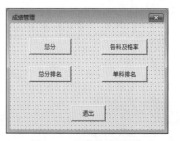

图21-3 添加控件　　　　　　　图21-4 调整控件和窗体

21.2.2 子界面设计

本例中只有一个子界面，用于计算单科排名，在子界面中完成单科排名，能够避免在主界面中放置过多的按钮，造成凌乱。下面介绍具体设计步骤。

Step 01 新建窗体。 选择菜单栏中"插入>用户窗体"命令，如图21-5所示。弹出新的空白窗体，将窗体Caption属性更改为"单科排名"，如图21-6所示。

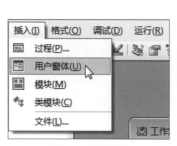

图21-5 新建窗体　　　　　　　图21-6 更改Caption属性

Step 02 添加控件并修改Caption属性。 双击工具箱中"命令按钮"控件，然后在窗体中添加6个命令按钮，并将Caption属性分别更改为如图21-7所示的按钮标题。

Step 03 调整窗体和控件。 调整窗体大小和控件在窗体中的位置，使其更加整齐，如图21-8所示。

> **提示**
>
> 如果设计的界面较复杂，建议在添加控件后，不仅要修改Caption属性，还要修改Name（名称）属性，以便于查找。

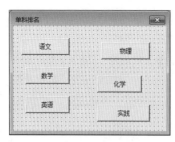
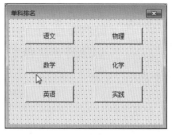

图21-7 添加控件　　　　　　　图21-8 调整控件和窗体

21.3 编写代码

主界面和子界面设计完成后，即可为这些控件编写代码。

21.3.1 编写计算总分和总分排名代码

这两项功能都要采用循环结构来实现，下面介绍具体操作方法。

提示

代码窗口中显示各子过
程，以分隔线区分。

Step 01 打开"总分"按钮对应的代码窗口。右击窗体中的"总分"按钮，选择快捷菜单
中的"查看代码"命令，打开对应的代码窗口，如图21-9所示。

图21-9　打开代码窗口

Step 02 输入代码。系统已自动创建子程序，输入完成如下代码：

 提示

Do While后面的判断条
件含义为Row行1列单
元格不为空。

```
Private Sub CommandButton1_Click()
    Dim Row As Integer
    Row = 4
    Do While Sheet1.Cells(Row, 1) <> ""
        Sheet1.Cells(Row, "H") = Sheet1.Cells(Row, "B")
+ Sheet1.Cells(Row, "C") + Sheet1.Cells(Row, "D") + Sheet1.
Cells(Row, "E") + Sheet1.Cells(Row, "F") + Sheet1.Cells(Row,
"G")
        Row = Row + 1
    Loop
End Sub
```

Step 03 保存代码。单击工具栏中"保存"按钮，关闭代码窗口。

Step 04 打开"总分排名"按钮对应的代码窗口。右击窗体中的"总分排名"按钮，选择
快捷菜单中的"查看代码"命令，打开对应的代码窗口。

Step 05 输入代码。系统已自动创建子程序，输入完成如下代码：

```
Private Sub CommandButton2_Click()
    Dim a As Integer
    Dim b As Integer
    Dim c As Integer
    a = 4
        Do Until Sheet1.Cells(a, 1) = ""
        b = 1
        c = 5
        Do Until Sheet1.Cells(c, 1) = ""
            If Sheet1.Cells(a, "H") < Sheet1.Cells(c, "H")
Then b = b + 1
            c = c + 1
        Loop
    Sheet1.Cells(a, "I") = b
```

```
        a = a + 1
    Loop
End Sub
```

Step 06 **保存代码。**单击工具栏中"保存"按钮，关闭代码窗口。

21.3.2 编写计算各科及格率代码

计算各科及格率，首先要计算出及格人数，然后除以总人数，再通过代码将结果转化为百分比格式。下面介绍具体操作方法。

Step 01 **打开"各科及格率"按钮对应的代码窗口。**右击窗体中的"各科及格率"按钮，选择快捷菜单中的"查看代码"命令，打开对应的代码窗口。

Step 02 **输入代码。**系统已自动创建子程序，输入完成如下代码：

```
Private Sub CommandButton3_Click()
    Dim a As Integer, b As Integer, c As Integer, d As Integer
    Dim e As Integer, f As Integer, g As Integer
    a = 4
    Do Until Sheet1.Cells(a, 1) = ""
        If Sheet1.Cells(a, "B") >= 60 Then b = b + 1
        If Sheet1.Cells(a, "C") >= 60 Then c = c + 1
        If Sheet1.Cells(a, "D") >= 60 Then d = d + 1
        If Sheet1.Cells(a, "E") >= 60 Then e = e + 1
        If Sheet1.Cells(a, "F") >= 60 Then f = f + 1
        If Sheet1.Cells(a, "G") >= 60 Then g = g + 1
        a = a + 1
    Loop
    Sheet1.Range("33:33").NumberFormatLocal = "0.00%"
    Sheet1.Cells(33, "B") = b / 29
    Sheet1.Cells(33, "C") = c / 29
    Sheet1.Cells(33, "D") = d / 29
    Sheet1.Cells(33, "E") = e / 29
    Sheet1.Cells(33, "F") = f / 29
    Sheet1.Cells(33, "G") = g / 29
End Sub
```

> **提示**
>
> Loop后面的第1句含义为将Sheet1工作表中第33行格式设定为0.00%格式。

Step 03 **保存代码。**单击工具栏中"保存"按钮，关闭代码窗口。

21.3.3 编写"单科排名"和"退出"按钮代码

在单击"单科排名"按钮时，要调用"单科排名"对话框，具体的计算排名放在"单科排名"对话框中完成，主界面中的"单科排名"按钮，要实现调用子对话框的功能。下面介绍具体操作方法。

Step 01 **打开"单科排名"按钮对应的代码窗口。**右击窗体中的"单科排名"按钮，选择快捷菜单中的"查看代码"命令，打开对应的代码窗口。

Step 02 **输入代码。**系统已自动创建子程序，输入完成如下代码：

提示

这里调用的是UserForm2窗体，"单科排名"是窗体的标题，而非名称，其名称为UserForm2。

```
Private Sub CommandButton5_Click()
    Load UserForm2
    UserForm2.Show
End Sub
```

Step 03 **保存代码。**单击工具栏中"保存"按钮，关闭代码窗口。

Step 04 **打开"退出"按钮对应的代码窗口。**右击窗体中的"退出"按钮，选择快捷菜单中的"查看代码"命令，打开对应的代码窗口。

Step 05 **输入代码。**系统已自动创建子程序，输入完成如下代码：

```
Private Sub CommandButton7_Click()
End
End Sub
```

Step 06 **保存代码。**单击工具栏中"保存"按钮，关闭代码窗口。

21.3.4 编写子界面中按钮代码

在"单科排名"对话框中有6个按钮，用于分别对6个科目进行排名，需要单独编写代码。下面介绍具体操作方法。

Step 01 **打开UserForm2窗体。**双击工程资源管理窗口中UserForm2窗体对象。

Step 02 **打开"语文"按钮对应的代码窗口。**右击窗体中的"语文"按钮，选择快捷菜单中的"查看代码"命令，打开对应的代码窗口。

Step 03 **输入代码。**系统已自动创建子程序，输入完成如下代码：

 提示

计算单科排名与计算总分排名类似，注意引用单元格的位置要相应地变化。

```
Private Sub CommandButton1_Click()
    Dim a As Integer
    Dim b As Integer
    Dim c As Integer
    a = 4
    Do Until Sheet1.Cells(a, 1) = ""
        b = 1
        c = 5
        Do Until Sheet1.Cells(c, 1) = ""
            If Sheet1.Cells(a, "B") < Sheet1.Cells(c, "B")
Then b = b + 1
            c = c + 1
        Loop
    Sheet1.Cells(a, "J") = b
        a = a + 1
    Loop
End Sub
```

Step 04 **保存代码。**单击工具栏中"保存"按钮，关闭代码窗口。

Step 05 **输入"数学"按钮对应的代码。**打开"数学"按钮对应的代码窗口，输入完成如下代码：

```
Private Sub CommandButton2_Click()
    Dim a As Integer
    Dim b As Integer
    Dim c As Integer
    a = 4
    Do Until Sheet1.Cells(a, 1) = ""
        b = 1
        c = 5
        Do Until Sheet1.Cells(c, 1) = ""
            If Sheet1.Cells(a, "C") < Sheet1.Cells(c, "C")
Then b = b + 1
            c = c + 1
        Loop
    Sheet1.Cells(a, "K") = b
        a = a + 1
    Loop
    End Sub
```

Step 06 输入"英语"按钮对应的代码。 打开"英语"按钮对应的代码窗口，输入完成如下代码：

```
Private Sub CommandButton3_Click()
    Dim a As Integer
    Dim b As Integer
    Dim c As Integer
    a = 4
    Do Until Sheet1.Cells(a, 1) = ""
        b = 1
        c = 5
        Do Until Sheet1.Cells(c, 1) = ""
            If Sheet1.Cells(a, "D") < Sheet1.Cells(c, "D")
Then b = b + 1
            c = c + 1
        Loop
    Sheet1.Cells(a, "L") = b
        a = a + 1
    Loop
End Sub
```

> **提示**
>
> 这里采用了Cells关键字引用单元格，括号中的参数可以为数字，也可以为字符串。比如Cells(3,1)表示第3行第1列的单元格，与Cells(3,"A")相同。

Step 07 输入"物理"按钮对应的代码。 打开"物理"按钮对应的代码窗口，输入完成如下代码：

```
Private Sub CommandButton4_Click()
    Dim a As Integer
    Dim b As Integer
    Dim c As Integer
    a = 4
    Do Until Sheet1.Cells(a, 1) = ""
```

```
            b = 1
            c = 5
            Do Until Sheet1.Cells(c, 1) = ""
                If Sheet1.Cells(a, "E") < Sheet1.Cells(c, "E")
Then b = b + 1
                c = c + 1
            Loop
        Sheet1.Cells(a, "M") = b
            a = a + 1
        Loop
    End Sub
```

Step 08 输入"化学"按钮对应的代码。打开"化学"按钮对应的代码窗口,输入完成如下代码:

```
    Private Sub CommandButton5_Click()
        Dim a As Integer
        Dim b As Integer
        Dim c As Integer
        a = 4
        Do Until Sheet1.Cells(a, 1) = ""
            b = 1
            c = 5
            Do Until Sheet1.Cells(c, 1) = ""
                If Sheet1.Cells(a, "F") < Sheet1.Cells(c, "F")
Then b = b + 1
                c = c + 1
            Loop
        Sheet1.Cells(a, "N") = b
            a = a + 1
        Loop
    End Sub
```

Step 09 输入"实践"按钮对应的代码。打开"实践"按钮对应的代码窗口,输入完成如下代码:

```
    Private Sub CommandButton6_Click()
        Dim a As Integer
        Dim b As Integer
        Dim c As Integer
        a = 4
        Do Until Sheet1.Cells(a, 1) = ""
            b = 1
            c = 5
            Do Until Sheet1.Cells(c, 1) = ""
                If Sheet1.Cells(a, "G") < Sheet1.Cells(c, "G")
Then b = b + 1
                c = c + 1
```

```
        Loop
    Sheet1.Cells(a, "O") = b
        a = a + 1
    Loop
End Sub
```

21.3.5 打开工作簿时自动弹出主界面

在制作完成管理系统后，为了便于应用，还需要实现在打开工作簿时自动弹出主界面的功能，这可以通过前面学习的Workbook事件来实现。

Step 01 **打开工作簿对象的代码窗口。**在VBE窗口中双击工程资源管理窗口中的This-Workbook对象，打开代码窗口。

Step 02 **输入代码。**在代码窗口上方选择"对象"列表中的Workbook，选择"过程"列表中的Open，输入完成如下代码：

```
Private Sub Workbook_Open()
    Load UserForm1
    UserForm1.Show
End Sub
```

Step 03 **保存代码。**单击工具栏中"保存"按钮，关闭代码窗口。

21.4 运行效果

实例文件

原始文件：
实例文件\第21章\原始
文件\成绩管理.xlsm

制作完成后，运行成绩管理系统查看效果。

Step 01 **打开文件。**打开"成绩管理.xlsm"工作簿，自动弹出主界面"成绩管理"对话框，如图21-10所示。

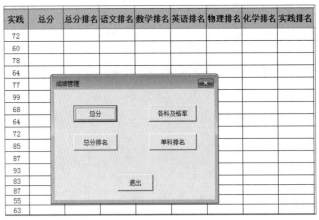

图21-10 打开文件

Step 02 **计算总分。**单击对话框中"总分"按钮，工作表中H列自动计算出各学生总分，如图21-11所示。

Step 03 **计算总分排名。**单击对话框中"总分排名"按钮，工作表中J列自动计算出总分排名，如图21-12所示。

学号	语文	数学	英语	物理	化学	实践	总分
QH001	60	69	68	69	68	72	406
QH002	77	77	68	60	77	60	419
QH003	60	95	76	61	63	78	433
QH004	86	78	60	69	83	64	440
QH005	69	87	81	65	67	77	446
QH006	89	60	73	69	64	99	454
QH007	77	70	76	95	83	68	469
QH008	100	100	60	76	71	64	471
QH009	84	79	73	95	74	72	477
QH010	90	80	83	92	75	85	505
QH011	77	80	84	86	96	87	510

图21-11　计算总分

学号	语文	数学	英语	物理	化学	实践	总分	总分排名
QH001	60	69	68	69	68	72	406	21
QH002	77	77	68	60	77	60	419	15
QH003	60	95	76	61	63	78	433	14
QH004	86	78	60	69	83	64	440	12
QH005	69	87	81	65	67	77	446	10
QH006	89	60	73	69	64	99	454	8
QH007	77	70	76	95	83	68	469	7
QH008	100	100	60	76	71	64	471	6
QH009	84	79	73	95	74	72	477	5

图21-12　计算排名

Step 04 **计算各科及格率**。单击对话框中"各科及格率"按钮，在工作表中33行自动计算出各科及格率，如图21-13所示。

20	QH017	54	71	52	65	83	88	413	17
21	QH018	97	54	86	65	40	51	393	22
22	QH019	87	99	90	94	74	83	527	1
23	QH020	78	79	95	72	57	63	444	11
24	QH021	66	86	42	65	91	59	409	19
25	QH022	59	84	59	72	81	56	411	18
26	QH023	56	53	60	72	88	89	418	16
27	QH024	89	80	57	66	80	75	447	9
28	QH025	90	66	68	67	97	47	435	13
29	QH026	67	42	48	84	72	68	381	26
30	QH027	80	69	78	87	30	52	396	21
31	QH028	77	46	42	87	40	81	373	27
32	QH029	42	66	81	54	69	73	385	25
33		79.31%	82.76%	79.31%	93.10%	72.41%	79.31%		
34									
35									

图21-13　计算及格率

Step 05 **计算单科排名**。单击对话框中"单科排名"按钮，弹出"单科排名"对话框，如图21-14所示。单击某一科目，比如单击"语文"按钮，工作表中自动计算出语文科目的排名情况，如图21-15所示。

图21-14　"单科排名"对话框

英语	物理	化学	实践	总分	总分排名	语文排名
68	69	68	72	406	21	22
68	60	77	60	419	15	14
76	61	63	78	433	14	22
60	69	83	64	440	12	9
81	65	67	77	446	10	18
73	69	64	99	454	8	6
76	95	83	68	469	7	14
60	76	71	64	471	6	1
73	95	74	72	477	5	10
83	92	75	85	505	4	4

图21-15　查看语文排名

读书笔记

1. 数学与三角函数

函数名称	语　法	功能简介
ABS	ABS(number)	返回某参数的绝对值
ACOS	ACOS(number)	返回以弧度表示参数的反余弦值，范围是0~π
ACOSH	ACOSH(number)	返回参数的反双曲余弦值
ASIN	ASIN(number)	返回参数的反正弦值
ASINH	ASINH(number)	返回参数的反双曲正弦值
ATAN	ATAN(number)	返回参数的反正切值。返回的数值以弧度表示，大小在$-\pi/2$~$\pi/2$之间
ATAN2	ATAN2(x_num,y_num)	返回直角坐标第中给定X和Y的反正值
ATANH	ATANH(number)	返回参数的反双曲正切值
CEILING	CEILING(number,significance)	将参数Number沿绝对值增大的方向，返回一个最接近的整数或基数significance的最小倍数
COMBIN	COMBIN(number,number_chosen)	返回一组对象所有可能的组合数目
COS	COS(number)	返回某一角度的余弦值
COSH	COSH(number)	返回参数的双曲余弦值
COUNTIF	COUNTIF(range,criteria)	统计某一区域中符合条件的单元格数目
DEGREES	DEGREES(angle)	将弧度转换为度
EVEN	EVEN(number)	返回沿绝对值增大方向，将一个数值取整为最接近的偶数
EXP	EXP(number)	返回e的n次幂
FACT	FACT(number)	返回一个数的阶乘，即1*2*3*...*该数
FACTDOUBLE	FACTDOUBLE(number)	返回参数Number的半阶乘
FLOOR	FLOOR(number,significance)	将参数Number沿绝对值减小的方向去尾舍入，使其等于最接近的significance的倍数
INT	INT(number)	将参数向下取整为最接近的整数
LCM	LCM(number1,number2, ...)	返回整数的最小公倍数
LN	LN（number）	返回一个数据自然对数
LOG	LOG(number,base)	按指定的底数，返回某个数的对数
MDETERM	MDETERM(array)	返回一个数组的矩阵行列式的值
MINVERSE	MINVERSE(array)	返回数组矩阵的逆矩阵
MMULT	MMULT(array1,array2)	返回两数组的矩阵积，结果矩阵的行数与array1相同，列数与array2相等
MOD	MOD(number,divisor)	返回两数相除的余数
MROUND	MROUND(number,multiple)	返回一个舍入到所需倍数的数字
ODD	ODD(number)	将正(负)数向上(下)舍入到最接近的奇数

(续表)

函数名称	语 法	功能简介
PI	PI()	返回圆周率Pi的值，精确到15位
POWER	POWER(number,power)	返回某数的乘幂
PRODUCT	PRODUCT(number1,number2, ...)	计算所有参数的乘积
QUOTIENT	QUOTIENT(numerator,denominator)	返回除法的整数部分
RADIANS	RADIANS(angle)	将角度转为弧度
RAND	RAND()	返回大于或等于0且小于1的平均分布随机数
RANDBETWEEN	RANDBETWEEN(bottom,top)	返回一个介于指定数字之间的随机数
ROUND	ROUND(number,num_digits)	按指定的位数对数值进行四舍五入
ROUNDDOWN	ROUNDDOWN(number,num_digits)	向下舍入数字
ROUNDUP	ROUNDUP(number,num_digits)	向上舍入数字
SEC	SEC(number)	返回角度的正切值
SIN	SIN(number)	返回指定角度的正弦值
SUM	SUM(number1,number2, ...)	计算引用单元格区域内所有数值的和
SUMIF	SUMIF(range,criteria,sum_range)	对满足条件的单元格进行求和
SUMIFS	SUMIFS(sum_range,criteria_range, criteria, ...)	对一组指定条件的单元格求和
SUMPRODUCT	SUMPRODUCT(array1,array2, ...)	返回相应的数组或区域乘积的和
SUMSQ	SUMSQ(number1,number2, ...)	返回所有参数的平方和
SUMX2MY2	SUMX2MY2(array_x,array_y)	计算两数组中对应数值平方差的和

2. 日期与时间函数

函数名称	语法	功能简介
DATE	DATE(year,month,day)	返回代表特定日期的序列号
DATEVALUE	DATEVaLUE(date_text)	将日期值从字符串转化为序列数
DAY	DAY(serial_number)	返回用序列号(整数1到31)表示的某日期的天数，用整数 1 到 31 表示
DAYS360	DAYS360(start_date,end_date, Method)	按照一年360天的算法(每个月30天，一年共计12个月)，返回两日期间相差的天数
EDATE	EDATE(start_date,months)	返回一串日期之前/之后的月数
EOMONTH	EOMONTH(start_date,months)	返回一串日期，表示指定月数之前或之后的月份的最后一天
HOUR	HOUR(serial_number)	返回小时的数值，从0到23之间的整数
MINUTE	MINUTE(serial_number)	返回分钟数值，从0到59之间的整数
MONTH	MONTH(serial_number)	返回月份值，从1至12之间的数字
NETWORKDAYS	NETWORKDAYS(start_date,end_date,holidays)	返回两个日期之间的完整工作日数
NOW	NOW()	返回日期时间格式的当前日期和时间

（续表）

函数名称	语法	功能简介
SECOND	SECOND(serial_number)	返回秒数值，从0至59之间的整数
TIME	TIME(hour,minute,second)	返回特定时间的序列数
TIMEVALUE	TIMEVALUE(time_text)	将文本形式表示的时间转换成Excel序列数
TODAY	TODAY()	返回日期格式的当前日期
WEEKDAY	WEEDAY(serial_number,return_type)	返回代表一周中的第几天的数值，从1到7之间的整数
WEEKNUM	WEEKNUM(serial_number,return_type)	返回一年中的周数
WEEKDAY	WEEKDAY(start_date,days,holidays)	返回在指定的若干个工作日之前或之后的日期
YEAR	YEAR(serial_number)	返回日期的年份值
YEARFRAC	YEARFRAC(start_date,end_date,basis)	返回一个年份数

3. 查找与引用函数

函数名称	语法	功能简介
ADDRESS	ADDRESS(row_num,column_num,abs_num,a1,sheet_text)	以文字形式返回对工作簿中某一单元格的引用
AREAS	AREAS(reference)	返回引用中包含的区域个数
CHOOSE	CHOOSE(index_num,value1,value2,...)	可以根据给定的索引值，从参数中选出相应的值或操作
COLUMN	COLUMN(reference)	返回给定引用的列标
COLUMNS	COLUMNS(array)	返回数组或引用的列数
FORMULATEXT	FORMULATEXT(reference)	作为字符串返回公式
HLOOKUP	HLOOKUP((lookup_value,table_array,row_index_num,range_lookup	在表格或数值数组的首行查找指定的数值，并由此返回表格或数组当前列中指定行处的数值
HYPERLINK	HYPERLINK(link_location,friendly_name	创建一个快捷方式或链接，以便打开一个存储在硬盘、网络服务器上的文档
INDEX	INDEX(array,row_num,column_num)	返回数组中指定的单元格或单元格数组的数值
INDEX	INDEX(reference,row_num,column_Num,area_num)	返回引用中指定单元格或单元格区域的引用
INDIRECT	INDIRECT(ref_text,al)	返回文本字符串所指定的引用
LOOKUP	LOOKUP(lookup_value,lookup_vector,result_vector)	在单行区域或单列区域(向量)中查找数值，然后返回第二个单行区域或单列区域中相同位置的数值
LOOKUP	LOOKUP(lookup_value,array)	在数组的第一行或第一列查找指定的数值，然后返回数组的最后一行或最后一列中相同位置的数值
MATCH	MATCH(lookuo_value,lookup_array,match_type)	返回符合特定顺序的项在数组中的相对位置
OFFSET	OFFSET (reference,rows,cols,height,width)	以指定的引用为参照第，通过给定偏移量返回新的引用
ROW	ROW(reference)	返回指定引用的等号
ROWS	ROWS(array)	返回某一引用或数组的行数
RTD	RID(progID,server,topic1,topic2, ...)	从一个支持COM自动化的程序中攻取实时数据

（续表）

函数名称	语法	功能简介
TRANSPOSE	TRANSPOSE(array)	转置单元格区域
VLOOKUP	VLOOKUP(lookup_value,table_array, col_index_num,range_lookup)	搜索表区域首列满足条件的元素，确定待检索单元格在区域中的行序号，再进一步返回选定单元格的值

4. 逻辑函数

函数名称	语法	功能简介
AND	AND(logical1,logical2, ...)	检查是否所有参数均为TRUE
FALSE	FALSE()	返回逻辑值FALSE
IF	IF(logical_test,value_if_true,value_if_ false)	判断是否满足某个条件，如果满足返回一个值，如果不满足则返回另一个值
IFERROR	IFERROR(value,VALUE_if_error)	如果表达式是一个错误，则返回value_if_error，否则返回表达式自身的值
IFNA	IFNA(value,value_if_na)	如果表达式解析为#N/A，则返回指定的值，否则返回表达式的结果
NOT	NOT(logical)	对参数的逻辑值求反
OR	OR(logical,logical2, ...)	如果任一参数的值为TRUE，则返回TRUE，所有参数均为FALSE时才返回FALSE
TRUE	TRUE()	返回逻辑值TRUE

5. 统计函数

函数名称	语法	功能简介
AVEDEV	AVEDEV(number1,number2,...)	返回一组数据与其平均值的绝对偏差的平均值，该函数可以评测数据的离散度
AVERAGE	AVERAGE(number1,number2,...)	计算所有参数的算术平均值
AVERAGEA	AVERAGEA(value1,value2,...)	返回所有参数的算术平均值
AVERAGEIF	AVERAGEIF(range,criteria,average_ range)	查找给定条件指定的单元格的平均值
AVERAGEIFS	AVERAGEIFS	查找一组给定条件指定的单元格的平均值
BETA.INV	BETA.INV(probability,alpha,beta,A,B)	返回具有给定概率的累积beta分布的区间点
CORREL	CORREL(array1,array2)	返回两组数值的相关系数
COUNT	COUNT(value1,value2, ...)	计算区域中包含数字的单元格的个数
COUNTA	COUNTA(value1,value2, ...)	计算区域中非空单元格的个数
COUNTBLANK	COUNTBLANK(range)	计算某个区域中空单元格的数目
COUNTIF	COUNTIF(range,criteria)	计算某个区域中满足给定条件的单元格数目
COUNTIFS	COUNTIFS(criteria_range,criteria, ...)	统计一组给定条件所指定的单元格数
COVARIANCE.P	COVARIANCE.P(array1,array2)	返回总体协方差，即两数值中第对变量的偏差乘积的平均值
DEVSQ	DEVSQ(number1,number2,...)	返回各数据点与数据均值点之差的平方和
EXPON.DIST	EXPON.DIST(x,lambda,cumulative)	返回指数分布

（续表）

函数名称	语法	功能简介
F.DIST	F.DIST(x,deg_freedom1,deg_freedom2,cumulative)	返回两组数据的F概率分布
FREQUENCY	FREQUENCY(data_array,bins_array)	以一列垂直数组返回一组数据的频率分布
GAMMA	GAMMA(x)	返回伽玛函数值
GAMMALN	GAMMALN(x)	返回y函数的自然对数
GEOMEAN	GEOMEAN(number1,number2,...)	返回一正数数组或数值区域的几何平均数
HARMEAN	HARMEAN(number1,number2,...)	返回一组正数的调和平均数，所有参数倒数平均值的倒数
INTERCEPT	INTERCEPT(known_y's,known_x's)	根据已知的x值与y值所绘制出来的最佳回归线，计算出直线将与y轴交汇的点
KURT	KURT(number1,number2,...)	返回一组数据的峰值
LARGE	LARGE(array,k)	返回数据组中第k个最大值
LINEST	LINEST(known_y's,known_x's,const,stats)	返回线性回归方程的参数
MAX	MAX(number1,number2,...)	返回一组数值中的最大值，忽略逻辑值及文本
MAXA	MAXA(value1,value2, ...)	返回一组参数中的最大值
MEDIAN	MEDIAN(number1,number2,...)	返回一组数的中值
MIN	MIN(number1,number2,...)	返回一组数值中的最小值，忽略逻辑值及文本
MINA	MINA(value1,value2, ...)	返回一组参数中的最小值
PEARSON	PEARSON(array1,array2)	求皮尔生积矩法的相关系数r
PERMUT	PERMUT(number,number_chosen)	返回从给定元素数目的集合中选取若干元素的排列数
PERMUTATIONA	PERMUTATIONA(number,number_chosen)	返回可以从对象总数中选取的给定数目对象的排列数
PHI	PHI(x)	返回标准正态分布的密度函数值
PROB	PROB(x_range,prob_range,lower_limit,upper_limit)	返回一概率事件组中符合指定条件的事件集所对应的概率之和
RANK.AVG	RANK.AVG(number,ref,order)	返回某数字在一列数字中相对于其他数值的大小排名，如果多个数值排名相同，则返回平均值排名
RSQ	RSQ(known_y's,known_x's)	返回给定数据点的Pearson积矩法相关系数的平方
SLOPE	SLOPE(known_y's,known_x's)	返回经过给定数据点的线性回归拟合线方程的斜率
SMALL	SMALL(array,k)	返回数据组中第k个最小值
STANDARDIZE	STANDARDIZE(x,mean,standard_dev)	通过平均值和标准方差返回正态分布概率值
STDEVA	STDEVA(value1,value2, ...)	估算基于给定样本的标准偏差
STDEVPA	STDEVPA(value1,value2, ...)	计算样本总体的标准偏差
STEYX	STEYX(known_y's,known_x's)	返回通过线性回归法计算纵坐标预测值所产生的标准误差
TREND	TREND(known_y's,known_x's,const)	返回线性回归拟合线的一组纵坐标值
TRIMMEAN	TRIMMEAN(array,percent)	返回一组数据的修剪平均值

6. 财务函数

函数名称	语法	功能简介
ACCRINT	ACCRINT(issue,first_interest,settlement,rate,par,frequency,basis, ...)	返回定期支付利息的债券的应计利息
ACCRINTM	ACCRINTM(issue,settlement,rate,par,Basis)	返回在到期日支付利息的债券的应计利息
AMORDEGRC	AMORDEGRC(cost,date_purchased,First_period,salvage,perild, ...)	返回每个记帐期内资产分配的线性折旧
AMORLINC	AMORLINC(cost,date_purchased,first_period,salvage,period,rate, ...)	返回每个记帐期内资产分配的线性折旧
COUPDAYBS	COUPDAYBS(settlement,maturity,frequency,basis)	返回从票息期开始到结算日之间的天数
COUPDAYS	COUPDAYS(settlement, ,maturity,frequency,basis)	返回 包含结算日的票息期的天数
COUPDAYSNC	COUPDAYSNC(settlement, ,maturity,frequency,basis)	返回从结算日到下一票息支付日之间的天数
COUPNCD	COUPNCD(settlement, ,maturity,frequency,basis)	返回从结算日后的下一票息支付日
COUPNUM	COUPNUM(settlement, ,maturity,frequency,basis)	返回结算日与到期日之间可支付的票算数
COUPPCD	COUPPCD(settlement, ,maturity,frequency,basis)	返回结算日前的上一票息支付日
DB	DB(cost,salvage,life,period,month)	用固定余额递减法，返回指定期间内某项固定资产的折旧值
DDB	DDB(cost,salvage,life,period,factor)	用双倍余额递减法或其他指定方法，返回指定期间内某项固定资产的折旧值
DISC	DISC(settlement,maturity,pr,redemption,basis)	返回债券的贴现率
DOLLARDE	DOLLARDE(fractional_dollar,fraction)	将以分数表示的货币值转换为以小数表示的货币值
DOLLARFR	DOLLARFR(decimal_dollar,fraction)	将以小数表示的货币值转换为以分数表示的货币值
DURATION	DURATION(settlement,maturity,coupon,yld,frequency,basis)	返回定期支付利息的债券的年持续时间
EFFECT	EFFECT(nominal_rate,npery)	返回年有效利率
FV	FV(rate,nper,pmt,pv,type)	基于固定利率和等额分期付款方式，返回某项投资的未来值
FVSCHEDULE	FVSCHEDULE(principal,schedule)	返回在应用一系列复利后，初始本金最终值
INTRATE	INTRATE(settlement,maturity,investment,redemption,basis)	返回完全投资型债券的利率
IPMT	IPMT(rate,per,nper,pv,fv,type)	返回在定期偿还，固定利率条件下给定期内某项投资回报的利息部分
IRR	IRR(values,guess)	返回一系列现金流的内部报酬率
ISPMT	ISPMT(rate,per,nper,pv)	返回普通贷款的利息偿还
MIRR	MIRR(values,finance_rate,reinvest_rate)	返回在考虑投资成本以及现金再投资利率下一系列分期现金流的内部报酬率
NOMINAL	NOMINAL(effect_rate,npery)	返回年度的单利

函数名称	语法	功能简介
NPER	NPER(rate,pmt,pv,fv,type)	基于固定利率和等额分期付款方式，返回某项投资或贷款的基数
NPV	NPV(rate,value1,value2, ...)	基于一系列将来的收支现金流和贴现率，返回一项投资的净现值
ODDFYIELD	ODDFYIELD(settlement,maturity, issue,fiest_coupon,rate,pr, ...)	返回第一期为奇数的债券的收益
PMT	PMT(rate,ner,pv,fv,type)	计算在固定利率下，贷款的等额分期偿还额
PPMT	PPMT(rate,per,nper,pv,fv,type)	返回在定期偿还，固定利率条件下给定期次内某项投资回报的本金部分
PV	PV(rate,nper,pmt,fv,type)	返回某项投资的一系列将来偿还额的当前总值
RATE	RATE(nper,pmt,pv,fv,type,guess)	返回投资或贷款的每期实际利率
RRI	RRI(nper,pv,fv)	返回某项投资增长的等效利率
SLN	SLN(cost,salvage,lift)	返回固定资产的每期线性折旧费
SYD	SYD(cost,salvage,life,per)	返回某项固定资产按年限总和折旧法计算的每期折旧金额
TBILLEQ	TBILLEQ(settlement,maturity,discount)	返回短期国库的等价债券收益
VDB	VDB(cost,salvage,life,start_period, end_perod,factor,no_switch)	返回某项固定资产用余额递减法或其他指定方法计算的特定或部分时期的折旧额
XIRR	XIRR(values,dates,guess)	返回现金流计划的内部回报率
XNPV	XNPV(rate,values,dates)	返回现金流计划的净现值
YIELD	YIELD(settlement,maturity,rate,pr, redemption,frequency,basis)	返回定期支付利息的债券的收益

7. 文本函数

函数名称	语法	功能简介
ASC	ASC(text)	将双字节字符转换成单字节字符
BAHTTEXT	BAHTTEXT(number)	将数字转换为泰语文本
CHAR	CHAR(number)	根据本机中的字符集，返回由代码数字指定的字符
CLEAN	CLEAN(text)	删除文本中的所有非打印字符
CODE	CODE(text)	返回文本字符串第一个字符在本机所用字符集中的数字代码
CONCATENATE	CONCATENATE（text1,text2, ...）	将多个文本字符串合并成一个
DOLLAR	DOLLAR(number,decimals)	按照货币格式及给定的小数位数，将数字转换成文本
EXACT	EXACT(text1,text2)	比较两个字符串是否完全相同
FIND	FIND(find_text,within_text,start_num)	返回一个字符串在另一个字符串中出现的起始位置
FINDB	FINDB(find_text,within_text,start_num)	在一文字串中搜索另一文字串的起始位置
FIXED	FIXED(number,decimals,no_commas)	用定点小数格式将数值舍入成特定位数并返回带或不带逗号的文本
LEFT	LEFT(text,num_chars)	从一个文本字符串的第一个字符开始返回指定个数的字符
LEN	LEN(text)	返回文本字符串中的字符个数

（续表）

函数名称	语法	功能简介
LOWER	LOWER(text)	将一个文本字符串的所有字母转换为小写形式
MID	MID(text,start_num,num_chars)	从文本字符串中指定的起始位置起返回指定长度的字符
NUMBERVALUE	NUMBERVALUE(text,decimal_separator,group_separator)	按独立于区域设置的方式将文本转换为数字
PROPER	PROPER(text)	将一个文本字符串中英文首字母转为大写
REPLACE	REPLACE(old_text,start_num,num_chars,new_text)	将一个字符串中的部分字符用另一个字符串代替
RIGHT	RIGHT(text,num_chars)	从一个字符串的最后一个字符开始返回指定个数的字符
RMB	RMB(number,decimals)	用货币格式将数值转换成文本字符
SEARCH	SEARCH(find_text,within_text,start_num)	返回一个指定字符或文本字符串中第一次出现的位置，从左到右查找
SUBSTITUTE	SUBSTITUTE(text,old_text,new_text,Instance_num)	将字符串中的部分字符串以新字符串替换
T	T(value)	检测给定值是否为文本
TEXT	TEXT(value,format_text)	根据指定的数值格式将数字转成文本
TRIM	TRIM(text)	删除字符串中多余的空格，保留单词与单词之间的空格
UNICHAR	UNICHAR(number)	返回由给定数值引用的Unicode字符
UPPER	UPPER(text)	将文本字符串转换成字母全部大写形式
VALUE	VALUE(text)	将一个代表数值的文本字符串转换成数值

8. 数据库函数

函数名称	语法	功能简介
DAVERAGE	DAVERAGE(database,field,criteria)	计算满足给定条件的列表或数据库的列中数值的平均值
DCOUNT	DCOUNT(database,fiele,criteria)	从满足给定条件的数据库记录的字段中计算数值单元格数目
DGET	DGET(database,fiele,criteria)	从数据库中提取符合指定条件且唯一存在的记录
DMAX	DMAX(database,fiele,criteria)	返回满足给定条件的数据库中记录的字段中数据的最大值
DMIN	DMIN(database,fiele,criteria)	返回满足给定条件的数据库中记录的字段中数据的最小值
DPRODUCT	DPRODUCT(database,fiele,criteria)	与满足指定条件的数据库中记录字段的值相乘
DSTDEV	DSTDEV(database,fiele,criteria)	根据所选数据库条目中的样本估算数据的标准偏差
DSUM	DSUM(database,fiele,criteria)	求满足给定条件的数据库中记录字段数据的和
DVAR	DVAR(database,fiele,criteria)	根据所选数据库条目中的样本估算数据的方差
DVARP	DVARP(database,fiele,criteria)	以数据库选定项作为样本总体，计算数据的总体方差

9. 信息函数

函数名称	语法	功能简介
CELL	CELL(info_type,reference)	返回引用中第一个单元格的格式，位置或内容的有关信息
ERROR.TYPE	ERROR.TYPE(error_val)	返回与错误值对应的数字
INFO	INFO(type_text)	返回当前操作环境的有关信息
ISBLANK	ISBLANK(value)	检查是否引用空单元格
ISERR	ISERR(value)	检查一个值是否为#N/A以外的错误
ISERROR	ISRROR(value)	检查一个值是否为错误值
ISEVEN	ISEVEN(number)	如果数字为偶数则返回TRUE
ISFORMULA	ISFORMULA(reference)	检查引用是否指向包含公式的单元格
ISLOGICAL	ISLOGICAL(value)	检测一个值是否是逻辑值
ISNA	ISNA(value)	检测一个值是否为#N/A
ISNONTEXT	ISNONTEXT(value)	检测一个值是否不是文本
ISNUMBER	ISNUMBER(value)	检测一个值是否为数值
ISODD	ISODD(number)	如果数字为奇数则返回TRUE
ISREF	ISREF(value)	检测一个值是否为引用
ISTEXT	ISTEXT(value)	检测一个值是否为文本
N	N(value)	将不是数值形式的值转换为数值形式
PHONETIC	OGIBETUC(reference)	获取代表拼音信息的字符串
SHEET	SHEET(value)	返回引用的工作表的编号
SHEETS	SHEETS(reference)	返回引用中的工作表数目
TYPE	TYPE(value)	以整数形式返回参数的数据类型

10. 工程函数

函数名称	语法	功能简介
BESSELI	BESSELI(x,n)	返回修正的贝赛耳函数In(x)
BESSELJ	BESSELJ(x,n)	返回贝赛耳函数Jn(x)
BESSELK	BESSELK(x,n)	返回修正的贝赛耳函数Kn(x)
BESSELY	BESSELY(x,n)	返回贝赛耳函数Yn(x)
BIN2DEC	BIN2DEC(number)	将二进制数转换为十进制
BIN2HEX	BIN2HEX(number,places)	将二进制数转换为十六进制
BIN2OCT	BIN2OCT (number,places)	将二进制数转换为八进制
BITOR	BITOR(number1,number2)	返回两个数字的按位或值
COMPLEX	COMPLEX(real_num,lnum,suffix)	将实部系数和虚部系数转换为复数
CONVERT	CONVERT(number,from_unit,to_unit)	将数字从一种度量体系转换为另一种度量体系
DEC2BIN	DEC2BIN(number,places)	将十进制数转换为二进制
DEC2HEX	DEC2HEX(number,places)	将十进制数转换为十六进制

（续表）

函数名称	语法	功能简介
DEC2OCT	DEC2OCT(number,places)	将十进制数转换为八进制
DELTA	DELTA(number1,number2)	测试两个数字是否相等
ERF	ERF(lower_limit,upper_limit)	返回误差函数
ERFC	ERFC(x)	返回补余误差函数
GESTEP	GESTEP(number,step)	测试某个数字是否大于阈值
HEX2BIN	HEX2BIN(number,places)	将十六进制数转换为二进制
HEX2DEC	HEX2DEC(number)	将十六进制数转换为十进制
HEX2OCT	HEX2OCT(number,places)	将十六进制数转换为八进制
IMABS	IMABS(inumber)	返回复数的绝对值
IMAGINARY	IMAGINARY(inumber)	返回复数的虚部系数
IMCOS	IMCOS(inumber)	返回复数的余弦值
IMCOSH	IMCOSH(inumber)	返回复数的双曲余弦值
IMCOT	IMCOT(inumber)	返回复数的余切值
IMCSC	IMCSC(inumber)	返回复数的余割值
IMCSCH	IMCSCH(inumber)	返回复数的双曲余割值
IMDIV	IMDIV(inumber1,inumber2)	返回两个复数之商
IMEXP	IMEXP(inumber)	返回复数的指数值
IMLN	IMLN(inumber)	返回复数的自然对数
IMREAL	IMREAL(inumber)	返回复数的实部系数
IMSEC	IMSEC(inumber)	返回复数的正割值
IMSECH	IMSECH(inumber)	返回复数的双曲正割值
IMSIN	IMSIN(inumber)	返回复数的正弦值
IMSUB	IMSUB(inumber1,inumber2)	返回两个复数的差值
IMSUM	IMSUM(inumber1,inumber2, ...)	返回复数的和
IMTAN	IMTAN(inumber)	返回复数的正切值
OCT2BIN	OCT2BIN(number,places)	将八进制数转换为二进制
OCT2DEC	OCT2DEC(number)	将八进制数转换为十进制
OCT2HEX	OCT2HEX(number,places)	将八进制数转换为十六进制

11. 多维数据集函数

函数名称	语法	功能简介
CUBEKPIMEMBER	CUBEKPIMEMBER(connection,kpi_Name,kpi_property,caption)	返回关键绩效指标属性并在单元格中显示KPI名称
CUBEMEMBER	CUBEMEMBER(connection,kpi_Name,kpi_property,caption)	从多维数据集返回成员或元组

（续表）

函数名称	语法	功能简介
CUBEMEMBERP ROPERTV	CUBEMEMBERPROPERTV (connection,Member_expression, property)	从多维数据集返回成员属性的值
CUBERANKEDM EMBER	CUBERANKEDMEMBER(connection, set_Expression,rank,caption)	返回集合中的第N个成员
CUBESET	CUBESET(connection,set_expression, Caption,sort_order,sort_by)	通过向服务器上的多维数据集发关一组表达式来定义成员或元组的计算集
CUBESETCOUNT	CUBESETCOUNT(set)	返回集合中的项数
CUBEVALUE	CUBEVALUE(connection,nember_ expression1, ...)	从多维数据集返回聚合值

12. 兼容性函数

函数名称	语法	功能简介
BETADIST	BETADIST(x,alpha,beta,A,B)	返回累积beta分布的概率密度函数
BETAINV	BETAINV(probability,alpha,beta,A,B)	返回累积beta分布的概率密度函数
BINOMDIST	BINOMDIST(number_s,trials,probability _s,cumulative)	返回一元二项式分布的概率
CEILING	CEILING(number,significance)	将参数向上舍入为最接近指定基数的倍数
CHIDIST	CHIDIST(x,deg_freedom)	返回x2分布的右尾概率
CHIINV	CHIINV(probability,deg_freedom)	返回具有给定概率的右尾x2分布的区间点
CHITEST	CHITEST(actual_range,expected_ range)	返回独立性检验的结果，针对统计和相应的自由度返回卡方分布值
CONFIDENCE	CONFIDENCE(alpha,standard_ dev,size)	使用正态分布，返回总体平均值的置信区间
COVAR	COVAR(array1,array2)	返回协方差，即每对变量的偏差乘积的均值
CRITBINOM	CRITBINOM(trials,probability_s,alpha)	返回一个数值，它是使得累积二项式分布的函数值大于等于临界值a的最小整数
EXPONDIST	EXPONDIST(x,lambda,cumulative)	返回指数分布
FDIST	FDIST(x,deg_freedom1,deg_freedom2)	返回两组数据的F概率分布
FINV	FINV(probability,deg_freedom1, deg_freedom2)	返回F概率分布的逆函数值
FLOOR	FLOOR(number,significance)	将参数向下舍入为最接近指定基数的倍数
FORECAST	FORECAST(x,known_y's,known_x's)	根据现有的值所产生出的等差序列来计算或预测未来值
FTEST	FTEST(array1,array2)	返回F检验的结果，F检验返回的是当array1和array2的方差无明显差异时的双尾概率
GAMMADIST	GAMMADIST(x,alpha,beta,cumulative)	返回y分布函数
HYPGEOMDIST	HYPGEOMDIST(sample_s,number_ Sample,population_s,number_pop)	返回超几何分布
LOGINV	LOGINV(probability,mean,standard_ dev)	返回x的对数正态累积分布函数的区间点，其中Ln(x)是平均数和标准方差参数的正态分布
MODE	MODE(number1,number2, ...)	返回一组数据或数据区域中的众数

（续表）

函数名称	语法	功能简介
NEGBINOMDIST	NEGBINOMDIST(number_f,number_s, probability_s)	返回负二项式分布函数，第number_s次成功之前将有number_f次失败的概率，具有probability_s成功概率
NORMINV	NORMINV(probability,mean,standard_dev)	返回指定平均值和标准方差的正态累积分布函数的区间点
PERCENTILE	PERCENTILE(array,k)	返回数组的K百分点值
PERCENTRAND	PERCENTRAND(array,x,significance)	返回特定数值在一组数中的百分比排名
QUARTILE	QUARTILE(array,quart)	返回一组数据的四分位点
STDEV	STDEV(number1,number2, ...)	估算基于给定样本的标准偏差
TINV	TINV(probability,deg_freedom)	返回学生t-分布的双尾区间点
VAR	VAR(number1,number2, ...)	估算基于给定样本的方差
WEIBULL	WEIBULL(x,alpha,beta,cumulative)	返回Weibull分布
ZTEST	ZTEST(array,x,sigma)	返回z测试的单尾P值

13. Web函数

函数名称	语法	功能简介
ENCODEURL	ENCODEURL(text)	返回URL编码的字符串
FILTERXML	FILTERXML(xml,xpath)	使用指定的XPath从XML内容返回特定数据
WEBSERVICE	WEBSERVICE(url)	从Web服务返回数据